市場を織る

京都大学東南アジア
地域研究研究所
地域研究叢書
32

大野昭彦 著

商人と契約：
ラオスの農村手織物業

京都大学
学術出版会

目　次

序章　市場の形成を捉える　————　1

第Ⅰ部　手織物を探る

第1章　ラオスの手織物の歴史と技術特性　————　31
第2章　登場人物　————　59
第3章　取引契約　————　83
　Appendix A　企業間信用とお得意様関係　————　109
第4章　農村経済と機織り　————　119

第Ⅱ部　ふたつの市場（タラート）

第5章　高級品を扱うタラート・サオ　————　145
第6章　中・低級品を扱うタラート・クアディン　————　183
第Ⅱ部のまとめ　————　197
　補足資料Ⅱ-1　タラートの糸屋　————　204
　補足資料Ⅱ-2　守られない「タラート・サオ店舗規則」　————　206
　補足資料Ⅱ-3　スカーフを織るパーブ村　————　208

第Ⅲ部　伝統と創造：大消費地ヴィエンチャンとその周辺

第7章　小規模織元　————　217
　Appendix B　絣と商人：チャムパーサク県サパイ村　————　259
第8章　大規模織元　————　271
第9章　郊外の機織り村：機業の外延化　————　327
第10章　アウトサイダーと機織り　————　379

第III部のまとめ ——— 393

　補足資料　III-1　明治期における足利の織賃 ——— 402

第IV部　距離の克服：辺境の産地

第11章　興隆する手織物の宝庫：フアパン県 ——— 409

第12章　低迷する手織物の宝庫：シェンクワン県 ——— 459

第13章　外需に揺さぶられる機業地：ルアンパバーン ——— 485

　補足資料　綿業者（2001年聞き取り） ——— 512

第14章　とり残された辺境：サイニャブリー県 ——— 517

第IV部のまとめ ——— 527

終章 ——— 531

あとがき ——— 547

参考文献 ——— 551

索引 ——— 559

ラオス全土

注）ラオスの面積は日本の本州とほぼ等しい。

序章
市場の形成を捉える

経済学は市場の学問なのであろうが，では市場とは何かとあらためて問われると戸惑ってしまう。経済学の標準的教科書は，市場の機能を厳密に説明するものの，正面切って市場とは何かを語ってはくれない。そこでは市場の存在が検証されない仮説（maintained hypothesis）として前提されている。しかし開発途上国，とりわけその農村を歩くと，市場の生成が不充分，ないしは市場そのものが不在であるような現場に遭遇することがある。

　ここしばらくの開発経済学や新制度学派の歴史学では，経済発展とは市場が形成される過程であるという認識が受け入れられつつある。いいかえれば，経済発展の初期段階では市場そのものが低発達であるという認識である。この市場の低発達性とは，政策介入という矯正によって効率的な資源配分が実現されるといった類での市場の失敗ではなく，市場そのものが機能する段階に至っていないことを意味している。

　市場の低発達性という問題意識は，それと表裏一体の関係にある「むら共同体」ないしは慣習経済というパラダイムともあわせて，Ishikawa (1975) によって提示されている（大野・加治佐 2015）。こうした開発途上国における市場形成という課題への接近は，完全競争市場があまねく存在すると措定したうえで資源配分の効率性に傾注する新古典派経済学の発想とは距離があるものとなろう。それは，新古典派的なアプローチでは，開発の課題が充分には捉えきれないことを意味することにもなる。

　市場を取引の場として定義するだけでは物足りなさが残る。ノース (2016) などが指摘するように，取引を円滑に統治する装置がなければ市場の機能は充分には発揮されることはないからである。すなわち，市場の形成とは市場を統治するメカニズムの構築過程とみなしてもよいであろう。そこで，ケイ (2007) やマクミラン (2007) そしてノース (2016) などを念頭において，市場とは，「取引に携わる人々が醸成した工夫や慣習，商人の結託にもとづく取決め，そして近代法を含む諸々の政策介入などの市場取引を統治する複合的な制度が歴史のなかで融合した社会的構築物である」という命題を提示しておこう。このように市場を捉えようとすると，市場の生成過程を探るのは歴史家の役割となるのかもしれない。しかし，わずかではあるが，原初的な市場形成の過程を現実に観察できる社会が残されている。

　ラオスでは，農村部を中心に，シン (*sinh*) と呼ばれるカラフルな腰布が民族衣装として広汎に織られている。シンには絣織りもあるが，大半は紋織りで

ある[1]。もともとは綿糸や絹糸を自給したうえでの自家消費のためであり，市場取引を目的とした機織りは稀であった。そうしたシンも，1980年代後半以降の経済自由化に呼応して，商品として市場に登場してくる。その市場は国内に留まらず，タイや欧米そして日本にまで広がりをみせている。まさに，市場の形成が緒についたといえよう。

ラオスの市場経済は道路インフラの不備もあって局所的で分断されており，市場取引も活発なものではなかった。本書の記述が始まる1995年時点での金融深化（M_2/GDP）は13.5％と，貨幣経済の浸透もかなり遅れている[2]。1975年以降に社会主義体制をとったことも，市場経済があまり機能していない理由のひとつであろう。しかし社会主義的な制度はほとんど定着することなく（Evans 1995），結局はヴェトナムがドイモイ政策を採用したと同じ1986年に，ラオスも経済自由化に舵を切ることになった。中央経済計画局の局長が「ラオスは，社会主義から市場経済ではなく，自然経済から市場経済への移行をしようとしている」と語ってくれたことがあるが，それは正しい認識であろう[3]。

シンのような在来の農村工業の製品を素材として市場形成を論じることには，開発途上国の開発問題にかかわるいくつかの課題も視野に含まれることになる。開発途上国の農村家計の主要な現金収入源は，コメなどの主穀の販売というよりは，農村非農業活動であることが知られている（Otsuka 2007）。第4章や他の章でも確認するように，手織物は農民の主要な現金収入源となっている。すなわち，農村手織物業の興隆は農村における貧困削減の有力な手段でもある。また，経済発展の過程では農村と都市間の所得格差の拡大が深刻となるが，農村における雇用機会の創出はこの問題を緩和する効果をもつ。さらに，工業化の初期段階では，縫製工場が典型的であるように労働集約的な川下部門の拡大がみられる。ラオスでも，賃金の高騰したタイから縫製工場が移転されてきている。しかし，こうした川下部門は，その資本財や中間財の国内生産が期待できないことから，付加価値を創出する効果は必ずしも高いものではない。ラオスの農村手織物業の原料糸も輸入に頼る部分が大きいが，国内生産もなさ

---

1) 紋織りとは「多様な織組織を組み合わせたり，色糸を使用して複雑な模様をあらわした織物の総称」。また，絣とは，「経糸あるいは緯糸の一方，または経緯糸の双方の文様になる部分を他の糸で堅くしばってから染めて絣糸を作り，その絣糸で布面に紋様を織り出す」。中江克己『染織事典』(1996)。
2) 2010年代に入ると金融深化も50％ほどになってくる。
3) ラオスの経済については，大野・原・福井 (2001) を参照されたい。

れている。そして生糸や綿糸の輸入代替は，少なくとも一般的な労働集約的産業のための中間財を国内生産するよりは，はるかに可能性は高いであろう。経済成長は，何も大規模工場を軸とする工業化によってのみなされるとは限らないのである。農村手織物にまつわる市場形成という問題意識は，陰伏的ではあれ，こうした課題へのアプローチを提示することにもなる。

市場の存在を前提とする経済学に「市場の勃興」という問題意識を提示して，商業の専業化，すなわち商人の登場こそが市場経済という新しい世界の始まりであるとするのは，経済理論から商人を追放した張本人のひとりのヒックスによる『経済史の理論』(1970) である[4]。その第3章「市場の勃興」は，市場形成を論じるうえでのロードマップを提示してくれる。この章の主張は極めて簡潔であり，次のように要約される。専業化した商人 (単発的な遠距離交易ではなく，恒常的な交易をなす主体) の登場が，市場勃興の要となる。17世紀の大阪堂島に存在した世界で最初の米の先物取引所などの事例をあげて，商人の結託によって取引を統治することの有効性を認めつつも，商人経済が興隆するには公権力による私的所有権と契約の保護 (＝契約履行の強制) を保障する制度の確立が必要となる。しかし「この二つは伝統的社会によって与えられない」(p.58) ことから，商人経済には必然的に限界があるとする。

ヒックスの主張の背後には，私的所有権と契約の保護を保障する制度をもたない市場は自壊するという認識がある。この自壊を引き起こすのは，情報の非対称性に起因する逆選択やモラル・ハザードに留まるものではなく，詐欺や略奪といった犯罪行為の頻発すらも予見されることである。それによる市場の瓦解を端的にあらわしているのが，ホッブスのいう「自然の状態 (the state of nature)」であろう。「万人は万人に対して狼」であることから「万人の万人に対する戦い」という自然の状態が生まれる。それを回避するために，ホッブスはリヴァイアサンとしての国家権力の必要性を説く。ヒックスの論理も，このホッブスの言説のなかにある。

では，市場の形成を検討するうえで，どこに焦点を定めるべきであろうか。本書では，取引される「財の性質」が市場形成のありようを規定すること，市場を形成する主体としての「商人」，そして「取引を統治するメカニズム」，と

---

4) 「ノーベル賞がこの仕事 (『経済史の理論』) に対して与えられていたほうがうれしかった」(日本経済新聞社 2013年：pp.51-52) とヒックスが語ったのは，ある種の自己批判だったのかもしれない。

りわけ契約に焦点をあてる。契約については，契約形態という制度の選択が問われることになるが，それは資源配分の効率性基準という視点ではなく，ある特定の契約形態が機能する条件に関心を寄せたうえでの選択問題である。

ところで経済発展の初期段階では，市場取引される財の大半は標準化されていないことから，均衡価格の設定が困難となることが多い。開発途上国のバザールの商品に値札が付けられることが少ない理由のひとつが，そこにある。ラオスのシンも，値札が付けられることが稀な財である[5]。このときに，ワルラスが想定したような中央集権的に取引を管理する公平無私なオークショナーの存在を期待するには無理があろう。

標準化が難しい財を取引している築地市場にみられるセリ人はオークショナーであろう。しかし，その築地でもセリ取引は取引総額の2割程度でしかなく，取引の大半は卸売業者7社と数百にもなる零細な仲卸業者が直接の価格交渉をする相対取引である。シンの取引も相対取引であり，オークショナーはいない。相対での交渉では，マクミランが『市場を創る』(2007) で表現したように，「価格交渉で決まる価格は，売り手と買い手それぞれの相対的な交渉力を反映している。脅しやフェイント，はったりが，交渉上の優位の源泉となる」(p.95)。経済学の標準的な教科書で表現されている取引とは異なる風景が日常となっているといえよう。

さらに生産者と小売業者の間での流通を考えたとき，その取引を仲立ちするのは公平無私なオークショナーではなく，取引の仲介から私的利益をえようとする商人である。まさに彼らこそが市場を形成していくのであるが，経済理論の教科書に商人が登場することはない。完全競争市場，とりわけ完全情報かつ取引費用ゼロの世界には商人が入り込む余地はないからである。商人が存在しないワルラスの想定するような完全に装備された虚構の市場を思い描くと，市場形成の議論は途端に迷宮に入り込んでしまう。情報が不完全で，取引費用が存在する現実の社会を前提とするならば，情報と取引費用に深くかかわりをもつ財の特性を明確にしたうえで，どのような商人がいかなる作法＝契約で市場を形成していくかが問われなくてはならない，というのが本書の姿勢である。

なお，所有権と契約の保護というとき，所有権の侵害は犯罪行為となるかなり極端な事象であり，ほとんどは契約の保護に還元して議論しても差し支えな

---

[5] 外国人や高所得者が顧客となるブティックでは，シンにも値札がついている。

いと思われる。例えば，手織物で問題となる所有権の保護は，糸を提供して機織りを委託したのにもかかわらず糸の一部を窃取するとか，提供した織柄情報を他人に教えるなどといった軽微な侵害に留まることが大半である[6]。糸の窃取とは，筬(おさ)打ちを緩くして緯(よこ)糸を節約し，残った糸を横流しすることなどである。緩く筬打ちして織られた布は，洗うと縮んで皺ができるなどする不良品となる[7]。そこで，本書では集約して契約の保護として議論することにする。

　ところで，市場の勃興についてのヒックスの言説には，市場の形成を捉えるうえでやや物足りなさが残る。どのようにして商人が生まれてくるのか，また商人が求められる理由も語られていない。さらには，商人がどのように市場を形成して，機能させていくのかにも触れられていない。商人によって形成される市場は，果たして経済学の標準的な教科書にみられるような市場なのであろうか。そして，そもそも契約の保護を保障する制度をリヴァイアサン（公権力）が設定しなければ，取引は自然の状態に陥るのであろうか。こうした疑問に答えるための分析の枠組みを，次に整理してみよう。

第1節　市場を統治するメカニズム

　市場の創出とは，市場取引を安定的に実現させる市場の統治メカニズムの構築に他ならないという冒頭の命題に立ち返ろう。マクミラン（2007）は「市場は，全能でも，全知でもなく，遍在的でもない。人間的な不完全性を伴った，人間による発明物である。……市場は，制度，手続き，ルール，慣習を通して機能する」（p.10）と主張する。市場を自然の状態に陥らせないために，取引を統治する多様な装置が歴史的に考案されてきたという主張である。「手続き，ルール，慣習」というインフォーマルな制度も市場の統治メカニズムに含めようという

---

6) もちろん，糸を提供したにもかかわらず製品を納品せずに糸をすべて自分のものとするという事例もないことはないが，例外的である。その例外は，大規模織元のブァ婦人の取引をしていたホエイブーン村とシェンレーナー村のシー婦人の事例（第9章）として触れる。

7) インドでランチョンマットを数枚購入したことがある。ほぼ大きさも同じマットの長さを計測したうえで洗濯して，再度計測してみた。少ないものでも1cm強，酷いものとなると2cm強縮んでしまい，大きさの異なるマットが残った。外部委託か工場内における出来高契約での生産なのかは不明であるが，エージェンシー問題がその原因であろう。

表 0-1　取引統治メカニズムの分類

取引統治	特徴
フォーマルな統治	近代法
インフォーマルな統治	
個人的統治	契約当事者による自生的秩序の形成
集団的統治	
コミュニティ的統治	第一次集団の制裁メカニズム ex. むら共同体集団的統治
セミ・フォーマルな統治	第二次集団の制裁メカニズム ex. ギルド・株仲間

言説は，本書の立場に極めて近いといえる。もう少し議論を進めるとすれば，市場における経済活動を社会関係から切り離して議論するという経済学の手法は方法論的には充分に説得的であろうが，インフォーマルな制度まで考慮しようとするならば取引参加者の社会的関係も含めた議論が求められることになろう。本書では聞き取りから得られたデータを用いることから，取引主体の社会的関係にも議論が及ぶことになる。

　市場取引を統治するメカニズムを，近代法による「フォーマルな統治」とそれを伴わない「インフォーマルな統治」に分けてみよう（表 0-1）。後者は，契約当事者同士の直接的な作用による「個人的統治」と当事者が属する社会や組織という集団によって構築される「集団的統治」に分けられる[8]。集団的統治は，さらに第一次集団（家族・民族・地縁,むら共同体など）による「コミュニティ的統治」と第二次集団（同業組合・会社など）による「セミ・フォーマルな統治」に分類できる。こうしたインフォーマルな統治が機能するならば，ホッブスが指摘する公権力によるフォーマルな統治が不在であったとしても，自然の状態は回避されることになろう。

　このように，市場取引を統治するメカニズムは多様である。そのなかで，本書が注目する個人的統治はやや異質である。それ以外の統治は，国家や社会，特定集団，そしてむら共同体などの複数の成員で構成される集団内で受け入れられる社会制度として存在する。これに対して個人的統治では契約の履行に第三者の強制力は介在せず，契約当事者以外に統治の影響が及ぶこともない。契約当事者は，形式知のみならず経験や勘にもとづく知識である暗黙知を駆使して契約交渉を行い，そして個人の力で契約履行を強制しようとする。契約とい

8）　このふたつの統治は，Kandori（1992）による契約履行についての個人的履行（personal enforce-ment）と共同体的履行（community enforcement）に対応している。

うルールもまた，契約当事者がそれに従うことを期待されるという意味で制度なのである。しかし，そこで生まれた特定の秩序＝制度が広汎に存在するとしても，それは国家を含む第三者が設計した制度（例えば，左側通行）を個々人が受け入れたからではなく，ある特定の環境で多くの人々が同じ秩序（例えば，刈分小作契約）を独立に選択したからに他ならない。

ここで，本書で用いる制度・秩序 そして契約という用語の位置づけを，ノース（2016）の制度論と対照しつつ，少し議論しておきたい。これは，本書の注目する秩序なり制度なりが，開発経済学や新制度学派の歴史研究とは少し異なる着眼点から議論されるからである。しかし，それは発想法の違いというよりは，対象とする財とその社会環境が異なるためである。

ノース（2016）は，秩序という観点から制度を論じる。そこでは，「人間同士の相互作用をより予測可能なものにする諸制度の結果」（p.12），すなわち制度によって不確実性が削減された状態として秩序が捉えられている。この説明は，「相手の機会主義的行動に対する期待」と定義される信頼と大きく重なる。そこで本書では，ノースの言説を援用して「市場における秩序とは，制度によって取引相手の行動についての予測可能性＝信頼が高められた状態」と定義しておこう。いうまでもなく，市場取引に限定した秩序の狭義の定義である。

不確実性について，ノースは，社会における個人にとっての不確実性とグループにとっての不確実性を区別する（ノース 2016, p.22 脚注）。そして後者に焦点をあてて社会秩序を議論していく。これに対して，本書では，社会における個人にとっての不確実性に焦点をあてる。これは，本書の対象にまつわる市場取引ではフォーマルな統治やセミ・フォーマルな統治が機能していないことから，取引当事者が不確実性を削減するための工夫という個人的統治が重要となるからである。この意味では，個人的統治を，分権的意思決定を重視するハイエク（Hayek）の自生的秩序（spontaneous order）として捉えることができよう。

1. フォーマルな取引統治

経済学の標準的な教科書で描かれる「情報が完備している，摩擦のないスムーズな世界」においては商人と制度は存在理由をほとんど失うことになるが，そのような世界は現実には存在しない。摩擦＝取引費用の観点から制度や組織に焦点をあてるのが，オリバー・ウイリアムソンが命名した新制度派経済

学である。

　ウイリアムソンが市場を組織と対峙させたのに対して，彼と 1997 年に新制度派経済学学会の設立に尽力したノースは市場を統治する制度に焦点をあてる。ノースは，制度とは人間が創りだした個人の行動を制約するゲームのルールであり，フォーマルな制約（法律，憲法など）とインフォーマルな制約（規範，慣習など）で構成されるとする。ただし，彼は専らフォーマルな制約に関心を寄せる。この意味で，ノースの分析では制度は個人にとっては外生的である。そして，国家による所有権と契約の保護のためのフォーマルな制度の確立こそが経済発展の前提であり，それを整えたことが西欧の勃興を実現させたとする（ノース・トーマス 1994）。ノース（2013）が「制約がなければホッブスの『万人の万人に対する戦い』となり，文明の発達はないだろう」（p.366）としていることからも明らかなように，ヒックスと同様に，彼の発想もホッブスの流れを汲んでいる。

　フォーマルな統治である近代法によって契約履行が強制されることは，市場経済が機能するうえで有効なことであろう[9]。しかし経済発展の初期段階にある社会，とくにその農村社会では，そうしたフォーマルな取引統治はまず機能していない。とはいえ，それを嘆いたとしても致し方なきことであろう。むしろ，その欠如が直截的に自然の状態に帰結しているわけではないこと，すなわち伝統的社会においても近代法を代替するようなインフォーマルな取引統治が機能しており，自然の状態は決して常態ではない（モース 2009，サーリンズ 1984，マリノフスキ・フエンテ 1987，Landa 1994 など）という事実認識から市場形成の議論を始めるほうが，本書の対象と問題意識からすれば現実的といえよう。

2.　個人的な取引統治

　円滑な取引の実現を図ろうとする契約当事者によって創出される工夫こそが，個人的統治である。その中核は，無限回の反復囚人のジレンマ・ゲームにおいて，契約当事者間での契約関係の維持（協力解）が自己拘束的となることから，自然の状態が当事者によって回避されるという論理である。いわゆる

---

[9]　所有権を保護する制度が経済成長を促すことについては Acemoglu, Johnson and Robinson（2002）や Rodrik, Subramanian and Trebbi（2004）の実証研究がある。

フォーク定理の帰結である[10]。しかし工夫はそれだけに留まるものではなく，いくつかのサブ・システムを含むものでもある（第2節）。

3. 集団的取引統治

集団的統治では，裏切り行為が集団の成員に周知されるならば集団の制裁が発動されることから，反復取引は前提とされていない[11]。制裁には，村八分から，仲間内からの社会的圧力を含む評判メカニズムによる圧力まで多様な形態がある[12]。

こうした制裁を機能させる統治は，ひとつには特定の目的をもつ第二次集団の結託によって成立する。例えば，グライフ（2009）が明らかにしたマグリブ商人（北アフリカの西イスラーム圏のユダヤ商人）たちの結託によって創り出された評判メカニズムに基礎をおく商人法，シャンパーニュの大市の商慣習法（Milgrom, North and Weingast 1990），株仲間（岡崎 1999）そして座（横山 2016）などである。マグリブ商人の研究を例にとると，この商人は遠隔地におけるユダヤ商人を代理人とするエージェンシー契約を結んでいる。この契約では遠隔地の代理人を直接に監視できないことから，不正（資金の横領背任）を防ぐために，

---

[10] フォーク定理とは，有限回の囚人のジレンマ・ゲームでは非協力解が均衡解となるが，無限回の反復囚人のジレンマ・ゲームでは協力解がナッシュ均衡として成立することをいう。これは裏切り行為から得られる利得よりも長期的関係の維持によって得られる将来利得の現在価値のほうが大きくなることから，協調行動をとることが自己拘束的となるためである。

　大学院時代に，デリーの旧市街で暮らしていたことがある。近くの道端で小さな荷車に果物を載せて路上販売する老人がいた。こうした場所では，アウトサイダーである筆者だけでなく，インド人にとっても「交渉はかなり攻撃的」となる。私が欲しいのは，やや硬めのバナナとライムである。バナナに切り込みを入れ，そこにライムの果汁を流し込んで食べるのがお気に入りであった。そこで，その老人から反復的に購入することにした。購入しないときにも，傍を通るときには話しかけるようにした。「今日の商売はどう？ 暑いね（インドだからあたり前か）」などなど。思いのほか早く，その老人は協調行動をとり始めた。私の望む硬さのバナナを選んでくれ，まだ頭陀袋に入ったままの新鮮なライムのなかから大きめのものを選んで売ってくれるようになった。それも，たまさか他の店で購入するときよりも安い値段で。こうして，私とその老人との間に固定的な顧客関係がナッシュ均衡として形成されて探索費用と交渉費用が大きく削減された。フォーク定理の世界である。ただし，フォーク定理は将来所得の割引率が充分に小さいときに成立するが，割引率が大きくなれば裏切り行為が均衡解となる。すなわち，フォーク定理の均衡解は複数ある（Kreps 1990，神取 2015）。

[11] 共同体の規模があまり大きくないことが条件となる（Gambetta 1988，Henrich et al. 2010）。

[12] 自己の評判が毀損されることへの恐れが，近代法を代替する契約履行メカニズムをもつことについては Milgrom and Roberts（1992）や Klein（1997）を参照されたい。

商人集団内で結託して裏切った代理人とは他の商人も契約しないという多角的懲罰戦略を採用していた。グライフ (2009) は「契約を執行する機関の役割を果たす第三者がいなくても秩序が維持されている状況」(p.7) を「自律的秩序 (spontaneous order)」と呼ぶ。それは、「多くの人々の意図的でコーディネートされた努力の産物」(p.333) である。この主張は、ホッブス的なリヴァイアサンが不在であってもセミ・フォーマルな制度によって円滑な取引が実現されるという意味で、ヒックスやノースの主張に対するアンチテーゼとなっている。

このセミ・フォーマルな統治に対して、むら共同体 (Hayami 1998, Aoki and Hayami 2001, Fafchamps 2004, 澤田・園部 2006)、民族 (Landa 1994) そして氏族 (Ouchi 1980) などの第一次集団も契約履行を促して取引を安定化させる機能、すなわちコミュニティ的統治を発揮する。グライフ (2009) や岡崎 (1999) などの歴史家がセミ・フォーマルな統治に焦点をあてるのに対して、開発経済学ではコミュニティ的統治に注目する傾向が強い。これは開発経済学が都市よりも農村社会を対象とする頻度が高いことからすれば自然な流れであろうし、また史料にはセミ・フォーマルな統治制度についての記述は残されてもコミュニティ的統治の実態が記されることは稀であることも影響していよう。

なお、集団的統治がなされる取引は、必ずしもスポットであるだけでなく、反復取引となることも多いであろう。このとき、集団的統治と個人的統治の効果を完全に分離することは難しくなる。本書でも、個人的統治と集団的（コミュニティ的）統治が重なりあう事例は多く確認される。

4. ラオスの手織物にかかわる取引統治

ここで、ラオスの手織物の取引を統治するメカニズムを考えてみよう。ノースやグライフによる研究は興味深いものであるが、そのアプローチでラオスの手織物業をめぐる市場形成の実態を捉えようとしても、その論理の網の目にはほとんど何も掛かってこないであろう。なぜならば、近代法による契約の保護という論理は、ラオスの農村ではほぼ意味をもたないからである[13]。また、ラオスの手織物の生産や流通については、商人の結託（セミ・フォーマルな統治）が取引を安定化させるという仕組みも観察されない。それには、次のような理

---

13) 違法行為に対して警察が取締りを行い、裁判所が適切な刑罰を科すことは、ラオスの人々の共通予想とはなっていないという意味においてである。

由がある。小売店や織元は技能の高い織子を囲い込もうとしており，そうした織子の情報を競争相手である他の小売店と共有したがらない。また小売店と織元の関係においても同様であり，小売店はパフォーマンスのよい織元の情報を私的情報として留めておこうとする。このような環境では，商人の結託は起こりえないのである。

　コミュニティ的統治の働きも限定的である。なぜならば，本書が探ろうとする現象は，農村で織られたシンが都市や海外という「むら共同体」の機能の及ばない世界に販路を求めていくという市場形成であるからである。もちろん，在村の織元と村の織子との関係にコミュニティ的統治が機能する場合はあるし，同郷出身者同士での取引では信頼が生じやすいこともある[14]。この同郷といった第一次集団が内含する意味を，アクセルロッド（1998）は「領域性」と呼んでいる。本書でも，この用語を用いることにしよう。

　このような認識に立つとき，残された有効な統治は個人的統治でしかなくなる。結論を先走るが，ラオスの手織物の取引の大半は「お得意様関係（カーパッチャム：kha ＝商いの相手，$pajam$ ＝慣習的な，固定的な，転じて頻繁な）」として知られる反復取引でなされており，スポット取引はあまり多くはない[15]。カーパッチャムは，聞き取りのなかでも頻繁に聞かれており，本書のキーワードのひとつとなる。本書では，それを「お得意様」とか「馴染みの」ないしは「固定的な取引関係」と訳して用いることにする。個人的統治の中核にあるのは，フォーク定理が示すような反復取引によって醸成された信頼である。この信頼を醸成する努力は埋没費用となることから，当事者にとっては取引関係の維持が自己拘束的となる。この論理は，第Ⅱ部の「はじめに」で紹介するGeertz（1978）によるバザール経済論の含意と同値である。しかし，この自己拘束性だけで関係の維持がなされるわけではないことを，次節で議論する。

　フォーマルな制約という外生的な取引統治に従って経済活動がなされるという設定は，ある与えられた誘因体系のなかでの利潤／効用の最大化行動という経済学の方法論的個人主義の発想と矛盾しない。これに対して，個人的統治や

---

[14]　遠く離れた取引相手でも，出身地とか部族を共有する場合にはコミュニティ的統治がある程度は機能するであろう（Ali and Peerlings 2011）。前述したグライフのマグリブ商人も同じユダヤ人商人間の取引であるが，遠隔地交易であることからコミュニティ的統治は期待できずに，結社というセミ・フォーマルな統治という市場を補完する制度を創りだしたのである。

[15]　kha は足を意味するが，転じて「ネットワークのある人や何かを一緒にする人」という意味となる。例えば，$kha\ phai$ は，いつも一緒にトランプ遊びをする人である。

集団的統治は，経済主体自らがルールを構築するという点で，経済学の方法論的個人主義観からは逸脱する議論となる。本書が主流派経済学（とりわけ，ミクロ経済学）とは違和感のあるであろう記述様式となっている最大の理由が，この方法論的個人主義を措定していないところにある。

第2節　個人的統治を支えるサブ・システム

Macaulay (1963) は，市場やフォーマルな取引統治が高度に発達した米国においてすら，契約条項以外のインフォーマルかつ暗黙的な関係（社会的圧力や評判効果を含む）によって契約の履行が図られているとする。すなわち，完備された契約の設計は現実的ではなく，また契約の調整や紛争の処理のために法的制裁に頼ることも稀であるという指摘である。

Djankov et al. (2003) が「財産の保護と契約履行を促す制度としての裁判所に，経済学者はもっとも楽観的である」(p.454) と揶揄するように，経済学は近代法というフォーマルな制度を過信しすぎるきらいがある。先進国における契約も，多くのインフォーマルな慣行が付随して機能している。それは契約履行を強制するというよりは，契約履行について生じた軋轢を調整して契約関係を存続させる意図のあらわれと捉えることもできよう[16]。市場の形成が緒に就いたばかりの社会では，そうした状況がより強くあらわれることは想像に難くない。

個人的統治の主システムは，フォーク定理が示すように契約当事者双方にとって契約の維持が自己拘束的となることである。しかし，加えて，契約上の軋轢を回避する事前の措置と軋轢が生じたときに契約を維持するためになされる事後的な措置というサブ・システムも重要な役割を果たしている。具体的には，事前の措置として「適切な契約形態の選択」と「贈与交換」を，そして事後

---

[16] 日本企業の関係者への筆者の個人的な聞き取りを紹介しよう。長年の取引関係にある会社同士には，通常は複数の契約が締結されており，契約が逐次更新ないしは新規の契約が結ばれていく。ここで，あるひとつの契約で問題が発生して，一方に損害が発生したとしよう。このとき，その損害が当該契約内で処理できない場合には，契約担当者の上司同士が話し合い，別の契約を締結する際に損害を補填するような条項が契約に盛り込まれることがある。こうした長期的な取引関係のある会社同士のビジネスに，第三の会社が新規に契約を締結しようとすると，状況依存的な契約条項を多く設定する必要が生じて交渉費用が膨らんでしまう，とのことである。

の措置として「契約条項の状況依存的な変更」をあげることができる。特に贈与交換は実験経済学のなかでも取引を安定化させる重要な要素として指摘されているが，経済発展の初期段階にある市場を語るうえでも重要な概念となる。それぞれについて考察するが，これは Macaulay や Djankov et al. の問題意識を具体的な事例をもって議論しようとする試みでもある。

1. 契約形態の選択

　履行すべき契約の詳細は取引の契約形態によって異なることから，どのような契約が選択されるかも円滑な契約の履行にかかわってこよう。開発経済学における契約選択の議論は，刈分小作契約の選択問題についての Cheung (1969) に始まり，Hayami and Otsuka (1993) によって多様な契約形態の選択が扱われるまでになった。しかし，それ以降，契約選択の議論は急速に関心を失い，代わって契約履行を強制するメカニズムに注目が集まるようになった。

　ラオスの手織物の取引では，スポット契約という教科書的な市場取引から，プリンシパル・エージェント関係が成立する関係的契約を挟んで，組織としての集中作業場に至る一連の取引形態が確認できる[17]。それぞれは，取引にかかわる固有のメリットとデメリットをもつ。そこで，多様な能力と特性をもつ商人や機業家たちが，契約履行の強制にかかわるエージェンシー問題とその処理能力を考慮したうえで，最も多くの利益を実現しうる契約を選択して市場を形成しているという認識に立って議論を進めていこう。なお，本書でいう契約の選択は，刈分契約におけるマーシャルの非効率性などで典型的となるような資源配分の効率性という観点からは議論されない。ひとつには，契約形態によって織られるシンの品質が大きく異なることから，効率性概念が馴染まないためである。それ以上に，本書の問題意識は，市場の機能ではなく市場の形成にあるからである。

---

17) プリンシパル (委託者) がエージェント (代理人) に業務を委任する関係をエージェンシー関係と呼ぶ。そして，プリンシパルの利益のために委任されているにもかかわらず，その利益に反してエージェントが自己の利益を優先した行動をとることをエージェンシー問題と呼ぶ。プリンシパルとエージェント間の情報の非対称性が，その背景にある。この問題を回避するために，プリンシパルは，誘因システム (契約) を工夫したり監視を強めたりすることになる。

2. 贈与交換

　反復的な取引関係の維持は，それだけで自働的に自己拘束的となるわけではなく，現実には契約当事者間の不断の互恵的な慣行によって関係が補強されている (Fehr, Gächter and Kirchsteiger 1997, Kranton 1996, Fehr and Gächter 2000, Ostrom and Walker 2003)。これは，効率賃金仮説のひとつである贈与交換仮説 (Akerlof 1982) とも重なってくる。ただし，互恵性と反復取引の関係についての研究は実験経済学か理論分析に留まっている[18]。本書では，固定的な取引関係を維持するための具体的な互恵的慣行が存在していることを紹介していく。

　ラオスにおける互恵的慣行は，聞き取り調査のなかで頻繁に聞かれた相手への「配慮」をあらわすケンチャイ (*kreng jai*) という言葉に集約される[19]。ケンチャイとは，他者に対する遠慮・敬意，そしてほぼ同義であるが他者の気分を害さないという規範を含んでいる。すなわち，取引が社会的文脈のなかに埋め込まれていることをあらわす言葉でもある。ケンチャイは，贈与交換の意識を醸成することによって取引相手に互恵的な関係維持行動を促すインフルエンス活動ともみなせよう[20]。具体的には，シンの需要が低下する雨季にも織子から

---

[18] 組織心理学では「知覚された組織支援 (perceived organizational support)」(Eisenberger et al. 1986) と呼ばれる概念がある。これは，プリンシパルから日常的に支援を受けていると知覚したエージェントが，贈与交換の論理に従ってプリンシパルに対するコミットメントを高めて，贈与への返礼としてプリンシパルに対して裏切り行為をしない，ないしはプリンシパルの利潤最大化行動に協力的な行動をとるという指摘であり，多くの実証研究がある。

[19] 「例えば，雇い主が労働者にケンチャイを施せば，労働者は雇い主への心理的なコミットメントを高める。その結果, その労働者は, 他から少し高い給与を提示されても転職しない」(ケンチャイの説明を求めたときのラオス人研究者の説明から)。すなわち，市場交換ではなく贈与交換を基盤とした取引がなされることになる。第8章で触れるペンマイ工房の織元が，次のような話をしてくれたことがある。新しく設立された織物工房が，ペンマイ工房で自然染織を担当する男工たちを高額の給与で引き抜こうとした。しかし，彼等はペンマイ工房でよい扱いを受けているとして応じなかったという。織元は，従業員に対して「ケンチャイを施していたので」と述べていた。また，織元が織子に対して生活費を融通するときなどにも，「織子にケンチャイをしないと，関係がうまくいかない」と説明することが多くあった。

　タイ語ではクレーンチャイであり，下位者の上位者・年配の人に対する「遠慮」という意味あいをもつ。ラオスでも，辞書では同様の説明がなされる。しかし，上記した発言や本書であげている織元や小売店から聞かれる多くの事例からして，それを遠慮と翻訳すると意味が通らなくなる。そこで本書では，「配慮」と訳す。

[20] インフルエンス活動とは相手の意思決定に影響を与えることを意図した利己的活動であり，それにはインフルエンス費用が伴う (Milgrom and Roberts 1992)。

定期的に買い取り，また市場価格が低迷する雨季にも乾季と同じ値段で買い上げることなどである。また，なんらかの個別的なショックに見舞われた織子の消費の平準化を目的とした無利子の貸付けもケンチャイに含まれる。貸付金はシンの納品でもって相殺される。反復ゲームのみが取引関係の維持を自己拘束的とするのではなく，プリンシパルによる不断のインフルエンス活動もこの自己拘束性を強めているといえよう。以降，本書では，ケンチャイを「配慮」ないしは文脈によっては「気を配る」と訳して用いる。

3. 状況依存的な契約条項の事後的変更

　フォーク定理は，アクセルロッド（1998）による囚人のジレンマを設定したプログラミングの選手権で，ラポポートの「しっぺ返し（tit-for-tat）」戦略が勝利を収めたことからも再確認されている。ただし，ラポポートやアクセルロッドは，経済学とは少々異なる解釈を加えている。選手権で最も低い得点であったのは，反復ゲームにおいて相手の裏切り行為に永久に報復を続ける心の狭い戦略（プログラム作成者の名からフリードマン戦略，その後はトリガー戦略と呼ばれる（Friedman 1971））である。逆に高得点であったのは，相手が裏切った後でも再び協調するという心の広さ（forgiveness）をもつ戦略であった。相手が裏切ったときにのみ次回で裏切り，それ以降は協調するというしっぺ返し戦略も，心の広い戦略のひとつである。数世代にわたるゲームでも，心の狭い戦略は淘汰され，心の広い戦略が生き残ることも明らかにされている。

　取引相手の契約不履行に対して，契約の破棄というトリガー戦略ではなく，契約を維持しようとする意志が「こころの広さ」である。状況依存的な契約条項の事後的変更は，取引費用が嵩むこと，そして再交渉の可能性が取引相手のモラル・ハザードを誘発するという論理から，経済学ではあまり考慮されることはなかった。しかしMcMillan and Woodruff（1999），Fafchamps and Minten（1999）そしてBigsten, Collier, Dercon et al.（2000）などは，契約条項の状況依存的な変更が取引関係を維持するために不断になされていることを，開発途上国を対象とした実証研究で明らかにしている。

　反復取引についてのゲーム理論では，将来の取引から得られる利得の喪失が契約履行を促すことに注目する。しかし現実には，契約違反があったとしても，プリンシパルは再交渉によって契約を続行しようとする。これは，反復取引に

よる信頼の醸成費用が埋没費用となること，そして代替的取引相手の探索費用が嵩むことから，事後的措置によって取引関係を維持しようとする誘因が働くためである。また，代替的エージェントが多くない環境でも，トリガー戦略は適切とならない可能性がある。紛争処理や防止のメカニズムは，取引における裏切り行為がすぐにトリガー戦略に帰結するほど単純なものではなく，もっと巧妙で入り組んだものであることを示唆している。

　Hirschman (1970) の離脱・発言・忠誠 (exit, voice, loyalty) モデルを思い出してみよう。このモデルは，経済学では exit-or-voice と単純化されることが多い。離脱というトリガー戦略にいきつく前に，長期的には利得が損失を上回るはずだとの期待から事態を改善して関係を維持しようとする忠誠戦略もあってしかるべきであろうが，理論に乗せ難いことから経済学では考慮されることは少ない[21]。それでも，トリガー戦略が乱発されるほど荒んだホッブス的な市場は例外的であり，現実には契約履行に軋轢が生じたとしても取引を継続しようとする努力がなされている。贈与交換は契約履行に軋轢が起こらないようにする事前の対応であるが，契約維持のための契約条項の事後的変更という努力もなされているのである。

4. 自生的秩序としての個人的統治

　個人的統治を，ハイエクの立場から理解してみよう。ハイエク (1998) は，市場とは自由な個人が試行錯誤を繰り返しながら一定の共同のルールを形成していくプロセスであり，反省的判断の反復のなかから諸個人の相互作用を通じて発生する自生的秩序の形成の場であるとする。そして，この自生的秩序は人間の行為の結果であるが，人間の意図した設計の結果ではないと主張する。すなわち，政府などの公的機関が設計した秩序ではなく，契約当事者が主体的に構築した統治メカニズムとしての秩序である自生的秩序の重要性を強調する。法や政府が創りだしたフォーマルな制度に依存することなく，人々が自分たち

---

21) Rusbult, Zembrodt and Gunn (1982) は夫婦関係を念頭において，ハーシュマン・モデルを拡張して neglect (無視ないしは怠業) という選択肢を加えている。さらに，そのモデルを組織内の雇用関係に適用して実証している (Rusbult et al. 1988)。エージェントが組織内で neglect を選択すれば，それは怠業となり，生産性に悪影響を及ぼすことになる。こうした現象も，機業にかかわるエージェント関係で観察される。

の行動を自ら調整して秩序を創りだし維持しているのではないか，という問いである。ノースの分析枠組みでは外生的であった統治システムは，個人的統治については契約当事者の意思決定による秩序ということから内生変数となる。こうしたハイエクの市場論は，原初的段階にある市場形成を捉えようとするときの視点としては有益であろう。

　近代法や政府のみならずインフォーマルな集団による統治がほぼ機能していないラオスの手織物の取引は，ハイエク流の自生的秩序としての性質をもつ個人的統治を軸にして安定性が確保されていると考えられる。その秩序の主システムは反復取引のなかで醸成された信頼であるが，契約形態の選択，契約関係を維持するための贈与交換的慣行，そして事後的な取引条項の変更というサブ・システムが付随することによって信頼が補強されている，というのが本書の視座である。

　なおグライフとハイエクは，ともに spontaneous order という用語を用いている。グライフが特定の社会組織における結託の産物としてそれを捉えるのに対して，個人の自由を強調するハイエクは，知識の分散と暗黙知を発想の源とした個々人の自由な相互調整によって spontaneous order が形成されるとする[22]。グライフ (2009) では，spontaneous order には自律的秩序という訳語が与えられている。これに対して，ハイエクのそれは自生的秩序と訳されることが一般的である。そこで本書では，spontaneous order を，グライフ的意味としては自律的秩序，ハイエク的意味としては自生的秩序と表記する。

　ここで制度と契約の関係について，少し付言しておきたい。制度の経済学では，ノースがフォーマルな制度とインフォーマルな制度，またハイエクが組織された秩序 (Taxis) と自生的秩序 (Kosmos) と分類したように，制度（秩序）に名称を与えて議論する傾向が強い。こうした議論は抽象度が高くなるが，本書では具体的な観察に即して議論を進めていくことから，取引当事者によって考案され，当事者にのみ適用される秩序として自生的秩序をやや狭義に捉えている。そして，取引様式（契約形態）とその統治（契約の履行と維持）に焦点をあてる。制度は特定集団の成員に適用されるルール（社会的制度）であるが，契約は当該の契約当事者だけの行動にかかわるルール（二者間の取り決め）である。契約に従ってプレーヤーが行動するという意味では契約はノースのいうように「ゲー

---

[22] この命題は，設計主義 (constructivism ハイエクの造語) としての社会主義の批判となっている。

ムのルール」という制度であるが，ノースが制度を外生変数とするのに対して，契約は契約当事者によって選択される内生変数となっている。

契約そのものは，無限回反復ゲームで協力解がナッシュ均衡となる場合を別とすれば，当事者双方が「共有された予想の自己維持的システム」(青木 2001)とみなすようなナッシュ均衡となる制度ではない。そもそも契約の本質は，インセンティヴ両立制約である。プリンシパル・エージェント関係における取引契約を念頭におくと，プリンシパルは選択した契約の軋轢なき履行を期待する。しかし，エージェンシー問題から自由にはなれない。そのために，プリンシパルは，サブ・システムを通じてエージェントにとって契約の維持が自己拘束的になるようなインフルエンス活動をすることになる。この点については，Appendix A で統計データに基づいて議論していく。

第3節　農村工業としての手織物

網野(1993)は，百姓とは，農民だけではなく手工業や商業などの多様な非農業的生業への従事者であると主張する。この網野史観は，アジアの農村を歩いている者には，何の抵抗もなく受け入れられるであろう。特に，村の家計調査を経験した研究者ならば，農村家計の主要な現金収入は主穀の販売ではなく，農村非農業活動によってもたらされている場合が多いことを知っている。また，貧困地域においては，平均的な農家家計ですら主穀の自給がままならずに，在来の農村工業によってえられた収入によって端境期に穀物を購入して生存を維持する家計が少なからず存在することも周知であろう。すなわち，農村工業の興隆は，貧困家計の生存を保障する手段としても期待されることになる (Otsuka 2007)。

日本の農村手織物業がそうであったように，農村工業の発達は産地の形成(産業集積)となることがある (Schmitz and Nadvi 1999, Sandee and Rietveld 2001)。ラオスの手織物も，織物村という産地でなされることが一般的である。園部・大塚(2004)は，アジアの事例研究から，経済発展を主導する主体として商人と技術者をあげて，産業発展の段階を始発期・量的拡大期そして質的向上期と動学的に区分けしている。その扱う事例は，ある地域に新たにもたらされた技

術・製品（アパレル・オートバイ・プリント配線板）を基盤とする産業集積である。そのために産地では，知識のスピルオーバーや労働者のスピンオフによる企業創出がなされ，また範囲の経済学といえる異業種間の協業といった立地にまつわる収穫逓増（クルーグマン 1994）が働くという利点もある。情報の非対称性に起因する様々な軋轢も，集積地が擬制的な共同体として機能することによって抑制される。こうした事実から，園部・大塚は「内生的産業発達モデル」を提示する。

これに対して本書で扱う手織物は，母から娘へと代々伝えられる技能を基盤としており，それは村の女性ならば嗜みとして身に着けているものである。そのために，暖簾分けやスピンオフといった現象は生まれようがなく，クルーグマン的な収穫逓増の結果としての産地形成とはならない。手織物産地は，商人が農村の織子の製品を扱うには交通費を中心とする集荷費用を賄うだけの規模の経済が求められるという単純な理由でほとんど説明されるものである[23]。

農村手織物業における商人は，すでに指摘したように，原材料の供給という役割も担うことになる。それも，高品質の糸で織らないと高い市場価値は実現できないのである。貧困であり，それほど市場経済も浸透していない農村の機業家にとっては，生産の拡大に伴い信用制約が深刻となる。さらに，消費地での流行の織柄（紋様）情報の入手制約も大きい。自分たちの知っている伝統的織柄だけでは，需要そのものに恵まれないのである。首都のヴィエンチャンなどの大都市ではシンの織柄の流行の変化は激しく，早いものだと 1〜2 週間で廃れていくこともある。ここに，受け継がれてきた伝統的織柄を都市ないしは海外の消費者の嗜好に適合させ，さらには都市の消費者の需要を喚起する織柄を考案する作業が必要となる。

例えば，西陣織といっても古色蒼然とした技術で昔ながらの織柄が踏襲されているわけではなく，新たな技術による新たな製品開発が常に模索されてきた。こうした伝統を基礎として追求される近代性を，Ranne (1997) に倣って「伝統的近代性 (traditional modernity)」と呼んでおこう。ラオス，特にシンの大消費地であるヴィエンチャンの周辺の織物業では，この伝統的近代性の追求が農村工業をめぐる市場形成に大きな意味をもつことになる。

市場の形成というと経済活動の空間的広がりに目がいきがちであるが，農村

---

23) 第 12 章で触れる JICA プロジェクトの失敗の逸話を参照されたい。

の生産者は市場へのアクセス制約だけでなく，信用制約や市場情報の入手制約を受けていることにも注目する必要がある。こうした制約から生産者を解き放って，より規模の大きい市場経済に彼らの生産活動を組み込む役割を担うのが商人である。農村の製品を集荷して都市の市場で販売するという側面だけで商人を捉えてはならない。商人とは，原材料の入手という点でも村の機業家を市場に巻き込み，自家消費か贈与交換の対象でしかなかった農村の生産物を財として市場取引されるようにして，さらには関係的契約という新たな生産形態を持ち込むことによって村の機業そのものを大きく変えていく契機を提供する革新者である。農村工業の製品であるシンが市場化されるということは，商人によってもたらされる農村社会の多様な変容を伴う現象なのである。

第 4 節　本書の狙いと構成

　市場の形成を議論する本書では，市場が低発達な段階にあるラオス，とりわけその農村において「誰が，どのようにして市場を形成していくのか」という課題を，「いかなる商人が，どのような契約で市場取引を実現していくのか」と読み替えて議論を組み立てていく。本書の依拠する主な資料は，1995 年から 2015 年までに書き留められた筆者の調査ノートである。それまでは入国も難しく，学術調査のために農村に入ることはほぼ不可能であったことから，ラオスの手織物業の実態はほとんど知られておらず資料も皆無に等しかった。そのために，産地としての織物村も手探りで探し出さなくてはならない状況であった。

　ほとんどが個人自営業者である農村の機業家は，市場へのアクセスの制約，原料糸を購入する際の信用制約，そして都市／海外の消費者の嗜好にあう織柄情報の入手制約を受けている。こうした制約を緩和して市場を形成する役割を担うのが商人である。自らも機織りに携わることの多い商人は生産者（主として織子）と取引契約を結ぶなかで，契約の履行について諸々の課題に直面することになる。契約履行の強制は，市場取引を統治して市場が円滑に機能するための必要条件である。しかし開発途上国，それも農村における取引については，ノースの指摘するようなフォーマルな統治はそもそも期待できないのが現実で

ある。また手織物の技術的理由によって，グライフの指摘するような商人の結託も生まれてこない。したがって，契約当事者が考案する個人的統治が主として取引を統制しており，それにコミュニティ的統治がときおり機能するというのが現状である。まさに，ハイエク流の自生的秩序が取引を統治している世界が広がっているといえよう。

歴史研究では契約形態の選択や個人的統治は関心の外におかれるが，これは自生的秩序としての契約の選択やエージェンシー問題の詳細が史料に記述されることが少ないためであろう。契約の経済学については理論面で飛躍的な整備がなされているが，実験経済学での分析が主流となり，実証面での研究の蓄積は限られている。これは契約の選択にかかわる要因が複雑であること，そして契約には秘匿すべき内部情報が含まれることから，先進国での実証研究がかなり困難であることがある。ラオスの手織物についての調査では，比較的簡潔な環境において，この契約形態の選択にかかわる人々の反応を生のデータとして聞き取ることができる。そうしたことから，商人と契約に焦点をあてて市場の形成を捉えようとする試みが可能となるのである。

本書は，4部で構成される。第Ⅰ部では，議論の準備がなされる。第1章で対象とする財および生産技術の性質を明らかにした後に，本書のキーワードである商人（第2章）と契約形態（第3章）に触れる。そこでは，商人が選択する取引契約形態の観点から彼らの行動をコード化するための概念が整理されていく。

第Ⅱ部では，シンの小売店という商人が集うヴィエンチャンの公設市場での聞き取りから市場形成を論じる。ここでは高級品を扱うタラート・サオ（第5章）と中・低級品を扱うタラート・クアディン（第6章）を比較対照しながら市場の形成のあり方が異なることを明らかにする。そうした市場（いちば：marketplace）を市場（しじょう：market）と区別するために，本書では，前者をラオス語の市場（いちば）を意味する「タラート（*talat*）」と表記する。いうまでもなく，本書のタイトルは「市場（しじょう）を織る」である。

第Ⅲ部では大消費地であるヴィエンチャン周辺の機業を，そして第Ⅳ部では遠隔地の機業を対象とする。商人には，織子が直面する制約，すなわち市場までの距離の克服，糸の購入についての信用制約そして織柄についての市場情報入手という困難を緩和する役割が求められる。ふたつの部に分けたのは，こうした商人に期待される役割がヴィエンチャン周辺と遠隔地（特に，織物の宝

庫であるフアパン県とシェンクワン県）で異なっているからである。前者における織元の重要な役割は，流行の織柄情報の伝達と高品質な糸の提供によって伝統的近代性を実現させることである。ちなみに，よい織柄はよい糸で織られることによって高い市場価値を実現できることから補完関係にある[24]。これに対して，遠隔地では流行の織柄情報の伝達がなされにくい。これは情報伝達インフラの問題ではなく，遠隔地では織柄の流行の速さに対応できないことと織柄という知的所有権の保護が難しくなることを理由としている。したがって遠隔地での商人の役割は，距離の克服と糸の提供にウエイトがおかれる。それゆえに，市場形成のあり方も異なってくることから，ふたつの部に分けて議論されていく。

　最後に，本書の議論の進め方について説明しておきたい。第Ⅱ部以降での記述の大半は，多くの機業家に対する聞き取り調査に依拠している。質問票を利用した農家家計調査（第4章）や企業調査（Appendix A）ならば，個票データを集計した結果にもとづいて議論を進めるところである。Appendix A で示されるような回帰分析の結果を示せば，それなりのことを語ることもできよう。しかし本書で対象としている機業家は実に多様であり，集計してしまうとその多様性のもつ意味が消されてしまう。例えば，多くある機織り村も多様であり，代表的といえる機織り村を特定するのが困難なほどである。仮に，そうした村のデータを採取して回帰分析をしたとしても，ほとんどが村ダミーで説明されてしまうような結果しか得られないのではと思われる。

　結論にかかわることであるが，多様な特性をもつ機業家が，その多様性にあわせて最適な契約の選択を行うことによって市場が形成されていくのが現状である。そうした市場形成を観察するためには，集計データではなく，個々の機業家に登場してもらう他にないのである[25]。

　調査ノートに書き留められた多くの記述的データに依拠するならば，その整理から帰納的推論として要素還元的な結論を導き出すのが正当な議論の方法かもしれない。しかしそうすると，どうしても記述がモノグラフ的になりがちと

---

[24] 強い信用制約が農村工業の発展を阻害していることから，小規模信用貸付などの政策介入が必要であるという主張がなされることが多い。しかし手織物については，信用制約を解消したとしても織柄情報の入手制約が残ることから，金融面での政策介入の効果は薄くなる。

[25] 20年にわたる調査ノートであり，その間のラオス経済は大きな混乱も経験している。したがって，そもそも集計は難しいデータである。

なり，読み難くなってしまう。それを避けるために，本書では，次の３つの方法を採用している。

　1）個別事例の紹介から帰納的推論を導出するのではなく，序章と第Ⅰ部で議論の枠組みを提示したうえで，第Ⅱ部以降に演繹的に事例を説明するという手法をとる。これは，多様な事例に惑わされることなく議論を進めるために採用した方法である。また，それに関連して，2）多様な商人の性質を，彼らが採用する契約形態でコード化して整理していく。そのために，紙幅の制約も考慮して，コード化に馴染まない情報はかなり捨象されている。そして，3）ある事象を解釈するために，他の事象と類比する相互参照をできるだけ試みている。類比の対象となる事象には，日本の経験も含まれる。ただし，日本の事例で比較対照の中心とする両毛地方（特に，桐生と足利）では1910年代後半になると力織機の導入が進み，それに伴い工場制が普及してくる。ラオスでは力織機は存在していないことから，日本の経験は力織機の導入以前の明治前期に限定されることになる。また紋織りという点では西陣もあるが，両毛地方の機業がラオスと同じく農村工業として発達したのに対して，西陣は都市のギルド的様相をもつことから準拠枠とはなりにくい。また，両毛地方は東京という大消費地までの距離の克服が求められていたという点でも，西陣よりは本書の対象に近い存在である。

　本書では議論の枠組みと各章の結論に重複がみられるところもあるが，それは1）と3）の手法によるものである。また，契約当事者の一方ではなく，できる限り他方からの聞き取りも心がけている。そのために，記述が長くなるという弊害も生まれていることは否定できないが。

　その他に，細かい注意点を3点ほど指摘しておきたい。1）本書にある表は，出所がついていない限りは，すべて筆者の聞き取り（機業家の帳簿を含む）によるものである。写真も同様である。したがって出所は示していない。2）ラオスの通貨キープ（kip）での表記であるが，本書の調査期間中にキープはドルに対して10分の1以下に暴落している。したがって，異なる期間での価格・収益そして賃金などの比較には充分な注意が必要である。そのために調査時点での為替レートに基づいてドル表記するようにしているが，輸入財（特に，原料糸）価格が暴騰したのに対して，国内生産される財の価格上昇はそこまでではないことなどもあり，ドル表示も便宜的なものに留まる。そこで参照価格として，農業労働賃金・公務員の給与，そしてときおり米価などを提示している。農業

労働賃金は，同じ年でも場所によって大きく水準が異なる。こうした理由により，紹介する事例については聞き取り年を明示してある。そして，3) 登場するのは個人であることから，個人情報の開示には慎重にならざるをえない。そのために，よほど著名な機業家であり関連する人ならば誰でも知っている場合は実名とするが，その他は名前を変えてある。すでに機業から撤退した織元などは，実名のままの場合もある。織物村＝産地も名の知れたところが多いことから，これを架空の名とすることは，ほとんど日本の機業を議論するときに桐生・足利そして西陣を架空の名にするに等しいところがある。そのために村名・地域名はそのまま表記している。

地名の表記などはラオス語の発音に近い表記としてあるが，どの言語でもそうであるようにカタカナ表記には限界がある。例えば市場 (talat) などは，単語の末尾の子音が無声音に近くなることから，タラートとするかタラーッとするか迷うところであるが，本書ではタラートと表記する。長母音か短母音かも，人によって異なることもある。またヴィエンチャンなどはウィエンチャンのほうがより近い発音であろう。そもそも Laos の s は仏領インドシナの時代にフランスによってつけられたものであり，ラオスではなくラーオであろう[26]。しかし，これらについては，通称のヴィエンチャンとラオスとしている。なお，ヴィエンチャンはラオスの首都であり，その北部に広がるヴィエンチャン県とは区別される。これらは1989年に分離され，首都はヴィエンチャン特別市 (Vientiane Capital) となった。そこで本書では，ヴィエンチャン特別市を単にヴィエンチャンと表記して，ヴィエンチャン県と区別する。こうしたことから，厳格な地域研究者ならば現地文字での表記も附すことになろうが，本書ではそこまではしない。したがって，本書におけるラオス語のカタカナ表記の正確性には留意が必要である。

---

26) ラオスの英語表記された国名は，Lao People's Democratic Republic (Lao P.D.R.) である。

第Ⅰ部

手織物を探る

第Ⅰ部では，ラオスの手織物を語るうえでの準備作業を行う。第1章では，手織物の技術的側面に触れる。これは，取引についての制約や軋轢に関連して，結果として市場形成に影響を及ぼすことになる。織物についての専門的な話となるが，この理解があれば議論の構図が捉えやすくなろう。次に，「誰が，どのようにして市場経済を形成していくのか」という本書の問題意識に関連する主要な用語を定義するために，第2章では手織物の取引にかかわる登場人物（小売店・織元・仲買人そして織子）を，そして第3章ではラオスで観察された契約形態を紹介する。さらに，長期的な反復取引関係である「お得意様」の意味にも言及する。Appendix Aでは，ラオスの零細企業への質問票調査の結果から，この「お得意様」関係が企業間信用（trade credit）の基礎となっていることを明らかにする。本書では，筆者の調査ノートという極めてミクロのデータに基づいて記述されることから，手織物業の農村経済における位置づけがなされていない。そこで第4章では，村の家計調査を利用して，機業のセミ・マクロ的な位置づけをしておく。

第 1 章
ラオスの手織物の歴史と技術特性

本書は，ラオスの手織物の取引を対象として市場の形成過程を議論するものであることから，手織物の細かい種類・機織り技術・織機の種類・地域性・歴史や社会／文化人類学的な側面には深くは立ち入らない。ラオスの手織物について，そうした分野に興味のある読者に文献を紹介するとすれば，Connors (1997) が最も包括的な情報を提供してくれよう。他に，簡単な読み物としては木村・ヴィエンカム (2008) がある。ヴィエンカム女史は，大規模織元を扱う第 8 章で紹介するペンマイ工房を主催する姉妹のひとりである。織柄の文化的背景を含めた詳細な研究としては Findly (2014) が優れている。また，織物の宝庫として知られるフアパン県（第 11 章）とシェンクワン県（第 12 章）の織物については，Cheesman (2004) が参考となろう。

　ラオスの手織物の詳細な紹介はこれらの著書に譲るとしても，手織物の歴史的背景と機織り技術について最小限の説明をしておく必要はあろう。本章では，1) 経済自由化以降にラオスで手織物業が興隆し始めた歴史的経緯，2) 取引される財としての織物の性質，そして 3) ラオスの機織りの技術について概説する。このうち財としての織物の特性と機織り技術はエージェンシー問題に関連して取引形態に大きな影響を及ぼすことから，本書では幾度も触れられることになる。手織物そのものに興味の薄い読者にとっては少々面倒なところもあろうが，ご容赦いただきたい。

第 1 節　手織物ルネッサンスの背景

　ラオスの女性の伝統的衣装は，ボディ部分の筒型の腰布であるプーン・シン (*puuen sinh*) と裾布のティーン・シン (*dtiin sinh*)，そして結婚式などの儀礼用の肩掛け布であるパー・ビアン (*paa biang*) からなる（写真 1-1 参照）。

　プーン・シンは幅 70 〜 80cm，長さ 180cm の布である。180cm は大人が両手を一杯に広げた長さとして定義された身体尺であり，ワー (*waa*) と呼ばれる。ティーン・シンの丈は 10cm 以下のものから 40cm を超えるものもあるが，これは主として流行で変化する。そのために，プーン・シンの幅も変化する。ティーン・シンは，強めに撚りを掛けた太めの糸でしっかりと筬打ちがなされ，また一面に紋柄が織り込まれることから重みがある。この重みは，プーン・シ

ンを着用したときに布を安定させる効果をもつ。また近年では，シンとティーン・シンを1枚の布とするシン・ティーン・カップ (sinh-tiin-kab) も織られるようになった。パー・ビアンは仏事や冠婚葬祭，そして寺詣などに用いられる肩掛けの儀礼布である。ティーン・シンと同じ織柄であることが一般的であることから，1組で製織されることが多い。しかし儀礼布であることから，需要は限定される。本書では，プーン・シンをシンとして表記する。また，必要なときにはシンの種類を明示するが，一般的なラオスの布の総称としてもシンとする。

　ラオスの手織物は，民族，地域，さらには村々で独自の宗教的そして文化的な寓意を含んだ織柄をもっていた。織り込まれる織柄にはナーガ (naga 竜)，シーホー (shiho 象の鼻をもつライオン)，神話にでてくる動物に乗る祖先，ドーク (dawk 花)，ロク (lok 野生の鶏) など多様である。また，赤タイ族は赤 (daen) く染めたシンを，そして黒タイ族は黒い (dam) シンを着用する。このように，シンは人々の社会的アイデンティティを表現している。生活に溶け込み精霊信仰に根差していることから，村で葬儀が行われているときにはシンを織ってはならないという風習もあるように，機織りは社会に埋め込まれた存在である[1]。

　機織りは，村社会で女性が女性として認められるための重要な技能のひとつであり，「あの娘は機織りがうまい」とは未婚女性にとって最大の褒め言葉のひとつでもある[2]。女性がまとうシンには，自己ないしはその属する家柄なりの社会的アイデンティティが刻印されている。先進社会でもそうした風潮は無きにしもあらずだが，ラオス社会では，よい家柄の女性が暗黙裡に期待されるイメージなり役割を演じるための舞台衣装としてもシンは欠かせない社会的装置である。

　こうしたシンは，かつては国王への「調」として収められもしていた。近年

---

[1] 日本でも，機織りは同様の扱いを受けていた。例えば，鈴木牧之『北越雪譜』(1991) の御機屋の項には「貴重尊用の縮をおるには，家の辺りにつもりし雪をもその心して掘りすて，住居のうちにてなるたけ烟の入らぬ明かりもよき一間をよくよく清め，あたらしき筵をしきなべ四方に注連をひきわたし，その中央に機を建る，是を御機屋と唱へて神の在がごとく畏敬し，織手の外他人を入れず，織女は別火を食し，御機にかかる時は衣服をあらため，塩垢離をとり，盥漱ぎことごとく身を清む，日毎にかくのごとし。紅潮をいむ事は勿論也。他の娘など今日は誰どのの御機屋を拝にまゐるなどやうにいふ也。至極上手の女にあらざれば此おはたやを建る事なければ，他の婦女らがこれを羨事，此論は階下にありて昇殿の位をうらやむがごとし」とある。

[2] 同じく『北越雪譜』の織婦の項には，「縮をおる処のものは娶をえらぶにも縮の伎を第一とし，容儀は次とす。このゆえに親たるものは娘の幼より伎を手習するを第一とす」とある。

写真 1-1　シン

出所）上は Chansathith Chaleunsinh 女史提供。

注）上はパー・ビアンをまとうことから正装である。やや広幅のティーン・シンは，パー・ビアンと同じ織柄となっている。下は普段着であることから，パー・ビアンはない（ルアンパバーンで撮影）。

写真 1-2　綿を紡ぐ
注）ウドムサイ県で撮影。細い糸を紡げる人は少なくなってきているという。

写真 1-3　生糸を手挽きする老婆
注）フアパン県サムタイで撮影。鍋の湯に数十粒の生繭を潰けて煮繭して，竹べらで繰る糸の数を調整しながら糸取りをする。挽かれた生糸は竹籠のなかで乾燥される。撚りは，まったくかけられていない。最も原始的で製糸効率も低い方法ではあるが，生糸が傷まない製糸方法でもある。

までラオスの織子たちは，自ら綿を紡ぎ（写真 1-2），また在来の蚕（多化性蚕）から糸を繰って（写真 1-3），機織りをしていた。織り上げたシンのほとんどは，市場化されることなく自家消費されるか，村のなかで物々交換ないしは贈与されることが一般的であった[3]。

　ラオスの手織物産地のなかでも，フアパン県とその南のシェンクワン県は，それぞれが独自の多様な織柄をもつ織物の宝庫として知られている。ヴェトナム戦争（1960-1975）のとき，ヴェトナムとの国境に沿ってラオス側にホーチミン・ルート（Ho Chi Minh trail）が縦横無尽に走っていたことから，この地域は絨毯爆撃ともいうべき空爆に晒された。この戦争で米国がラオスに投下した爆弾は約 300 万トン（当時のラオスの人口は約 300 万人）といわれ，国土の 3 分の 2 が爆撃の対象となった（竹内 2004）。また投下された爆弾の 2 ～ 3 割が不発弾（UXO）になったといわれ，現在でもその被害が続いている（写真 1-4 と 1-5 参照）。

　この動乱の時期には，この地域から戦禍を逃れて多くの人々がヴィエンチャン平野やその近郊の山間部に移住していった。彼らは農村部や郊外に定住して，ディアスポラ（離散定住集団）を形成することになる。さらに 1975 年，ヴェ

---

[3]　一部は中国との交易の対象となっていた（Bowie 1992）。中国からは金糸・銀糸がもたらされ，ラオスの布を飾ることにもなった。また，フアパン県で織られたシンが中国や高地ラオと交易されていたことについては，ペンマイ工房の話（第 8 章）を参照されたい。

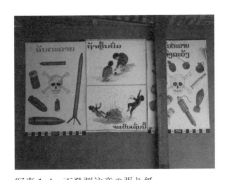

写真 1-4　不発弾注意の張り紙
注）不発弾の被害に遭ったという話は，村でも聞く。焼畑をしている写真をとっていると村人が大声で戻ってこいという。気をつけているから大丈夫だよというと，焼畑の熱で地中の不発弾が爆発することがあるためだという。

写真 1-5　処理した不発弾を柵とした豚小屋
注）写真 1-4 と 1-5 は，シェンクワン県で撮影。処理した不発弾は様々な用途に使われる。村の鍛冶屋などには，品質のよい鉈などがつくれると重宝される。

トナム戦争の終結を受けてラオスでも社会主義革命がおこり，フアパン県を中心に活動していた革命勢力の人民革命党がラオス王国を倒してラオス人民民主共和国を成立させる。このときに，ヴィエンチャン平野の旧政権側にいた人々を中心に人口の約 1 割にあたる 30 万人ほどが海外に逃避したといわれている。彼らの多くは旧宗主国のフランスや米国に渡っている。そのあとを埋めるように，フアパン県やシェンクワン県などからヴィエンチャン平野への人々の移住が続いて，ディアスポラが拡大していった。

　手織物の宝庫からの移住民は，ラオスの手織物業に大きな影響を与えることになった。シンプルな紋様のシンを身に着けていたヴィエンチャンの住民にとって，移住民（特に少数民族の黒タイ・赤タイ・プアン族など）のカラフルな紋様をもつシンは衝撃的であったという。あまりの織柄の違いに移住民の織ったシンが受け入れられないこともあったというが，そのうちに地域文化の交流は地域固有の織柄に対する人々の関心を高めていった。そして，精霊信仰や仏教などの地域や民族ごとの儀式的意味をもつ織柄が，その呪術性を失って単なるモチーフとして流行の源泉となっていく。交流のなかで民族間の差異が曖昧となっていったことも，この傾向に拍車をかけている[4]。

　織子たちは自分の地域なり家族なりに伝承された固有の織柄を織りえたとし

4）　それでもなお，仏事の際には身に着けてならない柄といった社会的規制は残っている。

ても，多様な織柄のデザインはできない。ここで，流行にあった，または流行を創出しうる織柄をデザインできる図案師（意匠師）が，ラオスの機業の興隆に重要な役割を果たすことになる。経済開放によって所得が上昇していくなかで，特に都市部の女性たちは争って新しい織柄のシンを求めるようになる。「新作の織柄でも，1週間かそこいらで客がつかなくなってしまう」とは，あるシンの小売店主の言葉である。これから確認していくことであるが，需要に応じた織柄ないしは需要そのものを喚起する織柄をデザインできる図案師は，有力な織元となっていく。また，数は多くはないが，シンの小売店主のなかにも優れた図案師がいる。細分化された分業構造のなかに図案師がいるという日本の機業とは異なる様相が，ラオスではみられることになる。

さらにラオスでは，海外市場の嗜好にあわせた織柄や色彩が生み出されている。例えばタイ，日本，そして欧州向けの製品の織柄や色具合はまったく異なる。まさに，伝統と近代を融合させた製品開発がなされている。この伝統的近代性を追求するのが，都市や海外の消費者の嗜好にあわせた布を作成できる図案師＝織元なのである。

しかし，こうした変化が本格化するまでには，しばらくの時間を要した。社会主義革命によってタイとの関係が悪化したことからラオスは鎖国状態となり，経済は停滞した。さらに，社会主義政権は民族間の対立を助長するとしてシンの着用を禁止する政策を一時期とった。事態が大きく変わったのは，1986年，それまでの経済不振を打開するためにチンタナカーン・マイ（新思考）政策として知られる自由化政策が採用されたことによる。ヴェトナムのドイモイが始まったのも同じ年である。対外的に経済が開放されていくのは1990年代になってからであり，1997年にはASEANへの加盟も果たしている。そのなかで，公務員はシンを着用し，学校・銀行そして公企業などの制服もシンとなってきている。紆余曲折はあったものの，今世紀に入ると人々の生活水準も向上して，人々のまとうシンの品質も高まってきた。

海外需要も，手織物業に大きな影響を与えることになった。自由化によって対外的に経済が開かれたとき，ラオスが鎖国している間に経済的離陸を始めたタイが織物の市場として登場した。ラオスとタイは文化的には近似しており，ラオスの織物に対する潜在的な需要がある。また，タイ（特に，バンコク）にある海外観光客向けの土産物屋ではフアパン県やシェンクワン県の織柄の手織物

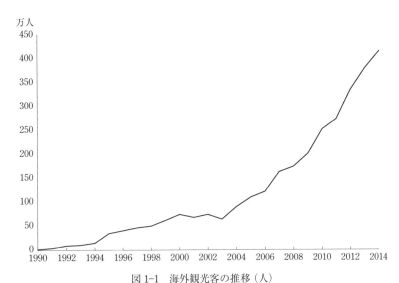

図 1-1　海外観光客の推移（人）
出所）Ministry of Information, Culture and Tourism, *2015 Statistical Report on Tourism in Lao PDR* から筆者作成。

が売られており，これも相当の規模の需要となっている[5]。次に，1990 年代半ばになるとラオスにも海外からの観光客が増え始め（図 1-1），物珍しい手織物は格好のみやげ物となった。1994 年にタイのノーンカイとヴィエンチャンを結ぶ「タイ・ラオス友好橋」が開通すると，観光バスでタラートに大挙して押し寄せてきたタイ人観光客がシンを買い漁る姿が目立つようになった。こうした光景は少し時期をおいて，北部の古都ルアンパバーンでも見られるようになる[6]。最後に，革命のときに海外に逃れた人々が結婚式などのために高級な手織物を注文するようになっているが，これも無視できない規模の需要である。具体的な話は，比較的高級なシンを扱う小売店での聞き取り（第 5 章）のなか

5) チェンマイの近郊に農村手工芸品で知られるサンカムペーンという町がある。そこで手織物を販売する店の女主人は，ヴィエンチャンに自動車で訪れて織物を仕入れているという（1996 年聞き取り）。バンコクの土産物屋でもラオスの織物がタイ製として売られていた。その後，タイの観光客向けのみやげ物は多様化して，手織物も売られなくなってきている。
6) 2000 年代前半に観光客の減少の局面もみられるが，これは 2001 年の同時多発テロと 2003 年の SARS の影響である。2009 年のタイの騒乱（特に空港占拠）の影響は，この図からは観察されない。タイからの観光客数が増加したことから総数では増加しているが，実は 2008 年に 27.6 万人であった欧米と日本からの旅行客数は 2009 年には 21.2 万人と 23.2% も減少している。先進国からの観光客向けにシンを生産していた人々，特にルアンパバーンの機業家は，この時期に大きな打撃を受けている。

で語られることになる。

　ラオスでは，糸（綿と絹）を自給したうえでの自家消費のため機織りがなされていた。しかしシンが市場取引の対象となると，原料糸が不足することから，糸を購入したうえでの機織りがなされるようになる。このために様々な糸の輸入が始まり，品質の多様化が進むことになる。在来種の絹糸は張力に弱いことから，特に経糸(たていと)には不向きとなる。これは，品種そのものに起因する問題であると同時に，器械製糸と比べて伝統的な操糸方法では繊度が不均一となり，また撚りが不充分であるためでもある。撚りが不充分な経糸は，筬(おさ)によって毛羽立つことから品質の劣化を招くことにもなる。

　ラオスでの手挽きによる糸取りは少々雑にみえてしまう。鍋の煮立った湯のなかに30から50粒の繭をいれて，竹べらで繰る糸の数を調整しながら糸取りをする（写真1-3参照）。この方法だと，しばしば数本の糸がもつれて挽かれることから節ができるなどの繊度むらが出る。こうした糸を経糸に使うと筬の滑りが悪くなって糸切れの原因となることから，在来の絹糸は経糸には敬遠されてしまう。そのために，経糸には綿糸か化繊が使われることが多い。しかし経済自由化とともに，繊度むらのない二化性蚕の絹糸が輸入（初期には日本製，そしてすぐに中国製）され始め，それが経糸に使われるようになった[7]。1990年代末になると，経糸にも緯糸(よこいと)にも使われるヴェトナム産の生糸（二化性と多化性蚕を掛けあわせた二化多化）が普及していった。これは人民元がドルとペグされていたことから，1997年以降のキープの暴落によって中国産の生糸が高価になりすぎた影響もある。2010年前後になると，さらに高価なタイ製の絹糸も流入し始めた[8]。

　在来の多化性蚕からとれる絹糸が劣っているというわけではない。そうした絹は光沢があることから織柄用の柄糸として用いられる。吐糸を終えた蚕は繭中で化蛹し7～8日経過した後に成虫となって孔をあけて繭外に出ることから，糸が繰れなくなる。二化性蚕ではピーク時の繭の生産が繰糸能力を超えることから，乾繭（殺虫）して繭を保存する必要がある。しかし，この熱を加える乾

---

[7]　これは，タイの絹織でも同じである。タイの絹織物の少々ごわごわした手触りは，緯糸に使われるタイ産の絹糸（多化性蚕）の性質によるものである。製織の際に糸切れすると問題が大きくなる経糸には，器械製糸された日本や中国製のスムーズな絹糸（二化性蚕）が用いられていた。現在は，二化多化ないしは量的には少ないが二化性蚕の絹糸がタイで生産されるようになっている。

[8]　生糸で輸入されるときには「産」，そして絹糸で輸入されるときには「製」と使い分けている。

写真1-6　座繰り器による糸繰り
注）タイのコンケーン県で撮影。いわゆる座繰りという繰糸法である。写真1-3の手挽きよりは効率的であるが、糸枠に巻きつけることから生糸が傷むという。

燥作業は絹にダメージを与えてしまう。これに対して、年に5～6回ほど養蚕される多化性蚕では繭の供給が平準化されることから乾繭は不要となる[9]。ラオスでは、蚕虫が生きたままの繭を湯に入れて繰糸する。糸は竹製の笊に落とされて自然乾燥される、いわゆる生繰りという方法が一般的である。かつての日本や現在のタイでは、座繰り器で自動的に撚りをかけながら糸取枠に巻いていく（写真1-6）。ラオスでは、それもない手挽きによる操糸（写真1-3）であり、先に指摘したように撚りが甘いという弱点がある。しかし、糸取枠に巻き付けることも糸にダメージを与えてしまうことを考えれば、ある意味、ラオスの生繰りは贅沢な操糸方法である[10]。

　経済開放後、タイから化繊糸も流入し始めた。化繊は張力に強いことから経糸にも使われるが、色付けされた糸であることから柄糸としても用いられる。

---

9)　桑が育たない乾季には養蚕はされない。
10)　シルクサイエンス研究会『シルクの科学』（1994）を参照している。また、蚕の種類やその特性については、清川（2009）が参考になろう。

第1章　ラオスの手織物の歴史と技術特性 | 41

これらはラオスでは，マイ・コンケーンとかマイ・イタリーと呼ばれている。マイとは絹を意味するが，これは化繊が絹糸のように光沢があるためであり，化繊は絹糸の代用品として使われている。本書では，それらをコンケーン糸とイタリー糸と呼ぶことにする。コンケーン糸は細くて筬が滑りやすいことから経糸に，そしてイタリー糸は太いことから横糸に用いられる傾向がある。また，かつて用いていた金糸や銀糸に代替してメタリック糸が使われている。例えば，金糸はマイ・カム・ニープン（絹・金・日本）と呼ばれる日本製のレーヨンである。その後，タラートの糸屋では，マイ・カム・フランスなども見かけられるようになった。輸入財の利用は染料にも及んでいる。かつては草木染めが中心であったが，化学染料の使用が一般的となってきた。染め斑が出るなど技術的に難しい草木染めと比較すると，化学染料では艶やかな色彩が容易にえられる。こうした色彩はラオス人の嗜好にもあっている。

　ここまでみてきたように，少し前のラオスでは，原料糸を自給したうえでの自家消費か贈与のための機織りが日常的風景であった。そうしたなか，すでに指摘した経緯を経て民族の文化的融合が進み，「織柄のルネッサンス」が始まった。そして，経済自由化によって，シンの市場化という「生産拡大のルネッサンス」が本格化していくことになる。

　生産拡大のルネッサンスは，村の生産活動を都市さらには海外の市場へと結び付けることによって実現される。そうなると，それまで農村で自給されていた原料糸だけでは，質・量ともに需要に対応できなくなる。そこで，糸（特に輸入糸）を購入して機織りをするという新たな生産様式が登場してくる。深刻な信用制約を受ける農村の織子たちにとって，原料糸の購入は大きな課題である。加えて，それらが輸入糸であることから，為替相場の乱高下に伴う不確実性への対応も求められる。また，都市なり海外なりの消費者の嗜好情報を入手して製品化することも必要となる。市場の形成は，こうした変化への対応を機業家に求めることになる。しかし，それは市場経済の経験が少ない農村の織子にはいささか荷の重い課題である。ここに，商人の登場が求められることになる。

第2節　ラオスの手織物の製品特性と機織り技術

　市場取引のあり方は，取引される財の性質によって大きく影響を受ける。ここではシンという財の性質を，財そのものの特性と財の生産技術の特性とに分けて説明していこう。

1. シンの財としての性質

　説明が簡単な財としての特性から始めよう。取引に関して経済学でよく問題とされるのは，財の品質情報の非対称から生じる「レモンの問題＝逆選択」である。そこでは中古車のように，購入時には財の評価ができずに，消費してはじめてその品質が判明するという経験財が対象となる。しかしシンは，海外からの旅行者のような素人ならともかく，ラオスの女性にとっては品質判定がお手の物の財である。

　ただし，化繊（イタリー糸やコンケーン糸）と器械製糸（マイ・ラープ）された絹糸とは，製品（特に交織）になった場合には見分けがつきにくい。繊度が一定しない在来の手挽きの絹糸（マイ・モン）との見分けは，かなり容易である。ラオスの女性たちと話をすると，触ってみればほぼ判定がつく（絹織と比べて化繊はざらつきがありやや硬い）が，慣れていない人だとわからないという。実をいうと，化繊を外国の絹糸だと勘違いしている織子も多い。これは化繊が，マイ・イタリーとかマイ・コンケーンのようにマイ（絹）と呼ばれているためでもある[11]。

　この意味では，シンは品質情報の非対称性が問題となる財といえるかもしれない。しかしシンの品質を決めるのは，1) 織りの確かさ，2) 織柄，そして3) 糸の品質である。化繊と器械製糸された絹糸の区別がつきにくいことは，糸の品質問題にかかわるともいえるが，ラオスの女性にとっての糸の品質とは，ど

---

11) 2015年，ヴィエンチャンの村のラオス女性同盟の女性たちとの会合の際に，化繊と絹のシンの違いについて質問してみた。やはり，区別がつかないという人もそれなりの割合でおり，コンケーン糸やイタリー糸が外国の絹糸と誤認している人もいた。化繊だと教えると驚いて「だから，燃やしたときに変な臭いがしたのだ」という女性もいた。

れだけ光沢があるかであり，化繊も光沢があることから絹か化繊かという問題はそれほど大きな問題ではない[12]。ただし，絹のシンが高級品という認識はある。第Ⅱ部「ふたつのタラート」で触れるように，ひとつのタラートでは絹織り（経糸か緯糸のどちらかに絹糸を用いる交織を含む）が売られ，他方では化繊か綿織りが売られているように，タラートで棲み分けがなされている。

しかし品質情報の非対称性が問題となるのは取引相手が一般の消費者である場合であり，織元や小売店などの商人は容易に糸の判定ができる。シンは品質判定が容易な探索財であることから，逆選択による粗製品が市場を攪乱させるようなことはないのである[13]。取引において問題となるのは，この後に触れる機織りの技術特性に起因するエージェンシー問題である。

ここで，議論の理解のために，日本の手機織りとの比較をしておこう。日本の機業研究の多くが対象とするのは，西陣織を別とすれば，平織りである。平織りか紋織りかによって生産組織のあり方や市場形成の経路も異なってくると考えられるが，そこに着目した研究はあまりない。これは実証研究が特定の地域の史料に依拠していたことから，地域間の製品の差異にまで研究が及んでいないためであろう。

意匠が問題となる場合については，次の研究がある。1890年代から1900年代にかけての桐生では，意匠の多様化に呼応した織元が熟練の織子とかなり長期の問屋契約を交わしていた（中林 2003）。また田村（2004）は，明治前期において，綿糸や化学染料の輸入が新製品の開発競争を引き起こし，それが織元の意匠への支配力を強めた結果，1890年前後の先染縞木綿の産地で買入制から問屋制への転換がみられたことを指摘している。商人が織柄への支配力をもつことが，問屋契約の選択につながったという指摘である。この構図は，これからみていくラオスの現状に近いであろう。

紋織りと内機経営の関係については，三瓶（1961）の指摘がある（pp.39-40）。

---

[12]「大きな問題ではない」とはいいすぎかもしれないが，少なくとも，われわれが絹と化繊についてもつイメージほどの差は，ラオスの女性たちにはない。ただし，一部の高所得者層のなかには，肌触りがよいということでタイ製絹糸を使ったシンを注文する人も増えてきている。

[13] 品質にかかわるのは，経糸が糸切れして玉ができること，浮織りで糸切れして模様が汚くなること，経糸を機に掛けるときに張りが均一でないことから生じる布の歪み（筬を通した糸を引っ張って整え，巻いていくときに張力が均一になるように経巻作業をしないことから発生），そして緯糸を節約しようとして筬打ちを弱くして織りの密度が少なくなった場合などがある。最後が，糸の窃取というエージェンシー問題となる。

「高機が,綾・紋織・縮緬・羽二重等の精巧な絹織の商品用」であったことから,高機は絹織用であった。「農家に高機とその技術とが存在しない」ことから,「絹織業者は生産を増大させるには,自ら高機の設備台数を増大し,織手を雇入れる外はない」。そのために「木綿は生活必需品であり,需要増大したにもかかわらず,何故絹業マニュが早く発生し,綿織マニュの発生がおそく」なったかが,高機との関連で説明されるとしている。なお,三瓶のいう高機とは紋織りなどのための空引機（そらびきばた）である[14]。その後,バッタン（batten）として知られる飛杼を備え付ける形で普及していく[15]。飛杼は,手による投杼と比較して,広巾製織に用いられる[16]。ただし紋織りや染柄の調整が必要となる緯糸絣には不向きであることから,ラオスではバッタンはみられない[17]。

　ラオスの製織技術を高機と比較しておこう。やや大掛かりな装置である高機は「農家に高機とその技術が存在しない」（三瓶 1961）ことから都市部での普及となる。これに対して,後述するように,ラオスでは織子がひとりで操作可能な垂直紋綜絖という独特の技術で紋織りが織られていく。この技術は農村でも広く普及していることから,農村における技術の不在を理由として集中作業場（マニュファクチュア）が発生するという論理はラオスでは妥当しない。

　信夫（1942）も,「天保年間までの桐生織物が製織に特殊の技術を要して意匠・配色に特有の秘術を誇る紋織物を主たる生産品としたことは,なお賃機よりも機屋自身の作業場の意義を重からしめた」（p.14）ことから,「賃機の開拓は,織物生産が精巧品から普通の着尺物に転換してから以後のことであって,輸出織物が盛に製織されるにいたって,さらに広汎に行われるようになった」（p.14）としている。織られる布の品質によって,生産組織が異なってくるのである。すなわち,力織機導入以前の明治期の織物の中心は図案師の役割が求められない平織り（縞織りや絣を含む）であり,紋織りが中心であるラオスの機織りとでは様相が異なってくる。日本の経験を比較対照するときには,この点に

---

[14] 柳川（1977）によると,桐生に「元文二年（1737年：筆者注）西陣から所謂高機が移入され,一般的に流布し,従来の坐織機に対置した。……高機（では）……綜絖及び杼の数は増加して複雑な綾を生ぜしめ得た。更に綜絖の上下即ち開口運動は,……綜絖の上下にのみ従事する特別の労働者が機上に坐する……」（pp.148-149）とある。この「機上に坐する」人がいることから,空引機と呼ばれる。

[15] バッタンとは,1733年にイギリスのジョン・ケイが発明した飛杼（flying shuttle）のことである。

[16] このために,飛杼が最初に普及したのは輸出羽二重の広巾製織であった。

[17] 唯一の例外として,マイサワン工房（第10章）がある。

充分な注意が必要である。

　無地の平織りや縞織りそして柄が限定されている絣では織柄が大きな問題となることはないが，ラオスの手織物の主流である紋織りでは織柄情報がシンの売れ行きを大きく左右する。また問屋契約が採用されるとしても，エージェンシー問題は，平織りでは糸の窃取に留まるが，紋織りでは織柄情報の剽窃も加わることになる。例えば，水野（1999）が対象とするインドネシアの低品質の平織りの手織物をめぐる市場形成の経路は，ラオスの紋織りの市場とは異なっている[18]。このように製品特性によって，エージェンシー問題の発生形態，ひいては市場形成の経路が異なる可能性がある。

2. 機織りの技術

　ラオスの手織物業にかかわるエージェンシー問題は，機織り技術と密接な関係がある。機織り技術の用語が本書でも頻繁に登場することから，簡単にではあれ説明しておく必要があろう。

　ラオスの手織物は，「紋(もん)織り」と平織りである「絣(かすり)織り」および「縞織り」に分けられる[19]。量的には紋織りのほうが圧倒的に多く，取引で問題となるエージェンシー問題がより深刻となるのも紋織りである。そこで，本書では主として紋織りを対象とするが，比較対照のために絣や縞織りにも触れる。

　織物で直交する経糸(たていと)と緯糸(よこいと)とを組み合わせる方法を，組織（structure）という。織物の組織の基本は，三原組織として知られる平織り・綾（斜文）織り，そして繻子（朱子）織りである。最も基本的な組織は，経糸と緯糸が交互に規則的に組み合った平織りであり，綾織りや繻子織りは紋様を織り込むために用いられる（コラム参照）。ラオスでは，地組織（地経糸と地緯糸を用いた平織り）のうえに，紋様を織り込むための緯糸を加えていく緯糸浮織技法で紋織りが織られる（写真1-7）。このことから，ラオスの紋織りは，紋様の部分が地組織から浮き上がっている浮織りである。よって，緯糸を渡す杼(ひ)は地組織の平織り用がひとつと，浮織り用（使われる色糸の数による）が用いられる。みた目は，八

---

[18] 水野（1999）は，本書とは問題意識が異なるが，東南アジアの手織物を対象としたなかでは数少ない比較対照となる研究である。

[19] 縞織りとは二色以上の糸（ラオスでは緯糸が一般的）を用いて，織物に平行に線紋様の柄を入れる方法。経糸と緯糸双方で縞をつくる格子縞もある。

写真 1-7　紋織りを織る
注）金筬を使った，しっかりとしたシンが織られている。複雑な紋様も，平織りの地組織に着色された緯糸を置いていくことで織り込まれる。複雑な織柄を構成する多くの紋様も，それぞれ呪術的な意味をもっている。

戸を中心とする南部地方の色糸を多用する伝承刺繍である南部菱刺に似ている[20]。

　平織りである地組織には，通常の綜絖（そうこう）が用いられる。平織り用の綜絖とは，経糸（たていと）の偶数番目と奇数番目につなげた組をなす装置であり，織手からみて筬（おさ）の先に置かれる。経糸を上げるのが「綜」であり，下げるのが「絖」である。こうして作られた杼道（開口）に投杼で緯入れする。そして，今度は綜が絖，絖が綜と入れ替わって緯糸を押さえて新たな杼道をつくる。綜絖の数を増やせば複雑な織柄を織ることも可能となるが，綜絖は踏木で操作されることから，操作の組み合わせが格段に増えて高度な熟練が求められることになる。そうした多綜絖機の発展はラオスではみられず，垂直紋綜絖を手で操作して杼道をつくる方式が採用され，踏木は地組織（平織り）のための綜と絖を操作する 2 本だけである。すなわち紋織りの地組織は平織りである。

　緯糸浮織技法には，緯糸を端から端まで連続して飛ばして紋様を織り込む連続緯糸紋織技法（khid）と，地組織のうえに部分的に紋様を織り込んでいく不連続緯糸紋織技法（chok 摘まむの意味）がある[21]。前者は緯糸を杼にのせて飛ばすが，後者は杼を使わない縫取り織り（すくい織り）となることが多い（写真 1-8）。

　経糸を使って紋様を織り込む経糸紋織り（ムック）という技法もある（第 11 章の写真 11-1 参照）。ムックには特別の織機が必要となるが，ヴィエンチャンではほとんど見かけることはなく，多くはフアパン県で用いられている。

20）ラオスの紋織りを日本人に見せると，「これは刺繍か？」という反応がよくある。
21）それぞれ，continuous/discontinuous supplementary wefts technique と英訳される。

【コラム　織物の三原組織】

織物の三原組織

平織り　　　　　綾(斜紋)織り　　　　繻織り

　経糸と緯糸が交差する組織点が，平織りでは縦横に連続するのに対して，綾織りでは斜めに連続して紋様をつくる。朱子織では，組織点が連続することはなく，図では縦方向の糸が横方向の糸を複数個飛ばしている。飛ばすことによって，縦方向の糸が表面に現れて紋様をつくることになる。

　ラオスの手織物の紋様のつくり方は，いずれでもない。ラオスでは地組織が平織りであり，その上に緯糸を朱子織りのように二飛び以上で置いていくことによって紋様がつくられる。ただし，この手法は，朱子織りと同じで，他方の糸によって固定されない糸が表面に長く出ることから，絹糸を用いると光沢が強くあらわれる。しかし反面，摩擦には弱くなる。

写真 1-8　縫取り織り
注）この写真は，ヴィエンチャンのシェンレーナー村（第 9 章参照）で撮影（2014 年）された。

　織子の手前から，金筬，綜絖，刀杼（杼道板），そして垂直紋綜絖がある。垂直紋綜絖で紋柄をつくるために所定の経糸を上下に分けて，その間に刀杼を建てて杼道（開口）を固定しているところである。そこに手で緯糸を部分的に入れて，糸を結ぶ縫取りの作業をしている。結び目が残ることから，上面はシンの裏面となる。縫取りが刺繍の用語であることもあるが，ここまでくると「織る」と「編む」との差が曖昧になってくる。この少女の織るシンは糸代が 15 万キープであり，これをヴィエンチャンの市場（タラート・サオ）に売りにいく。「50 万キープほどで売れる」という。学校があるときは放課後にだけ織ることから月 2 枚，長期の休みの時には月 4 枚織って稼ぎは月 140 万キープ（約 175 ドル）となる。縫製工場の女工が超過勤務したとしても，月給はそこまではいかない。

　織子の少女は，11 人兄弟の 7 番目，12 歳である。縫取り織りを器用にこなしており，シンもしっかりと織られている。もう，一人前の織子である。体が小さいことから，杼を飛ばすには少々苦労しているようで，体を左右に振って作業をしている。紋糸を使った複雑な織柄が織り込まれていくが，紋糸を操作するときにも体を乗り出さないと届かない。母親は「この娘も，中学校に進むといろんなことをして遊びたくなるだろうから，いつまで機織りをしてくれるかね」という。隣で 7 歳の妹も織るが，糸が絡まって泣きべそをかいている。お祖母さんが笑いながら手助けをする。ラオスの田舎でよく見かける風景である。

　ラオスの紋織りの中核となる技術は，カオユン（kao＝綜絖 yeun＝立つ）と呼ばれる垂直紋綜絖である。縦に吊るされる大通糸に直交するように，織り出す紋様に沿う竹製の緯綜（よこべ）棒ないしは糸（本書では，紋棒ないしは紋糸とする）が編み込まれている（写真 1-9）。1 本の紋棒には，どの経糸を上げ下げして杼口を開いて緯糸を通すかの情報が組み込まれている。複雑な紋様となると紋棒が増えるが，織子たちによれば 60 〜 80 本が限界という。それ以上になると棒の代わりに糸が用いられる（写真 1-10）。フアパン県のサムタイで 800 本ほどの紋糸をもつ垂直紋綜絖をみたことがある。

　垂直紋綜絖の機能は，ジャガードが登場する以前に西陣で用いられた空引機と酷似している。空引機では，高機の上部に天神と呼ばれる木枠を組んで，そ

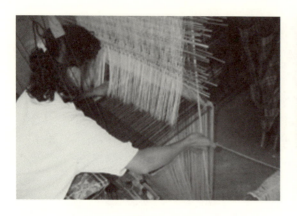 

写真 1-9　垂直紋綜絖（紋棒使用）
注）竹製の紋棒1本に，どの経糸を持ちあげて開口（杼道）をつくるか，すなわち緯糸の紋糸を経糸とどのように組織点を構成していくかの情報が組み込まれている。紋棒は，経糸の上から下におろされ，すべてが下におろされると，今度は逆に上にあげられ，繰り返して使われる。

写真 1-10　垂直紋綜絖（紋糸使用）
注）複雑な織柄となると紋棒ではなく，紋糸が用いられる。

の上に紋引と呼ばれる補助員が乗って紋糸にしたがって大通糸を操作して杼道をつくる。ラオスの垂直紋綜絖の場合には，その作業を織子がひとりで行う。垂直紋綜絖を使えば，2本の踏木で複雑な紋様を織り込むことができる。多くの踏木を操作する多紋綜絖で紋織りを織るには，織子の技能が重要となる。これに対してラオスのように垂直紋綜絖を利用するならば，織子の技能への依存度は低くなる。代わって，紋綜絖を作成できる図案師の役割が重要となってくる。

　垂直紋綜絖を使った意匠作成に熟達しているのが図案師であり，垂直紋綜絖は意匠図に相当する。図案師は多数の織柄を知っているか，ないしは所有する古布から取り出した織柄を組み合わせて新しい織柄を創作する。垂直紋綜絖を作成できる織子も多いが，そのほとんどは自分たちの村なり家族なりに代々伝えられてきた織柄に限られており新しいものではない。

　もうひとつ，簡単な紋柄を入れる方法としてカオ・トイ（*kao toy*）と呼ばれる綜絖を使う方法ある（写真 1-11）。トイとは，ラオス語で，爪先立ちするといったときのように少し持ち上げる動作を意味する。本書では，これを「摘上紋綜絖」と名づけておこう。花紋綜絖（*kao chok dawk*）と呼ばれることもある。シェンクワン県では，踏木で操作する地組織用の綜絖をカオ・イェッブ（*yieb* = 踏む）と呼ぶのに対して，紋柄用の綜絖をカオ・ライ（*lai* = 模様）と呼んでいる。

またラオス南部では，カオ・コーン（*korn* ＝寄せ集める）とも呼ばれていた。このように機織りに関する用語は地域によって異なっており，本書で用いるラオス語の用語も，あくまで調査地での呼び名にすぎない。カオ・トイの機能は，沖縄の花織りのための花綜絖（写真1-12）と呼ばれる多紋綜絖に近い[22]。花綜絖は踏木で操作されることから，花紋綜絖の数は増やせない。写真1-12では踏木が4本あるが，ラオスでは地組織のための2本しかなく，織柄部分は摘上紋綜絖を手で操作して織られることになる。

ラオスのように手で摘まみ上げて操作する方法では，踏木で操作する花綜絖と異なり，綜絖の数を増やせばより複雑な織柄が織り込めることになる。写真1-11では，機上部から糸で経糸と平行になるように吊るした2本の竹に摘上紋綜絖が架けられている。紋綜絖には輪状の紐が複数個ついて，特定の経糸が輪を通っている。経糸にそのまま置かれるタイプもあるが，吊るされているほうが扱いやすいことはいうまでもない。ただし織子の手が届く範囲に綜絖がなくてはならないことから，あまり多くの紋棒は使えない。ある織子は，せいぜい60枚までだという。それでも同じ紋様の繰り返しで細密な柄を構成していくティーン・シンやパー・ビアンの製織には適している。したがって，シンとティーン・シンを一体化したシン・ティーン・カップを織るとき（写真1-11）には，摘上紋綜絖が用いられる。

ラオス国内では織柄の流行の変化が激しく，図案師の役割は極めて大きい。図案師は自ら新作の織柄を考案し，また市場で売れ筋の織柄情報を収集するなどして垂直紋綜絖を作成しており，織柄の情報面で消費者と生産者（織子）を結び付ける役割を果たしている。村のなかに専業の図案師がいることもあるが，市場情報の入手可能性という制約から，織元か小売店の店主が図案師となることが多い。

3. 織柄情報の伝達

織柄情報を織子に伝えるには，次の4つの方法がある。文章での説明は少々わかりにくいことから，以下は読み飛ばしていただいても差し支えない。ただし，これらは，織柄についての知的所有権の侵害を可能とする手法であること

---

22) 花織については，植村（2014）の第4章が参考になる。

写真 1-11　摘上紋綜絖

注）摘上紋綜絖のひとつを摘まみ上げて作った杼道を固定するために刀杼を挿入しようとしている。手で操作する多綜絖といえなくもないが，踏木の制約から解放されて綜絖の数は多くできる。

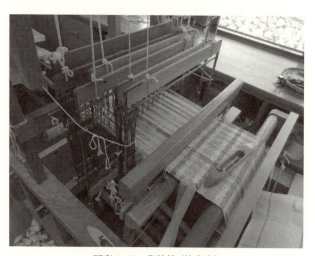

写真 1-12　花綜絖（竹富島）

注）綾織りや朱子織りは，通常は多綜絖で織られる。それぞれの綜絖は踏木で操作されることから高い技能が必要なる。沖縄では 15 前後の踏木を用いる機もあるという。足元のスペースの関係で，それ以上の踏木は難しくなる。それにしても，数十から数百の紋糸を用いるラオスの垂直紋綜絖で織られる織柄の複雑さは圧倒的である。

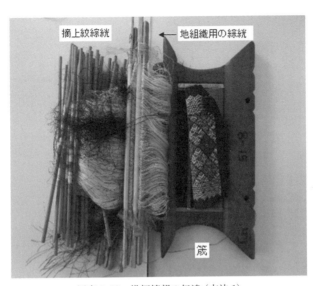

写真 1-13 織柄情報の伝達（方法 1）
注）パサーン工房（第 9 章）で撮影。摘上紋綜絖には経糸が残っているので、こ
れに経糸を継ぎ足せば、同じ紋柄のティーン・シンを織ることができる。

は理解しておいていただきたい。

　方法 1) 垂直紋綜絖ないしは摘上紋綜絖と経糸・綜絖そして筬のセットを図案師＝織元が作成して、織子に渡す。写真 1-13 は、織柄情報をもつ摘上紋綜絖と金筬が、問屋契約をする出機織子から織元の手元に戻ってきた状態である。中央に地組織用の綜絖があり、その左に摘上紋綜絖の紋棒が複数ついている。右には金筬と織柄部分が少し残っている。この切り取られた経糸（写真では左側部分）に新しい経糸をつないで、織子に戻される。摘上紋綜絖が残っているので、同じ織柄のティーン・シンが織られる。

　方法 2) 写真 1-14 では、金筬に通された経糸がビニール袋に入れられている。金筬には織柄のある布が数センチ付けてあるだけで、垂直紋綜絖はついていない。織子は織柄部分を新たな経糸につないで、織柄のある布を構成する緯糸を一本一本解き、それがどの経糸に関連しているかを確認しながら紋棒を通して垂直紋綜絖を作成する。言葉の説明だけでは理解しにくいであろうが、簡単にいえば、垂直紋綜絖を使って紋織りを織るとは逆の作業をして垂直紋綜絖を作成するという、いわばリバース・エンジニアリングである。

　方法 3) 写真 1-15 では、竹の棒に紋織部分がついている。この紋織部分を織

写真 1-14　織柄情報の伝達（方法 2）
注）シンバデット氏（第 8 章）宅で撮影。金筬に付けられている写真上のビニール袋に経糸が収まっている。少々見難いが，写真 1-13 と同じように金筬に紋柄の入った布がつけられている。これから，垂直紋綜絖がつくられる。手前にティーン・シンが置いてあるのは，大きさを示すためである。

子が経糸につなぎ，筬通しと綜絖通しをして，あとは方法 2 と同様のやり方で垂直紋綜絖を作成していく。方法 2 から筬が取られている形態である。

　方法 4）サンプルのシン，写真そして紋様を書いた紙を渡して，それに基づいて織子が垂直紋綜絖を作成する（写真 1-16）。ときには，紋様の名前だけが伝えられることもある（第 11 章の図 11-1 参照）。

　この他に，サンプルとなるシンさえあれば，経糸との関係を確かめるために緯糸を一本一本解いて，機に掛けた経糸にその情報を写し取っていく方法もある。その後は，方法 2 に従って垂直紋綜絖を作成できる。これは大変に手間のかかる作業であり，エージェント関係ではあまり用いられない。というよりも，そこまでしないと紋綜絖を作成できないような織子には，プリンシパルは機織りを委託することはない。

　方法 1 以外は，織子が垂直紋綜絖を作成しなくてはならない。したがって，特に方法 4 でそうであるが，織子は垂直紋綜絖の扱いに慣れていなくてはならない。ヴィエンチャン平野についていえば，そうした織子のほとんどは手織物の宝庫として知られるフアパン県やシェンクワン県からの移住民である。彼女たちは垂直紋綜絖の作成に長けていることから，織元になりうる素質を備えて

写真 1-15　織柄情報の伝達（方法 3）
注）ホエイブーン村の織元ビン婦人（第 9 章）宅で撮影。このような方法で織柄の伝達がなされることは稀である。

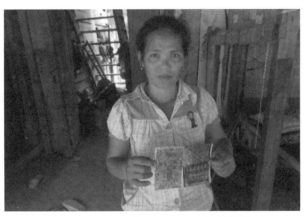

写真 1-16　送られてきたサンプルの写真（方法 4）
注）フアパン県サムタイで撮影。垂直紋綜絖の作成に熟達した織子でないと，この伝達方法は難しいであろう。

いる。しかし，彼女たちの多くが織子に留まっている理由は，本書のなかで自ずと明らかとなる。

　図案師が考案する独特の織柄については，ラオスでは法的にはともかく，社会通念としては知的所有権が認められている。しかし，すでに説明したように，現物さえあれば，機織りと逆の手順をたどれば織柄を垂直紋綜絖に写し取ることができる。こうした意匠権の侵害は，いくつかの事例をこれから紹介するよ

第 1 章　ラオスの手織物の歴史と技術特性　55

うに，比較的頻繁に発生している。そこで図案師＝織元は，市場を頻繁に訪れて自分が卸している店以外で自分の織柄のシンが売られていないかを監視している。織子ごとに織柄が異なることが一般的であるから，誰が裏切ったかはすぐに判定できる。こうした垂直紋綜絖の性質が，取引契約の選択にも影響を及ぼすことになる。

　ラオスでは，平織りの布も織られている。平織りには，無地の布の他に絣（*mat mii*）や縞織り（*sinh kaan*）もある。絣は緯糸を染めた緯糸絣であるが，わずかではあるが経糸絣（*mat kaan*）もある。写真1-17は，括り台にかけた緯糸に，荷造り用のビニールの紐を利用して紋様（写真では，クメール文化の影響を受けた象）をつくっているところである。縞織りについては，縞部分に杢糸（もくいと：何本かの色糸を撚った糸）を使うこともあるし，杢糸だけで平織りにしたシン・コーム（*sinh korm*）もある。写真1-18は，平織りの布を製布しているところである。

＊＊＊

　ここまで，ラオスの手織物についての歴史と技術特性を概観してきた。ラオスの手織物業は，経済自由化を契機として市場形成の波に巻き込まれつつある。それは，農村で織られたシンを都市や海外の市場に流通させるというだけでなく，不可分の事象として，そうした外部の市場情報（特に，織柄）と輸入糸を入手して機織りをするという二重の意味での市場の形成となっている。この過程で，強い信用制約を受け，また織柄情報の入手制約も受ける在村の織子たちが市場を利用するためには，彼らが原料糸と情報を円滑に入手できるような制度設計が求められる。その設計者が商人である。まさに市場の形成とは，村の人々の生産様式の変容を伴う制度設計の過程なのである。

　市場取引を論じるときには，対象となる財の性質を明確にしておかなくてはならない。品質判定の容易な米と，それができない中古車や宝石とでは，市場の形態が異なるからである。本書が対象とするシンは探索財であり，経験財である中古車や，ほとんどの人にとっては信頼財となる宝石とは取引形態が異なるからである。

　取引に軋轢を生じさせる原因の一部は，その財の製造技術にもある。紋織りと平織りの布では，問題の起こり方が異なる。平織りでは織られた布の重さと渡された糸の重さを測ることによって，糸の窃取は防ぐことができる。しかし，

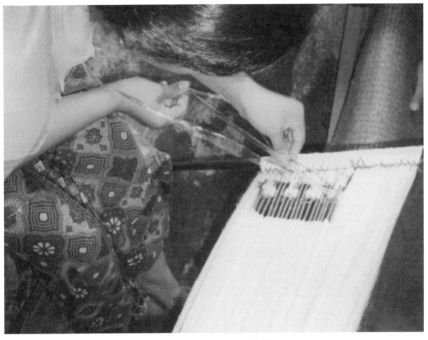

写真 1-17 絣の括り作業
注) 緯糸は白いままであるから，初回の染色の準備である。使われる色の数だけ，染色がなされなくてはならない。

写真 1-18 平織り
注) 織子の前に白く見えるのが綜絖である。紋織りではないことから，写真 1-9 〜 1-11 と比較して，地組織のための綜絖はあるが紋様を織るための垂直紋綜絖は備わっていないことがわかる。右の老婆も，格子柄の平織りを織る。歳をとると目が覚束なくなり，細かい紋織りは織れなくなる。

多様な色の糸用いる紋織りでは糸の量目管理が難しくなる。また，織柄情報の剽窃の難易度も製造技術によって異なる。この意味で，財の製造技術の理解も，市場形成を論じるうえで必要となってくる。

第 2 章
登場人物

本書の問題意識は，「誰が，どのような方法で市場を形成していくのか」というところにある。これは，具体的には「いかなる商人が，どのような契約で市場取引を実現するか」といい換えられる。そこで，「誰が」については第2章で商人を，そして「どのような方法で」については第3章で契約形態を議論する。

　それぞれの章で中核となる用語には，商人としての織元と仲買人，そして問屋契約と集中作業場（マニュファクチュア）などがある。これらは，日本経済史における機業研究でも頻繁に登場するが，必ずしも明確な概念規定がなされているわけではなく，混乱すらみられる。また，ラオスの機業における織元や仲買人を定義しようとすると，日本の機業研究における定義とズレが生じることもある。それは，日本の機業研究における定義そのものに問題があるというよりは，織元や仲買人の性質が多様であるためである。また，織られる布の差が定義に影響することもある。特に注意が必要なことは，前章で指摘したように日本での機業研究では平織りが対象とされることが多いのに対して，ラオスでは紋織りが中心であることである。

　さて，第2章で紹介する登場人物を，ラオスの織物の流通経路に載せて図示しておこう（図2-1）。流通の両端にいるのが，生産者である「織子」とタラート（いちば）の「小売業者」である。ラオスのタラートの多くには，第Ⅱ部の「ふたつのタラート」で詳しく触れるように，シンの小売店が集積する一角がある。織ったシンを織子が小売店に直接売り込みにいくこともあるが，主たる流通経路には「織元」や「仲買人」という商人が介在している。

　本書で問題となるのは織元と仲買人の定義であるが，それは両者の違いに留まるものではない。具体的な事例を記述していくなかで明らかとなるが，織元も仲買人も多様である。この多様性をもたらす要因を確認して，織子と小売店とを仲介する商人をどのように分類すれば，ないしはどのような変数を加えれば円滑な議論が可能となるかが問われなくてはならない。

　第1節では，日本の機業についての史料や研究から，織元と仲買人の定義を模索していく。それは定義の混乱を指摘して，ラオスの現状に照らして商人の分類を確定する（第2節）ための参照となるべきものである。なお，日本の史料の引用に際しては，読みやすさのために旧漢字は常用漢字にしてある。また，必要に応じて句読点も補っている。正確な文章については原典をあたられたい。

　ラオスのような市場形成の初期段階にある社会を対象とするとき，次のふたつを念頭においておく必要があろう。ひとつは，商人の発生をもって市場は勃

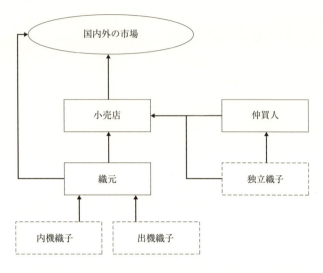

図 2-1　主要な流通経路
注）点線は織子，実線の長方形は商人を示す。

興する（ヒックス 1970）と考えるとき，どのような性質の商人が生まれてくるのかという点である。これは，商人の登場を促す政策介入を考察するうえで重要なヒントを与えることになろう。また，初期の市場形成が農村と都市の邂逅という意味あいを強くもつことから，ふたつの異なる世界の接合にまつわる課題とは何かも認識しておく必要があろう。そこで，第 3 節では商人の登場をめぐる仮説を整理し，そして第 4 節では農都間に横たわる信頼の間隙に触れる。

第 1 節　商人としての織元と仲買人

織子が小売店と直接取引をすることもあるが，それはタラート周辺の織子に限られる。大半のシンは，商人を介してタラートに卸されていく。本書では，商人を織元と仲買人に分ける。これは織子と小売店を介在する人々に，ラオス語を直訳したとしても織元と仲買人となるような商人がいるからに他ならない。

1. 織元

　日本の政府統計資料で「織元」が現れてくるのは『第二十二次　農商務統計表』(1907) からである。そこでは，織物生産業者は「工場」「家内工業」「織元」そして「賃織業」に分類されている。このうち，はじめの3つは独立の機業家であり，「賃織業」は「他人ノ原料ヲ受ケテ機織」をする被雇用者である。「工場」と「家内工業」は，前者が職工数10人以上で，後者は10人未満という職工数で分けられる。そして，「織元」は「原料ヲ仕入レ置キテ賃織者ヲ機織セシメル」として，出機経営をする機業家と定義されている。そして，「工場」と「家内工業」は内機経営をする機業家とされる。

　織元＝出機機業家というこの定義は，日本の機業研究の先駆的研究である本庄栄治郎『西陣研究』(1930　初版は1914)でも踏襲されている。すなわち，「機業家ノ中ニハ自宅若クハ自己ノ工場ニ於テ直接ニ製織ヲナサズ，他ノ機業家ニ対シテ賃機ヲ出シ出機若クハ仕入機ヲ供シテ，ソノ者ノ自宅ニ於テ製織ニ従事セシムルコトアリ。之ヲ織元若クハ出機機業家トイフ」(p.56)とある[1]。

　しかし，定義を離れて現場に目を向ければ，例えば『両毛地方機織業調査報告書』(1901) が記述するように「元織屋トハ織物製造ノ本源ニシテ，直接製造ニ従事シ，或ハ他ニ製造セシメ自家製造ノ名ヲ以テ市場ニ供給スル」(p138)という経済主体であり，「……各工場ヲ有スルモノト否ラザルモノトノ二種類」(p.137) があった[2]。こうした出機と内機織子の双方を組織する経済主体に，どのような名称を与えればよいのであろうか。『農商務統計表』の定義では，内機経営と出機経営の居所が明確になっていないのである[3]。どうも『農商務統計表』の定義に縛られて，その後の日本の機業研究では織元の納まりがよくないようである。

　家内制手工業，問屋制家内工業，工場制手工業（マニュファクチュア）そして工場制機械工業へと生産組織が発達していくという段階説が，一般には受け入

---

1)　出機と仕入機とは，次章で定義する問屋契約と糸信用貸契約のことである。
2)　工場をもつ織元は絹織物や瓦斯織物といった高級な織物を，そして出機（賃機）を使う織元は綿織物か絹綿交織を生産していた（『両毛地方機織業調査報告書』1901：p.137）。この生産方法と品質の関係は，前章で紹介した三瓶 (1961) の指摘やラオスの現状とも重なる。
3)　この指摘については，谷本 (1998：pp.263-269) を参照されたい。

れられている。この説を検証するために，集中作業場をマニュファクチュアと捉えて，問屋制家内工業と厳密に峻別しようとした厳マニュ論争を引きずっているのであろうか，日本の研究では問屋制家内工業と集中作業場を別の組織形態とみなす傾向が強く，このことも却って織元の分析の深化を妨げているようである[4]。

谷本（1998）は，幕末の和泉木綿生産を対象として「……集中作業場で木綿を織るのも，家内で同様な作業を行うのも，労働の内容とその報酬である工賃受取については大差のないものと認識されていた」(p.211) として，「……この時期の集中作業場をいわゆる「マニュファクチュア」と捉え，生産形態として問屋制と二者択一的に議論することが，そもそも不適当と思われる」(p.212) と指摘する。ラオスでも，特に第8章の大規模織元の事例から明らかにされるように，集中作業場で内機織子を雇用しながら，出機織子も組織する織元が多く見受けられる。また，それは単線的な発展段階に位置づけられる生産形態ではない。出機をやめて内機経営に乗り出す機業家もいれば，内機をやめて出機織子だけを組織する機業家もいるのである。

そこで，本書も谷本の指摘を支持したうえで，問屋制家内工業（出機経営）と工場制手工業（内機経営）のいずれか，ないしは双方の担い手を織元と定義する。すなわち，内機経営であれ出機経営であれ，織子を組織していれば織元とする。このように定義すれば，内機経営と出機経営とは織元の経営上の選択問題となる。なお，この定義は織元の充分条件とはならない。織元と仲買人との区別がなされていないからである。

2. 仲買人（買継商・買次商・集荷商）

日本の機業研究では，関東型と西陣型の仲買人があったとされる。関東型は，機業家と集散地問屋の間に介在して，あるいは機業家の代理機関として売買の斡旋をして手数料（買継口銭）を稼ぐに過ぎない商人である。したがって，売買取引は機業家と卸問屋の間でなされるのであって，買継商の資格での製品の買い取りはなされない。これに対して，西陣型（上仲買）は自己の責任におい

---

[4]　「厳マニュ論争」とは，幕末の発展段階を「幕末＝厳密な意味でのマニュファクチュア時代説」とする服部之総と，その実証面の不備を突いて，まだその段階には至っていなかったとする土屋喬雄との間に1930年代に繰り広げられた論争である。

て製品を機業家から買入れて，それを集散地問屋に転売する仲買人である（黒松 1965：第2章）。すなわち，関東型は都市の集散地問屋のエージェントであり，西陣型は経営に強い裁量権をもつ独立の商人であるといえる。

　しかし現実には，仲買人はもっと多様な存在であった。戦前の西陣では，金融面と意匠企画の両面で機業家が仲買人に依存する傾向があり，仲買人が機業家に糸を掛売りして，製品の代価でそれを決済する「糸売り製品買い」（これは仕入機という制度であり，本書では糸信用貸契約と称する）があった（出石 1962）。『両毛地方機織業調査報告書』(1901) は，足利における仲買人の活動について，市場取引と買付委託取引とを分けている。市場取引とは，「是レ一般ノ取引方法ニシテ即一定セル市日毎ニ市場ニ於テスルモノナリ。茲ニ買継商ハ其店ヲ開キ以テ四方ヨリ集マリ來レル生産者即機屋ヲ引キ，現品ノ柄合地質等ヲ検シ，手合ヲ為シ以テ之ヲ買入ルヽモノトス。又機屋ハ……，先ヅ平素取引関係ノアル買次商ニ就キテ商談ヲ試ミ，若シ其調ハザルトキハ他ノ店ニ試ミ以テ高キニ売ルモノトス。是レ普通ノ方法ナリ」(p.153)。これに対して，買付委託取引とは，「是レ買次商ト問屋間取引ノ本態ニシテ買次商ハ問屋ヨリ委託ヲ受ケ，一定ノ口銭ヲ収メテ買付ヲ為シ之ヲ送ルモノ」(p.515) である[5]。この類型に近い方法がラオスでも買取り (kep sue) と委託売り (faak kaai) として確認できるが，買付仲買人が生まれてくる経緯は異なる。それは，後で触れるように，取り扱う布の性質が異なるからである。

　仲買人の性質の変化もみられた。『足利織物史 上巻』に，近世の足利織物について次の記述がある。「初期においては，買継商は，市場で自由に思惑による製品の買付けを行っていたが，後期においては，次第に都市問屋の委託によって買付けを行うようになっていった。すなわち，買継商は，問屋から一定の金額を預かり，それによって織屋に註文品の製造を依頼し，買付けを行い，調達した品物はただちに問屋に発送した」(p.368) とあるように，独立した商人であった仲買人が問屋のエージェント（委託仲買人）に変化していったようである[6]。

5)　ちなみに，彼らは買次商組合を結成しており，その規則では口銭は1年の買収高が1万円未満なら 1.8％，1万円以上3万円未満なら 1.5％，そして3万円以上なら 1.2％とされていた。
6)　丸山和四朗編『足利案内』(1910：p.35) には，「織物市場は毎月五，十の日を以て開かれ織物買次商は各地より，集来の顧客を伴ひ，若しくは通信を以てせられたる注文を齎して，市場内なる自己の店舗に出張し，東西より出市せる機屋に会し，其携帯せる見本品に就て商談を開き，取引成立するときは，買次商より機屋に対し，購買品の引換札を交付し，之を受けたる機屋は，同日買次商の払い場に至り，該札引換に現金若くは手形を受領し，之を以て原料の仕入れを為し，若

仲買人が変化した理由について『足利織物史』は，何も触れていない。独立の仲買人と問屋との間に品質情報の非対称性から生まれる逆選択の問題があったことが変化のひとつの理由かもしれない。例えば，同時期において，「織物の好況期にはしばしば粗製濫造の悪弊が現れ……問屋は買継商に向い，しばしば注意を促し，警告を発している。……織物の標準尺度を示し，これに反する品物は引取らぬと警告し，買継商の注意を促している」(p.37)。同様の粗製藍造は明治期に入っても続いている。例えば，横山『日本の下層社会』(1999　初版は 1899) には，桐生・足利の買継商は粗製濫造の元凶として描かれている。「……糊を多量に加え，もしくはマグネシヤに砂糖を用ゆるに過ぎざりしが，後には種々の方法を案出し，あるいはサリエンを用い，サクサンエンを用い，もしくは塩化錫を用いて……。……練り上げたるものを桶の中にて揉み，乾燥せしむ。仮に一疋に対して五十匁を加えば百匁七円となすも即ち三円五十銭の濡れ手に粟の利を得るなり」(p.141) とある。このような逆選択が発生することから，仲買人を組織の一員として管理するようになったと考えられる。なお，横山の指摘は平織りの羽二重の話であり，西陣やラオスの紋織りでは起こりえないタイプの粗製濫造である。

　このように，機能としての織元や仲買人と現実の商人とが1対1の対応を見せていないことが，定義の混乱のひとつの原因となっている。例えば，内機経営をしながらも出機織子と契約を結んでおり，さらには独立の織子から布を買い集める主体を，機業家としてどう位置づければよいかという問題である。また，仲買人にも取引の裁量権の多寡があり，また仲買人の性質も変容していくことに注目する必要があろう。

第2節　ラオスの商人

　ラオスのシンを取り扱う商人にも，織元と仲買人と呼ばれる人がいる。しかし同じ呼び名ではあるものの，その機能は首都のヴィエンチャンとその他の地域（特に，フアパン県）とでは異なっている。本書では，その地の人々が織元と

くは銀行に割引して現金に替へ，以て生産の費に供するなり」と信用取引がなされ，それを円滑に遂行させる制度も整えられていたことがわかる。ラオスでは，ここまでの制度は観察されない。

呼ぶ商人を織元，仲買人と呼ぶ商人を仲買人とする。これは，方言に似た呼び方の差ではなく，織元なり仲買人なりに期待される役割が場所によって異なるために生じた違いであることを指摘していきたい。

1. ヴィエンチャンの商人

　ヴィエンチャンの商人を分類するとき，織柄情報の伝達という機能が重要となる。日本の機業で織元や仲買人というとき，西陣などは別として，その大半は織柄＝紋様が問題とならない平織りの布を扱っていた。しかしラオスでは，シンの大半は織柄の施された紋織りである。そのためにラオスの織元は，程度の差こそあれ，図案師である。彼女たちは，前章で説明したいくつかの方法によって，知的所有権を主張できる織柄を織子に伝達しているのである。

　シンの市場価値は，織りの確かさの他に，織柄と糸の種類よって大きく左右される。一般的には，よい織柄はよい糸で織られて，はじめて高い市場価値を獲得できるという補完関係がある。しかし農村の織子たちにとっては，強い信用制約から良質の糸の購入が困難であるばかりか，消費者の嗜好を捉える織柄情報の入手も容易ではない。ここで織元には，販路の確保だけでなく，補完関係にある「織柄情報と良質の糸」を織子に提供することが求められる。また，織元は金筬を提供することも多い。従来，ラオスでは竹筬が用いられていたが，高品質なシンを織るためには金筬（特に，絹糸の場合）が必要となる[7]。竹筬は国内で生産されるが，金筬は輸入財である。タイ製もあるが，よい金筬は日本製であることから高価となってしまう。またティーン・シンの幅は流行で変化することから，それにあわせてシンの幅も変化する。そのために筬幅も変化するが，織子が複数の金筬を所有することは資金面で現実的ではない[8]。ここで，織元が金筬も提供することになる。

　このことを念頭において，ラオス人が織元と仲買人をどのように認知しているかをみてみよう。ラオスでは，織元は *mae*（母）*huuk*（機）と呼ばれる[9]。ヴィ

---

[7]　綿糸や手繰りの絹糸のように繊度が大きい糸ならば筬密度（単位長あたりの筬羽の数）の低い竹筬が向いているが，輸入糸である器械製された絹糸や化繊は繊度が低いことから筬密度の高い金筬を用いる必要がある。

[8]　筬については，大は小を兼ねるともいえるが，大きな金筬は重くなることから小幅のティーン・シンを製織するときには小さい筬を使うほうが効率的となる。

[9]　織機に相当するラオス語には *kii* と *huuk* がある。*kii* は機枠のみであり，*huuk* は機枠に糸を掛

エンチャンの織元は，原料糸と織柄を織子に提供している。この場合には，次章で詳しく触れるような，糸の窃取や織柄についての知的所有権の侵害というエージェンシー問題が発生する。織元は，そうしたエージェンシー問題を抑止しなくてはならない。これに対して仲買人は，エージェンシー問題に対処する手段をもたない商人である。仲買人は織柄情報を提供しないで独立織子からシンを買い集めるだけの集荷人（*phou*＝人，*kep*＝取る，*seu*＝買う）であるが，集荷を確実にするために織子に糸を提供することもある。こうした仲買人を，本書では「糸出し仲買人」と呼ぼう。彼らは，人々から，*phou*（人）*long thun*（投資する）または *phou long huuk*（機）と呼ばれることがある。すなわち，糸を投資して儲けようとする人として捉えられているようであり，*mae huuk* とは距離のある呼び方である。糸と織柄の補完性からいえば，糸出し仲買人は流行の織柄は提供しないことから信用制約を受ける織子の使う糸も安価で低品質な糸となり，その結果，彼らの扱うシンも低品質となる。

　シンの命は織柄であり，よい織柄はよい糸で織られて高い市場価格を実現できる。そこで，流行を取り入れた，または流行を創出しうる織柄をデザインできる能力を，「織柄への支配力」と表現しておこう。ヴィエンチャン周辺では，この織柄への支配力がないと商人は織元とは認められないようである。タラートの小売店は織柄情報を提供することはあっても，糸を提供することは少ない。これは都市の商人である小売店が，糸の窃取といったエージェンシー問題を防ぐための取引統治を利用できないためである。この場合の織柄は，市場での売れ筋の織柄に留まり，新たな需要を喚起するような織柄ではない。ただし少数ではあるが，小売店主が図案師として考案した織柄と良質の糸を機業家（織子と織元）に提供する小売店もある。この場合には，小売店として紹介はするが，織元の名に値する人々である。そうした小売店は，中・低級品を扱うタラート・クアディンではなく，高級品を扱うタラート・サオにみられる（第5章）。

2.　遠隔地の商人

　ヴィエンチャンの郊外や遠く離れた辺境の機業地（第Ⅳ部）となると，状況

けて製織可能となった状態の織機を意味する。織元織子の大半は機枠（*kii*）を所有しており，それに織元から提供される糸（金筬・綜絖そして垂直紋綜絖を含む場合も多い）を掛けて機織りをすることから，織元は *mae kii* ではなく *mae huuk* である。

が異なってくる。そこの商人たちは，特に後者は，シンをヴィエンチャンに売りにいくとしても，距離があることから数ヶ月に1回に留まる。こうなると流行の変化がはやい織柄への対応が困難となる。ヴィエンチャンの図案師の多くは古布を集めて，そこから新作の織柄を考案している。しかし農村部では古布を収集している人もいなくなるので，優れた図案師も少ない。そもそも都市での流行の織柄情報に接することが少ないことから，商人の織柄への支配力は弱くなる。そのために，在来の織柄のシンが織られるに留まらざるをえないのである。

このことから，垂直紋綜絖を自ら作成できる技能の高い織子が多くいるフアパン県（第11章）やシェンクワン県（第12章）と，そうした織子のいない地域，例えばサイニャブリー県（第14章）では機業の成長経路が異なってくる。詳しくはそれぞれの章で説明するが，それらの地域では織柄情報の提供は織元の重要な要素ではなくなり，糸を提供する商人が織元，しないのが仲買人という呼び名となる。こうなるとヴィエンチャン（第Ⅲ部）でみられる糸出し仲買人と織柄情報を提供しない遠隔地での織元とは同じであるかのように見えてしまう。しかし，次のはっきりとした違いがある。糸出し仲買人は，集荷を確実にするための糸（低廉な綿糸）の提供に留まることから，低品質のシンを取り扱うことになる。これに対して，織柄情報は提供しないものの糸は提供するというフアパン県の織元の場合には，シンの品質を確保するために高価な糸（生糸か絹糸，さらにはメタリック糸），そして時には金筬を織子に提供している。この点で，糸出し仲買人とは異なる商人，すなわち織元と呼ばれることになる。

このことに関連して，第Ⅲ部（ヴィエンチャン）と第Ⅳ部（遠隔地）で対象とする織子を対比させておきたい。ヴィエンチャン周辺の機業地の織子の大半はフアパン県やシェンクワン県という織物の宝庫として知られる地域からの移住民であることから，織物の宝庫の織子たちと同等の優れた機織りの技能をもつ織子たちである。しかし，そうした遠隔地の賃金水準がヴィエンチャンよりもかなり低い（農業労働賃金でみると約3割からときには4割ほど低い）ことから，フアパン県やシェンクワン県にいる織子たちと同じようなシンを織っているだけではヴィエンチャン周辺の移住民の織子たちは太刀打ちできない。

特にフアパン県の場合，今世紀に入ってしばらくするとベトナムから生糸が直接流入するようになっている（第11章）。生糸の価格も，ヴィエンチャンよりは安くなっている。そのために，ヴィエンチャンの織子は，流行の織柄へ

のアクセスを活用した機織りをしないと市場競争力が保持できなくなってきた。このことからヴィエンチャンの織元には，需要を捉えることのできる織柄情報の伝達が求められるわけである。そうした織柄情報が入手できないヴィエンチャンの織子たちは，織物の宝庫から流れてくるシンとは異なるセグメントの需要，すなわち低品質・低価格のシンを織ることになる。そうした織子の大半は織元には組織されていない，独立織子か仲買人に販売する織子である。第III部と第IV部の議論では，この関係を念頭においておく必要がある。

3. 商人の多様性

ここで，商人の多様性にかかわる4つの要因について整理しておこう。それらは，本書の主要な関心のひとつである契約形態の選択にも関連することになる。

(1) 織柄への支配力

織柄情報の提供の有無で，ヴィエンチャンにおける織元と仲買人を分けた。しかし，織元の提供する織柄の市場価値には大きな幅がみられ，それに対応して織元の主張する織柄の知的所有権にも濃淡がある。すなわち，自らが創作した織柄を紋綜絖に編み込んで提供することと，市場での売れ筋情報を口頭で伝えることとでは，織柄情報の提供の意味合いが異なる。その中間には，流行の織柄情報をもつシンをサンプルや写真で提供して，それをもとにして織子が紋綜絖を作成する場合がある。独自の織柄の提供は図案師としての優れた能力をもつプリンシパル（織元や小売店）のみがなしうるが，売れ筋情報の口頭での提供は仲買人でも可能なことである。そこで本書では，図案師が考案した織柄情報の伝達を「強い形態での伝達」とし，単なる売れ筋の織柄情報の伝達を「弱い形態の伝達」とする。当然，強い形態での織柄情報の伝達は，その織柄を織り込んだシンのプリンシパルへの排他的納品を前提としている。それを保障する取引統治ができない商人は織柄情報の外部化を防げないことから，伝達そのものをためらうか，弱い伝達に留まることになる。

(2) 糸の提供

糸の提供の目的には，織子の信用制約を前提としたうえで，次のふたつがある。優れた織柄をもつ高品質のシンの生産を委託するには，良質の糸を織子に

提供しなくてはならない。これに対して，シンの納品を確実にするために，プリンシパルがエージェント（織子）に糸を提供することもある。この場合には，提供されるのは低価格の綿糸となる傾向が強い。前者は「織元的」であり，後者は「仲買人的」である。

(3) タラートまでの距離

タラートまでの距離の克服は，商人の本源的な存在理由であろう。タラートまでの距離が遠くなるほど，規模の経済が重要となってくる。

(4) 在村と村外の商人

むら共同体の視点からみれば，織子にとって取引をする商人が，同じ共同体の成員か否か（インサイダーかアウトサイダー）に分けられる。この差異は，織子と織元の信頼の差，すなわち取引統治の種類とその有効性にかかわってくる。

4. 織元・仲買人そして織子の分類

いままでに指摘した基準に照らして，織子・織元そして仲買人を分類して整理しておこう（表2-1）。

(1) 織子

織子は「独立（自営）織子」と織元によって組織化された「織元織子」に分類される。

独立織子は，自己の責任において機を織って販売する織子である。自己の責任とは，織柄や糸を自ら選定して，そして織ったシンを買い手（小売業者か仲買人）と交渉して販売することを意味している。彼女たちは，織機を所有して原料糸も自らが購入しているという点では，市場に組み込まれる程度も高いようにみえる。しかし，在村の織子は流行の織柄にアクセスするには不利な立場に置かれており，また一般には伝統的に受け継がれた織柄しか知らない。さらには，信用制約から高価な糸（絹糸）ではなく，低廉な綿糸を使わざるをえないことも多いことから，独立織子の織るシンは低品質となる。すなわち，織柄情報や糸の品質という観点からすれば，独立織子が市場に組み込まれる程度は低いものとなる。また独立織子は，仲買人に販売する場合と，タラートの小売

表 2-1 主要な登場人物

織子	独立織子	
	織元織子	内機織子
		出機織子
仲買人	仲買人	
	糸出し仲買人	
	委託仲買人	
織元	小規模織元	
	大規模織元	
小売業者		

店に売り込みにいく場合がある。後者を,「売り込み織子」と呼んでおこう。この売り込み織子にも,小売店をまわって販売する織子と,特定の小売店と関係をもつ織子がいる。この関係には,次章で触れるように,顔見知りのスポット契約(取引)から問屋契約までの幅がある。

　織元織子は,織元の集中作業場で働く「内機織子」と織元と契約して織子の自宅で機織りをする「出機織子」に分けられる。前者は賃労働者であり,後者は家内生産者である。また,前者は専業の織子であるが,後者は機織りを副業とする傾向が強い。ただし,双方ともに織元から糸と織柄の提供を受けていることから,彼女たちの織るシンは高品質なものとなる傾向が強い。

(2) 仲買人

　すでに指摘したように仲買人にも,そのもつ裁量権の程度によって幅がある。最も裁量権がある仲買人は,自己の責任においてシンを織子から買い集めて,それをタラートの小売店に転売する商人である。ただし,織柄情報の強い伝達をしないことから,織元とは区別される。また,集荷を容易にするために糸を提供する,「糸出し仲買人」もいる。

　これに対して,織元のエージェントとして織子を組織する「委託仲買人」もいる。これは,先に足利の事例として紹介した買付委託をする買次商に近い。ただし,ラオスの仲買人が織元から委託を受けて織柄と原料糸を織子に供給するのに対して,平織りを取り扱う足利の買次商は織子に対して糸の掛売りはしていない。このことからラオスの委託仲買人は,村人からみると織元となり,彼らからも織元 (*mae huuk*) と呼ばれている。しかし,掛売りされる糸の所有

権と伝達される織柄の知的所有権は仲買人にはないことから，織元とは区別されるべき存在である。

　一般には，直接の監視が難しい遠隔地の織子を織元が組織しようとするときに，その地域の織子をまとめる役割を委託されるのが委託仲買人である。ヴィエンチャン市内では代替的就業機会が増え，また交通網の発達によって距離の克服が容易となったことから独立織子となる織子が増加している。そのために市内やその周辺の織元たちには，遠隔地の織子を求めて機業を外延化させる動きがある。このときに織子の管理をする役割を期待されるのが，委託仲買人である。この委託仲買人にも，固定的な手数料を織元からもらうだけという裁量権が限定された仲買人もいれば，織子への契約・報酬を自分で決定する裁量権の高い仲買人もいる。彼らについては，それぞれに固有の名前は与えずに，委託仲買人と総称して，それに説明を付加するに留める。双方ともに織子からは織元と呼ばれるが，後者のほうが機能的には織元に近いことになる。

(3) 織元

　規模・居住地・出機経営か内機経営か，そして織柄への支配力という基準からみると，織元は実に多様である。本書では，そうした多様な特性をもつ織元たちを細かく分類せずに，小規模と大規模（定義は第III部）に分けるに留める。そして具体的な事例の記述のなかで，その他の要因に触れることにする。

第3節　商人の登場をめぐる仮説

　ヒックス (1970) は，商人の登場こそが市場の勃興の要となるとする。しかし，商人がいかにして生まれてくるかについては何も語っていない。そこで，商人の登場という課題に光をあてるために，商人の出自に関する代表的な仮説を3つ紹介しておこう。

1.　インサイダー仮説 (Landa 1994, Hayami and Kawagoe 2001)

　むら共同体の成員のなかから商人が生まれるとするインサイダー仮説は，生

産者とインサイダー商人との間では情報は完備となりやすく，またむら共同体のもつ制裁メカニズム（コミュニティ的統治）によって取引相手の機会主義的行為を抑制できることから，インサイダー商人は市場取引で比較優位をもつとする[10]。しかし，生産者と商人が同じむら共同体の成員であることは「商人のジレンマ (traders' dilemma)」(Evers and Schrader 1994) として知られる両刃性をもたらし，それがインサイダー商人の足枷となることもある。生産者にとっては，商人とは自分たちの労苦の産物をどこかに運んで販売することによって口銭を稼ぐ者と映る。流通というサーヴィスは生産者にとっては生産活動，すなわち労苦とは認識され難いことから，多くの在来社会では商人は忌むべき存在となる[11]。こうした商人が多くを稼ぐようなことになれば，それはむら共同体の成員からの妬みの的となり，商人活動に支障が生じることがある。開発途上国の農村は，それなりに嫉妬の渦巻く社会である。このジレンマから逃れるためには，商人は宗教施設に多額の寄進をしてむら社会に対して恭順の意を示すとか，さもなければ小商人 (petty trader) のままでいるしかないのである[12]。こうした私的利益の追求に矛盾する行動を余儀なくされるという商人のジレンマに，インサイダー商人は囚われやすくなる。

2. アウトサイダー仮説 (Geertz 1963, Evers and Schrader 1994)

伝統的社会はあまりに因習的であり，それに呪縛されたインサイダーは外部

---

10) 「狭いけれ何でも分かりますぞなもし」（夏目漱石『坊ちゃん』）とは，下宿屋の婆さんが，マドンナと赤シャツとうらなり君の事情について詳しく話すことに対して「どうして，そんなに詳しい事が分るんですか」と坊ちゃんがたずねたときのいい回しである。「むら共同体」内部における完備情報とは，そういう世界のことである。
11) 例えば，インドのカーストでもシュードラ（隷属民）よりは上位ながらも商人（バニヤ）は社会的下位者とみなされている。野元 (2005) は，カメルーンの商人（バミケレ）が，嫉妬の対象となり，「客審」「狡猾」そして「守銭奴」というイメージを与えられていると指摘している。商いが穢れた行為であり，商人が賤民とみなされる傾向については，例えば大黒 (2006) を参照されたい。贈与交換か物々交換が支配的であったむら共同体にとって，外部との取引は「無縁」という「縁のない嫌われやすい現象」（赤坂 1992）であったのであろう。
12) 日本の神社仏閣に寄進された灯篭に，明らかに商人とわかる人々の名前が刻まれていることからも商人のジレンマを窺い知ることができよう。また英国の寒村には不釣り合いなほど瀟洒な教会を，羊毛商人が建立したということで wool church と呼ぶことからも，囲い込みで財をなしたものの商人のジレンマに苛まれた羊毛商人の苦悩を想像できよう。企業の社会的責任 (CSR) に通じるところである。

世界との交易を行う資質に欠ける。よって，革新者であるべき商人は農村社会にとってアウトサイダーである。またアウトサイダーはむら共同体の成員からの妬みの対象，すなわち商人のジレンマから自由となることから，大規模商人となりうる。典型的なアウトサイダー商人としては，華僑やパールシーをあげることができよう[13]。ただし，インサイダー商人のメリットは享受できない。第10章では，ラオスの手織物業にかかわりをもつアウトサイダー商人がラオス商人とは異なる行動をとっていることを紹介する。

3. 境界人（文化ブローカー）仮説

　この仮説は，都市と農村を，価値観・文化そして慣行において異なる近代と伝統として対照させる。それは，農村と都市とにおける契約の締結・監視そして履行にかかわる制度的差異といってもよいであろう。ややシェーマティックないい回しとなるが，都市ではフォーマルな法律に基づいて契約が履行されるが，農村社会ではフォーマルな統治メカニズムは機能せずにインフォーマルな契約履行メカニズムが取引を統治する。すなわち農村と都市の交易は，たとえ同じ言語を用いたとしても別のことを思い浮かべる人々の間での取引となってしまう。

　この異質な文化世界の間には構造的空隙（structural holes）（バート 2006）が存在しており，そこに橋を架けて媒介する主体が市場を形成しうるという仮説である。こうした人々は結束型（bonding）というよりは接合型（bridging）の社会関係資本（パットナム 2006）を備えており，それぞれの社会の文化や慣行を習得した境界人（marginal person）ないしは文化人類学などでいわれる文化ブローカー（culture broker）である。インサイダーでもありアウトサイダーでもある文化ブローカーは，双方の優位性を利用できる立場にある文化の通訳者でもある（Neal 1984）。バート（2006）は，構造的な隙間を多く抱えて，そこに橋架ができる主体には競争力があり，高い収益を実現できるとする。文化ブローカー仮説は，バートの説を開発途上国の農村と都市の交易に置き換えたものともいえる。そして，ラオスの大規模織元（第8章）にも，この文化ブローカーとみ

---

13) パールシー（Parsi）とは，イランで迫害を受けてインドに渡ってきたゾロアスター教徒であり，ムンバイに多く住む。インドでの人口は10万人に満たないが，インド最大の財閥であるタタ財閥を創設している。

なせる人々が多い。

　それぞれの類型の商人は，その得意とする活動領域が異なる。彼らが，どのような取引形態（契約）で農村市場をより広範な市場に連結していくかは，市場形成を論じるうえで注目すべき点となろう。

第4節　農都間の間隙

　経済発展の初期段階における市場形成が，農村と都市経済の接合という性質を強くもつことから，村社会（伝統）と都市社会（近代）の間での取引を阻害する要因に目を向ける必要がある。この問題を，信頼性格差という観点から確認してみよう。

　ラオスの首都ヴィエンチャンにはタラート・サオ（第5章）と呼ばれる公設市場があり，そこには70強のシンの小売業者が店を構えている。この小売業者は都市在住の商人であり，類型的には織子にとってはアウトサイダー商人である。タラート・サオで聞き取りをしているときに，たまたまタラートの外に佇む織子と話をしたことがある（1999年聞き取り）。彼女は，市内から100km以上離れた隣県（ヴィエンチャン県）の村からティーン・シンを売りにやってきた売り込み織子であった。

　　── シンは，売れましたか？
　「いま，知り合いに売ってもらっています」。
　　── 知り合いって，どんな人ですか？
　「同じところの出身の人で，ヴィエンチャンに住んでいる人です」。
　　── 売れたら，お礼でもするのですか？
　「1枚につき，1000キープ（1ドル＝4200キープ）を払う約束です」。
　　── ここまでやってきたのに，なぜ自分で売らないのですか？
　「だって，怖いから。自分では，お店の人と交渉できないのです」。

　この織子は，物理的には市場にアクセスできてはいるが，心理的なアクセスはできていない。すなわち，商人機能としての距離の克服とは，ユークリッド

距離だけでなく心理的・文化的距離を含む複合的距離の克服であることを物語る逸話である。「部族という信頼できる世界からその外へ出ることは、なんといってもひとつの冒険であり、部外者との遭遇には不信感が先立つ」とハルダッハとシリングが『市場の書』(1988：p.7) で述べたことである。織子は希望する指値を伝えることはあるものの、値段の交渉は領域性を共有する売り込み商（織子も仲買人もシェンクワン県からヴィエンチャン県への移住民であった）に任される。そして売買が成立したときには、コミッション（ほぼ売値りの2～3%）が売り込み商に支払われる。

Hildred Geertz (1961) は、ジャワのバザールについて「町のほとんどの人は商いを経験したことがあるが、しかし大部分は、商いという生業はプロの仕事であり、素人はお金を失いやすいものと感じている」(pp.9-10) と記している[14]。しかし彼女は、この恐怖がどこからくるかについては何も述べていない。

織子には、この価格ならば売ってよいと考える留保価格があるであろう。それがタラートで受け入れられる価格であるかどうか織子に自信はないが、望むらくは留保価格よりも高い水準で交渉を妥結したい。しかし、相手の小売店主は百戦錬磨の交渉人である。どう足掻いても勝算の見込みはない。騙されているのではないのかと、つい不安となってしまうのである[15]。

市内か近郊に住む織子ならまだしも、取引に慣れていない遠隔地の村人に市場取引への参加をためらわせる不安を処理する装置として、売り込み商という商人が存在している。このことは、市場の勃興期における商人の登場を、距離の克服のための規模の経済性だけで説明することの物足りなさを暗示している。

この不安を、農民に対する質問票調査のデータを利用して、信頼という観点

---

14) 原 (1996) の指摘を参考にしている。
15) ここで、2財2主体で構成されるエッジワースのボックス・ダイアグラムを思い浮かべてみよう。2者間の交渉によって契約曲線が狭まるなかで交換が成立するという経済学の教科書における議論は、相手の無差別曲線の形状を周知していることを前提としている。しかし現実には自分の無差別曲線は既知であっても、相手のそれは、特に交換に不慣れな人々にとっては未知である。とすれば、契約線そのものが描けなくなる。その結果、妥結した交換の終結点が、実は不必要に自分寄りの契約曲線上にあるかもしれない。たしかにパレート改善はなされたとしても、それが果たして公正な結果だったかと人々は疑心暗鬼となってしまう。望ましい状態はパレート効率であるが、パレート効率だからといって望ましい配分状態とは限らないのである。こうした取引における不公平という感情は、Kahneman, Knetsch and Thaler (1986) が指摘するように、経済活動を制約する可能性がある。まさに「素人は損をしやすい」、すなわち騙されやすいと感じざるをえない状況がそこにある。契約曲線の形状と位置が取引当事者双方に認知されることを前提とするエッジワースの議論は、この意味では全能の神の眼からみた議論に他ならない。

から確認してみよう。信頼とは，取引相手が機会主義的行動をとるかもしれないという不安を軽減する期待である。ラオス語では信頼は wai（おく）jai（心）であるが，聞き取りでは wai jai kan（相互）と表現されることも多い。それは，多くの研究がなされている社会関係資本（social capital）と大きく重なる概念である。ここでは，その社会関係資本が「むら共同体」の内と外で異なることを示してみよう。

信頼を，反復取引の結果として醸成される契約当事者同士の「二者間信頼」と，むら共同体の制裁を背景にもつ「コミュニティ的信頼」に分けておこう[16]。信頼とは，制裁の有効性に対する期待である。二者間信頼における制裁は取引が継続されたときに獲得できるであろう利得の喪失を背景とするのに対して，コミュニティ的信頼はあるコミュニティの成員からの制裁（評判や第三者との取引の停止など）を背景とする。ここで触れるのはコミュニティ的信頼であり，二者間信頼については次章で触れることにする。商人を含む様々な特性をもつ人々への村人の評価から，インサイダー商人とアウトサイダー商人の位置づけをみていこう。

表2-2 は，ラオスの農家家計調査（$N = 837$）に含めた対人信頼度（信頼できる＝ 3，どちらともいえない＝ 2，信頼できない＝ 1）への回答に因子分析（主因子法・バリマックス回転）を施した結果である[17]。第1因子はインサイダーへの信頼，そして第2因子はアウトサイダーへの信頼をあらわしている。これは，むら共同体の成員か否かと対応している。質問では，インサイダーは「同じ村の」と修飾していることから，同じ村に居住する人々という意味となっている。インサイダー商人は情報の対称性や，むら共同体の制裁メカニズムが利用できる（表2-3）ことから，表の最終列に示される平均得点からも明らかなように，高い信頼度を享受している。村の金貸しすらもインサイダーであり，アウトサイダーの商人よりは信頼されている。金貸しといっても，チェーホフやドフトエ

---

16) Zucker (1986) は信頼の源泉を，institutional-based, characteristic-based そして process-based に分類している。このうち characteristic-based trust は民族や文化を背景とする個人特性を，また process-based trust は過去の取引履歴を信頼の源泉とする。それぞれは，コミュニティ的信頼と二者間信頼に対応している。

17) 因子分析とは，分析の対象となる多変量間の相関は各変量に潜在的に共通に含まれている少数個の因子によって生じるという発想から，共通因子を探索する統計手法である。因子負荷量は，変数が各共通因子に含まれる程度を示している。その大きさをみれば，表2-2 ではふたつの共通因子があることが分かる。そして，因子を総称させるに相応しい名称を因子につけることになる。

表 2-2 信頼の濃淡（因子負荷量）

	第1因子	第2因子	平均
同じ村の小売店主	**0.70**	0.27	2.10
同じ村の商人	**0.67**	0.28	2.06
同じ村の人々	**0.53**	0.18	2.27
親戚	**0.46**	0.07	2.74
同じ村の金貸し	**0.35**	0.25	1.80
都市の商人	0.13	**0.69**	1.46
異なるエスニックの人	0.17	**0.52**	1.43
都市の小売店主	0.29	**0.42**	1.41
固有値	1.68	1.17	
累積分散	20.95%	35.58%	

注）観測変数の共通性は，すべて 0.3 以上である。

表 2-3 村の制裁メカニズム（%）

	賛成	どちらともいえない	反対	合計
村の集会に参加しない人は罰せられるべきである。				
	90.8	6.4	2.8	100.0
村人を裏切った人は，村のなかでは村八分にされるべきである。				
	43.5	26.0	30.5	100.0

フスキーの小説に出てくるような強欲狡猾な老婆というイメージとはかけ離れた存在なのである。これに対して，アウトサイダーへの信頼の低さは際立っている。

　同じむら共同体に属するという領域性が，成員間の高い信頼として表出しているといえる。インサイダーへの高い信頼は，凝集性の強い結束型（bonding）の社会資本として，外部者からみればむら共同体の閉鎖性や排他性（速水 2000）と捉えられることもある。しかし，その排他性は，既得権益を維持しようするギルドなどの排他性とは異なり，むら共同体の成員がアウトサイダーに対する制裁手段をもたないことから生まれる不信のあらわれに過ぎない。なお，インサイダー商人とアウトサイダー商人については，Evers and Schrader（1994）を参照されたい[18]。

18) こうした商人の違いが市場形成に異なる影響を与えている様子については，タイの農産物流通を扱った Siamwalla（1978）やラオスの手織物を扱った Ohno（2001, 2009），そして商人主導で産地が形成されるケースを指摘した園部・大塚（2004）を参照されたい。

今日の開発経済学や経済史における制度学派の分野では，領域性なり反復取引で醸成された信頼が取引相手の機会主義的行為を抑制するという結論をもつ論文が数多くみられる（例えば，Humphrey and Schmitz 1998）。しかしここで，「鉄壁の信頼」など存在しないことを知らなくてはならない。たしかに機会主義的行為の抑制効果は確認されるが，本書の至るところで記述されるように，それでもそうした行為を完全に阻止できるわけではないのである。

> 「（魚河岸では）馴染みの店はあるよ。でもね，こちらにも魚を選ぶときの目利きかどうかが問われるんだよね。たとえ騙されて質の悪い魚をつかまされたとしても，悪いのはこっちだからね」。
>
> 　　　　　　　　　　　　　　　　　馴染みの小料理屋のご主人との会話から[19]

＊＊＊

　本章では，ラオスの機業にまつわる登場人物を紹介してきた。特に，織元と仲買人の区分には注意を要する。それらは，日本の歴史研究において明確な定義が与えられているとはいえない。また，平織りが中心となる日本の機業研究と，紋織りが主流のラオスのシンという差異にも留意しなくてはならない。ラオスでは織柄情報の伝達という要素が，市場形成に大きな意味をもつからである。

　そこで，織柄を織子に伝える商人を織元，伝えない商人を仲買人と定義することにした。ただし，それもヴィエンチャンに限った話である。さらに，織柄に対する知的所有権に濃淡があることから，それが織元の多様性を生むことを指摘した。また，商人が糸を織子に提供するか否かも，商人を区分ける重要な要素である。優れた織柄は高価な糸を使って織られてはじめて高い付加価値が実現されることから，品質の高いシンを扱おうとする織元は，信用制約のある織子に良質の糸とよい織柄を提供する必要がある。これに対して仲買人は織柄情報を提供しないことから，良質のシンを製織させるためではなく，シンの集荷を容易にするために糸を提供する傾向が強いといえる。

　むら共同体の内と外の主体として商人を分類することも，市場形成が緒に就

---

[19] ベスターの『築地』(2007) にも，信頼が構築されているから良好な取引関係が維持されていると発言した筆者に対して，築地の店主が「そんなんじゃないんだ。みんなが馴染みの仕入れ先にこだわるのは，そこがよそより信用できるからじゃなくて，よそより疑わしくないからなのさ」(p.372) と答えたことが記されている。

いたばかりの社会を対象とするうえでは，大きな意味をもつ。農都間の信頼格差を乗り越える主体として商人を評価する必要もあろう。取引における信頼の重要性を指摘する論文は，開発経済学に留まらず経営学などでも数多ある。ただし，信頼を万能の説明要因とするかのようなアプローチにはやや懐疑的にならざるをえない。信頼とは取引相手に対してではなく，取引相手との関係性のなかで利用できる制裁メカニズムへの信頼である。さらに，制裁メカニズムも多様であると考えているからである。鉄壁の信頼など存在しないということは，取引相手の機会主義的行為に対処するために諸々の工夫が求められることを意味している。本書が，契約の選択を中心とする個人的統治を支える複数のサブ・システムに注目する理由である。

第 3 章
取引契約

前章では，ラオスの手織物にまつわる市場形成を議論するための準備として，商人を中心とする登場人物を分類した。本章では，もうひとつの準備として，スポット取引から組織（集中作業場＝マニュファクチュア）に至る取引にかかわる契約形態を整理する。ここでも，まず日本経済史研究における史料と議論を整理して，ラオスの取引契約の定義につなげていこう。

　開発経済学における契約選択の議論は，定額小作と刈分小作の選択に端を発している。そこでは，農業生産には不確実性が伴うことからリスク分担に焦点があてられる。しかし本書が対象とする機業では，気候などの外生的要因に由来するリスクはほぼなく，また織子の報酬も事前に決められていることから，リスクは契約選択の有力な要因とはならない。機織りの契約で問題となるのは，エージェンシー問題をどのように阻止するかである。

　経済学は，Coase (1937) が想定したような企業と市場取引の互換性，すなわち「内製か外部調達 (make-or-buy)」という表現で，取引を市場におけるスポット取引と組織内の取引に二項対立させた (Klein 2005)。しかし Macneil (1980 など) の関係的契約 (relational contract) 理論の影響を受けた Williamson (1975) を経て，市場と組織の間に存在する中間的な取引形態が注目を浴びるようになる。

　ラオスにおける織子から小売店に至る織物の取引をみても，スポット契約の名に値するのは，タラート周辺の一部の独立織子（売り込み織子）たちがシンを小売店に直接売り歩くときか，シンを買い集める仲買人と独立織子との取引に限られ，取扱量としても大きいものではない。また，取り扱われるシンの品質も高いものではない。そうした一見するとスポット契約にみえる取引でも，取引相手は顔見知りであり，それなりに固定された取引関係となっている。大半のシンは，売り手と買い手がプリンシパル・エージェント関係にある契約で取引されている。探索財であるにもかかわらずスポット契約とならない最大の理由は，信用制約と織柄情報の入手制約を受ける織子に品質の高いシンを織ってもらうためには，プリンシパル（小売店や織元）がエージェント（織子）に良質の糸と織柄情報を提供しなくてはならないためである。このためにラオスの織物は，教科書的な競争的市場における取引ではなく，ある程度の永続的な関係性のある二者間の相対取引によって流通することになる。

　もし第三者によって契約が完全に履行されるならばスポット契約が市場取引の中心となり，人々は取引相手が誰になるかに無関心となる (Brown, Falk and Fehr 2004)。しかし情報の非対称性が歴然として存在する現実においては，特

に契約履行の強制を第三者機関に期待できない開発途上国では，スポット契約では処理できない問題，さらには実現できない利益が意味をもつ。特に，糸と織柄情報の提供が求められる機織りでは，匿名での取引はかなり例外的とならざるをえない。まさに，取引当事者の社会的関係が意味をもつことになる。

　ここで，プリンシパル・エージェント関係でなされる取引を，関係的取引ないしは関係的契約と呼んでおこう。関係的契約の研究は，Macneil (1980) によって始まる。彼は社会構造に組み込まれていない契約は存在しないとしてスポット契約も関係的契約であるとすることから，やや汎用性に欠ける概念となっている。そこで本書では，Baker, Gibbons and Murphy (2002) に従い，関係的契約を「第三者による契約の履行が強制されない契約であり，関係性のもたらす将来の価値によって維持される自己拘束的でインフォーマルな合意」と定義しておこう。本書では，フォーマルおよびセミ・フォーマルな取引統治メカニズムが機能しないラオスの手織物の取引において，取引を統治するのは主として個人的統治であるという仮説を提示した。Baker 等による契約当事者間の関係性で定義される関係的契約は，本書でいうところの個人的統治が機能する取引と親和的となっている。そして，この関係的契約は，スポット契約と組織という両極をもつ契約のスペクトラムに位置づけられ，関係性の強弱によってスポット契約に近い契約から組織に近い契約までの幅をもっている。

　ラオスの手織物でも，スポット契約と集中作業場＝内機経営とを両端とするスペクトラムのうえに，多様な取引契約が観察される。そのなかで注目されるのが，問屋契約である。Hayami ed. (1998) は，経済的離陸を始めた段階で問屋契約を通じて市場経済が農村部に浸透していくことをアジア諸国の事例をもって明らかにしている。日本の経験でも，谷本 (1998) は「……問屋制家内工業形態自体，幕末においては一般的ではなく，その普及は 1880 年代のことであった」(p.227) として，明治以降に問屋契約を軸とした手織物産業が農村部で興隆したことを明らかにしている。桐生の機業を対象とした中林 (2003) も同じく，市場を形成する契約的手段として関係的契約（問屋制）が有効であると指摘する。このように，関係的契約の中心には問屋契約がある。

　ところで日本の問屋制度研究はというと，「厳マニュ論争」に囚われ過ぎてしまい，問屋制度そのものの分析はマニュファクチュアの議論の陰に追いやら

れた感がある[1]。そのために問屋契約と集中作業場との選択問題にも関心は払われてこなかったが，谷本（1998）や中林（2003）によって漸くその議論が始まったといえる。

　それでもいくつかの日本の機業歴史研究は問屋契約に触れているが，問屋制度の実態には不明なところが多い。例えば，論文に頻繁に登場する問屋制と前貸問屋制という用語の差異に議論は及んでおらず，その定義は曖昧なままである。例外的に，三瓶（1961）は「出機制は，内機をもつと否とにかかわらず，高度に発達した問屋制家内工業」（p.192）であり，「出機制の前段階と見なされる前貸問屋制」（p.191）として，問屋制と前貸問屋制を，発展段階の過程での別の形態とみなしている。そして，「……前貸問屋制家内工業においては，問屋は市場の拡大に応ずるために，より多くの製品を確保する必要から，直接製織者に原料を前貸するところに生まれた生産形態である。……前貸問屋制家内工業においては原料及び工賃は製品の取引の際に清算される」（p.191）とする。これに対して，出機制度は，織元が生産手段と原料を供給して製品に対して工賃を支払うものであって，決して原料の掛売り＝前貸しをしているわけではないと指摘する。すなわち，「前貸制に比して出機制においては，織工は厳密な意味で，事実上の賃労働者である」（p.191）。広辞苑によれば，前貸しとは「（給料などを）支払うべき期日以前に貸すこと。先貸し」とある。問屋契約では糸の所有権は問屋側に残っていることから，糸は供給されるものの前貸しとはなっていないのである。

　日本経済史研究における問屋契約についての記述のなかには，原材料を供給して工賃を払う前貸問屋制という表現がよく登場するが，出機制では織子は織賃をえているのであり，決して生産手段と原料糸は前貸し＝掛売りされてはいないことから，三瓶の指摘を俟つまでもなく誤った表現であろう。本章では，この三瓶の指摘に着目して問屋契約を再考察し，それを軸として取引契約の分類を試みよう。

---

[1] 信夫（1942）が「……機屋が『織元』として小商品生産者を問屋的に支配し……かれらが……豪農たり名主・里正たる性格をもって……問屋制的な支配関係を必然的に『農奴』に対する領主支配」（p.20）というように，問屋制度を支配・従属関係，または地主・小作関係の枠組みに封じ込めて捉えようとする傾向もあった。いわゆる，マルクス経済学からのアプローチである。社会主義体制をとるラオスでは，地主・小作関係は社会構造として存在していないことから，こうしたアプローチは有効とはいえない。

第1節　問屋契約とは

　日本経済史の研究から問屋契約の定義を拾ってみよう。斎藤・阿部（1987：p.64）は「……織元，つまり，産地問屋（買次商）やその下位にある仲継商（仲買）などといわれる商人が，<u>綿花を農家に渡し</u>，それを用いて<u>織られた綿布を工賃と引き換えに集荷する</u>」契約と定義する。これに対して岡崎（1999：p.144）は，機業に特定しているわけではないが，「問屋がそれぞれの家庭にいる<u>生産者に原料と道具を前貸しし</u>，彼らから<u>生産物を買い取る</u>という形態」（下線は筆者）であり，「問屋から生産者に支払われるのは，生産物の価格から原料費と道具の賃貸料を控除した部分」となると定義する。このときの生産者の報酬は，賃金ではない。契約としては，明らかに異なる形態である。

　このふたつの定義は，三瓶のいう「出機制＝問屋制」と「前貸問屋制」に対応している。双方の契約ではプリンシパルがエージェントに原料糸を提供するが，その所有権は，問屋契約ではプリンシパルにある。これに対して前貸問屋契約では，代金は未払いの掛売り（＝前貸し）であるが，エージェントが所有権を主張できることになる。なお，前貸しとは担保を取らない信用貸しであることから，「問屋契約」と明確に区別するために，前貸問屋契約を「糸信用貸契約」と呼ぶことにしよう。また，前貸問屋契約と言葉が重なると文章が読み難くなることから，本書では「前貸し」を「掛売り」と表記する。さらに，問屋契約には斎藤・阿部の定義を採用し，岡崎の定義する問屋契約は糸信用貸契約とする。

　問屋契約と糸信用貸契約は，歴史上，日本の織物取引でも観察されていた。管見の限り，本庄（1930）の記述が最も詳細である。賃機＝問屋契約と仕入機＝糸信用貸契約が，次のように紹介されている。「賃機ニ在リテハ製織ニ至ル迄ノ準備ハ，スベテ機業家ニ於テ之ヲ為シ賃機業者ハ単ニ之ヲ織機ニ装置シ，製織ノ技巧ヲ施スニ止マル。然ルニ仕入機ニアリテハ機業家ヨリ原料ヲ受クルモ，ソノ撚製，錬染，下繰，整経等ノ加工ハスベテ仕入機業者ニ於テ之レガ処置ニ任ズルモノトス」（p.78）「又賃機ニアリテハ，単ニ工賃ヲ受クルニ止マルモ，仕入機ニアリテハ，製品価格ヨリ原料代価ヲ差引キタル残額ヲ受クルモノニシテ，換言スレバ賃機ハ賃銀制ニヨリ仕入機ハ買取制ニヨルモノ也」（p.79）。

機織りの準備作業である整経や機拵えが，問屋契約ではプリンシパルの負担，そして糸信用貸契約では織子の負担となることも指摘されている[2]。

賃機と仕入機が，問屋契約と糸信用貸契約に対応していることは明らかであろう[3]。本庄の記述は，ふたつの契約の定義ではないものの，契約の相違を正確に描写している。なお，「……賃機制度最モ廣ク行ハレ之レニ亞クモノヲ小

---

[2] 整経とは，経糸を一定の長さと本数に分ける作業。機拵えとは，様々な製織の準備工程の総称であり，繰返し・整経・綜絖引込み，筬通しなどがある。機拵えは整経も含むが，ラオスでは，整経とその他の機拵えが別の人によってなされることが多いことから，整経と機拵えを分けて表記する。

[3] なお日本の他の機業地でも，名称こそ違え，同様の契約が存在していた。『足利織物史 上巻』(1960)は，「近世における足利織物の生産方法は，……，主として前貸問屋制すなわち，賃織制度であった（筆者注：前貸しているにもかかわらず賃織というのは論理的に矛盾）。賃織には「賃機」と「下機」とがある。「賃機」というのは，元機屋（稀には下機屋）から加工された原料，または，それとともに機具を借り受けて自宅で製織に従事し，一定の織賃を得るものである。「下機」というのは，元機屋から原料を借り受けて自宅で（稀には賃機により）製織し，その製品を元機屋に委託して販売し，その販売した代金の中から前借した原料の代金を差し引いた残金を所得とするものであるが，その数は僅かである」(p.272)としている。すなわち，賃機が問屋契約であり，下機が糸信用貸契約である。ただし「委託して販売」とあることから，買取価格は事前に決定していない契約であったようである。

桐生でも，次のように同様であったといえる。『桐生織物史 下巻』(1940)は，織物製造業者を「元機屋」「下機屋」「賃機屋」に分けている(p.463)。元織屋とは織元であり，賃機屋は「元織屋又は下機屋より機台を借り原料を受け之を織上げその賃金を所得とする」という問屋契約のもとでの織子である。これに対して，「下機屋は賃機屋の一種なれど，元機屋より原料を借入れ製織してこれを元機屋に托しその売り上げ代金より原料代を控除したる差額を所得とする」ことから，糸信用貸契約のもとでの機業家である。ただし「賃機屋に製織せしめて元機屋の下請の如き仕事をしているものもある」ということから，織元からの委託を受けた仲買人としての性質もあったようである。本書で委託仲買人として紹介される商人と同類と考えられる。いずれにしても，桐生でも「糸売り製品買い」の糸信用貸契約が確認される。

堀江(1940)は，丹後機業において歩機，約定機そして手張機の3形態をあげている(pp.944-947)。歩機とは，問屋から精練した原糸と紋紙を支給されて製織して納品することによって一定の手間賃を稼ぐ形態であり，問屋契約である。約定機とは，「歩機に於ける問屋の原糸支給が問屋の機業家に対する原糸代価の貸付として表現され，問屋への縮緬納入がその返済として表現され，両者の差額が機業家の手間賃として支払われる形態」である。すなわち，約定機は糸信用貸契約である。堀江は「……それは売買関係の形式をとった歩機であり，本質上賃機である」とみなし，「……それが売買関係なる形式をとる結果，支給された原糸をもって製織された縮緬を納入する義務なきこと・精練紋紙が機業家の負担になること……等の付随的な全く形式的な点で歩機から区別されるにすぎない」とする。しかし本書は，「全く形式的」とみえるこの違いに，契約の本質的な差異が宿っていると考えている。特に「支給された原糸をもって製織された縮緬を納入する義務なきこと」とあるのは，糸の所有権が織子にあることから生じることである。なお手張機は，問屋からは独立した自営の機業家および問屋直営工場を含む生産形態であり，取引の契約形態ではない。

写真 3-1　機拵え
注）綜絖引き込み・筬通し・紋綜絖引き込みの作業をしている。とても細かい作業であり，ここでミスをすると修正が大変となる。

経営自営機業トシ，仕入機業ハ現時衰退ノ運ニ在リ」(p.74) している。これは三瓶（1961）の「出機制の前段階と見なされる前貸問屋制」という指摘と符合している。ただしラオスでは，問屋契約から糸信用貸契約への転換という逆の推移も観察される。すなわち，このふたつの契約は歴史的な発展段階に位置づけられるのではなく，選択問題として捉えるべきものと考えられる。

　ここで，ふたつほど確認しておこう。ひとつは本庄（1930）の記述にあるように整経や機拵えなどの準備作業が，問屋契約では織元の，そして糸信用貸契約では織子の負担でなされるという点である。機拵え（写真 3-1）とは，繰り返し・整経・綜絖引き込み・筬通し・紋綜絖引き込みといった製織に至る準備作業である[4]。すなわち問屋契約では，織子は織りの作業だけを担当して織賃を受けることになる。これに対して糸信用貸契約では，糸の所有権は織子に渡っていることから，その後の機拵えの作業なども織子の負担となっている。

　ラオスの問屋契約と糸信用貸契約でも，整経と機拵えについては上記と同様の関係がみられる。もし問屋契約で織子が整経と機拵えを負担するときには，それに対して賃金が支払われることが一般的である。糸信用貸契約では，そう

4)　繰り返しとは，綛から糸を木枠などに巻き返して，整経のために長さや張力を整える作業をいう。

した賃金支払いはない。なお糸信用貸契約でも，機拵えの作業を織元が負担する場合もある。これは，垂直紋綜絖を織元が作成して織子に渡す場合であり，技術的理由によって機拵えも同時になされる必要があるためである。このことは，ふたつの契約における織子の収入の計算を難しくしてしまう。

このように織子の製織にかかわる責務は，問屋契約では機織りに限定されるが，糸信用貸契約では製織に必要な準備段階をも含むことになる。したがって機拵えなどでの不注意が製品の品質に影響した場合の責任は，問屋契約ではプリンシパルが，そして糸信用貸契約ではエージェントが負うことになる。これが，次の点にかかわってくる。

もうひとつ注目すべきは，仕入機（糸信用貸契約）では「……製品ガ不良品ナル場合ニハ，甚シク値引セラルルコト勿論ニシテ」（本庄 1930：p.77）とあるように，製品の品質によって織子の収入が変化することである。これは，問屋契約（賃機契約）では労働に対する対価として織賃が支払われたのに対して，糸信用契約では納品される製品への対価が支払われていることを意味している。糸の所有権が，問屋契約では織元に，そして糸信用貸契約では織子にあるという前述の指摘と対応している。ラオスでも，問屋契約での織賃は製織されたシンの出来不出来にかかわらず固定的であるが，糸信用貸契約ではシンの品質に問題があるときには値引き，ないしは他所で販売して糸代を支払うという慣行となっている。

このように問屋契約と比較して糸信用貸契約では織子の独立性（裁量度）がより高くなっていることから，糸信用貸契約はスポット契約に，そして問屋契約は組織＝集中作業場に近い契約となる。なお，織子との契約の詳細は史料に残ることはほぼないことから，存在は確認されるものの議論の掘り下げは日本の歴史研究ではなされていない[5]。これに対してラオスでは，このふたつの契約が併存していることから，契約の選択問題として扱うことができる。

---

5) 本庄（1930）は「仕入業者ニツイテハ別ニ之ヲ賃織業者ヨリ区別シ計上セサルモソノ数値極メテ少シ」（p.74）と述べている。歴史分析では史料の制約により契約の詳細には立ち入れないようである。

第2節　集中作業場をめぐる課題

　家内制手工業，問屋制家内工業，工場制手工業（マニュファクチュア），そして工場制機械工業へと生産組織が段階的に発達する，またそれゆえに後者ほど進んだ生産形態とみなす傾向がある（Wardell 1992）。しかし日本の史実からいえば，相当の期間にわたって異なる生産組織が併存しており，歴史的には出機経営と内機経営が不可逆的な変化をみせるわけでもない（斎藤 1984：斎藤・阿部 1987）。また，日本の機業では，力織機の導入と工場化＝内機経営が併行したことから，マニュファクチュア化を促した機械化以外の要因がみえにくくなっている。力織機化と工場化を促す要因が異なるならば，力織機の影響を分離しての議論が難しいことから，その検証も困難となる[6]。

　ラオスの手織物業では工場制機械工業はいまだあらわれておらず，その兆候もない[7]。力織機は登場していないし，バッタンですら例外的にしかみることはできない（第10章のマイサワン工房参照）。すなわちラオスでは，機械化の影響を排除したうえで，出機経営と内機経営の選択問題を議論することができることになる。

　ラオスでみられる生産形態は，家内制手工業の「独立織子」，問屋制家内工業の「出機経営」（問屋契約と糸信用貸契約双方を含む），そして工場制手工業の「内機経営」という3形態である。本書では，織元は，集中作業場で内機織子を雇用（内機経営）するか，出機織子を抱える（出機経営）か，ないしは双方をなす機業家と定義されている。すなわち，集中作業場の登場は問屋制度の消滅にはつながっていないどころか，内機経営をしていた織元が出機経営に転換した事例も確認される。出機と内機経営は，歴史的な発展経路に位置づけられる

---

[6]　橋野（1997）は，力織機の導入による工場制の成立という論理の他に，工場内で技術の伝授やOJTによって熟練工が不断に再生産されていったことを工場制が登場する理由としている。この論理は，母親から娘へと高い手機織技能が受け継がれていくラオスでは妥当しない。ただし，広い意味での労務管理の確立が工場制の登場を促したという論理は傾聴に値する。

[7]　ラオスで機械織りが進まない理由として，「手織り」が付加価値を生んでいること，そして空気密度が低くなる機械織りの紋織物はラオスの気候には不適であることがある。後者については，本文中でも触れられるラオスのシンを真似た中国の機械織りのシンが不評をかこつことからも理解できよう。

のではなく，機業家の経営上の選択問題であることがみえてくる。

明治期の日本の機業では，内機経営と力織機の導入とが同時に登場する場合が多くみられた。そのために，機械化と工場化が不可分な事象として捉えられる傾向がある。しかしラオスでは力織機どころかバッタンの導入すらなされていないことから，機織り技術はほぼ一定とみなしてよい。それにもかかわらず内機経営が成立する理由を，本書では労務管理に求めていく。それは Landes (1966：p.14) が「工場の本質は規律 (discipline)」であると見抜いたこと，また Margline (1974) が工場制度の存在理由を，分業や協業による技術的効率性の追及ではなく，労働者を統制して収益性を高めようとする経営者の戦略に求めたことと同じ議論の上にある[8]。すなわち，他の生産形態に対する工場制度の優越性は製造技術ではなく，生産プロセスの管理権を労働者から資本家に移管させたところにあると考えている。それは，技術や資本ではなく，規律と監督によって生産費の引き下げが可能となるという主張である[9]。

それでも，経営形態で固有といえるような優越性だけで内機経営の選択を説明できるとは限らない。本書では，内機経営を選択せざるをえない外生的な環境の変化があり，それゆえに内機経営が出機経営に優越したとみえるようになった可能性を指摘する（第8章の第5部）。

内機経営の労務管理を論じる前に，『両毛地方機織業調査報告書』(1901：pp.119–122) の記述から出機（賃機）経営と内機経営のメリットとデメリットをみてみよう。

賃機屋操縦ノ利益
1) 自由ニ生産ヲ屈伸シ得ルコト。「設備ヲ用意シ居レハ」とあることから，資本設備の遊休を問題としている。
2) 工場維持ニ於ケルカ如キ煩労ト費用ヲ要セサルコト。「職工ヲ養ヒ其ノ労働ヲ奨励シ，其品行ヲ取締リ，或ハ病傷，或ハ寝食上ニ伴フ煩累ト費用ハ実ニ少ナカラス」とあり，いわゆる労務管理の費用が出機では不要としている。
3) 不用ノ工女ヲ養ヒ置クヲ要セサルコト。「工場組織ヲ用フレハ機業界ノ不振ナルトキト雖モ猶無用ノ工女ヲ養ヒ置カサルヘカラス」とあるように，工場労働者が固定

---

[8] 工場が成立した後に，そこから問屋制度をもって農村工業が展開するという経路も観察される (Ohno and Jirapatpimol 1998)。
[9] 同様の主張は，Pollard (1965) や Thompson (1967) にもみられる。詳しくは，大野 (2007 第1章) を参照されたい。

費用化することの問題点の指摘である。
4) 廉価ニ多額ノ生産ヲ為シ得ルコト。上記のことから生産費を抑えることが可能となるという指摘である。

賃機屋操縦ノ弊害
1) 糸ヲ盗ムコト。
2) 織物ノ品質ヲ劣悪ニシ信用ヲ失スルコト。
3) 糸ヲ質入スル事。
4) 製造上ノ監督ヲ為シ得サルコト。

　出機経営の利益と弊害は，内機経営では逆となる。出機経営の利点は，特に労働費用について，変動費用の割合を高くすることによって景気変動に対応できることである。しかし，織子の監督が疎かとなることから糸の窃取などのエージェンシー問題が深刻となるという弊害，すなわち Landes (1969) のいう「問屋契約に固有の軋轢 (frictions inherent in putting-out)」として知られる問題がある。プロト工業化論は，この問屋制度の内部矛盾から工場制度の成立を説明する問屋制収益逓減説をとっている（斎藤 1984)[10]。しかし糸の窃取というエージェンシー問題が深刻というならば，糸信用貸契約を採用すれば出機経営を維持できるはずである。何か別の要因がありそうである。これについては，第8章の第5節（「出機経営と内機経営」）で触れることにしよう。

第3節　ラオスで観察された取引契約

　ラオスの手織物をめぐる取引は，スポット契約・注文契約・糸信用貸契約・問屋契約そして組織としての集中作業場（内機経営）という5つの形態に分類することができる。
　スポット契約以外では関係的契約となるが，関係性は注文契約では弱く，順

---

10) 信夫 (1942) も，この立場をとる。「……出機制度は，しかしながら，予期の成績をあげることができなかった。……当時機元たる木綿商人が一機（一掛け分の事）分の経糸に緯糸幾綛と定め織賃を支払ひ居りしも，緯糸の打込みは手加減に依り不同を生じ，正直なる機場は出糸（剰糸のこと）を返戻したるも，横着なる者は之を隠蔽して戻さず，織賃の他に出糸を収得する悪風流行し，……かくて，かれら（機元：筆者注）は自己の……土蔵や納屋を利用して織機を其處にあつめ，織子を通勤させる方法に出た……」(p.165)。

に強くなる。そして，集中作業場ではプリンシパルとエージェント間で雇用契約という強い関係性が成立している。また，この順で，織られるシンの品質も高くなる傾向がみられる。このことは，品質の差に対応した多様な契約の束として市場が形成されていることを暗示している。こうした取引形態は，小売店と機業家（織元と織子），小売店ないしは織元と委託仲買人，織元と出機織子ないしは委託仲買人などでも観察される。ここでは，イメージしやすくするために，小売店とそこにシンを卸す機業家（織子・仲買人・織元）との取引事例から契約を観察していく。

　そうした取引の風景を簡単に描写しておこう。ヴィエンチャンの公設市場（タラート）には，多くのシンの小売店がある。そのうちのひとつ，中・低級品のシンを扱うタラート・クアディンに午前中にいくと，織子などがシンをもってきて小売店に売り歩く風景がみられる。彼女たちが持ち込んでくる様子は，一見すると匿名者間でのスポット契約かのようである。しかし小売店に確認すると，完全なスポット契約での仕入れは多くはなく，大半は関係的契約で取引がなされている。それも，独立織子よりは仲買人や織元からの仕入れのほうが多いという。ただし，小売店からエージェントへの糸の提供はなされていない。これに対してタラート・クアディンの隣にある高級品のシンを扱うタラート・サオにもシンの小売店が多数あるが，ここでは売り込み織子を見かけることは稀である。売り手と小売店とには固定的な顧客関係が成立しており，糸の提供がなされる関係性の強い契約でシンが取引されていく。この対比は，第Ⅱ部で議論される。

1. 注文契約

　関係性が最も弱い注文契約からみていこう。この契約では，仕入れ値を合意したうえで，小売店は織子に機織りを委託する[11]。この仕入れ値は，エージェントの立場からは納品価格となる。

　小売店としては，しっかりと筬打ちされ丁寧に織られたシンを安定的に仕入れたいと考えている。「なかなか，よい織子がいなくてね」とは，小売店の店

---

11)「仕入れ値」という用語は仕入価格でもよいのであるが，仕入価格というと競争的市場で決定された価格という意味あいが出てくる。本書で用いる仕入れ値は，相対取引での交渉によって決められた値段を意味する。

主からよく聞かれる言葉である。高い技能の織子を見つければ，その織子を囲い込もうとする。織子にとっても，販路が確保されて代金の支払もすぐになされるという利点がある。何しろスポット契約では，売れたとしても，その代金の支払は数日後ということも多いのが現実である（第6章の第1節参照）。小売店も信用制約を受けており，ある程度の販売がなされるまでは手元不如意となるからである。

このことから注文契約の維持は，織子と小売店双方にとって，ある程度は自己拘束的となる。ただし，後に触れる糸信用貸契約や問屋契約ほどの強い拘束性はない。注文契約では小売店から織子への糸の提供はなされないことから，織子は織ったシンを契約した小売店に排他的に納品する責務を強くは感じないためである。したがって織柄情報を伝えたとしても，それが容易に外部化する可能性が高いことから，小売店は流行の織柄情報の提供をためらうことになる。一般には，織子のもってきたシンのなかから，特定の織柄と色を指定して追加の生産を注文するに留まるものである。

さらに注文契約といっても，品質が悪いときには小売店は買い取りを拒否するし，また在庫が充分なときには織りに問題があるなどといって買い取りを拒むこともある[12]。こうなると，スポット契約と注文契約との境界は曖昧となる[13]。注文契約には至らないまでも，品質がよいことから売りにくれば小売店としては購入するというスポット契約を，まったくの匿名者間でのスポット契約と対照させて「顔見知りのスポット契約」と呼んでおこう。スポット契約と注文契約の間の形態である。

プリンシパルからの糸の提供のなされない注文契約では，織子の信用制約は解消されない。ここに，資金制約を解消して，さらには織柄情報も提供されるような契約が求められることになる。そうした契約が，小売店が機業家に原料糸と織柄を提供する問屋契約と糸信用貸契約である。

---

[12] この後に紹介する糸信用貸契約でも，在庫調整のためにプリンシパルが受け取りを拒否する事例が紹介される（第7章）。

[13] 西陣では，スポット契約と注文契約は，振機と伏機と呼ばれていた。前者は「機屋が自由に原糸を買入れ，誰にでも自由に振り売りするもの」であり，後者は「機屋と問屋が一定期間，一定の機台数の製品の一手売買契約を結ぶもの」である（黒松1965）。ただし，「……伏機契約ナルモノハ，アル製品ニ付キ，アル限度マデ仲買ガ必ズ受取ルベキコトヲ約スルニ過ギズ勿論ソノ代価ノ如キ単ニ大体ノ決定ニ過ギズシテ決算期ニ至リテ，改メテ協定ヲナスモノナリ……」（本庄1930：p.62）とあるように，厳密な注文契約というよりは，ややスポット契約に近いものであったようである。

2. 問屋契約と糸信用貸契約

　このふたつの契約は，調査の初期には同じ問屋契約として捉えていた。その差異に気づいたのは，シンが納品されるときに，小売店（プリンシパル）が織子に織賃（kha＝お金 tham＝織る）ないしは賃金（kha heng ngan）を支払うというときと，シンを織子から買う（seu）という異なる言葉を使い分けていることを知ったことによる。それを確実に認識したのは，小売店の帳簿をみせてもらったときである。表3-1と表3-2は，小売店の帳簿からの写しであり，前者が問屋契約，後者が糸信用貸契約である。なお，帳簿には綛（かせ poi）という単位が用いられるが，これは重量単位ではなく「糸のひとまとまり」という意味である[14]。

　ふたつの契約の差を紹介する前に，糸を提供するときにみられる慣行の説明をしておこう。ラオスのシンの長さは，一般的には1ワー（waa）＝ 180cm である。1枚を織れば，それを切り取って小売店に納品できる。すなわち，経糸すべてを織り終わって，1掛け分をまとめて納品するという形式ではない。機織りの都合上，経糸は最初にすべてが機に掛けられる必要があるが，緯糸はシンが1～2枚納品されたときに，次の枚数分（通常は2枚分）が追加されて織子に渡される。

　こうすることによって，糸の提供という投資の懐妊期間を短くしてプリンシパルの信用制約を和らげることができるし，エージェント（織子）の機会主義的行動を抑えることにもなる。短い納期とすることは，プリンシパルとエージェントの面接性を高めて，エージェントの怠業を抑止することにもなる[15]。さらに，柄糸も追加して渡されるが，織柄は同じでも，需要側の理由で配色の

---

[14] 本書では，糸を綛（「かせ」ないしは「すが」）という単位で表現する。これは，糸のまとまりをあらわす最小単位であり，それをまとめた捻（ねじり），さらに大きな括（かつ）という単位もある。ときおり括を綛に小分けするといういい方もするが，単位にはこだわらない。それらは糸のまとまりをあらわす単位であり，重量単位ではないからである。また，ラオスでは綛を poi ないしは nai と呼ぶが，地域によって 4 nai ＝ 1 poi であったり双方は同じであったりする。本書で必要となるのは糸の価格情報であり，重量情報ではないことから，糸のひとまとまりを綛と呼び，必要に応じて括を使うことにする。

[15] もちろん，住居の近接性が高い面接性を可能にしていることも確かである。ヴィエンチャンの郊外や第Ⅳ部で触れる辺境の産地の機業家とは，この高い面接性が実現できないことから，契約形態にも差異が生まれてくる。

表3-1　ある織子との取引履歴（問屋契約）

25-8-96	経糸　イタリー糸　18綛　24枚分
	緯地糸　5綛　2枚分
	1枚納品　5000キープ
	ピンクと白のメタリック糸　1綛ずつ
28-8-96	シン納品　5000キープ
9-9-96	シン2枚納品　10000キープ
	緯地糸5綛
	メタリック糸　1巻（大）
26-9-96	シン2枚納品　10000キープ
7-10-96	緯地糸　5綛
	メタリック糸　1巻（大）
	緯糸　ピンク　1綛
	緯糸　白　1綛
25-10-96	シン2枚納品　10000キープ
29-10-96	緯糸赤　2綛
	メタリック糸　1巻（大）
12-11-96	シン2枚納品　10000キープ
	緯糸　ピンク　5綛
	緯糸　赤　1綛
	メタリック糸　1巻（大）
24-11-96	シン2枚納品　10000キープ
5-12-96	シン1枚納品　5000キープ

注）メタリック糸は紋糸用である。

表3-2　ある織子との取引履歴（糸信用貸契約）

	掛売り[a]	残高
絹糸	12000	42500
垂直紋綜絖作成費	15000	54500
絹糸　茶色	2500	69500
管巻されたメタリック糸	3000	72000
メタリック糸　1巻	6000	75000
ティーン・シン納品	すべて返済[b]	0
経糸　3綛	15300	
地糸　ピンク	15000	
メタリック　銀	53000	
メタリック　ピンク	2500	85000[c]
ティーン・シン		
納品	25000	
納品	25000	60000
メタリック糸　1巻	49000	35000
納品	30000	84000
納品	20000	54000
納品	30000	34000
地糸	28000	4000
納品	32000	0
すべて返済		
地糸　1綛	26000	26000

注）a) 掛売り（＝前貸し）とあるが，シンが納品されたときには，プリンシパルへの返済額となる。したがって，本来はマイナスがつくべきであろう。
b)「すべて返済」とは，掛売りされた糸代金が完済されたことであり，1掛け分の機織りが完了したことは意味しない。そのために，すぐに地糸1綛が掛売りされている。
c) 合計は8万5800キープであるが，800キープは値引きしたとのことである。

変更がなされることが多い。短期での取引は，こうした需要側の要請に対応することも可能にしてくれる。織子にとっても，2枚を織るごとに納品することから所得の平準化がなされる。すなわち，短期の売買の繰り返しは，双方にとってメリットのある慣行である。それは，本書では，取引当事者間で形成される自生的取引慣行（制度）のひとつと捉えられ，それらが取引を安定化していると考えている。反物として流通する日本の織物と異なることから，取引における日本の機業との違いをもたらすことになる。

具体的にみていこう。表3-1にあるように，1996年8月25日に，経糸用に18綛のイタリー糸がシン24枚分として渡されている。そして，地組織用の緯糸が5綛2枚分と織柄部分の柄糸として色糸（メタリック糸）2綛が提供される。1枚の納品につき5000キープとなっているが，これは問屋契約であるから織賃である。そして8月28日に1枚，9月9日に2枚が納品されて，ここで追加のシン2枚分の緯地糸が渡されている。表3-2は糸信用貸契約であるが，やはりこまめに納品と緯糸（地組織用と柄糸）の追加提供がなされている。ここでは日付が記入されていない。これは問屋契約でも見られるが，帳簿が忘備録的なノートであり，経営状態を把握する目的では書かれていないためである。

さて問屋契約と糸信用貸契約の最大の違いは，後者では織子に糸が提供されるときに，その価格も示されていることである。すなわち，糸は掛売りされており，問屋契約での提供とは異なる。先ほど紹介した三瓶（1961）が指摘した，問屋契約と前貸問屋契約の違いである。このことから本書では，問屋契約ではプリンシパルから糸が「提供」されるとするが，糸信用貸契約の場合には「掛売り」されると分けて表記することもある。

表3-2について，シン1枚の仕入れ値は聞き取りによると7万5000キープである。この表で，はじめて納品がなされたときに2万5000キープと記載され，残高がその分減っている。これは，5万キープが織子に支払われ，2万5000キープが掛売りされた糸代金の返済に向けられたことを意味している。このように原料糸が織子に掛売りされ，その代金はシンの納品価格から差し引かれて残額が織子の収入となる。3回目の納品のときには3万キープが返済されていることから，4万5000キープが織子に支払われている。このように，納品の際にいくら返済するかは，その都度決められるようである。なお，ラオス語では問屋契約と糸信用契約に対応する普通名詞はない。聞き取りでは，「織賃を払う方法」と「糸を掛売りしてシンを買う方法」という表現を使っている。

問屋契約では，織子に提供される糸の所有権は小売店にあることから，織られたシンの所有権も小売店にある。したがって，シンの小売店への排他的納品は織子の強い義務となる。織子には既定の織賃が支払われることから，織子は賃労働者（賃機）の立場におかれる。この契約では第三者へのシンの売り渡しは抑制されるが，「問屋契約に固有の軋轢」，すなわち糸の窃取，手抜きといった粗製濫造そして納期の遅れなどのエージェンシー問題が生まれる。この問題については，次節で詳しく言及しよう。

これに対して糸信用貸契約では，小売店からの糸の提供は掛売りとなる。したがって，代金は後払いではあるが，糸の所有権は織子に移る。そのために，糸代金分のシンを納品したところで織子に排他的納品の義務感が薄れる，ないしは糸代さえ支払えば排他的納品の義務はないとの口実を織子に与えることから，織子の第三者へのシンの売り渡しが発生しやすくなる。小売店としてもシンを買い取るという発想となるために，品質に難があるときには規定の仕入れ値からの値引き，ないしは他で売って糸代を返金するというルールとなりやすい。

　織子に聞き取りをするときには，プリンシパル（織元か小売店）の支配力を確かめるために，織られたシンの購入を織子に提案している。根堀葉ほりの質問に機織りの手を休めて対応してくれる織子へのお礼の意味もある。一般には，問屋契約では購入は難しい。糸信用貸契約では，かなりの確率で購入できる。注文契約では，ほぼ例外なく購入できる。この第三者への売り渡しがなされるか否かが，プリンシパルが織柄情報を提供するか否かに対応してくることになる。

3. 集中作業場

　集中作業場（内機経営）は，工場組織の萌芽的な存在である。機織りが農家副業として存在していたこともあり，家事労働や農作業と機織りへの労働配分が求められる農村の織子を集中作業場で管理する方法には限界がある。しかし，本書で明らかとなるように，出稼ぎの織子を雇用した場合には，専業織子となることから，集中作業場＝内機経営も機能しやすくなる。

　スポット契約とは異なり，注文契約・糸信用貸契約そして問屋契約は関係的契約であり，比較的長期（少なくとも1掛け分を織り終わるまで）の反復取引となる。ただし糸信用貸契約と問屋契約ではプリンシパルからエージェントに糸と織柄の提供がなされることから，スポット契約や注文契約とは大きく性質が異なることになる。すなわち，糸信用貸契約と問屋契約ではエージェンシー問題が生まれる可能性がある。この点については次節で触れるとして，契約形態と織子の技能の関係について追記しておきたい。

　スポット契約や注文契約では織子が原料糸を調達する必要があることから，信用制約のある織子としては低廉な糸（綿糸や化繊）を使わざるをえない。よい

織柄は高級な糸（絹やメタリック糸）を使って織られて，はじめて高い市場価値が獲得できる。そのために低廉な糸で織られるシンの織柄は陳腐なものに留まることになる。これに対して，糸信用貸契約や問屋契約では，小売店から流行りの織柄と高級な糸が提供されることが多い。したがって，丁寧にしっかりと織られる必要がある。そのために技能の高い織子は，糸信用貸契約か問屋契約で小売店に囲い込まれることになる。

　織子の専業性も，契約の選択にかかわってくる。糸を提供することは，小売店にとっては投資である。あまりに機織りが遅いと投資（特に経糸）の懐妊期間が長くなることから，小売店としては許容できない。そのために機織りを急がせることになるが，乳幼児や孫の世話とか農作業に時間がとられる織子は機織りに専業できない。このために，たとえ技能の優れた織子であっても，余暇に機織りをすればよい注文契約かスポット契約でシンを織ることになる。このことが，スポット契約で取引をする織子のなかにも技能に秀でた織子が混在する理由のひとつである。そうした織子を見つけると，小売店は注文契約で囲い込もうとする。この契約では糸の提供がなされないことから，機織りを急かす必要はないからである。

　理解を容易にするために小売店と織子との関係で契約形態を議論してきた。しかし，ここで説明した契約形態の特徴は，例えば織元と織子の関係のようにプリンシパル・エージェント関係が成立するならば同様に妥当することである。

第4節　エージェンシー問題

　　粉屋と織子と仕立屋を袋に詰めて振れば，最初に姿を現すのは盗人だ[16]。

17世紀のイギリスに起源をもつこの叙情詩には，「粉屋はトウモロコシを盗み，織子は糸を盗み，卑劣な仕立屋は生地を盗んだ……粉屋は堰堤に沈められ，織子は彼の糸で絞首され……」と続く。いうまでもなく，これはエージェンシー問題をあらわしている。古今東西，機織りでは糸の窃取がプリンシパルの悩み

---

16) Put a miller, a weaver, and a tailor in a bag, and shake them: the first that comes out will be a thief.

の種となっており，それが品質にまで影響してくると粗製濫造という問題となる。日本の機業でも，粗製濫造は深刻な問題であった（橋野 2000）。そこで，日本の機業史における記述を利用して問題の整理をしてみよう。

エージェンシー問題は，遠い地域に散在する織子に監視の目が行き届かないことから発生しやすくなる。例えば，『桐生織物史　中巻』（1935：p.538）には，「……機業家が遠く三四里を隔てた山間僻邑にまで奔走して賃業者を探求する時代に逆転し」，その結果「……原料糸を窃取して売却し，又は質入し，或は又製造期日を誤り，或は又粗製濫造する如き」というエージェンシー問題が深刻となった。

糸の窃取については，多くの記述が史料に残されている。例えば，『両毛地方機織業調査報告書』（1901：p.199）には「……賃金ヲ与フルノ外，原料糸ヲ渡スニ際シ，所要ノ量ノ外盗ミ糸ト称シテ，小巾縮十反ニ付，二杷（二百目）多ク糸ヲ与フルコト，一般ノ慣習ナリ。是レ賃織業者ガ不正ノ私利ヲ営マントシテ，必ズ幾分ノ糸ヲ引キ去ルコト，漸次ニ風ヲ作リ来レルヨリ，元織屋モ殆其予防策ナキニ困ジ，終ニ之ヲ黙認シテ予メ之ヲ与ヘ以テ製品ノ品質ニ欠陥ナカランコトヲ望メルニ出デタルモノナリ」とある。

横山（1999）は，こうした糸の窃取を細かく記述している。「賃機屋は機屋より糸の送附にあたり，下拵をおわりたる経糸およびこれに要する緯糸数百目なりとせば，うち数十目は屑糸として自己の所有となし，すなわち賃金の低廉なるその不足を償うの慣習」（p.133）としていた。そして，「屑糸買という者あり，……桐生町にても三百二十戸あり，境野に九十戸，……」とかなりの屑糸を買い取る業者がいたようである。そうしたことから『足利織物史　上巻』（p.651）には，「製織後に半端となって残った「切れ糸」も……（織元に：筆者注）ひき渡された。織元は受けとった製品と「切れ糸」とを秤りにかけ，当初供給した原料糸の目方と仔細に比較するのを常とした」ともある。

こうした糸の窃取というエージェンシー問題は江戸期にもあったようであり，1823 年の機屋仲間の規約である「桐生機屋仲間掟」には，窃取をした績屋（撚糸業者）や賃機屋に対して，機屋仲間が生産の委託を停止するという条項があった。明治期に入っても，同様の仲間議定書が締結されている。例えば，1894 年に桐生商工業組合で決議された「桐生織物賃業者取締規約」（『桐生織物史　中巻』1935：pp.548-549）は 9 条からなる簡単なものではあるが，その第二条は「賃業者若し依頼者の承諾を得ずして小切類・菅ほくし，乱糸・枠糸・菅

糸・はないち等を売渡し又は……不相応の目切等をなすか又は前借を返済せざるか又は前依頼品の結末を附せざるを等都て前依頼者の承諾を得ずして他の依頼を受けたるときは組合員は三日以内に其旨組合に届出べし」とし，組合はそれを広告するとする。そして第三条は，「組合員は前条の通知を受けたる賃業者に賃業を依頼することを得ず」としている。さらに第四条では，その事実を警察署に届出て，また伊勢崎・足利の組合にも通知するとされている。また桐生織物業の業界誌『桐生之工業』と『織物工業』に，不正を働いた賃織業者の氏名を織元名とともに挙げる試みもなされている[17]。

岡崎（1999）は，1823年の「桐生織屋仲間掟」を，私的所有権と契約履行についての公的な保障がない段階での株仲間（同業者組合）による多角的懲罰戦略として捉え，それが市場において取引が齟齬なく行われるための制度となったとする。これは，市場が機能するためには私的所有権や契約履行を保障する制度が国家（近代法）によって確立される必要があるとするNorth（1994）の主張に対して，そうした国家による介入がなくても，多くの人々が意図的に構築していった自律的秩序によって市場が円滑に機能するというグライフ（2009）の主張に沿う結論であり，セミ・フォーマルな取引統治が機能していたという指摘である[18]。

多角的懲罰戦略は，むら共同体（第一次集団）における村八分や悪口などによっても可能となる[19]。すなわち，コミュニティ的統治である。ラオスでの聞き取り調査では，必ずといってよいほど，コミュニティ的統治の存在を質問に含めてきた。しかし，それに近い事例をわずかに聞き出せただけであり，普遍的な多角的懲罰戦略の摘出はできなかった。もう少し正確に表現すると，むら共同体が契約履行を強制する効果は否定できないものの，それがない場合でも契約は普通に履行されているのである。すなわち，むら共同体＝領域性の効果はあるに越したことはないが，それがなくとも個人的統治によって契約は履行されているのである。

聞き取りの過程で徐々に確信をもてるようになってきたのは，フォーマルな

---

17) この指摘については，松村（2002）に負っている。
18) 松村（2002）は，そうした戦略が幾度も手直しされ繰り返されたこと，そして何よりも横山（1999）の記述などにみられるように，そうした戦略にもかかわらずエージェンシー問題は避けられなかったことから，同業者組合の多角的懲罰戦略の有効性に疑問を呈している。
19) うわさが契約履行を強制する効果については，Burt and Knez（1996）を参照されたい。

統治やセミ・フォーマルな統治はラオスの手織物の取引では無視できるほどの効果しかもたらしていないことである。多くの開発経済学の研究は，コミュニティ的統治がむら共同体の内部での取引には有効であるとするが，本書の問題意識であるむら共同体の範囲を越える市場取引となる広汎な市場形成については，コミュニティ的統治はさほど有効な統治とはなりにくいのである。

ここで，「ラオスの手織物の取引を統治するのは，取引当事者のもつ暗黙知のなかから形成される自生的秩序，すなわち個人的統治である。この個人的統治によって構築される工夫＝諸制度こそが，経済発展が緒についた段階での市場形成を促す」のではないかという考えに至ることになる。

第5節　契約形態とエージェンシー問題

それぞれの契約形態で，プリンシパルが対処すべきエージェンシー問題をまとめておこう（表3-3）。スポット契約では，生産者である機業家が自己の計算で糸を購入し，また織柄も選択することから，エージェンシー関係は成立していない。ここでは，関係的契約でのエージェンシー問題を，「糸の窃取」「第三者へのシンの売り渡し」そして「織柄の知的所有権の侵害（織柄の剽窃）」に分けてみよう。糸の窃取について，少し説明しておきたい。本書が注目するのは，エージェント関係において頻繁に聞かれる「わからない程度に糸を掠め取る（緯糸の抜き取り）」というエージェンシー問題であり，それによってプリンシパルが疑心暗鬼となって円滑な取引が阻害される場合である。したがって糸の窃取であって，詐取ではない[20]。もちろん，糸を掛買いしたにもかかわらず，シンを納品しなくて糸の代金未払いという場合はある。第7章で紹介するウドムポン村のマニヴォン婦人などは，こうした被害にあった事例であるが，現実には稀な話である。

注文契約では，織子への糸の提供がなされないことから，糸の窃取はそもそ

---

[20] 糸を盗み取るというエージェンシー問題について，機業を扱う経済史の研究では詐取と表現されることが多い。広辞苑によれば，詐取とは「金品をだまし取ること」である。本書では，手織物で頻繁に発生する「わからない程度に糸を掠め取る」という行為をあらわすために窃取（広辞苑では「ひそかにぬすみ取ること」）を用いる。

表3-3 契約形態別にみたエイジェンシー問題

	糸の窃取	第三者への売り渡し	織柄の侵害
スポット契約	NA	NA	NA
注文契約	NA	強い	NA
糸信用貸契約	なし	やや強い	やや強い
問屋契約	強い	弱い	弱い
集中作業場	なし	なし	なし

注）NA：該当しない。

も発生しない。しかし特定の織柄のシンを注文したとしても，糸は織子が購入することからシンの第三者への販売についての道義的な抑制は利かず，少しでも高い値段が提示されれば織子はシンを第三者に販売してしまう。そのために，小売店が織柄を指定するとしても，せいぜい織子がもってきたシンの織柄のなかで気にいったものを追加注文する，売れ筋の色を教える，よくて売れ筋のシンの織柄をみせて注文する程度に留まることになる。いわゆる，「弱い形態での織柄情報の提供」しかなされない。もし小売店が私的情報としてもつ独自性のある織柄情報を伝達（「強い形態での織柄の提供」）するとすれば，注文契約においても織柄の侵害というエージェンシー問題が発生する可能性も「強い」となる。しかし，現実には注文契約では良質の織柄情報の伝達はなされないことから，織柄情報の侵害は対処すべき問題とはならない。したがって，NAとしてある。

　エージェンシー問題が深刻となるのは，エージェントへの糸と織柄情報の提供が前提となる糸信用貸契約と問屋契約である。しかし，糸の所有権がどちらにあるかで，双方の契約でエージェンシー問題の発生のありようは異なってくる。

　糸信用貸契約では，掛売りではあるが，糸の所有権はエージェントに渡る。よって，糸の窃取は，定義からして「なし」となる。しかし前借りした糸代さえ支払えばよいとの認識が織子に生まれて，第三者への販売についての心理的抵抗は弱くなる。すなわち，第三者への売り渡しは「やや強い」となる。「やや」としたのは，提供された織柄の知的所有権がプリンシパルにあることを織子が認識すれば，第三者への売り渡しが抑制されるからである。また，製品としてのシンと織柄は不可分であることから，第三者への売り渡しがなされれば，同様に織柄についての知的所有権が侵害される。そのために，プリンシパルが織柄の使用料を課して，知的所有権の所在を明確にしようとする事例もある。

問屋契約では糸の所有権はプリンシパルにあり，織賃が支払われるエージェント（織子）は雇用労働者と同じ立場にある。シンを第三者に売り渡すことは糸の所有権の侵害となることを織子も承知していることから，織柄についての知的所有権の侵害もある程度は抑制される[21]。問屋契約で深刻となるのは，糸の窃取である。緯糸の窃取は，日本でもそうであったように，問屋契約では悩みの種である。さらに，紋織りであることが糸の窃取問題を深刻にする。紋部分には複数の色糸が用いられ，シン1枚ごとに色の配置を変更することもある。したがって，紋柄部分に必要な柄糸の量目を正確に把握することは困難となる。また，紋部分には光沢のある高価な柄糸（絹やメタリック糸）が用いられることが多いことから，織柄部分の柄糸の窃取がより深刻となる。

第6節　ふたつの仮説

ここまでの議論を，はじめに指摘した演繹的アプローチに沿うために，ふたつの仮説としてまとめておこう。

> 仮説1：織子の信用制約や織柄情報の入手制約を解消するために，ラオスの手織物にまつわる市場は，プリンシパルからエージェントに原材糸と織柄情報の提供がなされるという関係的契約を軸に形成されていく。その結果，契約当事者間の固定的な紐帯の束として市場が形成されていくことになる。
> 仮説2：フォーマルな取引統治が未整備であり，また技術的に集団的統治も機能しないラオスの手織物の取引を統治するのは，取引当事者のもつ暗黙知のなかから形成される自生的秩序，すなわち個人的統治である。この個人的統治によって構築される工夫＝諸制度こそが，経済発展が緒についた段階での市場取引を促す。

21）あるとすれば，織柄部分を余分に織っておいて，そこから後で垂直紋綜絖を作成するという方法である。その具体的方法については，第1章を参照されたい。

＊＊＊

　経済学の伝統的立場では，市場は企業間の効率的な交換を実現する有効な制度である。これに対してCoase (1937) は，そうした発想では企業の存在を説明できないことを指摘した。Williamson (1975) は，コースのいう「市場が機能するために必要となる費用」に取引費用という名を与えて，企業内での生産活動のコーディネーション費用との比較という基準から，市場と組織の選択を議論している。その後，市場と組織の間に介在する多様な取引形態としての関係的契約に焦点があてられるようになった。こうした議論の枠組みでは，取引される財の性質を所与としたうえで，取引費用を最小にする制度が選択されるという帰結が導き出されることが多い。

　しかし，手織物に関しては，取引されるシンの品質に大きな分散が認められ，それに対応した契約形態が選択されている。契約形態によって取引される財の品質，すなわち利益が大きく異なることから，取引費用が最小となる制度＝契約が選択されるという発想では市場の形成は議論できないのである。

　財の性質の多様性に着目して，財の性質によって取引形態が異なることを指摘したのはSiamwalla (1978) である。彼は，売り手と買い手の多数性が確保され，品質判定が容易になされる米の卸売市場では完全競争市場に近い取引がなされ，品質についての情報の非対称性が顕著となる生ゴム市場では反復取引によって築かれた信頼に基づいた個人化された取引となるとする。また，タバコ葉の栽培では，タバコ葉を熱気乾燥する業者から良質のタバコの苗と化学肥料がタバコ葉の生産農家に掛売りされるという関係性の強い契約が採用されている。そして砂糖などは，技術的理由から製糖工場がプランテーション経営をするという垂直統合がなされやすい，としている[22]。Brown, Falk and Fehr (2004) は，実験に基づいて，財の性質の差異を契約の不完備性の程度の視点から捉えて，それが取引形態に影響を与えることを示している。特に，完備契約ではスポット的な取引が，そして不完備契約では相手が欺かない限りは信頼関係を醸成し，さらには互恵的となるような関係が形成されるとした。この結論は，サイアムワラの主張と一致している。

　このように財の性質と取引形態の関係の分析は，Siamwalla (1978) の実証研

22）米と生ゴムについては，Kollock (1992) がゲーム論の立場から考察を加えている。

究によって始まったが，その後はゲーム論の枠組みでの理論的精緻化がなされるに留まっている。本書は，サイアムワラの研究を念頭において，財の種類（品質）と取引形態の関係を実証的に分析することによって，市場の形成という現象を捉えようとしている。

Appendix A
企業間信用とお得意様関係

機業の生産者がそうであるような零細企業は，信用割当によってフォーマルな金融市場へのアクセスが制約されやすく，さらには担保の基礎となるべき私的所有権が法的には明確に保護されていないことから強い信用制約を受ける傾向がある。こうしたときに，企業間信用（trade credit）は信用制約を緩和する有効な手段となる。換言すれば，農村家計への金融包摂が不充分な経済発展の初期段階でも，関係性の強い契約における企業間信用によって農村でも生産活動が興隆しうることを意味している。こうした信用取引は，欧州では中世（ジョーダン 2003）でも，また市場経済が浸透する経済発展の初期段階（Muldrew 1993, Fafchamps 1997, Smail 2003, Li et al. 2016）でも広範になされていた[1]。

　企業間信用は，一般には，反復取引をする経済主体間でなされる。この時，ラオスでは，取引当事者は「お得意様（カーパッチャム）」の関係にあるといわれる。それは，フォーク定理の帰結としての固定的な顧客関係（Geertz 1978）であることから，関係の維持は取引当事者双方にとって自己拘束的となる。すなわち，この関係はナッシュ均衡であり，そこでは機会主義的行為の代償が高くなることから信頼が醸成されて，企業間信用が提供されうる。序章では，取引当事者間で成立する自生的秩序としての個人的統治を説明した。その主システムはフォーク定理の示すところの無限回反復ゲームで協力解がナッシュ均衡となることであるが，取引に軋轢が生じないようにする事前の措置と軋轢が生じたときの事後の措置という取引関係を維持するためのサブ・システムの存在もあわせて指摘している。

　機業では統計処理に馴染むデータの採取が難しいことから，この Appendix では，独自に採取した零細企業のデータを利用して企業間信用をもたらす「お得意様関係」と自生的秩序を統計的に観察してみよう。ラオスの零細企業の大半は，手織物の織元と同様に，経済自由化以降に出現しており，またフォーマルな金融市場にもアクセスできない環境で事業を営んでいる。この Appendix で対象とする零細企業でも，立上げ時の資本や原材料購入のための運転資金を銀行借り入れした企業は皆無であった。この意味では，手織物業と共通の土俵にいるといえよう。データは，質問票調査に基づく調査（2002 年）から得られている。調査対象は，ヴィエンチャンの零細製造企業 173 社（内，103 社は食品製造）であり，大半が従業員規模 10 人以下である。ここでは，原料供給者と顧

---

[1] Muldrew (1993) は，近代初期の英国では「ほぼすべての交易や取引は，信用取引でなされていた」とする。これは，貨幣（金貨・銀貨）流通量が極めて少ないことが原因として指摘している。

客との関係に分けて議論していこう。

第1節　原材料購入と企業間信用

1. 固定的取引関係の利点

　零細企業は，様々な経路で原材料を購入している。調査対象でみると，購入先の比率が，原料製造業者33.1％，タラートの小売業者28.9％，商人（ラオス人）24.2％，その他（タイ商人を含む）19.9％となっている。そして90.2％の零細企業には，固定的な取引相手がいる。取引相手も平均で4.7と複数であり，そのうち3.0（63.4％）と固定的な取引関係が築かれている。また金額でいえば，78.7％がお得意様からの購入である。

　お得意様の関係にある原料供給者との取引で，43％の零細企業は原料を掛買いしている。支払いの猶予期間は，1週間以内36.1％，1週間〜1ヶ月以内が42.2％，1ヶ月〜3ヶ月以内が10.8％，3ヶ月以上が7.2％，そして決まっていないという回答が3.6％であった。こうした企業間信用の支払猶予期間は，一般には，短期に設定されている。また，掛買いする企業の89.7％は，利子はないと回答している。こうした支払猶予日も，資金不足に陥ったときには先延べされることが多い（表A-1）。この柔軟性は，固定的な取引関係の利点のひとつとなっている。

　固定的な取引関係は，契約当事者に，いくつかの利点をもたらす。なお，ここで取引される財の多くは，シンのような探索財ではなく，品質判定に情報の非対称性が問題となる経験財であると考えられる。原料購入者としての立場から，お得意様関係の利点を確認してみよう（表A-2）。

　価格と品質で誤魔化しが少なくなるというお得意様関係の利点は，情報の非対称性から生まれる逆選択が反復取引によって回避されるというフォーク定理の帰結を意味している。やや評価は低くなるが，交渉の必要が少なくなることも含めれば，取引費用の削減効果とみなしてよい利点である。原材料供給の安定は，その多くが輸入品であることから生じる問題の回避を意味していよう。

表 A-1 資金不足の時の，支払期日の先延べ（％）

常に	ときおり	たまには	ほぼなし	合計
13.1	40.6	16.9	29.4	100.0

表 A-2 原料購入者の立場からみたお得意様関係の利点（％）

	利点	やや利点	利点でない	合計
価格で誤魔化されない	74.7	20.5	4.8	100.0
品質で誤魔化されない	75.8	18.2	6.1	100.0
交渉の必要がない	51.5	33.3	15.2	100.0
供給が安定する	73.8	20.1	6.1	100.0
支払の先延べが可能となる	60.4	32.9	6.7	100.0

これらの利点は，自分が製品の販売者となったときにも，立場を変えて同様の行動を採ることを示唆している。この点については，後述の表 A-5 について議論する。

2. 関係維持の努力関数

反復取引の結果として，相互信頼に基礎をおく「お得意様関係」が形成されるという議論が一般になされる。しかし，そうした関係がいったん成立すれば信頼関係は自働的に永続するというわけではない。関係のメインテナンスを怠ると信頼関係などすぐに崩れていくことを，われわれ自身も日常の人間関係のなかで経験している筈である。

零細企業も，固定的取引関係の維持に腐心している。「原料供給者とのお得意様としての関係の維持に努力しているか」という質問に対して，かなり努力している 26.3％，努力している 50.9％，少し努力している 17.5％，特に努力していない 5.3％という回答であった。そこで，関係維持の努力関数（特に努力していない＝1～かなり努力している＝4）を推計してみよう。

説明変数は，原料供給の不安定さ【供給不安定】と運転資金の不足【資金不足】が経営の障害となる程度（まったくならない＝1～強くなる＝3），資金不足のときに原料供給者が支払期日の先延べを了承してくれるか否か【先延べ】（ほぼ認めない＝1～常に認めてくれる＝4），原料の品質判定の困難さ【品質判定】（容易＝1～かなり困難＝4），取引相手との交渉の困難さ【交渉費用】（容易＝1～か

表 A-3　カーパッチャム関係維持の努力関数

	標準化係数	Wald	有意水準
供給不安定	.44	11.16	.001
資金不足	.01	.01	.959
先延べ	.28	2.88	.090
品質判定	.58	6.46	.011
交渉費用	.48	4.15	.042
交渉力	−.57	9.34	.002
騙す	−.13	.48	.489
マイナス対数	280.84		
疑似相関	0.24 (Cox and Snell)		

注）変数の説明については，本文参照。

なり困難＝4），原料供給者のほうが，われわれに依存している程度のほうが，自分たちが原料供給者に依存するよりも大きい【交渉力】（まったく妥当しない＝1〜強く妥当＝4），そして原料供給者は顧客を騙そうとしている【騙す】（まったく思わない＝1〜強くそう思う＝4）を考える。順序ロジット分析の結果が，表 A-3 に示されている。データは，固定的取引関係のある取引を行い，欠損値のない 142 社である。

　推計結果から，次のことが明らかとなる。原料供給の不安定さ【供給不安定】を経営の支障と考える企業ほど，関係維持の努力をしている。これは原料が輸入品であることから，スポット契約では必要なときに原料の入手が保障されないという実態も反映している。手元資金が不足したときには支払期日の【先延べ】をしてくれる原料供給者とは，お得意様の関係を維持しようとしている。支払い期日についての柔軟さは，契約の状況依存性を意味している。それは，McMillan and Woodruff (1999) や Bigsten et al. (2000) などが指摘しているように，関係維持のための重要な戦略であり，状況依存的な柔軟性をもつ関係を維持しようとする傾向がみられる。契約の柔軟性とは事後的な契約条項の変更を認めるという取引相手からの配慮であり，それをする相手とは取引関係を維持しようとしているのである。

　原料の【品質判定】が難しいとき，すなわち逆選択の可能性が高まると関係維持の努力が高まる。情報の非対称性から生じる取引上の支障を回避する手段としてお得意様の関係が生まれるとする Geertz (1978) の主張（第Ⅱ部の冒頭を参照）を裏づける結果である。そのために，お得意様の関係によって【交渉費用】

が削減されると認識すれば，関係を維持しようとすることになる。ただし【交渉力】の係数が有意に負であることからわかるように，自分の方に交渉力があると認識している場合には関係維持の努力をする誘因は弱まる。このように，信用制約が解消され，また取引にかかわる取引費用も削減されることから，お得意様関係の維持は自己拘束的となっていくのである。【資金不足】と【騙す】は有意とはなっていないが，これは固定的取引関係にある当事者間では，すでに企業間信用が提供され，信頼が醸成されているためと考えられる。

お得意様の関係は，円滑な取引を実現するために取引当事者間で形成された自生的な秩序である。その背後には，取引当事者間の信頼がある。信頼とは取引相手の行動の予測可能性であり，相手の機会主義的行為に対する不安を軽減させる。そのために，アロー (1999) のいうように信頼は取引の潤滑油となる。しかし，信頼は善意の産物ではない。例えば「原料供給者は，いつも自分たちを出し抜こうとしている。そのために，彼らとは注意して取引しなくてはならない」というステートメントに対して，同意39.8％，やや同意37.4％，やや同意しない11.1％，そして同意しない11.7％という回答であったことからもわかるように，零細企業の経営者は警戒を緩めようとはしていない。第2章の最後で指摘したように，鉄壁の信頼など存在しないのである。

「もし原料供給者が裏切り行為をした時には，同業者にそのことを伝えて注意するように伝える」というステートメントに対して，70.4％が同意している。その効果が如何ばかりのものかは判定できないが，「うわさ」による多角的懲罰に近い対応をする意思はあるようである[2]。また，「他の原料供給者が安い価格を提示してきたら，取引相手を変更する」というステートメントに対しては，同意39.5％，そしてやや同意39.5％と，当然の経済合理的な反応を示している。信頼とは，合理的判断の産物なのである。

---

2) 「うわさ」による多角的懲罰が機能するのは，ヴィエンチャンという限られた範囲での取引がなされているために，ラオスで最も大きな村と揶揄されるヴィエンチャンがまさに擬制的な「むら共同体」となりえているためと考えられる。

第2節　顧客との取引関係

　零細企業の顧客にかかわる取引関係の実態は，原料供給者との関係のミラー・イメージとなっている。零細企業の製品は，46.4％が小売業者，32.8％が卸売業者，12.6％が自分達（親戚を含む）の経営する小売店，そして残りの8.2％が製造業者に販売されている。そして，売り上げ額の63.3％は，馴染みの取引相手に対してなされている。

　お得意様とそうでない相手との取引形態には，明らかな差がある（表A-4）。すなわち，馴染みの取引相手の42.2％に対しては掛売り（信用取引）がなされるのに対して，そうでない相手には掛売りは12.3％でしかなく現金取引（スポット契約）が80.2％と圧倒的となっている。お得意様への掛売りは契約関係を継続させようとする零細企業の意思のあらわれであるが，それは掛売りに留まるものではなく，値引きしたり納品期日を守ったりという関係を維持するための努力の積み重ねを伴うものである（表A-5）。

　こうしたお得意様の関係は，取引にかかわる諸々の摩擦を軽減することから，その維持が契約当事者にとって自己拘束的である自生的秩序となる。その結果，零細企業がかかわる取引では，軋轢は深刻にはなっておらず（表A-6），ホッブス的な「万人の戦い」という状況はみられないのである。

　ちなみに「取引で生じた問題を解決する手段として司法機関は有効か」との質問に，強く有効14.3％，有効28.6％，やや有効21.7％，あまり有効でない31.7％，まったく有効でない3.7％という回答であった。約4割が有効と回答しているが，これは対象とした零細企業が事業として政府に登録されており，またヴィエンチャン市内＝都市にある企業間の取引であることから，近代法による統治が相対的に利用しやすい環境にあるためであろう。

　本書で対象とする手織物では，タラートの小売店や内機経営をする大規模織元は事業所として登録されているものの，小規模織元や仲買人，そして織子たちは事業所登録されていない。すなわち，たとえ取引当事者の一方が事業体として登録されていたとしても，他方はそうではないのである。このことから，司法機関が取引上の問題を処理する手段としては現実的とはならないのである。そのために，村の機業家に司法機関の有効性について質問しても，肯定的

表 A-4　お得意様と非お得意様との取引契約形態（%）

	前払い	現金取引	掛売り	合計
カーパッチャム	7.3	51.0	42.2	100.0
非カーパッチャム	9.5	80.2	12.3	100.0

表 A-5　顧客とのお得意様関係維持の方法（%）

	当てはまる	やや当てはまる	あまり当てはまらない	当てはまらない	合計
値引きをする	34.7	37.1	18.8	9.4	100.0
掛売りをする	28.0	41.7	20.2	10.1	100.0
契約期日の遵守	34.3	47.9	14.2	3.6	100.0

表 A-6　取引上の摩擦の頻度（%）

	常に	頻繁に	たまに	ない	合計
品質での誤魔化し	4.4	8.8	50.5	36.6	100.0
価格での誤魔化し	1.3	13.9	38.4	46.4	100.0
納品期限の遅延	4.6	10.5	43.4	41.4	100.0

な回答は聞かれることはない。

＊＊＊

　ラオスの零細企業の原料購入についての取引は，固定的取引関係にある契約当事者の間でなされる割合が高くなっている。この関係は，取引にまつわる軋轢を軽減するだけでなく，掛売りという企業間信用によって取引当事者の脆弱な金融ポジションを補強する役割も担っている。それによって潜在的な生産能力が利用可能となり，市場の形成が促されることになる。日本の経験からもそうであったように，問屋契約を軸として生産活動が農村に広がっていくということは，企業間信用を伴う問屋制度を通じて市場の形成がなされることを意味している。

　お得意様の関係は，無限回の反復囚人のジレンマ・ゲームにおけるフォーク定理，また同じことであるが第Ⅱ部の冒頭で紹介するGeertz (1978) のいう固定的な顧客関係の成立といった議論で説明されるものである。序章で述べたように，お得意様の関係は自生的秩序である個人的統治の主システムであるが，

それを維持するためのサブ・システムを伴うものである。この Appendix でも，掛売り・値引きそして契約期日の厳守といった事前の対応の他に，状況依存的な事後的交渉などによって，固定的な顧客関係という秩序の維持が図られていることが明らかとなった。それらは，当事者の言葉を用いれば取引相手に対する配慮である。こうした契約当事者の不断の努力によって，お得意様の関係が維持されていることには目を向けなくてはならないであろう。

第 4 章
農村経済と機織り

本書では，織元・織子そして小売業者といった機業にかかわる人々への聞き取りから得られたミクロの情報を利用して議論が展開されていく。そのために，ラオス経済における手織物業のマクロ的位置づけはなされていない。そもそも，それを可能にするデータは存在していない。例えば，観光客のみやげ物や自動車でやってきたタイ商人によって大量の手織物が海外にもちだされているが，これらは輸出統計で捕捉されることはない。

　本書の意図は，手織物を素材として市場の形成過程を探るところにあり，ラオスのマクロ経済における手織物，ないしは村落経済における手織物の位置づけといった領域は関心の外にある。それでもなおラオスの手織物を扱うならば，簡単にではあれ，この課題に触れておく必要があろう。また，農村家計データを紹介することは，個々の機業家の行動を農村社会で位置づけて理解することの一助ともなろう。

　あるとき，シェンクワン県の空港の待合室で，同じ便に乗ってヴィエンチャンに向かう織元と出会った。彼女はティーン・シンの束550枚を両手に抱えており，タラート・サオに売りにいくという。総売り上げはいくら位になりそうかとたずねると「2000万キープ（約2112ドル）程度にはなる」という。国産の絹糸で織られているシンであったので，売り上げはすべてラオスの付加価値となる。

　かつて調査したヴィエンチャンの縫製工場を思い浮かべてみた。縫製工場の原材料はすべて輸入されていることから，ラオスにとっての付加価値の大半は当時月30ドル程度であった賃金によりもたらされる。そのときの調査データの記憶を頼りに，2000万キープの付加価値をもたらす縫製品の量を推計した。かなりラフな計算であるが，それは70（≒2112/30）人の労働者が1ヶ月に縫製する衣服の量であり，大型トラックほぼ3台分の縫製品に相当する。別のいい方をすれば，その織元が抱えているシンは，70人規模の縫製工場が1ヶ月稼働したに等しい経済効果をもっているのである。近代的工業の導入によらなければ経済発展は達成されないという議論に疑問を呈する事実である。

　もうひとつ紹介しよう。第10章で紹介するサワンナケーッ県のトンラハシン工房では37人ほどが働いている。しかしその背後には，綿糸を手紡ぎする村人200人以上，綿花栽培農家，藍を建てる人たち，そして100人以上の出機織子がおり，ラオスの平均的規模の縫製工場をはるかに上回る人々に雇用機会が提供されている。この他にも，第8章で紹介する大規模織元たちが内機と出

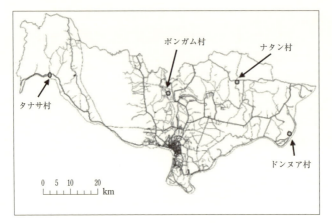

調査村

機織子をどれほど雇用しているかを思えば，手織物業がラオス経済に与える貢献は，統計では捕捉できないものの，付加価値および雇用創出において決して小さくないのである。

　村落経済における機織りの位置づけを知るための資料や研究も，ほとんど欠如している。そこで本章では，ヴィエンチャンにある機織り家計の多いポンガム村とナタン村，そして機織りがなされないタナサ村とドンヌア村（地図）の準悉皆家計調査（N = 684：2007年実施）からえられたデータを利用して，手織物業の村落経済における位置づけを検討してみよう[1]。また，ふたつの機織り村にも顕著な差がみられる点にも注目していこう。ちなみに，このような機織り村はラオスに散在しているが，ここで対象とするふたつの機織り村が典型例とはいえない。それは，このふたつの村が機織り村として特異という意味ではなく，第9章で紹介する機織り村の事例からも明らかなように，機織り村の性質があまりに多様であることから典型と呼ぶに相応しい機織り村が特定できないという意味においてである。

　乗合バスやバイクを使ったヴィエンチャン市内からの時間距離は，調査時点では，ポンガム村1時間，ナタン村3.5時間，タナサ村2.2時間そしてドンヌア村2時間ほどである[2]。主要道路から村に入る1kmばかりが未舗装であるだけのポンガム村を除くと，村から主要道路までの最低でも10km以上は未舗装

---

1) 村の詳細については，Chansathit et al. (2015) を参照されたい。
2) 2014年時点では，タナサ村に向かう道路は舗装整備が完了していた。

である。このために，雨季には悪路となることから，時間距離はさらに嵩むことになる。

第1節　調査村の経済活動

1.　農業事情

　本書では農村を中心とする手織物を観察するが，多くの読者はラオスの村の事情には馴染みはないであろう。そこで機織の背後にある村の生活のイメージをつくり易くするために，ヴィエンチャンのみであるが，村の家計の経済状況を概観しておこう。
　ラオスの農村経済にとって米作は主要産業である。各村の雨季における米の平均作付面積は 1 〜 1.5ha である（表 4-1）。化学肥料投入がほとんどなされないことから，灌漑がなされているドンヌア村でも土地生産性は 2.23 トン/ha でしかなく，他の村では 2 トン/ha に遠く及ばないのが現状である。それでも 4 村平均では，米の販売だけをして購入はしない家計 42.5% と，販売も購入もしない家計 35.4% をあわせた 77.9% の家計は米を自給している。ただし，米作村では米を購入する家計比率は少ないが，機織り村のナタン村とポンガム村では 3 割を超えている[3]。ひとりあたりの年間精米消費量も 200kg を超えており，ラオスでは極端な経済格差もみられないことから農村で飢餓的な状況にある家計は例外的である。ドンヌア村で自家消費，そしてひとりあたり消費量が高くなっているのは，この村で米の蒸留酒であるラオラーオ生産が盛んであり，そのために米が使われているためと考えられる。調査では，この消費の分類はできていないために高い数値となっている。
　メコン川沿いにあるタナサ村とドンヌア村は，灌漑環境に恵まれていることから米作，それも二毛作が可能である。タナサ村では，ゴム栽培が始まってい

---

[3]　ヴィエンチャン平野であるから自給率は高くなるが，これが北部やフアパン県・シェンクワン県のような山間部となると米不足は深刻である。特に焼畑が禁止されて以降，この傾向は強くなっている（Fujita, Ohno and Chansathith 2015）。

表 4-1 米穀事情

	平均家族数	コメの平均作付面積（ヘクタール）		精米ベースでみた米生産と消費 (kg・年)				1人当り精米消費量 (kg・年)
		雨季	乾季	生産高	自家消費	販売	購入	
機織り村								
ナタン	4.22	1.35	0.00	1334	926	191	150	255
ポンガム	4.82	1.08	0.39	1530	914	232	105	211
稲作村								
タナサ	3.57	1.47	0.83	1850	866	573	18	248
ドンヌア	3.61	1.33	0.63	2678	1250	1033	16	351

	米販売農家比率（％）	米購入農家比率（％）	非米作農家比率（％）
ナタン	23.4	33.7	10.3
ポンガム	31.4	36.1	16.0
タナサ	78.7	10.9	13.9
ドンヌア	43.5	4.3	24.6

注）精米＝0.6×籾米で計算。

表 4-2 耐久消費財の保有率（％）

	自働車	オートバイ	テレビ	冷蔵庫	携帯電話
ナタン	3.5	66.9	83.4	59.4	66.3
ポンガム	8.3	77.0	89.4	71.0	82.8
タナサ	5.9	66.4	84.1	71.3	73.3
ドンヌア	10.1	73.2	94.2	89.9	86.3
ルアンパバーン県					
電化村	16.5	81.4	85.1	63.4	87.6
非電化村	7.1	6.4	13.2	1.4	40.2

注）非電化村は道路のアクセスの悪い川沿いに立地していることから，ボートでの移動が一般的である。また，小川を使った自家発電をする家計もあることから，家電製品も少しはある。ただし，雨季には水流が激しくて安定的な発電は期待できない。

表 4-3 年間の現金収入（万キープ）

	現金収入	米の帰属価格を含めた収入
ナタン	1071（1020）	1152（1097）
ポンガム	2198（2094）	2302（2197）
タナサ	1799（1713）	2057（1959）
ドンヌア	1881（1791）	2346（2234）

注）カッコ内はドル（US＝1万500キープ）。

る。こうしたこともあり，これらの村では機織りはほとんどみられない。これに対して，灌漑条件に恵まれていないナタン村と農地の半分のみが灌漑されるだけのポンガム村では，半数以上の家計で機織りがなされている。

ラオスの農村では，家電やオートバイなどの耐久消費財が急速に普及しつつある（表4-2）。参考までに，ルアンパバーン県で行った8ヶ村の家計調査（電化村＝194戸，非電化村＝296戸）の結果も示してある（Fujita, Ohno and Chansathith 2015）。村が電化されるなかで，家電を中心とする耐久消費財が普及していく様子がみてとれよう。1990年代，ヴィエンチャンでも電化されていない農村は多くあったが，その後は急速に電化が進んでいる[4]。本書が対象とする期間は，こうした耐久消費財需要が顕在化していく時代でもある。

この増加する消費需要に応えるために，現金収入の確保が必要となる。一般には，家計収入の算出では生産した米の自家消費分や自家労働の帰属価格を考慮する必要があるが，本書では浸透しつつある財市場への対応手段としての現金収入に焦点をあてよう。表4-3は，村別にみた家計の平均の現金収入と米の自家消費部分を帰属所得とみなした収入を示している。家計の平均現金収入は，ナタン村が1071万キープ（1020ドル）で最も低く，タナサ村1799万キープ（1713ドル），ドンヌア村1881万キープ（1791ドル），そしてポンガム村が2198万キープ（2094ドル）となる。ポンガム村で最も高くなっているのは，米作・機織りの他にヴィエンチャン向けの野菜生産が盛んであることがある。

収入の内訳をみてみよう（表4-4）。非機織り村では米の販売が最大の収入源となっているのに対して，機織り村では農村非農業活動（織物と非農業生産）が最大となっている。ドンヌア村で送金が大きくなっているのは，革命時に海外に亡命した人々からの送金と，タイへの出稼ぎが多いためである[5]。収入の内訳には村の特徴がみられるのに対して，支出の内訳（表4-5）には大きな差がない。米作村の家計でも食費への支出比率が高くなっているのは，調味料を含めた副食品の購入がなされているからである。たしかに，北部の貧困地域の食事と比較すると，ヴィエンチャン平野の村々での食事は豊かである。また，支出項目

---

[4] 1995年のラオスの電化率は16％であったが，2009年には63％になっている（Malavika, D'Agostino and Sovacool 2011）。

[5] 村人によれば，メコン川をボートで渡ればタイなので正規な手続きを経ずに働きにいく人も多いという。ラオスとタイの国境の3分の2はメコン川であり，そこをすべて管理することはできないのである。

表 4-4　現金収入の構成比 (%)

	米販売	その他農業	家畜	織物	非農業生産	俸給	送金	その他	合計
ナタン	19.3	1.2	15.0	29.3	9.3	11.5	3.7	10.7	100.0
ポンガム	7.9	5.1	9.5	24.7	13.9	20.4	5.3	13.2	100.0
タナサ	36.9	3.9	14.0	0.0	11.9	12.4	1.9	19.0	100.0
ドンヌア	25.1	9.0	9.1	0.9	15.9	10.6	14.9	14.5	100.0
平均	22.9	4.3	12.2	13.9	12.7	13.8	5.8	14.4	100.0

表 4-5　支出の構成比 (%)

	食費	教育	衣服	冠婚葬祭	交通費	燃料	携帯電話	その他	合計
ナタン	36.6	9.4	13.7	9.9	4.6	5.2	5.2	15.4	100.0
ポンガム	37.5	10.7	7.0	6.4	5.2	9.0	9.0	15.2	100.0
タナサ	31.3	5.7	9.6	6.9	5.1	9.4	9.4	22.6	100.0
ドンヌア	36.6	6.4	7.1	5.6	4.0	7.5	7.5	25.3	100.0
平均	35.2	8.0	9.5	7.3	4.8	7.8	7.8	19.6	100.0

のなかで「その他」が大きくなっているが，その多くはオートバイ・テレビ・冷蔵庫そして携帯電話といった耐久消費財への支出である（表 4-2 参照）。特に，本書のための調査を始めた 1990 年代半ばでは街中でもオートバイを見ることはなかったが，2010 年代には村のなかでもオートバイは普段に見かけることができるようになった。その普及は目覚しく，市場取引の範囲の拡大に貢献している。調査を始めたころに比べれば，ヴィエンチャン周辺に住む織子たちがオートバイに乗ってシンをタラートに売り込みにくる姿が格段に増えてきている。

現金収入に占める織物を含む農村非農業活動からの収入割合は 26.6（13.9 + 12.7）％となり，表の区分けのなかでは最大となっている。織物以外の職種としては，小売業が最も大きい。ただし，小売の店舗といっても自宅の一角を利用した質素なものであり，村人が離れたタラートにいく手間と費用をマージンの上限とする日用品販売が中心である。村とヴィエンチャンの市街地（特にタラート）を結ぶ個人営業の乗合自動車の運転手，散髪屋など稼得機会は多様である。またドンヌア村では，ラオラーオ製造とそのための酵母菌販売が農外収入の大きな割合を占めている。まさに，村人は農民だけではなく，網野（1933）のいう百姓なのである。

2. 機織り

　機織り村であるナタン村とポンガム村では，それぞれ68.6％（120/175）と58.6％（99/165）の家計が機織りを生業としている（表4-6）。大半が1台持ちであり，2台以上をもつのは織物家計の2〜3割程度でしかない。ただし1台といっても織子がひとりというわけではなく，日中は大人が織り，夕方となると学校から戻ってきた娘が代わって織るという風景もよくみられる。また2台以上もつ家計も，結局は機を織る女性の人数に対応している。すなわち多くの機をもつからといって，その家計が熱心な機業家というわけではない。

　ところで機織り村の米作家計と非米作家計別の機織り比率をみると，ナタン村でそれぞれ71.3％と44.4％，ポンガム村で61.4％と33.3％であり，米作農家のほうで機織りがよりなされている。これは，非米作・非機織家計が高齢者家計である傾向があるためである。高齢者となると，体力的な問題から米作をしなくなり，また年老いて目が覚束なくなると機拵えや縫取り織りなどの細かい作業が必要となる機織りからも離れることが多いためである。すなわち，機織り村の非米作農家は社会階層ではなく，老齢者家計である場合が多い。

　機織り村の多くは，移住民のディアスポラである。例えば，タナサ村とドンヌア村の住人がもともとはヴィエンチャン平野の人々であるのに対して，ナタン村とポンガム村はシェンクワン県やサムヌア県といった手織物が盛んな県からの移住民の村であることも，この対照を説明することになる。しかしこのことは，ヴィエンチャンの伝統的機業地（第7章）や大規模織元の経営するパサーン工房（第8章）の例もあるように，もともとのヴィエンチャン平野の住民が機織りをしないことを意味しない。

　では，ナタン村とポンガム村の機織りを対比していこう。ナタン村では，大半の家計がティーン・シンを織っているのに対して，ポンガム村ではシン（プーン・シン）とティーン・シンがほぼ半々の比率で織られている（表4-7）。織られたシンが誰によって市場化されるかをみると（表4-8），次のことが指摘される。1）織子がタラートのシンの小売店に直接販売する事例は稀であり，織元や仲買人といった商人が流通に介在している。2）シンの約7割（41/59）は織元を通じて市場化されるが，ティーン・シンは仲買人が主たる取引相手となっている。また，3）その仲買人も，ナタン村では村外が中心であるのに対

表 4-6　機織り家計

	家計数	機織比率(%)	機織り家計の機数(%)				
			1台	2台	3台	4台	合計
ナタン	175	68.6	78.1	17.6	3.4	0.8	100.0
ポンガム	169	58.6	65.9	26.8	5.2	2.1	100.0
タナサ	202	0.0	機織り家計なし				
ドンヌア	138	4.3	機織り6家計のみ				

表 4-7　製織する布の種類と機織り家計数

	シン	ティーン・シン	パー・ビアン	家計数
ナタン	3	116	1	120
ポンガム	59	47	3	99

注) 合計が機織り家計数より多くなるのは，複数種を織る家計があるためである。

表 4-8　取引相手

シン

	織元	在村仲買人	村外仲買人	小売店に直接	合計家計数
ナタン	0	0	0	3	3
ポンガム	41	9	4	5	59

ティーン・シン

	織元	在村仲買人	村外仲買人	小売店に直接	合計家計数
ナタン	5	6	93	5	116
ポンガム	5	20	15	7	47

注) 表4-7と同じ。

して，ポンガム村では村内と村外双方である。ナタン村にやってくる村外の仲買人は，グム川に沿って下流に10kmほどいった対岸（モーターバイクならば乗せることのできる艀を利用）にあるターサン村からくる。この村については，第9章「機織り村」で触れよう。

　取引契約の形態は，ポンガム村のシンでは問屋契約か糸信用貸契約であるが，ポンガム村とナタン村のティーン・シンの大半がスポット契約である。ポンガム村で，シンは村内の織元，そしてティーン・シンは仲買人を通じて市場化されているということと関連する取引契約の対照である。

　こうした対照を説明するために，織元や仲買人を通さずにタラートの小売店

表 4-9　独立織子となることを妨げる理由（％）

	強い理由	理由となる	多少理由	理由ではない	合計
運転資金の制約					
ナタン	23.1	30.8	19.2	26.9	100.0
ポンガム	74.4	11.6	7.0	7.0	100.0
流行の織柄がわからない					
ナタン	26.9	44.2	11.5	17.3	100.0
ポンガム	3.1	18.5	13.8	64.6	100.0
販売先がわからない					
ナタン	26.9	46.2	1.9	25.0	100.0
ポンガム	0.0	23.1	10.8	66.2	100.0
村内ないしは近くのタラートで糸が購入できない					
ナタン	5.8	1.9	11.5	80.8	100.0
ポンガム	0.0	4.6	15.3	80.0	100.0

注）四捨五入のため合計が 100.0 にならない場合がある。

に直接シンを持ち込んで販売するという独立織子になろうとしたときの制約について，織子たちに質問した結果をみておこう（表4-9）。このことは，商人（織元と仲買人）の存在理由の説明にもなる。まず運転資金の制約であるが，これは双方の村で阻害要因として認識されているが，特にポンガム村でより強く認識されている。ポンガム村の近くには糸屋のあるタラートがあることから，物理的な距離の問題で糸の入手が困難というわけではなく，織子の直面する信用制約が独立織子となることを妨げているといえる。それも，家計あたりの平均現金収入がナタン村の倍あるポンガム村（表4-3）で制約がより強く認識されている。これは，後述の表4-10で明らかとなるが，ポンガム村では製品1枚あたりの糸代がナタン村で織られるティーン・シンの倍となるシンが織られているためである。

次に，「織柄情報の入手」と「販売先の確保」については，ふたつの村で対照的な結果となっている。すなわち，それらはポンガム村では阻害要因とは認識されていないが，ナタン村では強い要因とされている。これは，市内のタラートまでの距離によって説明されるものであろう。ポンガム村からヴィエンチャン市内のタラートまではオートバイで1時間程度の距離であり，道路（国道10号線）も舗装されている。また，近くのタラートにも小規模ではあれシンを売る店もある。こうしたことから，市場情報に接する機会は比較的豊富である。

これに対して，ナタン村からは市内のタラートまではオートバイで3.5時間必要であり，未舗装の道がかなり続く。そのために，村人が市場情報と接する機会もおのずと限られてくる。ナタン村の織子たちは，流行りの織柄情報の入手と販売先の確保が自分の手に負えないことを強く認識しているのである。このことは，市内から遠く離れた地域，とりわけフアパン県（第11章）やシェンクワン県（第12章）での市場形成を論じるうえでの重要な視点となる。
　こうした諸課題に対処してくれるのが織元なり仲買人であるが，その果たす役割はナタン村とポンガム村では異なってくる。織柄情報は，タラートの小売店が提供することが多い。織元が織柄を創作できる優秀な図案師である場合には，大規模織元を議論する第8章でみていくように，織元が織柄情報を支配する。しかし，このふたつの村には，そこまで優秀な図案師はいない[6]。したがって，小売店から提供される織柄情報の入手が，村の手織物業では特に重要となってくる。
　知的所有権の認識が希薄なラオスでは，織子に織柄情報を提供しても外部化するおそれが強いことから，一般に小売店は固定的な取引関係にある織元に織柄を提供して情報の管理を委託する。このために，流行の織柄情報の入手は，個々の独立織子には難しい課題となる。ポンガム村の織元はタラートの小売店とお得意様の関係にあり，そこで流行の織柄情報を入手して織子に伝達しているのである。
　ナタン村では，タラートまでの距離がある貧困な村であることから，機織りを市場に巻き込んでいく商人が村のなかから生まれることはなかったようである。すなわち糸を掛売りするだけの資力をもち，またタラートのシン小売店と強い関係を築いている村人がいないのである。そのために，他の村の仲買人が入り込むことによって，シンが市場化されるようになった。これに対してポンガム村では，関係性の高い契約で織元が糸を掛売りしている。これは，流行の織柄の供給がなされていることから，良質の糸でもってシンを織る必要があるためである。
　表4-10には，織元から問屋契約で糸の供給を受けるのではなく，糸信用貸

---

[6] 有能な図案師は，本書の観察から明らかとなるように，市内の大規模織元かタラートの小売店主の一部である。その多くはシンの古布を多数所有しており，それから新規の織柄を考案している。これに対して村のなかには古布を収集している人はいないし，村人は都市の市場情報にも疎い。

表 4-10　製品 1 枚あたりの糸代（1000 キープ）

	シン				ティーン・シン			
	家計数	糸代	売渡価格	糸代比率	家計数	糸代	売渡価格	糸代比率
ナタン	3	88.3	203.3	43.4%	115	63.4	208.1	30.4%
ポンガム	43	113.2	259.9	43.6%	18	78.0	217.7	35.8%

契約や自分で糸を購入している，すなわち織子が糸代を把握している場合の，シン 1 枚あたりの糸代が示される。糸代は，原料が絹，綿糸そして化繊かによって大幅に変化する。この表では，そうした点の調整はなされていないが，それでも大まかな状況は把握できよう。

　機織りをする織子の人数の多いポンガム村のシン（N = 43）とナタン村のティーン・シン（N = 115）を比較してみよう。ナタン村のティーン・シン 1 枚の糸代はポンガム村のシンのそれの 56.0%（63.4/113.2）であり，シンの売り渡し価格に占める糸代比率もシンの 43.6% に対してティーン・シンでは 30.4% と低くなる。この場合に問題となるのは，経糸である。シンは 1 枚を製織するごとに切り取って販売できることから，その都度，緯糸を追加して購入すればよい。しかし，はじめにすべてを掛ける必要がある経糸については投資の懐妊期間が長くなる。経糸の本数は，筬目（筬のスリット）20 を 1 ロップ（lop）として計算している。筬目には経糸を 2 本通すことから，1 ロップには 40（20 × 2）本の経糸が用いられる。一般的に，シンは 40 ロップ前後，ティーン・シンは 10 ロップ前後の筬が用いられることから，糸の品質を同じとすれば，ティーン・シンはシンの 4 分の 1 ほどの投資でよいことになる[7]。こうして，信用制約に悩む織子はティーン・シンを選択することになる。

　ヴィエンチャンの市街地から遠く離れた山間部では，シンではなくティーン・シンが織られることが多い。そうした村で，なぜシンではなくティーン・シンを製織するのかを織子に質問したときに一様に聞かれる回答が「糸代が少なくてすむ」というものであった。

---

7) 同じ幅でも，竹筬と金筬では筬密度は異なってくる。綿糸には竹筬，そして絹糸や化繊といった細い糸には金筬が用いられる。ある一定幅にある筬目の数を「羽」というが，それは竹筬では少なく，金筬では多くなる。

第3節 「うわさ」の制裁機能

「むら共同体」がもつ制裁機能を「うわさ」のもつ効力の観点からみてみよう。これは，インサイダー商人への信頼度の高さ（第3章）を担保するメカニズムのひとつである。うわさの効力についての質問結果が，表4-11に示されている。本書でも幾度か触れるように，どの社会でもそうであるが，社会主義体制をとるラオスは特に「うわさ社会」である。多くのことは，うわさで広っていく。「好事門を出でず，悪事千里を行く」（『北夢瑣言』）を彷彿させるほど，女性たちは悪口を含んだうわさ話が好きである。そして，こうしたうわさは，間接的ではあれ多角的懲罰の土壌となる。ただし多角的懲罰とはいっても，グライフが自律的秩序として指摘する強制力をもつセミ・フォーマルな制度によるものではなく，「むら共同体」内のコミュニティ的統治によるものである。

ここで，表4-11にみられるように，うわさの制裁機能はポンガム村では強く認められているが，ナタン村では認められていないことに注目したい。これは商人（織元と仲買人）がインサイダーであるポンガム村と，アウトサイダーであるナタン村という対比を反映している。懲罰システムの範囲，そしてインサイダーとアウトサイダー商人が利用できる制裁メカニズムの差が明瞭にあらわれているといえよう。このことは，コミュニティ的統治がむら共同体という限られた範囲でしか機能せず，市場形成というコミュニティを越えた交易となると効力をもちえないことを示している。

＊＊＊

農村の非農業生産活動は，開発途上国の農村家計の主要な現金収入源となっている。ラオスの機織りも，そうした役割を担っている。特にコメの自給が難しい村では，機織りは最大の収入源となることが多い。しかし米の購入だけでなく，急速に普及しつつある耐久消費財の購入にも，そうした収入は向けられている。

ふたつの機織り村の調査から，これからラオスの機業を観察するうえで参考となる知見を得ることができた。織子がタラートの小売店に直接売り込む事例は少なく，織元や仲買人といった商人が介在している。すなわち，商人が市場

表 4-11 「うわさ」の効力（％）

	かなり強い	強い	弱い	問題なし	合計
ナタン	10.0	11.8	6.7	71.4	100.0（N = 120）
ポンガム	57.7	8.2	4.1	29.9	100.0（N = 99）

注）質問「もしシンの商人と何らかのトラブルが発生したとき，それは他の商人との取引関係に悪影響を与えるか」。

形成の要となっている。こうした商人の機能は，多くのシンを取り扱うことによって流通における規模の経済を実現するだけに留まらず，個々の織子の手には余る流行の織柄情報の伝達や，さらには強い信用制約を受ける織子に対する糸の提供を含んでいる。さらにいえば，本書で明らかにされるように，そうした商人の多くは都市のタラートの小売店と固定的な顧客関係を築いている。

村の機業にかかわる商人の性質は，このふたつの村の事例からも明らかなように同質とはいえない。それに対応して，村の織子もシンかティーン・シンを選択しているようである。このように機織り村といっても，その性質が異なっている。その詳細も，本書のなかで明らかにされていく。

最後に注目したいのは，市場の要となる商人も一様ではなく，織られるシンの性質とも対応した多様性をみせていることである。さらに，その多様性は制裁メカニズムの発動のあり方にも影響してくることである。それは，どのような契約が締結されるかと密接な関係をもつことになる。このように形成されつつある市場は，経済学の教科書で想定されているような同質な経済主体が経済活動をなす空間ではないことから，商人と契約の多様性に着目して市場の形成を観察する必要があるというのが本書の基幹をなす姿勢である。

第Ⅱ部
ふたつの市場(タラート)

ラオスの町では，日用品は店舗の集積するタラートで購入されることが多い。そこでは卸売りと小売りは未分化であり，本書で小売店とする店も，卸売りも普段に行っている。例えば，これから紹介するヴィエンチャンのふたつのタラートは，周辺の町のタラートの卸売市場ともなっている。

　第II部では，織物の流通経路の終着点であるタラートに焦点をあてて市場の形成を観察していく。ラオスのタラートでは，多くの場合，複数のシンの小売店が一角を占めている。第II部で対象とするのは，ヴィエンチャン市内にある隣接するふたつのタラート，高級品のシンを扱うタラート・サオ（*Talat Sao*）と中・低級品を扱うタラート・クアディン（*Talat Khua Din*）である。この品質の差異によって，それぞれのタラートをめぐって形成される市場の様相もまた異なってくることを明らかにしていく。これは，序章で触れたように，財の性質によって市場を形成する作法＝契約が異なることを背景としている。

　先進国のショッピング・モールと対比される開発途上国のバザールは，多くの異邦人を魅了してきた。ショッピング・モールの商品のほとんどは標準化されており，値札がつけられている。しかし，それを開発途上国のバザールで望むべくもなく，売り手と買い手の間の情報の非対称性が顕在化している。

　バザールの特徴のひとつである値札の不在は，執拗で攻撃的な値段交渉の源となる。それは，バザールの枕詞としての「乱雑で無秩序な喧騒」という表現にもつながる。しかし，われわれを魅惑するラオスのタラートの本質は，そうした陳腐ないい回しでは描写しきれないところにある。何しろ「乱雑で無秩序な喧騒」というだけのバザールならば，上野アメ横にでもいけば充分に味わうことができるであろう。まず，タラートを観察するうえでの問題の所在と，そこに切り込むための議論の準備をしておこう。

　途上国のバザールのもつ特異な雰囲気は，そこが「農村なるもの」と「都市なるもの」という異なる秩序をもつ社会の境目で生まれてくる物語によって彩られているからに他ならない。その雰囲気は，消費者と小売店とのかかわりよりも，生産者ないしは卸商人と小売店との取引においてより顕著に現れてくる。それはまるで「商品交換は，諸共同体の終わるところで，諸共同体が他者たる諸共同体，または他者たる諸共同体の諸構成員と接触する点で，はじまる」とマルクス（『資本論』長谷部文雄訳）が述べているように[1]。この諸共同体が「農村

1）　こうした市場の性質については，赤坂（1992），ハルダッハとシリング（1988），サーリンズ（1984）そしてマリノフスキとフエンテ（1987）などが参考となろう。

なるもの」と「都市なるもの」という異質な秩序をもつとき，ケイ (2007) が「バーに行けば，ビルと友人はそこで慣習に従う。しかし異なった文化から来た者と飲む時は，まずその店でのルールを説明してやらなければならない」(p.14) と指摘する問題が生まれる。それこそが，ショッピング・モールではみられない，バザール独特の雰囲気を醸し出すことになる。

ミクロ経済学の教科書では，価格はまるで天から降ってくるような扱いとなっているが，値札が不在のバザールでは価格は決して所与でも既知でもない。バザールでは相対取引が一般的であり，それはオークショナーによって需給調整と価格形成がなされるワルラスがパリの証券市場をイメージして描いたような市場とはかけ離れている。多数の消費者と店舗が形成する個別の需要と供給曲線の総和として社会の需要と供給曲線が形成され，それによって均衡価格が決定されるという経済学の想定するような市場は，タラートでは説明力を失っている。先に紹介したように「価格交渉で決まる価格は，売り手と買い手それぞれの相対的な交渉力を反映している。脅しやフェイント，はったりが，交渉上の優位の源泉となる」(マクミラン 2007) という相対取引は，標準的な経済理論の教科書ではほとんど扱われることはない。相対取引は双方独占に近似しており，双方独占では均衡解は存在しないことが知られていることから，経済学としてはあまり手を出したくないためであろうか。

経済学からのタラートの分析はほぼなく，文化人類学で研究の蓄積がなされてきた。そうしたバザール研究の先駆者のひとり Geertz (1978) は，モロッコの市場調査を踏まえて，経済学に親和性をもつ論文「バザール経済」を *American Economic Review* に載せている[2]。簡単に要約しておこう。

取引される商品の品質について，売り手（卸商人）と買い手（バザールの小売店）の間に情報の非対称性がある。売り手による自発的な商品情報の開示は望むべくもなく，また商品の標準化もなされていないとき，（買い手による）欠落している情報の探索と（売り手による）保持する私的情報の秘匿がバザールでは「すべて (the name of the game)」となる。この設定は，有限回の囚人のジレンマ・ゲームで非協力解が均衡解となるという，Akerlof (1970) の「レモンの原理」の描く世界となっている。その結果，粗悪品が流通するという逆選択が発生するか，騙されることを恐れて買い手が疑心暗鬼となって市場取引そのもの

---

[2] Geertz (1963) も，議論のベースとなっている。

が機能不全を起こすことにもなる。相対取引における情報の非対称性から，交渉はかなり攻撃的となり，交渉費用が嵩むことになろう[3]。そこで探索費用と交渉費用を削減する方策として，顧客関係の固定化（clientelization）がなされる，というのがギアツの主張のあらましである。

アカロフによるレモンの議論は中古車という経験財の取引を念頭においていることから，現実には1回限りのゲームとなって逆選択が発生するという環境設定となっている。これに対して，ギアツによる卸業者とバザールの小売店との取引についての議論では，経験財ではあるものの反復取引が前提とされている。固定的な顧客関係の成立は，無限回反復型の囚人のジレンマ・ゲームでは協調解がナッシュ均衡として成立するというフォーク定理と同値である。売り手と買い手の交渉費用の削減を目指した固定的な顧客関係を形成するための努力は，双方にとって埋没費用化する。したがって将来の利得の割引率が大きくなければ，顧客関係の維持は自己拘束的となる。そして取引当事者（プリンシパル）は相手（エージェント）に対して様々な配慮を施しながら，この関係を維持しようとする。ちなみに，こうした配慮は，関係性の強い契約が採用されるタラート・サオでは観察されるが，関係性の弱い契約でシンが取引されるタラート・クアディンでは見かけることはない。

製品情報に非対称性が存在する経験財の取引は興味深い多様な話題を提供することから，多くの研究の蓄積がなされている。ところで，ラオスの織物（シン）の品質を決める糸の素材，織りの確かさ，染色の斑の有無，そして目ずれやしわなどは，消費者の目視によって検品可能である。品質判定ができないのは，物珍しさからシンを土産物として購入する海外からの旅行者位である。すなわちシンは，品質についての情報の非対称性のない探索財であって，レモンの原理で措定されているような経験財ではない。そのために売り手（小売店）と買い手（消費者）の間に顧客関係が成立することはまずない。これに対して生産者（機業家）と小売店の間には，高品質のシンであるほど，関係性の強い契約でもって固定的な取引関係が成立している。すなわち，ギアツの説明とは異なる理由で，反復取引が成立しているのである。結論を先取りしておくと，小売店と機業家（織子や商人）とに固定的関係が成立するのは，逆選択を回避するた

---

[3] ときには言葉（交渉）そのものが取引の障害にもなることから，極端な場合には言葉を排した「沈黙交易」（グリァスン1997）も生まれる。それは，現象的には「攻撃的」な交渉と対極にあるようにみえるが，その背後には同じような事情があろう。

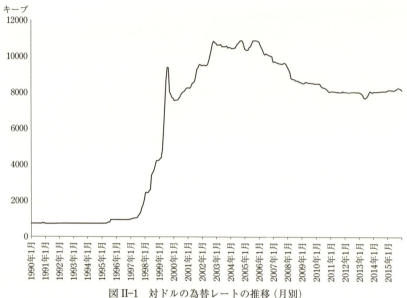

図 II-1　対ドルの為替レートの推移（月別）
出所）Bank of Lao のホーム・ページの数値から，筆者作成。
〈http://www.bol.gov.la/english/index1.php〉（アクセス日：2016 年 5 月 25 日）

めではなく，関係的契約におけるエージェンシー問題の阻止と技能の高い織子の囲い込みを目的としている。

　本書の重要なキーワードのひとつとなる固定的な取引関係（お得意様）であるが，この関係を大きく揺さぶった 1997 年以降のラオス経済の大混乱について触れておく必要がある。ラオスの通貨キープは，1997 年から 2003 年の初めにかけて暴落している（図 II-1）。本書の記述が始まる 1995 年 8 月の為替レートは 1 ドル = 954 キープ，1 バーツ = 31.9 キープであったが，2003 年の平均では，それぞれ 1 万 689 キープそして 250.9 キープと，対ドルで 10 分の 1 以下に大暴落している。その結果，輸入糸に依存して成長をみせていたラオスの手織物業は，大きな打撃を受けることになった[4]。協調解がナッシュ均衡として成立するというフォーク定理は将来所得の割引率が 1 に近いことを前提とし

---

[4]　この時期，政府は禁止していたものの，商店はドルかバーツ取引を好んでいた。まるで江戸期の金・銀・銭の三貨制度のようであり，ラオスの通貨キープは「銭」という補助貨幣としての扱いとなっていた。為替レートは毎日変化しており，両替商が栄えた時期でもある。またインフレに対応した高額紙幣の発行が追いつかず，少し長期に地方に行くときにまとまった額の両替をすると，別のカバンを用意しなくてはいけないほどの大量の札束となったことを覚えている。リュックいっぱいの札束でジャガイモを買いにいかなくてはならないほどではないが。

ているが，それが崩れたのである。

　通貨暴落の影響は，輸入糸価格の高騰による利益の圧迫に留まるものではなかった。ほぼ6年間にわたる自国通貨の継続的な切り下げは，取引にかかわる利得行列の数値を大きく変動させた。無限回反復型の囚人のジレンマ・ゲームにおける「しっぺ返し (tit-for-tat)」戦略の優勢性（アクセルロッド 1998）は，理論的ないしはコンピューターで一瞬になされるゲームの帰結である。しかし現実の反復ゲームには，時間の経過が伴う。その間に利得行列の数値が変化すると，反復ゲームの前提が崩れてしまうことがある。再度の指摘であるが，フォーク定理の均衡解は複数である（Kreps 1990，神取 2015）。本書では，1990年代後半の通貨の暴落がエージェンシー問題を多発させて，形成されつつあった市場を崩していく様子を明らかにしていく。

　ラオスのタラートの一角には，複数のシンの小売店を見ることができる。ここではヴィエンチャン市内の中心にあり，道路を挟んで隣接するタラート・サオとタラート・クアディンを対象としよう[5]。それぞれには，70 前後の零細なシンの小売店舗がひしめきあっている。

　天井が高く二階建てのタラート・サオは，ラオスのなかでは暑さをしのげる小奇麗な市場である。一部は，2007年に外国資本が入って改築され，冷房の入ったタラート・サオ・モールとなっている。こちらにも数店舗のシンの小売店が入っている。これに対して，日中のタラート・クアディンは息苦しさを覚えるほどの暑さとなり，通路は未舗装であることから雨季にはぬかるむところもでてくる。この意味では快適な買い物ができるとはいえないものの，ラオスの地方都市でもよく見かける，地元民で賑わう無秩序で雑然としたなかにも人々の活気が渦巻く風景が広がる。

　ふたつのタラートの違いを，タラート・クアディンにあるシン小売店の店主アンポン婦人 (34歳) に語ってもらおう (2013年聞き取り)。

　　「タラート・サオで売られるシンは，絹織物が中心で，とてもきれいだね。店主たちが新しい織柄を創りだして長期的な取引関係にある織子たちに織らせているから，店ごとに独自の織柄をもっているよ。注文された以上に織って，それをこちら（タラート・

---

5) *Sao* は朝を意味することから，旅行者には morning market として知られている。しかし，朝にだけ開いているわけではない。タラートの規則では，6時30分から17時30分までタラートが開かれることになっているが，実際には午前10時ころにようやく店が開き始め，16時ころには相当数が店仕舞いする。ちなみに，クアディンは土 (*khua*) の橋 (*din*) を意味する。

クアディン）に売りにくる織子もいる。それは，やってはいけないことだけどね。独立の織子がタラート・サオに売り込みにいっても，品質のよいシンしか買ってくれない。そこで売れなかったときには，織子はこちらに売りにきている。タラート・サオで流行遅れとなって売れ残ったシンが，こちらに流れてくることもあるよ。」

「これがそうだ」といって，30枚ほどのシンを見せてくれた。この店主には，後でもう一度登場してもらおう。

たしかにタラート・クアディンでは綿や化繊の安価なシンがほとんどであり，店ごとに独自の織柄があるわけでもない。これに対して，タラート・サオでは絹織りを中心とする高品質のシンが売られており，すべてがそうであるわけではないが，店舗ごとに独自の織柄のシンが見られる。特に自慢の織柄のシンは，織柄が盗まれることを恐れて店先には並べられておらず，顧客がきたときにだけ奥から取り出して見せることもある。したがって，高級品を扱うタラート・サオの客層は地元の富裕層か海外からの観光客であり，タイ人観光客やタイの業者なども重要な顧客となっている。地元民で賑わうタラート・クアディンの客層とはかなり異なっているといえよう。

織柄は，使われる糸の種類とともに，シンの価値を決める最も大きな要素である。その織柄は多様であり，また数週間でピークが終わることもあるほど流行の変化が激しいことから，消費者と小売店の間に固定的な顧客関係が成立することは少ない。そのために，タラート・サオの小売店は，顧客を引き寄せるために独自の織柄のシンを取り扱おうと腐心することになる。製品の差別化によって小売店は右下がりの個別需要曲線に直面しており，独占的競争の状況にタラート・サオの小売業者はおかれている。これに対して，タラート・クアディンで売られるシンは，中・低級品が中心である。これといった独特の織柄のシンをもつ店はなく，店舗ごとの品揃えはどれも似通っている。

ふたつのタラートの差異は，それぞれのシンの小売店をめぐる異なる市場形成のあり方として表出してくる。この点に注目して話を進めていくが，議論の理解のために機業家（織子と織元）と小売店舗との対照的な取引契約を前もって明らかにしておくと，中・低級品を扱うタラート・クアディンではスポット契約か注文契約で取引がなされるのに対して，高級品を扱うタラート・サオでは糸信用貸契約か問屋契約が中心となっている。糸信用貸契約や問屋契約では小売店が糸と織柄を織子に提供していることから，タラート・サオの小売店は織

元としても機能しているといえる。すなわち，市場の創り方が，ふたつのタラートで大きく異なっているのである。

　タラート・クアディンにおけるシンの店舗の調査は2013年を中心に行われた。また，タラート・サオの調査はラオス経済の混乱期の1997～99年になされ，経済が安定化してきた2011年にもタラート・サオ・モールの店舗で追加調査をしている。1990年代後半の調査はキープ暴落の最中になされたために，タイからの輸入に頼っていた綿糸・化繊そして輸入生糸の価格も高騰していた。さらに深刻だったのは，この時期に中国の人民元がドルにペグされていたことから，中国産生糸が特に高騰したことである。この動乱の時期，ラオスの手織物業は大きな打撃を受けることになる。

　この価格変動の影響は，単に利益の減少に留まるものではなく，自生的に形成されつつあった市場を支える契約や取引慣行といった諸制度，特にその形成と維持に埋没費用となる努力を伴うような関係性の強い契約の維持を困難にさせていった。その影響は，中国産生糸を多用する高級品が扱われ，また小売店と織子との間に醸成された信頼をベースとする問屋契約や糸信用貸契約を採用しているタラート・サオでより深刻であった。詳細な事例の紹介によって，マクロ経済の混乱が市場形成に与えた影響を明らかにしていこう。

第 5 章
高級品を扱うタラート・サオ

タラート・サオは旅行者にとってはヴィエンチャンで最も有名なタラートであるが，生鮮食品は扱っていないことや，建物の造りがしっかりとしていることから，ラオスの一般的なタラートとはやや趣が異なる。タラート・サオ運営員会の資料（2001年）によると，タラートの一階部分には331の店舗があり，そのうち76店舗がシンを扱っている。

　高級品を扱う店舗が多いタラート・サオではあるが，品質にあまり差のないシンを扱うタラート・クアディンとは異なり，品質に分散がみられる。20店舗以上の聞き取りをしたが，重複する内容も多いことから，高品質のシンを扱う小売店から，相対的に中級品のシンを扱うまでの5つの小売店を選定して話を進めよう（第1節）。それは，織柄への支配力の強い3店舗（A，BとC），海外市場への販路をもつ店舗（D），そして織柄への支配力の弱い店舗（E）という分類である。この5店舗は，Eを除けば，織柄への支配力があることから，織元の性質も兼ね備える小売店である。異なる品質のシンを取り扱う小売店の観察から，市場形成のありようが異なることを明らかにしていきたい。

　次に，キープ大暴落を伴う経済的混乱が市場形成に与えた影響を探るために，暴落が最も深刻であった1998年と99年に聞き取りをしたふたつの小売店（FとG）を紹介する（第2節）。このふたつは，織柄への支配力が弱いことから，小売店Eも含めて，通貨暴落の影響を強く受けてしまった。

　そして経済安定期に入った時期（2011年）に聞き取りをした小売店（HとI）は，ともに織柄への強い支配力をもっている。ただし小売店Hは，海外の取引相手から情報をえて製品化しているのに対して，小売店Iの店主は優れた図案師という対照がみられる（第3節）。

　対象とする9店舗の基本的な情報が表5-1に示される。本章の焦点は，1）取引相手となる機業家の性質，2）取引契約の選択，そして3）取引で生じるエージェンシー問題の処理方法，にあてられる。いうまでもなく，これらは市場形成を観察するうえでの本書の主要な関心である。

　文中で頻出する地名について説明をしておこう（地図5-1参照）。1990年代までは，タラートの小売店にどの地域の織子と取引をしているのかと質問すると，ノンブァトン（Nong Bouathong）とドンドーク（Dondok）という地名が必ずといってよいほど聞かれた。タラート・サオから西に5kmほどのところにあるノンブァトン村は，1953年から1975年までのラオス内戦時に織物の宝庫として知られるフアパン県やシェンクワン県から戦禍を逃れて移動してきた人々が

表5-1　聞き取り対象

小売店	店主名	出身県	聞き取り年
品質基準での類型			
A)	チャントン婦人	ヴィエンチャン	1997
多くの古布を所有しており，それから流行を生む紋柄を創り出している。			
B)	カイシー婦人	ヴィエンチャン	1997
結婚式用の豪華なシンを販売。高価な輸入メタリック糸をふんだんに使用していることから，通貨危機の影響を強く受けている。また，糸の窃取の問題も深刻である。			
C)	トンケイン婦人	フアパン県	1997と1999
内機と出機を抱えた織元もしている。図案師であり，織元でもある。			
D)	チャンテット婦人	ヴィエンチャン	1999
海外ネットワークをもち，輸出比率が高い。古布をもつ。			
E)	シー婦人	ヴィエンチャン	1998と1999
紋柄への支配力が弱い小売店。通貨危機の影響が大きい。			
経済混乱期の小売店			
F)	カンタリー婦人	ヴィエンチャン	1998と1999
織柄への支配力の弱い小売店。通貨危機の影響が大きい。			
G)	ボウンミー婦人	ヴィエンチャン	1998と1999
織柄への支配力がない。通貨危機の影響が大きい。			
安定期の小売店			
H)	ポン婦人	フアパン県	2011
海外の業者からデザイン情報を入手。またフアパン県の織元とも紐帯を確保している。			
I)	ヴォンカンティ婦人	シェンクワン県	2011
有能な図案師であり，織元としても機能している。またフアパン県の織元とも紐帯を確保している。			

注）個人情報の観点から，実名ではない。

居住するディアスポラである[1]。ここには，第8章で紹介するふたりの大規模織元もいる。ドンドークは，タラートから北に8～10kmほどのところに広がるヴィエンチャンの市街地の北の外れの地域であり，ラオス国立大学もここにある。ドンドークという名の村はあるが，ヴィエンチャンではドンドーク村を含めた複数村の総称であり，本書でもこれに倣いドンドーク地区（行政上の地区ではない）としておこう。ここも，ノンブァトン村と並び，ヴィエンチャン

---

1) ラオス内戦とは，左派パテート・ラーオとラオス王国政府による内戦であるが，ラオスの支配を目論む北ヴェトナムとドミノ理論を恐れるアメリカそしてタイも関与する代理戦争という性質ももつ。

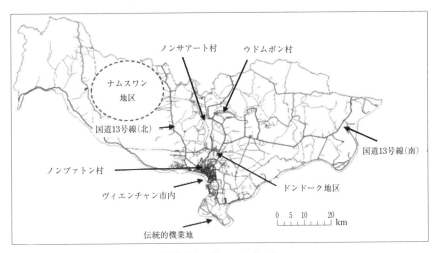

地図5-1　ヴィエンチャン

市内にある最大のディアスポラのひとつである。なお，ノンブァトン村と村（ban）がつくが，ヴィエンチャン市街地の一角を占めている。そもそも，ヴィエンチャン市内の住所は，すべて村（ban）となっている。

　移住民はヴィエンチャンでの生活の糧をもたなかったことや，優れた機織りの技能をもっていたこともあり，多くが機織りを生活の糧としていた。「いた」と過去形にしたのは，市内での労働需要の増加，とりわけ若年女子労働集約的な縫製工場の設立によって，これらのディアスポラでは織子のなり手が減少していった。市内のノンブァトン村では2000年前後に，そして少し離れたドンドーク地区では2010年ころまでには，自宅での機織りを見かけることは少なくなった。

　市街地から北に19kmいったところにあるノンサアート村，そしてその数km東のウドムポン村とその周辺にもディアスポラが形成されている。ウドムポン村には軍事施設があるが，ラオスの歴史的経緯から軍人にはフアパン県やシェンクワン県出身者が多い。軍人の給与は高いものではないことから，彼らの夫人たちが家計補助のために機を織ることになる。また，さらに北に10kmばかりいくとグム川に至るが，その手前には第4章で触れたポンガム村，またそこから川を渡った辺りにも移住民の村が点在する。この辺りまでくると縫製工場などへの通勤は難しくなることから，いまだに織子は多い。

　こうしたディアスポラは，市街から離れた郊外にも多く形成されている。そ

第5章　高級品を扱うタラート・サオ　149

の多くは，国道13号線を北に40kmばかりいったところにあるナムスワン（Nam Souang）貯水湖周辺にある。本書では，この辺りを，ナムスワン地区と呼んでおこう。さらに国道13号線を40kmばかり北上してヴィエンチャン県に入り，右折して14kmばかりいくとグム川に達する。ここには，この地域の中心地ターラート（Tha Laat）があるが，この周辺にも手織物業が盛んなディアスポラが多い（第8章の地図参照）。そのまま国道13号線を北上するとヴィエンチャン平野から離れて山間部に入るが，この辺りの国道沿いにも移住民の村が多くある（第9章参照）。

たしかに機織り村の多くは，移住民のディアスポラである。しかし，ヴィエンチャンのもともとの住民が機織りをする地域もある。最も知られているのは，ヴィエンチャンの南に10kmばかりいったハーッサイフォーン（Hadxaifong）郡のメコン川沿いに集中している。ここでは，紋織りだけでなく絣も織られている。ここを，ヴィエンチャンの「伝統的機業地」と呼んでおこう。

第1節　利潤概念

個別の機業家や小売店を含む商人を紹介する前に，議論で用いる利潤概念を整理しておきたい。本書では，機業家が「儲け」と認識する利潤として，「利益」・「収益」そして「流通マージン」という用語を区別して用いる。

こうした異なる利潤概念を定義するのは，1）利潤を求めるには自家労働の評価額を控除する必要がある。しかし農作業や家事労働などの合間での機織りという性質から，その評価額の正確な計測は困難である。ここで無理に推計すると，実態とかけ離れた数値となる恐れがある。2）大半が個人事業者である機業家にとって重要なのは，自家労働の評価額を控除した利潤ではなく，実際に手元に残る現金収入である。また，3）異なる経営資源をもつ経済主体を対象としていることから，様々な経営資源に対する分配を一括して利潤と表現すると実態を見失う恐れがある，ためである。このことを念頭において，3つの利潤概念を説明していこう。

この利潤概念で特に問題となるのは，織元と独立織子の認識する「儲け＝収入」の違いである。本書では，この違いを，織元の「利益」と独立織子の「収益」

として表現する。

　織元に儲けはいくらかと質問すると，売り上げから原材料費と織子への支払いを差し引いた差額を「儲け」として回答する。織子への支払は，内機織子や問屋契約では織賃であり，糸信用貸契約ではシンの仕入れ値から糸代金を差し引いた残余である。この儲けを，「利益」と呼ぶことにしよう。多様な経営資源に分配される付加価値が「利益」であるが，それは図案作成・リスク管理を含む運転資金の管理・織子管理，そしてマーケティングに対する報酬である。ここでは，織元の自家労働の評価額は考慮されていない。このうち，最後のマーケティング能力に分配される利益を「流通マージン」と呼んでおこう。これは，すべての商人が享受する基礎となる利益であり，これに商人の能力に応じて利益が付加的に分配されていく。糸を提供しない仲買人，すなわち純粋な集荷商の利益は，マーケティング能力＝流通に対する分配であることから，流通マージンとなる。糸屋の儲けも，この流通マージンの概念で捉えてよいであろう。ただし仲買人の利潤率は，織子からシンを買い上げるときに品質判定もすることから，糸屋のマージン率よりは若干高くなる。

　これに対して，独立織子に儲けについて質問すると，彼女たちはシンの売り値から糸代を差し引いた額を儲けとして回答する。この儲けを，「収益」と呼ぶことにする。この収益から自家労働の評価額を差し引いた利潤に，独立織子は関心を払うことなどない。機織りを委託するときに織子への支払いを差し引くのが織元にとっての利潤であるのに対して，織子の場合には機織りという労働への報酬が含まれることになる。

　こうしたことから，織元と独立織子の収入や利潤率を安易に比較しないために，「利益」と「収益」という異なる利潤概念を用いることにする。また，自家労働の評価額を差し引かない利潤である収益概念を使うと，農業労働賃金などの代替的就業機会からの収入との比較が容易となるという利点もある。織元織子の認識する儲けは，問屋契約では織賃であるが，糸信用貸契約ではシンの納品価格から糸代を差し引いた額である。これらは，ともに収入とも表記する。織元の利益も，そして独立織子の収益も収入概念に含まれるが，先に述べた理由から利益と収益という用語を使うことにする。

　これから紹介する多くの事例でも明らかとなることであるが，流通マージン率は10％程度であり，3～5％程度という事例もある。どの生産要素ないしは経営能力に売り上げが分配されるかの計測は困難であるが，本書で紹介する事

例をもとにして大まかな構図を示しておくならば，売り値の4割が糸代，1割が流通マージン，2〜3割が機織りの労働，そして残りの2〜3割が経営資源への分配（流通マージンを含めれば3〜4割）とみなせる。したがって独立織子がタラートに売り込みにいくときの収益率は，糸代を差し引いた売り値の6割程度となる。ただし，これは織柄の優れたシンの場合であり，織柄に特色のないシンとなると糸代3割，労働5〜6割，そして流通マージンを含む織元への報酬が1〜2割程度となる。逆に，一面に精緻な織柄が施されて，1枚の製織に3ヶ月以上を要するようなシンとなると，糸代は売り値の2割程度となることもある（第11章参照）。

　次に，問屋契約と糸信用貸契約における織元の利益なり織子の収益なりを評価するときの留意点を述べておきたい。一般的に，問屋契約では整経と機拵えは織元の負担であり，織子は機織りだけを担当する。また，技術的理由から機拵えには紋綜絖の作成も含まれる。これに対して糸信用貸契約では，それらは織子の担当となる。したがって，他の条件を一定とするならば，通常はシン1枚あたりの織子の収益は労働投入が多くなされる糸信用貸契約で高くなり，織元の収益は糸信用貸契約で低くなる。整経と機拵えの作業の帰属価格の正確な計算が難しいことから，それぞれの契約での利潤率の比較には注意が必要である。

　こうした「収益」「利益」そして「流通マージン」をシンの販売価格で除して，「収益率」「利益率」そして「流通マージン率」とする。したがって，他の条件が一定ならば，収益率＞利益率＞流通マージン率となる。

　自家労働の評価を回避して利益を捉えるために3つの利潤概念を定義した。そうした利益の数値を提示するときには，できる限りその村の農業労働賃金を示しておく。また在来金融の利子率を参照基準として利益率と比較することもあるが，利子率は月あたりであるのに対して，売り上げ高利益率は月あたりの数値ではない。すなわち，機織りの利益率では資本の回転率が考慮されていない。技術的理由から経糸は一度に渡すが，緯糸は納品時に随時追加して渡すこと，織柄の難易によって1枚の製織期間も大きく異なること，そして織子が専業か否かも投資の懐妊期間に大きく影響してくることから，機業家の利益を回転率で調整して月あたりで求めることは困難である。したがって，売り上げ高利益率として求められた利潤率と資本に対する利益率である利子率の比較は，あくまでも便宜的なものに留まることになる。

第2節　小売店の類型：品質基準

　タラート・サオのシン小売店から，まず5店舗（A～E）を紹介する。これらは，小売店の織柄への支配力の程度に従って，取り扱うシンの品質の高い店舗から低い店舗の順に並べてある。
　独特の織柄をもつシンは，その付加価値を高めるために高級糸で織られる。高級糸とは絹糸であり，化繊や綿糸で織られたシンは低価格となる。絹糸については，ヴェトナム産（二化多化）は安価であり，対して中国製の二化性生糸は高価である。2010年ころになると，さらに高級なタイのジュン（Chul）社製の二化多化性の絹糸が輸入されるようになる[2]。絹糸は細いことから，機拵えや製織に時間がかかり，また丁寧に織る必要があることから，絹織りのシンを高価なものとしている[3]。
　流行の織柄情報と高品質（すなわち，高価格）の糸の入手は，在村の織子にとっては荷の重い課題である。ここに，織元なり小売業者からの織柄情報と原料糸の提供がなされる契約，すなわち問屋契約か糸信用貸契約が生まれてくる。しかし，そうした契約は織柄という知的所有権の侵害，糸の窃取，そして織ったシンの第三者への売り渡しといったエージェンシー問題を伴うものである。この問題の発現のあり方は，契約の種類によって異なることを第3章で説明した。このことが契約形態の選択にかかわってくることを，タラートにおける取引の観察から明らかにしていきたい。
　なお，小売店主の大半はヴィエンチャン出身者であり，織子や織元といった機業家の多くは織物の産地として知られるフアパン県やシェンクワン県からヴィエンチャンに移住してきてディアスボラに住む人々である。また，たとえ領域性を共有していたとしても，都市住民と農村住民という相互にアウトサイダーである人々の取引となる。すなわち異なる共同体に属する人々の間の取引であり，小売店にとっては，むら共同体のもつ契約履行メカニズムを直接的に

---

[2]　生糸と絹糸という書き方をするが，これは糸屋で販売されるときの形態による。
[3]　綿糸でも緯糸に使う番手が異なれば，同じ長さを織る時間が異なってくる。また，同じ番手でも甘撚りでは糸は太くなる。したがって，番手が小さく甘撚りの綿糸で織られた場合には，一般に低品質となる。

は利用できないことを意味している。もし利用しようとするならば，織子のいる村に，その村出身の委託仲買人をおくしかないのである。

1. 小売店Ａ：織柄への強い支配力（1997年聞き取り）

チャントン婦人（52歳）は，ヴィエンチャン出身であり，母親の代から50年近くシンの店を経営している。婦人はシンの古布を多く収集しており，そこから織柄を取り出して新たな織柄を創作している[4]。すなわち，織柄に対して強い支配力をもっており，織柄の流行を創り出す能力をもつ図案師でもある。ここで売られるシンは高品質であることから，ラオス人の購入は2～3割程度に過ぎないという。大半は，欧米・日本からの旅行者そして欧米に難民として定住したラオス人に売られている。それでも，婦人の織柄は特徴があることから，流行に敏感なヴィエンチャンの富裕層にも人気があるようである。はじめに紹介する店舗であり，その他の店舗の事情とも重なる部分が多いことから，やや詳細に紹介しよう。

取引をする機業家は，1）市内のノンブァトン村とドンドーク地区の織子，2）フアパン県の商人，そして3）直接売り込みにくる独立織子（売り込み織子）である。売り込み織子からの仕入れは，全取引量の5％にも満たない。取引の中心は，ノンブァトン村の織子とフアパン県の商人たちである。ドンドーク地区の織子たちは，ティーン・シンとパー・ビアンを織っている。ティーン・シンとパー・ビアンは同じ織柄にすることが一般的であることから組で織られる[5]。

(1) ノンブァトンの織子

どの織子たちに最も気を配っているのかという問いに，「それは，つき合いの長いノンブァトン村の織子たちよ」と婦人は答える。そこで，ノンブァトン村の織子との取引の説明から始めよう。聞き取りをした1997年当時では，ノ

---

[4] かつてはタラート・サオでも古布が売られおり，1枚1000ドルから5000ドルといった途方もない値段がつけられていた。それでも外国人収集家が買い漁り，古布の多くは国外に流出している。農村を回り，残っている古布を買い集める商人もいた。それによって伝統的な織柄という知的財産が失われたことは，ラオスの手織物業の将来にとって大きな痛手となっている。この意味で，チャントン婦人などが古布を収集していることは救いである。

[5] ティーン・シンの両端にンゴイ（*ngoy*）と呼ばれる縞模様を織り込めばパー・ビアンとなる。

ンバトン村はまだ活発な機織り村であった。

　ここの織子10人ほどと，ほぼ20年にわたり糸信用貸契約で取引をしている。かつては問屋契約であったという。チャントン婦人が古布の織柄を参考にして新規の織柄を創作し，それに基づいて織子が垂直紋綜絖を作成する。この方法は，機織りの技能に秀でた織子が取引相手であるからこそ可能となる[6]。金篋は，チャントン婦人が貸与している。仕入れ値も提示するが，それを織子が承諾すれば，糸を掛売りして契約に入る。

　経糸は1掛け分を最初に渡さざるをえないが，緯糸はシン2枚分のみを渡す。そしてシン2枚が織られて納品されると，シン2枚分の緯糸が織子に追加して渡される。この方式は，かなり一般的に観察される慣行である。これによって，プリンシパルの信用制約が緩和され，また織子の機会主義的行為を阻止ないしはその被害を最小化できる。こうした慣行は，織子が近くに居住してはじめて成立しうるのであり，遠隔地のエージェントとの取引に採用されるものではない[7]。

　織子からのシン1枚の買上げ価格は6万キープ，そして糸代は2.5万キープであることから，織子の収益はシン1枚あたり3.5万キープとなる。その店頭での売り値は季節変動もあり8〜9万キープであることから，チャントン婦人の利益率は38.8〜43.5%となる。この利益率は，流通マージンの他に，原料糸の掛売りにかかわる管理作業と織柄情報の提供への報酬を含んでいる。この場合には，シン価格の季節変動を小売店が吸収しており，織子は通年で一定の収入が保証されている。これもプリンシパルによるエージェントへの配慮であるが，取引されるシンが高級品である，すなわち技能の高い織子との関係性の高い契約にみられる慣行である。低級品，すなわち契約当事者間の関係性が弱い場合には，これから触れるいくつかの事例で紹介されるように，価格の季節変動をエージェントが負担する場合が多い。

　こうした利益や収益についての数値は，例えば第9章の表9-2に示されるよ

---

6) 垂直紋綜絖を織子が作成するということは，機拵えの流れからいって，機拵えの作業も織子が負担することになる。このケースは糸信用貸契約であるから，機拵えは織子の負担となる。問屋契約でも垂直紋綜絖を織子が作成するケースもあるが，その場合には，その作業に報酬が支払われることが一般的である。

7) 遠隔地の織子を組織するときには，その地域に居住する委託仲買人を介在させるか，ないしは遠隔地に独立性の高い商人が登場して織子を組織することになる。

うな費用収益構造に関する数値を聞き取ることによって求められる[8]。しかし市場形成の究明という本書の問題意識からして，また表があまりに多くなることから，費用収益構造の詳細をすべての事例について提示する必要はないと思われる。そこで，数値の詳細は割愛して，ほとんどでは売買価格・糸代・織賃といった基本的な数値を示すだけに留める。

婦人によれば，納品されるシンの約3割に品質上の問題があることから，取り決めした仕入れ値よりも数千キープ値引きするという。糸信用貸契約では，シンの品質に問題がある場合には，そのシンを他で売って糸代の返済を求める店主もいる。しかしチャントン婦人は独自の織柄を考案していることから，たとえ織りに問題があったとしても自分の織柄情報が他の店に流れることを認めるわけにはいかず，値引きしての買い取りとなる。

乾季には，専従すれば3～4日で1枚が織られる。しかし出機織子の場合，家事や農作業などへの時間配分があることから1週間に1枚が現実であるという。また，雨季には農作業が多くあることや糸が湿気を含んで織り難くなることもあり，3週間に1枚程度の生産になってしまう。それでも当時の農業労働賃金が1日2500～3000キープであったことからすれば，機織りはそれなりの収入（1週間で1枚なら1日5000キープ）をもたらしてくれる。

織子との契約は1掛け20枚のサイクルでなされる。この1掛け分が織りあがると垂直紋綜絖は織子のものとなり，他の織子への譲渡も可能となる。これは織子の権利というよりは，その時点で，その織柄の流行が終わっていることから，それ以上の生産からは高い利益が期待できないためだと婦人はいう。このことは，チャントン婦人が独自の織柄を考案することによって，競争的独占によるレントを享受していることを示している。

原料糸を掛売りして，また織柄情報を提供していることから，織子との間にエージェンシー問題が生じることがある。典型的には，糸を渡したのにもかかわらず，何かと理由をいって織ってくれないことや，糸を第三者に売ってしまったことなどである。時には，シンを第三者に売り払うこともある。その時

[8) 聞き取りの手続きは，次のようになされる。まず，経糸1掛け分の値段と，それから何枚のシンが織られるかを質問する。次いで，シン1枚を織るための地緯糸の綛数と単価，そして織柄部分に必要な柄糸の綛数と単価を質問する。そしてシンの売買価格や織賃などを聞き取れば，シン1枚の費用収益構造がわかる。シンの価格（市場価格や納品価格）は季節変動があるので，雨季と乾季に分けて聞き取る必要がある。その他，紋綜絖作成・染色そして機拵えなどを委託している場合には，その作業賃も聞く必要がある。

には，その村の近くに住む知り合いなどの人間関係を通じて，必ず糸代を返済させている。ただし糸を売ってしまうというのは，織子の家族に何らかの緊急支出が生じた場合が多いようである。そうした事態が発生しないように，すなわち消費の平準化のために織子に無利子で生活資金を貸すこともある。貸付金は，織られたシンによって清算される。ちなみに糸信用貸契約であることから，糸の窃取というエージェンシー問題は発生していない。

　無利子での生活資金の貸し出しというセーフティネットの供給は，プリンシパルによる配慮の一環である。長期的な反復取引は，贈与交換の色彩を帯びることによって，より安定的な制度となる。そのためであろうか，長年の関係にある織子が他の小売店に移った事例は，これまでにふたりしかいないとのことである。

　「よい織子を確保するためには，家族が病気になったときなど，資金繰りに困っているときには，お金を貸して助けてあげなくてはならない。そうして長期的な関係を築いた織子は，他の店の人には教えないようにしている。まあ，他の店舗の人も，同じようにしているけどね」と婦人はいう。こうした事情から，グライフの指摘するような商人（小売店）の結託は生まれないのである。

　ドンドーク地区の織子とも，ノンバァトン村と同じ契約内容となっている。たまたまドンドーク地区の織子が織ったシンをもってきたので，「他の店で売ることはあるの？」というと，「そんなことをしたら怒られる」と笑う。チャントン婦人は特色のある織柄のシンを扱っており，それが他の店に流れるとすぐにわかってしまう。婦人も，そうしたことがないか，ときおり他の店で売られるシンをみて回っているという。特色ある織柄を扱う店の主人からは，幾度か同様の発言が聞かれた。

(2) フアパン県の商人

　婦人は，数人のフアパン県の商人とも取引をしている。当時のフアパン県では金筬は普及しておらず，竹筬が使われていた。竹筬だと織りの密度が粗くなることから，婦人は20ほどの金筬を商人に提供している。ヴィエンチャンでは1990年代になると竹筬に代わって輸入品である金筬が使われるようになるが，その普及は遠く離れたフアパン県にまでは及んでいない。そこで，品質の

よいシンを仕入れようとして，婦人は金筬の供給を始めたのである[9]。

　婦人は，その商人と織子との取引関係の詳細を知らないことから，彼女たちが織元なのか仲買人なのかはわからないという。第11章で紹介するフアパン県の県都サムヌアのタラートにシンの小売店をもつナートン婦人は，チャントン婦人と取引をする商人のひとりである。フアパン県の実情をみると，ヴィエンチャンの小売店にシンを販売しているのは，サムヌアのタラートにいる小売店が中心と考えられる。またフアパン県の僻地サムタイでも，かつては仲買人がシンを流通させていたが，2013年の調査ではタラートのシンの小売店（ただし，シンの集荷場という性質が強い）がヴィエンチャンにシンを流通させていた。こうした小売店も，織元としての性質を強くもつことは第11章で触れる。

　ヴィエンチャンから遠く離れたフアパン県の商人の機会主義的行為を制御する術がないことから，彼らには糸の提供はなされない。織柄部分の柄糸にはラオス産の絹が使われるが，それらはフアパン県で産出されることから小売店が糸を掛売りする必要もない。経糸や緯地糸は，おそらく商人たちがヴィエンチャンにシンを卸しにきたときに購入しているのではないか，と婦人はいう[10]。同じ理由で，織柄情報の提供もなされない。それでもフアパン県でヴィエンチャン向けのシンが生産されているのは，そこがサムヌア織りとして知られる優れた織柄が伝承されている地域であるからに他ならない。

　ヴィエンチャンの小売店とフアパン県のような遠隔地の織子とが直接取引することは困難である。そこで遠隔地の地元商人が織子たちを組織してシンを集荷するが，その商人とヴィエンチャンのタラートの小売店とには関係性の強い契約は結ばれていない。小売店は，遠隔地の商人の機会主義的行為を統治する手段がないからである。すなわち，フアパン県の商人はヴィエンチャンのタラートの小売店の委託仲買人にもなっておらず，独立性の高い商人である。

　フアパン県の商人同士は知り合いであることから，シン50枚とティーン・シンとパー・ビアン50～60組を毎週交替でもってくる。こうして距離を克服するための規模の経済を確保している。ヴィエンチャンの小売店からの流行の

---

[9]　金筬では，筬密度（一定幅における筬羽数）が高くなることから，しっかりとした布が織られることになる。

[10]　この時点では，ヴェトナム産生糸はタイ経由で流入していた。そのために，フアパン県の小売店兼織元たちは，ヴィエンチャン経由で生糸を仕入れていた。しかし2000年代に入ってしばらくすると，ヴェトナム国内の道路網が整備されたことからヴェトナムから商人が直接販売にくるようになる（第11章参照）。

織柄情報の伝達がなされないことから，こうした取引を可能としているのであろう。その一部は婦人の取引する織子のシンであり，残りはタラートの他のシン小売店との契約のものである。フアパン県の詳細な事情を店主たちは知らないようであり，これ以上の情報は聞き取りできていない。詳しくは，第11章で議論しよう。

(3) ヴィエンチャンと遠隔地の機業家の比較

ここで，タラートに近いノンブァトン村およびドンドーク地区の織子（双方ともにフアパン県からの移住民のディアスポラ村）と，遠隔地のフアパン県の商人との契約の違いに気づくことになる。

近隣の村の織子には，チャントン婦人は，糸信用貸契約で糸を掛売りして，さらには織柄情報も提供している。これに対して，フアパン県の商人には，糸や織柄の提供はなされていない。したがって，フアパン県の織元から持ち込まれるシンの織柄は，チャントン婦人が考案したものではない。織柄の知的所有権はフアパン県の商人ないしは織子にあり，さらに商人への糸の提供もなされていないことから，長期的な取引関係にはあるものの特定商品の排他的取引という制約はない。すなわち，顔見知りのスポット契約に近い注文契約に留まっているのである。

このように，近くの織子との取引については小売店が主導権をとって市場を形成している。これに対して，遠隔地の織子との取引を統治する手段をもたないことから，小売店としては主導権をとりようがない。したがって，遠隔地の地元商人が主導権をとって市場を形成していくことになる。

(4) 伝統的機業地

最後に，ヴィエンチャンの伝統的機業地からくる売り込み織子に触れておこう。彼女たちが織るのは，絣や縞織りである。紋織りと異なり，それらはスポット契約で買い取られる。

なぜ糸信用貸契約でやらないのかという問いに，チャントン婦人は「移住民の人たちは貧しいから糸の掛売りをやらないと機織りできないけど，絣を織るのはもともとのヴィエンチャンの住民で豊かだからその必要はない」と回答した。その側面を否定はできないが，より本質的には，絣の性質が影響していよう。絣柄を決めるのは括り染めまでこなす織子であることから，小売店には柄

を支配する力はない。また絣柄も，シンほどの多様性はなく，流行に左右されることも少ない。縞織りでは，織柄がまったく問題とならない。したがって，絣や縞織りの場合には，スポット契約によって市場が形成されることになる。ただし，キープが暴落して輸入生糸の価格が高騰したときには，深刻な信用制約に直面した織子が織元織子となる現象がみられるが（次章参照），これは事情が異なる話である。

2. 小売店B：結婚式用のシンの店舗（1997年聞き取り）

　ヴィエンチャン生まれのカイシー婦人は，1975年にシンの小売店を開いた。父親はヴィエンチャン出身，母親はルアンパバーン県出身である。彼女の店舗は，結婚式用のシンに特化しており，金糸や銀糸をふんだんに織り込んだシンを扱っている。金糸は金（kham）のシルク（mai）という意味でマイ・カムと呼ばれるが実際にはレーヨンであり，本書ではメタリック糸と呼ぶことにする[11]。

　カイシー婦人も古布を所有しており，それから抜き出した織柄をベースとして新しい織柄を創作している。その織柄は織子に伝えられて，織子が垂直紋綜絖を作成する。したがって織子は，垂直紋綜絖の扱いに慣れているフアパン県やシェンクワン県からの移住民でなくてはならない。織子とは，糸信用貸契約が結ばれている。前述のチャントン婦人は1掛け分が織り終わると垂直紋綜絖は織子に渡していたが，カイシー婦人は同じ織柄のシンが市場に出ないように垂直紋綜絖を回収している。この違いは，チャントン婦人の場合には織柄の流行の変化が激しいシンのために織柄がすぐに陳腐化してしまうが，カイシー婦人の織柄は流行の変化がそれほどない結婚式用のシンであるためである。

(1)　織子との関係

　カイシー婦人は，フアパン県からの移住民の織子50人ほどと糸信用貸契約で取引をしている。かつて彼女たちは独立の売り込み織子であったが，長年の取引の過程で，高い技能をもった織子を糸の掛売りによって囲い込んでいった。このお得意様の関係にある織子から仕入れの8割程度がなされ，残りは売り込

---

[11] かつては本物の金糸・銀糸が用いられていた。メタリック糸は日本製が多く，マイ・カム・ニープンと呼ばれている。その他，マイ・カム・フランスなども糸屋では見かける。

表5-2 ある織子との取引履歴（糸信用貸契約）

30-6-97	垂直紋綜絖使用料　シン1枚につき1500キープ		
	経糸　8綛×90パーツ＝32000キープ	メタリック糸（金）1巻　7600キープ	
	メタリック糸（ピンク）1巻　2400キープ	緯糸　絹（白）9000キープ	
	緯糸　絹（赤）3綛　2400キープ		
21-7-97	緯糸　絹（赤）3綛　7500キープ	緯糸　絹（青）3綛　3600キープ	
	緯糸　絹（緑）3綛　3600キープ	メタリック糸（金）1巻　7600キープ	
8-9-97	メタリック糸（黄）1巻　8000キープ	緯糸　絹（赤）3綛　7500キープ	
24-9-97	緯糸　絹（赤）1綛　2000キープ		
納品			
21-7-97	シン　1枚	支払　20000キープ	
6-8-97	シン　1枚	支払　10000キープ	
21-8-97	シン　1枚	支払　20000キープ	
		糸代残金　29400キープ	
8-9-97	シン　1枚	支払　15000キープ	
4-10-97	シン　1枚	支払　20000キープ	

み織子からの購入である。

　表5-2は，カイシー婦人の帳簿から写しとった織子との取引の履歴（糸信用貸契約）である。婦人が創作した織柄の使用料としてシン1枚につき1500キープを徴収しているが，これは糸信用貸契約でときおり見かける契約条項である。プリンシパルが図案師として優れている場合にのみ成立しうる条項であることは，いうまでもない。問屋契約では，その契約の性質からして，この条項はみられない。シン1枚の仕入（＝納品）価格が5万キープであることから，織柄の使用料はその3％に過ぎない。これは使用料の徴収から利益を得ることを目的としたものではなく，織柄の知的所有権を主張して第三者への販売を防ぐためとみなしたほうが適切であろう。

　1掛け分の経糸から，20枚のシンが織られる。紋柄が一面に入っている結婚式用のシンであることから，1枚を織り上げるのに急いでも2週間，通常は3週間かかる。1枚あたりの糸代は約2万8000キープである。1枚の経糸の費用は1600（3万2000/20）キープでしかなく，糸代の大半は紋柄用の糸を含む緯糸で占められる。納品価格は5万キープ（約25ドル）であることから，垂直紋綜絖の使用料も差し引いて，織子の取り分は約2万キープ（約10ドル）となる。表5-2で，納品時の支払が2万キープとなっていることと符合している。ただし，2週間で織り上げたとした場合でも1日あたりでは1400キープの収入に

しかならず,農業労働賃金の2500～3000キープを大きく下回っている。

　本書の各所で計算される織子の1日あたりの収入は,多くの場合,その地域の農業労働賃金よりも高くなっている。カイシー婦人の事例は,やや例外的であるが,それには次の理由がある。聞き取りをしたのは東南アジアの通貨危機が発生した1997年の暮れであり,その影響が出始めていたときである。輸入されるメタリック糸を多く使うことから原料代が高騰しているにもかかわらず,結婚式で用いられるシンの需要は伸びていない[12]。このことからシンの価格はあまり上昇してはおらず,納品価格をあげるにも限度がある。したがって,納品価格と糸代金の差額が織子の収入となる糸信用貸契約のもとでは,織子の収入が圧迫されているようである。そして,このことが,すぐに触れる織子の怠業を引き起こすことになる。

(2) エージェンシー問題

　婦人が織柄の図案師であることから,契約に際しては婦人に交渉力があるようにもみえる。しかしカイシー婦人は,織子とのトラブルの増加を嘆く。彼女は,いくつかの問題を話し始めた。

　　「織柄部分を余分に織っておいて,1掛けの契約が終了したあとに,それから垂直紋綜絖をつくる織子がいる[13]。市場に出てきたのを見つければ,その織子のところにいって垂直紋綜絖を崩しにいくよ」。

　　「糸を掛売りしても,シンをもってこない織子が多くなってきた。ここ1年でも,7家族,13筬分が問題となっている(ひとつの家族に複数の織子がいる事例があることから,婦人はこのような表現をしている)」。

　― かなり損しているのでは？

　　「そうだよ。これだけで40～50万キープの損失だ[14]。村にいって催促すると,きまって子供が病気でとか夫が病気でなどと織子たちはいい訳をするけどね。でも,糸を売って米を買ったに違いない。少しずつでも,投資した資金を回収しなくては」。

　さらに婦人は,興味深いことをいう。

---

12) 1997年末に調査がなされているが,このときには1ドル2014キープと,キープは通貨危機以前より半分以下に暴落している。しかし,これも大混乱の序章に過ぎない。
13) 第1章の写真1-14ないしは1-15で示される手法によって,垂直紋綜絖が作成される。
14) 表5-2では,はじめに渡す経糸が3万2000キープで,緯糸が2万6500キープ,合計5万8500キープとなる。何枚かシンを納品してくれば,掛売りされた経糸の代金は返済されていく。この数値を考慮すれば,「40～50万キープの損失」という数値も納得がいく。

「同じ村のなかでひとりの織子が問題を起こすと，他の織子も同じ問題を起こすようになる。だから契約する織子は，なるべく多くの村に散らばらせるようにしている[15]」。
― 村にいる織元や仲買人を通じて監視するようにするのはどうですか？
「それは無理だね。だって，彼女らと織子たちは仲間だよ」。

どうも，婦人は村人を信用していないようである。信頼の間隙は，都市の商人にとっても厳然として存在しているのである。同じラオス人でありながら，ヴィエンチャン出身のカイシー婦人は，移住民である織子にとってはアウトサイダーであり，むら共同体のもつコミュニティ的統治を利用して織子たちを組織することはできない。キープの暴落によって市場が混乱するなか，反復取引によって醸成された信頼に裏づけられて形成されつつあった市場は砂上の楼閣であったのかもしれない。しかし，この時点ではキープの暴落は始まったばかりであり，これ以降，村と都市という異なるコミュニティ間に横たわる信頼の間隙が広がりをみせることになる。これについては，後述する。

3. 小売店C：織元兼小売（1997と1999年聞き取り）

タラート・サオの小売業者にはヴィエンチャン出身者が多いが，数は少ないものの移住者の店主もいる。トンケイン婦人は，フアパン県出身の医師であった。しかし医師は公務員であることから給与が低く，1990年に医師をやめて織元となっている。この点では，後述する大規模織元のブァ婦人（第8章）と同じであり，ふたりは友人である。トンケイン婦人は内機経営もするが，聞き取りをした限りでは，そうした小売店はタラート・サオでは彼女と第8章で紹介するシオン婦人だけである。ふたりともフアパン県からの移住者であり，フアパン県からの出稼ぎ織子を雇用しての内機経営をしている。

(1) 立上げ資金の調達
1997年に，タラート・サオに小売店を開いた。店舗を開くにあたり，農業

---

[15] 不正行為が感染症のように広まることについての行動経済学からの説明については，アリエリー (2012)，特にその第8章「感染症としての不正行為」が参考となろう。複数の村に契約する織子を散らばらせることは，小売店と織子が直接取引できるから可能となる。郊外の織子となると，距離の克服のために，この手法は使えない。委託仲買人を通じて織子を組織するしかなくなる。

奨励銀行（APB：Agricultural Promotion Bank）から160万キープ（約1620ドル：月利5%,融資期間2年）の融資を受けている。この婦人から譲り受けた帳簿には,毎月3日に8万キープがAPBに返済されていることが記されている。個人からの借り入れも,帳簿に記されている。知り合いからは30万キープを月利6%で借りており,毎月16日に18000キープが返済されている。また米国にいる弟からも2000ドルを無利子で借りており,1000ドルをラオ商業銀行で98.8万キープに替えて,そのうち38.8万キープが開業資金に回されている。さらにAPBから200万キープの追加融資を受けて機枠,金筬そして綜絖など一式を購入して出機を始めている。

一時は100台を出機していたが,1997年の通貨危機以降にタイ市場が冷え込んだことから,調査時点では70台に減少している。そのために,織元の家には返却された織機や金筬などが積み上げられていた[16]。

(2) 織子との契約

郊外の婦人の自宅では,フアパン県からの出稼ぎの7人が内機織子として働いている。また,フアパン県から移住者のディアスポラの11村,総計70人の織子と問屋契約を結んでいる。各村には6〜7人の織子がいて,それぞれの村の責任者が婦人から預かった糸の配布やシンの納品を担当している。その責任者は委託仲買人というわけではなく,その都度,担当者が交替で婦人とのやり取りをする。

婦人の帳簿はメモ帳に近いものである。個々の織子について掛売りした糸と納品の記録が乱雑に書き留めてあるだけであり,月別の取引のまとめはなされていない[17]。その帳簿から,ある織子との取引（表5-3）をみてみよう。

糸を提供しているが,前述の表5-2に示された契約とは異なり,納品されたシンの価格（1枚5000キープ）は記されているが,糸の価格は書かれていないことから問屋契約とわかる。織柄をつくる柄糸は,シンが納品されるごとに緯糸とともに追加して提供されるが,その色が一定していないことがみてとれよう。これは,織柄は垂直紋綜絖に従うことから同じであるが,需要や在庫状況

---

[16] トンケイン婦人は大規模織元として紹介してもよいのであるが,タラートに店舗をもっていることから小売店主として紹介する。彼女の店で売られているシンは,すべて織元として組織している織子たちの製品である。

[17] 小売店の売り上げの帳簿はないとのことである。

表 5-3　ある織子との取引履歴（問屋契約）

28-7-96	経糸　イタリー糸　18綛　24枚分
	緯地糸　5綛　2枚分
	1枚納品　5000キープ
24-8-96	ピンクと白のメタリック糸　1綛ずつ
28-8-96	シン納品　5000キープ
9-9-96	シン2枚納品　10000キープ
	緯地糸5綛
	メタリック糸　1巻（大）
26-9-96	シン2枚納品　10000キープ
7-10-96	緯地糸　5綛
	メタリック糸　1巻（大）
	緯糸　ピンク　1綛
	緯糸　白　　　1綛
25-10-96	シン2枚納品　10000キープ
29-10-96	緯糸　赤　2綛
	メタリック糸　1巻（大）
12-11-96	シン2枚納品　10000キープ
	緯糸　ピンク　5綛
	緯糸　赤　1綛
	メタリック糸　1巻（大）
24-11-96	シン2枚納品　10000キープ
5-12-96	シン1枚納品　5000キープ

から店主が配色を変えて依頼しているためである。提供される綛数は織られるシンとは厳密には対応していないことから，余り糸が生まれてくる。その量目計算が難しいことが，糸の窃取というエージェンシー問題を生むことになる。

(3) 内機と出機織子の生産性

　もうひとつ表5-3について注目したいのは，この4ヶ月強の間に12枚のシンが納品されていることである。月平均3枚の生産性である。内機と比較してみよう。内機織子には，出来高の賃金が支払われる。シン，ティーン・シンそしてパー・ビアンと種類も違えば，それぞれで織柄も異なることから出機と内機を簡単に比較することはできない。そこで，表5-3の例と同じシンで，かつ織賃も同じである内機織子を婦人から提供を受けた帳簿から拾ってみよう（表5-4）。機拵え作業に4000キープが支払われている。内機の場合は，問屋契約と同じく機拵えは織元の負担となるが，織子が機拵えをした場合には同額が支

表5-4　内機織子　シン

機拵え	4000 キープ
9-12-96	5000 キープ
19-12-96	5000 キープ
24-12-96	5000 キープ
31-12-96	5000 キープ
8-1-97	5000 キープ
13-1-97	5000 キープ
22-1-97	5000 キープ
28-1-97	5000 キープ
4-2-97	5000 キープ

払われている[18]。この内機織子は月平均5枚を織っており，出機織子の3枚よりも多い。専業の内機と副業の性質の強い出機との生産性の差があらわれている。ひとつの事例に過ぎないが，今後も，比較可能な内機織子と出機織子の生産性を示して，同様の関係が検出されることを確認していこう。

(4) 絣

1999年12月に，この店舗を再訪した。大きな変化はなかったが，1998年6月ころから伝統的機業地にあるホーム村の織子6人と絣についての問屋契約を結んでいたので紹介しておこう。ちなみに小売店Aのチャントン婦人は伝統的機業地の織子と注文契約を交わしていたが，ここでは問屋契約となっている。これは前者が1997年と通貨危機の直前の聞き取りであったのに対して，トンケイン婦人のそれは通貨が暴落して輸入生糸価格が高騰した1999年であるためと考えられる。一般には，織柄についてプリンシパルが支配力をもたない絣では，織元はいない。しかし，キープ暴落によって輸入絹糸の価格が暴騰したことから織子たちが資金制約に苦しむようになり，ここに織元が生まれた（第7章）。トンケイン婦人の場合も，この流れのなかにある事例である。色と絣柄も店主が指定するが，絣であることから，店主に織柄への支配力があるわけではない。色と織柄の指定は，要望を伝えるだけに止まるものである。

トンケイン婦人は，絹糸（2kg）を渡すときに重さを計測して，納品のときに

---

18) 時期的には出機（表5-3）の数値は需要がピークとなるタッ・ルアン祭りの前であるのに対して，内機のそれは祭りの後である。したがって同時期ならば，生産性格差はさらに大きくなるであろう。

2枚分で重さを測って織りの密度が適切かチェックしている。なお，2kgにつき200g（糸歩留まり90％）の余裕を認めているという。掛売りした糸と製品の重さを測って糸の窃取をチェックする量目管理の方法は，他の世界の機業でも観察される[19]。なお，原料糸と製品の量目管理は，紋様を織り込むための緯糸を加えていくという緯糸浮織技法を使わない平織りの絣であるから可能となるのであり，紋織りでは困難である。特に，紋織りのシンでは織柄の色を1枚1枚変えることも多い。その場合には異なる色の柄糸を複数提供する必要があることから，量目管理はほぼ不可能となる。絣では量目計算が容易であることから，トンケイン婦人は糸信用貸契約ではなく，問屋契約を採用していると考えられる。

　トンケイン婦人は移住民であり，同じ地域出身者のディアスポラの織子と問屋契約で取引をしている。領域性を共有するということが，彼女の機業家としての仕事をやりやすくしているかもしれない。彼女の契約する村を訪れていないので，むら共同体のコミュニティ的統治の効力を確認することはできなかった。この点については，トンケイン婦人と似た経歴をもつブァ婦人（第8章）の事例から議論したい。

4．小売店D：海外市場志向の店舗（1999年聞き取り）

　ヴィエンチャン生まれのチャンテット婦人は，売り上げの約6割が海外向けという経営をしている。この点では，小売店A（チャントン婦人）の事例と似ている。仕入れ先は，ともにヴィエンチャン在住の長期的な取引関係にある織子19人と織元（フアパン県からの移住民）が中心である。また，後述する伝統的機業地のホーム村やチャムパーサク県のサパイ村（Appendix B）からの絣，そしてラオス北部のポンサリー県の商人が持ち込む草木染めのシンもある。ここでは，主要な取引先である，前2者について触れておこう。

　織子19人はフアパン県からの移住者であり，複数の村に住んでいる。彼女たちは独立の売り込み織子であったが，そのなかから技能の高い織子を選抜し

---

[19] 例えば谷本（1998）は，原料糸と製品の量目管理が粗製濫造の悪弊を阻止する方法としてなされていたことを指摘している。滝沢家の1902～1925年のデータ（谷本：表7-6）から計算すると，糸歩留まりの平均は94.83％（標準偏差＝1.03）であった。これと比較すれば，トンケイン婦人のケースでは許容される歩留まりは90％であり，かなりの余裕を認めているようである。

て徐々に固定的な関係を築いた。その結果，調査時点では，独立の織子からの仕入れはほとんどない。この出機織子たちとは糸信用貸契約を結んでおり，金筬や綜絖も提供している。チャンテット婦人は，所有している古布を参考にして織柄を創作する図案師でもある。そのデザインを織子に伝えて，織子が垂直紋綜絖を作成する。彼女たちは1週間に1枚，年間でひとり50枚を納品している。織られたシンは，すべてをチャンテット婦人に納品するという口約束にはなっているが，ときには他の店舗に売る織子がいる。一度は注意して見逃すが，何度かやると取引を停止することになる。糸信用貸契約であることから，糸の窃取の問題はない。

フアパン県からの移住民である織元からは，顔見知りのスポット取引をしていたが，品質がよいことから1996年からは糸信用貸契約を交わして囲い込むようにしたという。この織元は約50人の織子を抱えており，毎週40枚のシンを納品している。店主の意向も入るものの，織柄を決めるのは織元である。店主は，「織元が品質管理をしてくれるので，いいシンが仕入れできる。いい織元をみつけるのは難しいけど」という。

この店の売り上げの6割は輸出によりもたらされており，利益率は20〜30％という。買い手は，米国，フランスそしてカナダなどにいるラオス人が中心である。1975年にラオスが社会主義体制に移行したとき，ヴィエンチャンにいた人々を中心に，20万人とも40万人ともいわれる難民が海外に出ている[20]。チャンテット婦人がヴィエンチャン出身であることから，そうした人々とのネットワークを通じて販売しているとのことである。1999年のキープ大暴落がピークとなったなかでの聞き取りであったが，海外市場を抱えているチャンテット婦人にとっては，キープ暴落は大きな影響とはなっておらず，糸の価格上昇に対応した織子からのシンの仕入れ値の上昇もなされているようである。したがって，他の店主から聞かれたような織子との混乱は聞かれなかった。

ただし，「糸を提供しているのに納品に時間がかかり過ぎるのがいる」と不満を婦人は口にしている。機織りへの労働配分は出機織子の裁量でなされることから，この種の出機につきまとう問題である。トンケイン婦人の事例も含めて，集中作業場が生まれる主要な理由のひとつがここにある。

---

20) 確認はとれていないが，「古布を多くもつ人々は，海外に出ようとする人々からシンを買い叩いて集めた」というラオス人もいる。

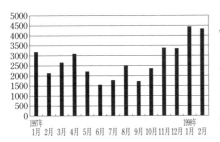

図5-1 売上の月別推移（1,000キープ）

表5-5 製織に必要な日数

織賃（キープ）	必要製織日数	
	乾季	雨季
シン	6000	3	5
ティーン・シン	4000	2	4
パー・ビアン	5000	3	5

5. 小売店 E：織柄への支配力の弱い小売店（1998年聞き取り）

　ヴィエンチャン生まれシー婦人は，母親が経営していた小売店を1970年ころから継いでいる。織柄はシー婦人が創作しているが，古布をもっていないので特徴のある織柄とはなっていない。そのために，取り扱うシンも，タラート・クアディンで扱われるシンよりはよいものの中級品であり，タラート・サオの他の店と比べると少々見劣りする。このような場合には高級糸を使っても高値で売れないことから，絹だけでなく綿糸や化繊糸も使うことになる。ちなみに図5-1は，この店の月別の売り上げの変化である。売り上げは乾季に高く雨季には乾季の半分以下になるという，ラオスで一般にみられる季節変動を示している[21]。

　シー婦人の仕入れは，次の3つである。

(1) 移住民の織子との問屋契約

　フアパン県からの移住民の織子7人と金箔も提供した問屋契約を交わしている。シー婦人から聞きとった織賃と製織に必要な日数を表5-5に示しておく。1日あたりに換算すれば，農業労働賃金とほぼ等しい収入となる。この契約での問題は，やはり緯糸の窃取である。「緯糸を充分に渡したと思うのに，織子は足りないといってくる。たぶん誤魔化しているのだろうけど，これを防ぐのは無理だ」と婦人は諦めている。

---

21) 例えば1998年1月の売り上げ額は1997年1月の1.5倍となっている。これは需要が増えたのではなく，キープの暴落に伴い糸の価格が上昇してシン価格に反映されたためである。

(2) 織元との糸信用貸契約

　フアパン県からの移住者の織元と，糸信用貸契約で取引している。糸の掛売りにはマージンを取っている。例えば，4850 バーツ/2.5kg の経糸用の中国産生糸は 5000 バーツ（マージン率 3.1%），1100 バーツ/kg の緯地糸用のヴェトナム産生糸は 1200 バーツ（マージン率 9.1%），1巻 69 バーツの日本製メタリック糸は 75 バーツ（マージン率 8.7%）で織元に掛売りされる[22]。第7章の表7-5 ではヴィエンチャンの伝統的機業地にある糸屋のマージン率を示すが，シー婦人のマージン率とほぼ同じ水準にある。

　糸信用貸契約では，織元が糸代金さえ支払えば，織ったシンを第三者に販売することができる。それは，織りに問題があるときには，小売店は買い取らずに他で売って糸代を支払うように要請できることと裏腹の関係である。とはいっても，原料糸だけではなく織柄情報も伝達されることから，織柄情報に価値があるほど，シンの排他的な納品を小売店は期待する。しかし，機業家に契約履行を強制する力のない場合や，織柄情報がそれほど市場価値をもたない場合には，小売店は糸商としての利益の確保を重視するようになる。すなわち，糸の掛売りからマージンを確保しようとする行動は小売店が機業家を統制できないことの証左でもある。これは糸価格の高騰によってフォーク定理における協調解が崩れて，裏切り行為が頻発するようになったときの話である。シー婦人は，まさにこうした事例であり，同様の性質をもつ商人は，これからも数人（特に，第7章で紹介する伝統的機業地の織元ワンサイ婦人の事例参照）登場してくる。

　シー婦人が1万 5000 キープで糸を織元に掛売りすると，その織元は織子に1万 5500 キープで掛売りする。そして，シー婦人への納品価格よりも 1000 キープ安く織子からシンを買い取る。すなわち，この織元のシン1枚あたりの収入は，原料糸のマージンと手数料の 1000 キープである。シー婦人は，このエージェントを織元と呼んでいたことから織元と表記しているが，実際には流通マージンとしての手数料をとるだけの委託仲買人のようである。この織元が何人の織子を抱えているかシー婦人は知らないが，乾季で週 40 枚そして雨季で 20 枚を

22）　この時期，特に輸入糸についてであるが，値段をバーツで表示することが大半となっていた。ただし取引は，当日の為替レートに従いキープでなされる。政府も，外貨での売買を禁止していたが，糸を輸入しなくてはならない糸屋などは，価格をバーツ表示することが一般的であったし，また小売店はバーツでの販売を好む傾向があった。

表 5-6　シンの仕入れ値と販売価格　（単位：万キープ）

	仕入れ値		販売価格		利益率（％）	
	乾季	雨季	乾季	雨季	乾季	雨季
シン	3.5	3.3	4	3.8	12.5	18.4
ティーン・シン	1.3	1.1	1.5	1.3	13.3	15.3
パー・ビアン	1.3	1.2	1.5	1.3	13.3	7.7

納品している。したがって，この織元の利益は週6万キープ（乾季），約12.5ドル（1ドル＝4798キープ：1999年3月）となる。さほどの利益ではないのは，やはり織元というよりは委託仲買人という性質のためであろう。

　婦人によれば，織りの確かさという点では，問屋契約（織子と契約）のシンよりは，糸信用貸契約（織元と契約）のほうがよいという。これは契約の差の影響というよりは，織子にとってのインサイダーである織元（委託仲買人）による直接の監視が糸信用貸契約でなされているためと考えてよいであろう。すなわち，品質管理をしないと不良品による値引きがなされることから，織元には品質管理の誘因があるためである。

　表5-6は，婦人から聞き取った信用貸契約における平均的なシンの仕入れ値と販売価格を示している。ほぼ10％代前半の利益率であり，独占的競争の地位を維持できている前述の小売店のそれよりはかなり低くなっている。ただし，糸を掛売りするときのマージンも含めれば，シン1枚の利益率は20％を超すことになる。在来金融（政府は禁止）の金利が月5％程度であることを考慮すれば，シンの商売はそれなりの利益率をもたらしている。ところで，シンでは仕入れ値に乾季と雨季ともに5000キープを，ティーン・シンでは2000キープを上乗せして販売価格としていることからわかるように，利益は率ではなく，仕入れ値に一定の額を利益として加えて販売価格を決定している（パー・ビアンは異なる）。次章で詳しく触れるが，フルコスト原則に基づくコストプラス方式での価格設定となっている。

(3) 織子との注文契約

　20人ほどの独立織子からもシンを仕入れている。織柄を指定はするが，糸は提供しない注文契約である。ただし通年の取引ではなく，シンの価格が低下する雨季に在庫として買っておくに留めている。

この3つの仕入れ先で最も気を配っているのはという問いに,「そりゃ織元よ」と婦人は答える。問屋契約での織子との直接取引は,品質問題が深刻化していることから取扱量を減らしており,逆に独立織子からの購入が増えているという。やはり,村の織子を管理するのは困難な仕事であり,織元（委託仲買人）という中間介在者を置くか,ないしは注文契約によって自分で品質をチェックしてシンを購入するしかないのであろう。そして,この傾向は経済の混乱によって強まってきているのである。

　1999年末にシー婦人の店を訪れてみた。注文契約で長期の取引関係を築いてきた織子との関係を,1998年8月ころにすべて解消していた。その理由として「糸の値段が高騰して,契約した値段では織ってくれなくなったからね。織子は高く買ってくれといってきて,買わないと,他の店で売り始めた」。また「シンの値段が高くなったこともあり,需要も減少している」ことを婦人はあげている。シンに代わってTシャツの販売も始めているが,「あまり売れない」という。キープの暴落という経済混乱が関係的契約の維持を難しくさせており,スポット契約が増えてきている。こうした事情を,次に観察してみよう。

第3節　経済混乱期におけるお得意様関係の崩壊

　1997年以降のキープ暴落は,1998年から99年にかけて最も深刻となっている。この時に聞き取ったふたつの事例から,この混乱が市場形成に与えた影響を観察してみよう。1999年に聞き取りをしたときの小売店Eの事情と類似する変化が確認できる。

1．小売店F：市場の劣化（1）

　カンタリー婦人（ヴィエンチャン出身：1998年聞き取り）は,1982年にタラート・サオで店を開いた。かつては,ファパン県からの移住者の織子15人と糸信用貸契約で取引をしていた。婦人が織柄を指定して,織子が垂直紋綜絖をつくる。1掛け分が織り終わると,それほど特異な織柄ではない垂直紋綜絖は織子のものとなる。しかし,1996年あたりから織子のほうから取引を停止して

表5-7 カンタリー婦人の帳簿から

綿糸　4括　@1.2万キープ		
絹　　4kg　@1.2万キープ　合計9.6万キープ		
納品		
2-8-97	4枚	3万キープ　貸
11-9-97	8枚	
6-10-97	4枚	
4-11-97	4枚	2万キープ　貸

いって，聞き取りをした1998年段階では7人との契約に留まっている。

　婦人の帳簿から，ある織子との契約状況をみてみよう（表5-7）。ここでは，経糸と緯糸，1掛け分40枚（ティーン・シン）の糸がはじめにすべて渡されている。仕入れ値は1枚5000キープである。また，合計5万キープを無利子で貸付けている[23]。関係性を維持しようとする配慮である。したがって，総額14.6万キープの債権を小売店はもっている。調査時点で20枚10万キープが支払われていることから，残額は4.6万キープである。

　すべてのシンをカンタリー婦人に納品するとの契約であったが，織子たちは何かといい訳をいって他に売ってしまう。せっかくの配慮も，あまり役には立っていないようである。織柄の知的所有権という発想が弱く，またそれほど独自の織柄ではないことから，婦人としても所有権を強くは主張できないというのが実情である。そもそも，緯糸まで1掛け分を渡すとエージェンシー問題が起こりやすくなるはずであるから，カンタリー婦人のやり方にも問題があるようである。

　お得意様の関係が崩れてきた背景として，次の理由がある。表5-7を見ると8月2日から11月4日までの3ヶ月間に20枚のシンが納品されている。このペースで1掛け40枚を織り終えるには半年が必要となる。この間にキープは暴落して糸価格は高騰し，それに対応してシンの小売価格も上昇している。1997年の為替レートは，1月には1ドル963キープであったのが，同年12月には2019キープとなっている。婦人としては，はじめに掛売りした時点での価格で計算しないと利益が出なくなる。ところが，そのシンを6000キープで購入する小売店が出始めたという。もし納品時の仕入れ値を実勢の市場価格6000

---

23) 織子は子供が病気という理由であったらしいが，カンタリー婦人は本当かどうか疑っている。

キープとしてしまうと，小売店の利益のかなりが消えてしまう。こうして，小売店と織子との間に不信の種が蒔かれた。

　キープ暴落の嵐がさらに強まった1999年末，この小売店を再訪した。1999年1月には1ドルは4298キープであったが，同年12月に7770キープとなっている。絹糸の値段も高騰していることから，それほど独特の織柄を考案できないカンタリー婦人では，絹織りのシンを売るだけの力はない。その結果，糸信用貸契約は，1999年1〜2月にかけて完全に放棄され，注文契約による仕入れとなっていた。お互いに信頼がないと，すなわち制裁を与える力が欠如していると，糸信用貸契約も維持ができなくなる。注文契約では織子が糸を自己資金で購入しなくてはならないが，強い信用制約を受ける彼女たちには絹糸を使う余裕はない。こうして小売店と織子との信頼は崩れて，取引されるシンは低廉な綿織りとなっていった。市場の劣化が始まったのである。

　調査ノートには，「タイ製のプリント柄のシンあり。タラート・サオではじめてみた」と記されている。部屋着としてタイのプリント柄の布（*sinh taam* = プリント）をシンの代わりに腰に巻く人々が増えたのも，このころである。農村部では，もっと早い段階から，プリント柄の布がシンの代用品となっている。こうして，シンの需要が冷え込んでいった。

2. 小売店G：市場の劣化 (2)

　ボウンミー婦人はヴィエンチャン出身である（1998年聞き取り）。ふたりの織元，軍の駐屯地（ウドムポン村）の近くの移住民のディアスポラであるノンテー村の織子10人程度，伝統的機業地の絣の売り込み織子，そして移住民の売り込み織子という5つのグループからシンを仕入れている。

　ひとりの織元は，国道13号線を北にいったところにあるナムスワン地区にあるシェンクワン県からの移住民の村にいる。この地域については，機織り村（第9章）で紹介する。「彼女は毎週20枚のシンをもってくるので，20人程度の織子を抱えているのでは」と婦人はいう。もうひとりの織元は，伝統的機業地の住人である。双方の織元とは注文契約を採用している。そのためであろうか，彼女たちの名前すら知らないという。ノンテー村の織子とは，糸信用貸契約を採用している。織元に対しても同様の契約としないのかという問いには，糸信用貸契約だと「他の店で売ってしまう恐れがあるので」という回答であった。

この店舗を，1999年12月に再訪した。シェンクワン県からの移住者の村の織元とは，この年の春に関係が切れている。これは，この地域でアジア開発銀行からの融資を受けた灌漑施設が完成して米の二期作がなされるようになったことから，年に1ヶ月程度しか機織りをしなくなったためである。伝統的機業地の織元とも，同年7月に関係が切れている。これは，織元が中国製の鍋やスプーンなどを売る店をはじめ，そちらのほうが儲かるというので織元を廃業したためである。ノンテー村の織子とも，同じころに契約が途絶えている。糸の値段が上昇したために機織りからの利益が減ったことから，野菜作りを始めたためであると婦人はいう[24]。

　関係が続いているのは，伝統的機業地で絣をするふたりの織子だけである。彼女たちは機織りを専業にしているという。かつては糸信用貸契約を採用していたが，それも緯糸だけであり，経糸は織子が購入していた。すなわち，短期的に投資が回収できる緯糸を提供し，すべてを織り上げるのに時間がかかり，その間に糸やシンの価格が大きく変動することから生じるエージェンシー問題を危惧して経糸は掛売りしないのである。ただし，1998年には，それも注文契約としている。

3. 動乱期における契約の変化

　ここまで，キープの大暴落によって影響を受けた小売店をふたつ紹介した。織柄への支配力をもつ小売店の多いタラート・サオでは，固定的な取引関係をベースとした問屋契約や糸信用貸契約によって，高品質なシンの市場が形成されていた。この契約に付随するエージェンシー問題の発生を阻止するには，反復取引によって契約の維持を自己拘束的にすることの他に，コミュニティ的統治とセミ・フォーマルな統治に頼ることも考えられる。

　しかしコミュニティ的統治は，タラートの取引についてはあまり期待できない。タラートの小売店店主の多くはヴィエンチャン在住の人が多く，フアパン県やシェンクワン県からの移住者は少ない。そもそも小売店主は都市社会の住民であり，むら共同体の成員ではないのである。すなわち，売り手と買い手は，

---

24) ノンテー村にはフアパン県出身者が多く，かつてはすべての家計が機織りをしていた。しかしオーガニック野菜の栽培が始まると，その方が儲かるというので，機織りをする家計は3割程度にまで減少している（2014年聞き取り）。

異なるコミュニティの成員である。また，小売店主は技能に優れた織子を囲い込もうとするために，織子の情報を他の店主に知らせようとはしない。このために，多角的懲罰システムとなりうる小売店の結託など成立のしようがない。結局は，小売店は個人的統治に頼るしかないのである。

　ここでキープの継続的な暴落によって将来所得の割引率が高まってしまい，裏切り行為が頻発するようになる。フォーク定理での協調解が成立する条件が崩れたのである。その結果，問屋契約は糸信用貸契約に，さらには注文契約へと関係性の弱い形態に取引契約が変化して，代わりに独立織子からのスポット契約での仕入れが増えていった。小売店と機業家とで関係性の弱い契約で取引がなされるようになったことは，相対取引から売手と買手についての多数性という条件が満たされる取引への移行であることから，経済学の教科書の基準からいえば，シンの市場が完全競争市場に近づいたことになる。しかし，店舗がもつ売れ筋の織柄情報が織子に流れにくくなり，また糸の掛売りもなくなったことから，強い信用制約を受ける織子たちは綿糸や化繊といった安い糸を使わざるを得なくなった。こうして，流通するシンの品質が低下していくことになる。せっかく関係性の強い契約を軸とする自生的秩序によって形成されてきた市場も，マクロ経済の不安定化によって脆くも崩れていったのである。

　ある店主は，「ちょっと前までは，それぞれの店が独自の織柄のシンを取り揃えていた。でもいまでは，どこも同じような織柄のシンを売るようになった。そのために，結局は，価格で勝負しなくてはならなくなってしまった」という。独占的競争が維持できなくなってしまったようである。

第4節　再びの安定

　暴落したキープも2002年ころから1万500〜1万800キープあたりで留まるようになり，2005年末ころからは強含みでの推移を始めた。2010年ころには8000キープを下回るようになっている。本書を執筆する最後の調査となった2015年3月では，1ドルは8079キープであった。すなわち，協調解が選択される環境が整い始めたのである。

　2010年には，ラオスのひとりあたりの名目GDPが1000ドルを超えている（図

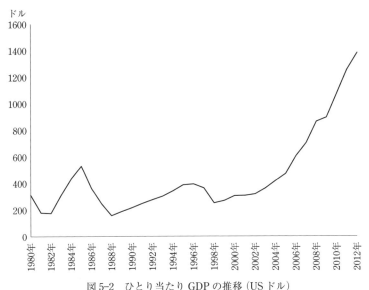

図 5-2 ひとり当たり GDP の推移（US ドル）
出所）IMF-World Economic Outlook Databases

5-2）。ラオス経済も活気がみられるようになり，シンの市場にも変化が生まれている。ヴィエンチャンを中心に富裕層が出現してきて，はじめてラオスを訪れた 1990 年代半ばと比較しても，街行く女性たちの身にまとうシンも，あきらかに品質が向上している。こうしたなか，2012〜14 年にかけてタラート・サオで数軒の小売店で聞き取りを行った。

　個別の実情に入るまえに，タラート・サオでみられる変化とその原因について述べておこう。独自の織柄をもつ小売店もあるが，その数は少なくなっている。ただし，タラート・クアディンと比較すれば明らかによい品質のシンが売られている。また，かつては海外からの旅行者が多く見られたが，ラオス人が客層の中心となっているようである。これは，バンコクやチェンマイからの直行便が世界遺産に登録されたルアンパバーンに飛ぶようになったことから，海外からの観光客がこれといった観光資源のないヴィエンチャンを経由しなくなったことが大きい。また，高級な手織物を扱うブティックが市内各所に開店しており，そちらに高級品を求める消費者が流れていることもある。この点については，第 9 章で触れるプーカオカム村の話を参考にしてほしい。

　タラート・サオの小売店の体力を落としたもうひとつの要因として，タイの

政治的動乱がある。2006年の軍事クーデターによるタクシン首相の失脚に始まり，2008年11月の反タクシン派によるスワナプーム国際空港の占拠や2010年5月の市内での銃撃戦・大型商業施設の放火などの騒乱を含む政治的混乱は訪タイ旅行者を激減させた。ラオスを訪れる旅行者の大半はバンコクを経由することから，2007年から15日間の短期滞在者に対するビザの免除が始まったにもかかわらず，ラオスを訪れる欧米や日本からの旅行者は減少した。ただしタイ人の訪問者数は増加しており，特にヴィエンチャンに近い東北タイからの旅行者は増加しているようである。またタイの土産物の多様化が進んで織物を売る店舗も減少していることも，シンの需要を減少させている。

しかし，そのなかでも良質なシンを取り扱っている店はいくつもある。そのなかから，ふたつの性質の異なる小売店を紹介しておこう。ひとつは輸出用のスカーフを扱い，他方は国内の富裕層向けに高級なシンを販売している。前者は織柄情報を海外の取引相手から入手しているが，後者は優れた図案師である。

1. 小売店H：輸出用スカーフ（2011年聞き取り）

フアパン県の県都サムヌア出身のポン婦人は，2004年に，子供の教育のためにヴィエンチャンに移ってきた。サムヌアのタラートで14年ほどシンの小売店を営んでいた経験があることから，タラート・サオでもシンの店を開くことにした。仕入れは，ヴィエンチャンやヴィエンチャン県のディアスポラ村に住むフアパン出身の11人の織元からなされる。彼女たちからの仕入れは，売り上げ総額では8～9割を占めている。販売されるのは，輸出向けのスカーフと国内富裕層向けの高級なシンである。ラオス経済が成長経路に入ったことから，再び，かつてのような関係性の強い契約で機業家と取引する店主が出現しつつある。

スカーフは，ヴィエンチャン県のティーン・シンで有名なプーカオカム村（第9章参照）の北5kmにあるパーブ村（補足資料II-3）などで織られている。彼女らとは，この店を始めてから徐々に固定的な取引関係を築いていった。現在は，納品の期限を設定した糸信用貸契約を採用している。品質に問題があるときは，仕入れ値を下げるが，このようなことは稀だという。スカーフの仕入れ値は2万キープ（2.5ドル）が平均であるから，それほど複雑な織柄の布ではな

い。しかし，デザインは海外消費者の嗜好にあわせてある。

　スカーフの販路はタイが70％と中心であり，ルアンパバーンに20％，そしてシンガポールとフランスが各5％である。タイにはバンコクやチェンマイに10人程度の馴染みの商人がいる。彼らは，欲しい柄の布の写真をeメールに添付して注文してくる。海外販売の売り上げは，平均すると月60万バーツ（約1900ドル）であり，その約15％（285ドル）が利益となるという。かつては週の売り上げが40〜50万バーツあったときもあったそうであるが，タイの騒乱の影響がまだ続いているようである。

　フアパン県の僻地であるサムタイの織元3人（プット婦人，カームサオ婦人とケオ氏）からも仕入れている。これらの織元については，第11章で紹介する。1枚あたりの仕入価格は60〜150万キープ（75〜188ドル）であり，タラート・サオで売られているシンのなかではかなり高額の部類に属している。これらは，国内の富裕層向けである。こうした織元たちは，年数回ヴィエンチャンにシンを売りにきている。サムタイの織子は，ラオスでは，織柄についても熟達しているといわれる。すなわち品質についての支配力は織子にあり，小売店としては売れ筋の織柄情報を流すだけに留まっている。

2. 小売店Ⅰ　ヴォンカンティ婦人：優れた図案師

　ヴォンカンティ婦人は1986年にシェンクワン県のカム（Kham）郡からヴィエンチャン県ヒンフープ（Hin Hurp）郡に移り，そして2000年にヴィエンチャンに移住してきて，この店を始めている。聞き取りは2011年になされた。

　彼女は，図案師としてもかなりの腕前をもっている。近年，ラオスでは全体に織柄を施したシンが高値（400〜700ドル）で売られているが，これは婦人によると「2008年ころ，米国にいるラオス人からの希望で自分がデザインして20枚ほど織ったのがラオスで広まったものだ」という[25]。様々なシンの年間取扱量は2400枚程度であり，ルアンパバーン・サワナケーッそしてチャムパーサク各県の小売店にも卸している。40〜50枚卸すときには，2％ほど価格を

---

25) ある地方都市でヴィエンチャンの省庁の女性高官たちの集団を見かけたことがあるが，全員が一面に紋柄の入ったシンを身に着けていた。織柄の派手さを争っているらしい。織柄のもつ宗教的・呪術的意味は完全に喪失している。あるラオス人女性は，そうしたシンを「messy」と表現したが，同感である。

下げるという。こうした卸売りが収入の中心であり，婦人は「この儲けだけでヴィエンチャンに土地が買える」と笑う[26]。

また 2009 年に，タイのチェンマイ在住のカナダ人がコンタクトしてきて，スカーフの大量注文を受けている。スカーフといっても平織りであり品質の高いものではないが，例えば第 10 章「アウトサイダーによる市場形成」でも紹介するように，海外におけるコンスタントな需要を満たす布としては，紋織りよりも縞織りや絣の入ったデザイン性に優れた製品が求められる。はじめは月 1000 枚程度の注文であったが，すぐに月 2〜3000 枚に増えた。忙しくて手に負えなくなったので，同じくタラート・サオに小売店をもつ義理の娘に任せている。

ヴォンカンティ婦人は，シンの仕入れ先をふたつ確保している。ひとつは，ヴィエンチャン郊外のノンサアート村の織元との取引である。織元が資金不足というときには糸の掛売りをするが，基本的には注文契約である。この織元は出機 12 台を抱え，織子とは問屋契約をしているという。

もうひとつは，ボリカムサイ県に近い村との大口の取引である。国道 13 号線を 70km 近く南下してグム川を渡り，すぐに川に沿って未舗装の道路を 10km ばかり北上したところにシェンレーナー村がある（機織り村として第 9 章で紹介）。この村にはフアパン県からの移住民が多く，機織りが盛んである。「この村に知り合いがいたことから，織子たちと取引を始めた」とヴォンカンティ婦人は語るが，実際には売り込み織子のなかから信頼できそうな織子 5 人を委託仲買人として契約し，彼女たちを通じて村の織子たちを囲い込んでいったようである。詳しくは，第 9 章で紹介する。はじめに機枠と金筬を 10 組ほど投資して，その後，徐々に増やして聞き取り時点では 40 台の出機をしている。

市内には縫製工場だけでなく様々な就業機会が生まれてきており，ノンブァトン村やドンドーク地区では織子を見かけることが少なくなってきた。オートバイや乗合自動車などが普及して，ある程度の距離からも独立織子がタラート

---

[26] 今世紀に入ってしばらくすると，ラオスの都市部では土地バブルが発生し始めた。中国人や韓国人が土地を買い漁っていることから地価が上昇している，とラオス人たちはいう。たしかに，ヴィエンチャン市内には中国人や韓国人が目立って増えてきている。市内のあるタラートは完全に中国人の店だけになっており，タラート・サオにも中国人の店が進出してきている。「借り入れしてでも土地を買え」といわれており，知り合いのラオス人たちも，この土地を買ったとか，土地を転売して儲けたと自慢げに語るようになった。すなわち「土地が買える」とは「かなり儲かる」ことのメタファーである。

に売り込みにくるようになっている。第6章と第7章で詳細に触れるが，交通手段が整ってきたことから織元織子から独立織子となる織子が近郊の村で増え始めている。独立織子となったほうが，収入が増えるからである。しかし，独立織子となると，流行の織柄の入手の制約を受け，また信用制約から良質の糸の購入も難しくなる。その結果，織られるシンの品質がやや劣ることになった。そのために，そうした織子は，タラート・サオではなく中・低級品のシンを扱うタラート・クアディンにシンを卸すようになる。

そこで，高級なシンを取り扱う小売店は技能の高い織子を確保するためにヴィエンチャンから離れた村の織子，すなわち独立織子とはなれない織子と取引を始めることになる。そして，良質の糸と織柄が提供される関係性の高い契約が交わされて，品質の高いシンが織られるようになる。機業の外延化である。ただし，距離があることから，シンが納品されたときに随時シン2枚分の緯糸を追加して提供するという通常の取引慣行は採用できない。そこで，村の織子を管理するために委託仲買人をおくことになる。

ヴォンカンティ婦人は，シェンレーナー村の5人の委託仲買人と問屋契約を結んでいる。彼女たちは，それぞれは7〜8家計を担当する。1家計に複数の機がある場合も多いので，織子の正確な人数はわからないとのことである。2週間ごとに5人いる委託仲買人が交替でシンを納品しにくる。婦人はその代表に糸を渡して，その代表が他の委託仲買人を通じて村の織子たちに糸を配る。代表の交通費は，ヴォンカンティ婦人が支払う。糸を提供することについて「よい織柄はよい糸で織らないと高く売れないし，また織子を囲い込むためにも必要だ」と婦人はいう[27]。

1回の取引で，各グループに平均して5000万キープ（約700ドル），月で1億キープの織賃を支払う。これは1家計あたりの平均だと，月200ドル程度となる[28]。この時期の縫製工場の月給は約140ドルであり，残業代を入れても160〜180ドル程度である。また，この村の農業労働賃金は1日5万キープ（約7ドル：2013年）であることから，計算上は月30日働けば，200ドルを超す。こ

---

[27] ヴォンカンティ婦人と会ったのは，2012年に建てられた新しいモールの糸屋である。そこで彼女は，タイ製（ジュン社製）を購入していた。客からタイ製の絹糸を使うようにとの要望があったためだという。

[28] 第1章の写真1-8の少女は，この村の織子である。彼女は独立織子であるが，月140万キープ（175ドル）を稼いでいた。

の意味では，200ドルは均衡した収入といえるかもしれないが，農業労働の就業機会は雨季の田植えと収穫期に集中しており，それも毎日あるわけでもない。この村を訪れると，ほぼすべての高床式の家の下に複数の機が置かれ，織子たちがシンを織っている。まるで，村全体が工場であると錯覚させるほどである。

　エージェンシー問題については，ヴォンカンティ婦人は次のように発言している。「織子との円滑な取引を期待しようとするなら，彼女たちと良好な関係を保つことが重要だよ。これができないとよいシンは手に入らない。人間関係を維持しようとしないひとは，よい店をもてないね」。また「タラート・クアディンの小売店主はヴィエンチャン出身の人ばかりなので，織りのことをよく知らない。タラート・サオの店では移住民の店主も多く，織りのことをよく知っている。だから織子とのよい関係を築きやすい」ともいう。このことは，同郷だという領域性だけではなく，小売業者が移住民の織りにどれほど精通しているかも良好なお得意様の関係を維持するために必要な要素であることを示唆している。移住民は固有の織柄と織り方を技能としてもっており，そうしたシンの品質判定ができないと優れた商人として活動できないのである。

　ヴォンカンティ婦人は，次のような配慮を織子にしているという。村人は貧しいので，ときおり古着などをもっていく。たしかに，レンガやコンクリート製の家が多いヴィエンチャンの平均的な村と比べると，シェンレーナー村では木製の高床式の家がほとんどである。病気などで緊急の資金需要が生じたときには，無利子で貸付けたりもする。村祭りのときに，食事などを持ち込んでパーティーを催したりもしている。また需要が低迷する雨季でも，持ってきたら買い取っている。ただし乾季5万キープの織賃が，4.3～4.5万キープに下げられる。

　こうした配慮の存在は，シンの取引が社会に組み込まれており，市場交換だけではなく贈与交換（社会交換）の色彩を強くもつことを意味している。アカロフ流の贈与交換仮説（Akerlof 1982）の世界といってもよいし，また効率賃金仮説のひとつ怠業阻止仮説（Shapiro and Stiglitz 1984）ともみなせる論理で，関係性の強い取引に伴うエージェンシー問題が抑え込まれているのである。

　本章のまとめは，次章とともに，最後にまわすことにする。

第 6 章
中・低級品を扱うタラート・クアディン

早朝のタラート・クアディンには，近隣の村から独立織子，仲買人，そして織元たちがシンを売り込みにくる。店主は，馴染みの織子がくると何枚かは買い取るものの，すべてを引き受けるわけではない。馴染みでない織子の場合には，一瞥しただけで「いまは，間に合っている」といい，織子たちはすぐに隣の店舗に移っていく。たまに自分の店にない織柄のシンを見つけると，手に取って織り具合をみる。気に入れば，値段交渉に入る。しかし南アジアのバザールなどでみられるような執拗で攻撃的な値段交渉はみられることはなく，ほんの二言三言で値段が決まる[1]。多様な織柄をもつシンではあるが，ある種の均衡価格の存在を取引当事者は受け入れているかのようである。なぜ，そのような風景が生まれるのであろうか。

　タラート・クアディンのシンの小売店は皆同じような品揃えをしており，タラート・サオで観察されるような店舗間の製品の差別化はみられない。そこで，個別の店舗の紹介ではなく，仕入れ方法・仕入れについての価格交渉・品揃え戦略，そして顧客との価格交渉に絞って話を進めていこう。

第1節　仕入れ方法

　タラート・クアディンの小売店は，スポット契約ないしは注文契約でシンを仕入れている。問屋契約や糸信用貸契約について話をしてみても「タラート・サオでやっているのは知っているけど，そんなやり方でやっても，他の店にシンを売られてしまうからやらない」とか「糸を掛売りしても盗まれるだけだ。糸を盗まれた店を知っている」という反応である。織柄を指定した注文契約を行う店もいくつかはある。しかしこれも，タラート・サオでそうであるような小売店が考案した織柄を織子に提供するという強い形態での織柄情報の伝達ではなく，売り込みにきた織子のシンの織柄が気に入ったときに追加の注文をするとか，織りの上手い織子を囲い込むための弱い形態での伝達にすぎない。こうした取引を，買い手（小売店）と売り手（機業家）双方の視点から観察してい

---

1)　日本の鮮魚市場のセリでは二声か三声で競り落とされており，時間をかけて値を競り上げることはない。交渉を重ねることに伴う取引費用と機会費用が，交渉継続から得られるであろう限界便益をすぐに上回るためである。

こう。

　ある小売店は，ナムスワン地区の村々や，さらに40kmばかり北上して東側に入ってしばらくいったヴィエンチャン県のターラート周辺の5つのグループと関係を構築して，シンを注文している。この地域は，フアパン県やシェンクワン県からの移住民のディアスポラ村が多数ある地域である。こうした織子とは，売り込みにきたときに品質がよかったので，自然と固定的な取引関係になったという。数人の織子からなるグループらしいが，店主は村の名も織子の名前すらも知らない。エージェンシー問題が起こりようのない契約であるから，相手の素性を知る必要はないわけである。

　聞き取りをしているときに，たまたま，そうしたグループの代表が織り上げたシンをこの店に持ってきた。店主はシンを調べて，織りがよくないといって買い取りを拒否した。その織子は，特に反論することもなく，他の店に売りにいく。店主に聞くと，「3割程度は，品質に難があるとして買わない」という。注文したのに買わなくても問題はないのかとたずねると，「良く織れたときには，彼女たちは他の店に売ってしまうので，お互い様だよ」という。こうなると織子にとっても，ある程度の買い取り保証があるだけに留まり，注文契約と顔見知りのスポット契約の差は曖昧となる。

　これに対して，タラート・サオの注文契約では，それぞれの店で固有となる織柄情報を小売店が機業家に提供していることから，織柄情報が外部化しないように，織りに多少の問題があるシンでも値引きしたうえで買い上げられることが多い。お得意様と店主は呼ぶものの，タラート・サオとタラート・クアディンでは，その性質が異なるようである。後者では，どちらかといえば「顔見知り」程度の意味合いに過ぎないのである。

　次に，タラート・クアディンに売り込みにいく織子に話を聞いてみよう。市内から北に20kmほどいった軍事関係者の多く住むウドムポン村の独立織子の話である（2014年聞き取り）。

　「この村の（独立）織子の多くは，馴染みの小売店をもっているよ。でもね，朝早くタラート・クアディンにいって売っても，支払いは（小売店の売り上げがあった後の）夕方になるのが普通だ。それでも，すべて買ってくれるわけではないので，タラートの店を回って売らなくてはならないこともあるね。そこで売れたとしても，支払いは1週間後になることもよくある」。

　また別の織子は，「織りが悪くても織柄が珍しければ，買ってくれる。そし

写真6-1　タラート・クアディンのシン小売店
注）店先に多様な織柄のシンが積み重ねられている。

てその店は，それを抱えている織子にコピーさせている。他の店によい織柄があっても同じで，店主はそれを買ってコピーさせている」と不満を口にする。織柄への支配力をもつタラート・サオの小売店と関係性の強い契約で取引する織子や織元からは，こうした不満が聞かれることはない。

　店主たちは，なかなかよい織子がいないと嘆き，織りの上手い織子がいれば囲い込もうとする。しかしタラート・クアディンの店主たちは自分から織柄を考案できないことから，タラート・サオの小売店のように織子を統治する力量はない。そのために，糸の掛売りもしておらず，取引契約も関係性の弱い注文契約かスポット契約となっている。したがって，織りの上手い織子は，タラート・サオに囲い込まれていくことになる。

　小売店にとって糸を提供することは投資である。農作業や家事に時間を割かなくてはならないという事情で機織りに専従できない織子では，投資の懐妊期間が長くなることから，たとえ技能があってもタラート・サオでは敬遠されてしまう。そうした織子がタラート・クアディンにシンを卸しにくれば，そこの小売店は彼女たちを囲い込もうとする。糸の提供がなされない以上は，投資の懐妊期間など気にする必要はないからである。ただし，そうして囲い込んだ織子からは即金で買い取るという配慮をみせることになる。

　タラート・クアディンの小売店のすべてが，スポット契約かそれに近い注文

第6章　中・低級品を扱うタラート・クアディン　187

契約で仕入れをしているわけではない。第Ⅱ部の「はじめに」で，ふたつのタラートの違いを語ってくれた小売店主アンポン婦人の仕入れ方法は，タラート・クアディンでは異例かもしれない。彼女はシェンクワン県の出身であり，母親は，県都のポーンサワンからルアンパバーン県方向にいったプークーッ（Phukout）郡に住んでいる。母親は，複数の村の織子400人ほどと糸信用貸契約を結んでいる。ただし直接の契約ではなく，それぞれの村に委託仲買人（集荷人）を指定して，彼女たちを通じて糸を渡している。この仲買人には，シン1枚につき2000キープの手数料を支払っている。品質が悪いと受け取らずに，糸代を織子に払ってもらう。返品率は10％程度だという。

　母親は，そのシンを車に積んで，地方の祭りを狙ってラオス中を売りまわっている。1990年代半ばには，ヴィエンチャンから少し外に出ると基幹道路の13号線ですら舗装されておらず，自動車もほとんど走っていなかった。その後，国際援助などを受けて道路網が整備されて，2000年代に入ると13号線の舗装も進んだ。幾度か13号線を南下してサワンナケーッやパークセーにいったが，たまさか対向車とすれ違うという状況であった。それがいつの間にか対向車，それも様々な商品を積んだピックアップ・トラックの台数が増え始めた。地方の祭りを狙って商品を車に乗せて売り歩くということは，全国市場の形成がなされていることを意味している。

　この店主の店にも母親の扱うシンが置いてあったが，綿織物でありタラート・サオでは見ることのない低品質のシンであった[2]。資金力のなさや糸を窃取されたときの損失の大きさ，さらには織柄への支配力がないことを考慮すれば，この母親が絹織物を扱うことは難しいようである。こうしたことから，結局は，低品質のシンというタラート・クアディンの特徴からは抜け出せない事例である。

　このタラートでは，織物の宝庫として知られるフアパン県やシェンクワン県からくる商人との取引はない。そうした地域の機業家の高い機織りの技能からすれば，タラート・サオで売るほうが高い利益を享受できるからである。タラート・クアディンにシンを納品するのは，有能な織元に組織されていない近郊に

---

[2] この店主は「2012年は，中国の機械織りのシン（*sinh kopi*）が出回り始めたが，あまり売れなかった。機械織りは，みた目はよいが身に着けてみると暑くてたまったものではない。このことが知れ渡ったのか，中国のシンは今年に入って値崩れしている」という。しかし彼女の店にも，中国のシンが数枚おいてあったのはご愛嬌か。

住む織子たち，ないしは図案師としてはいま一歩のヴィエンチャンないしはヴィエンチャン県の織元か仲買人である。すなわち，そうした機業家たちは流行の織柄が入手できていないのである。第8章で紹介する市内から70km離れた郊外で集中作業場を経営する大規模織元ヴィエンケオ婦人は，2013年にタラート・クアディンに小売店を開いて，娘に任せている。「これで，どんな織柄が流行なのかわかるようになってきた」という婦人の言葉は，織柄情報の入手の重要さとその難しさをよくあらわしていよう。

　ここで，ひとつの疑問が生まれる。タラート・クアディンにシンを持ち込む機業家たちの多くは，フアパン県やシェンクワン県からの移住民である。したがって機織りの技能については，出身地の織子たちと大きな差はないはずである。それにもかかわらず，なぜ移住民はタラート・クアディンに，そしてフアパン県やシェンクワン県の商人はタラート・サオに卸すという棲み分けがなされているのであろうか。すでに一部は説明しているが，もう一度，確認しておきたい。

　この対照の最大の理由は，フアパン県などの僻地では織賃が極めて低い水準にあることである。農業労働賃金で比較すると，僻地の村のそれはヴィエンチャンの4割前後ほど低くなっている[3]。そのために同じような織柄のシンを織っていては，ヴィエンチャンの織子は到底太刀打ちできないのである。さらにフアパン県では，在来の絹糸が生産されているが，ヴィエンチャンではそれもない。また今世紀に入ってしばらくすると，それまではヴィエンチャン経由でフアパン県に入っていたヴェトナム産生糸が直接ヴェトナムからフアパン県に流入するようになった。織物の宝庫である地域が市場経済に包摂されてくると，ヴィエンチャンとその周辺の織子は不利な立場におかれることになる。

　そのときにヴィエンチャンの織子がとりうる対策はふたつある。ひとつは，僻地の織子が入手できない流行の織柄のシンを織ることである。そのためには，織柄に対して強い支配力をもつ織元か小売店と関係性の強い契約を結ぶ必要がある。そうしたシンは，主にタラート・サオに流れていく。他方は，綿糸や化繊などの安価な糸を使って低廉な価格帯のシンを織ることである。そうしたシンは，タラート・サオではなくタラート・クアディンに流れていく。

---

3) 例えば，2013年の数値でいえば，ヴィエンチャン郊外の農業労働賃金は1日5〜6万キープであるが，フアパン県の県都サムヌア近郊では3.5万キープ（サレイ村），そしてさらに奥地のサムタイでは3万キープであった（第11章）。

第Ⅲ部で対象とする機業家については，織られたシンをどこの市場に卸すかも確認している。タラート・クアディンに卸すと回答する機業家の扱うシンは，どうしても中・低級品であることが明らかとなる。このようにして，僻地のシンとヴィエンチャン周辺で生産されるシンは差別化されることになる。

第2節　卸値の交渉

　タラートでは，相対取引がルールである。経済理論の標準的な教科書では相対取引そのものが扱われることは少ないが，ゲーム理論は，事実上，相対取引を扱っている[4]。例えば Geertz (1978) は，相対取引における無限回の繰り返しゲームでは協調解がナッシュ均衡となるというフォーク定理の世界をバザールに見出している。しかしゲーム理論では取引についての意思決定に焦点があてられることから，価格決定についての議論は手薄となっている。

　そうしたなかで，「市場とは何か」という課題について本書も多くの発想を負っている原 (1999) のバザールについての議論には説得力がある。簡単に要約してみよう。競売人がいないことから，ワルラス型の市場組織としてバザールの取引を捉えることは現実的ではない。小規模な売り手と買い手が多数存在するなかで，自由に相対での交渉がなされるというバザールの特徴は，コアの極限定理の設定に表面的には近いものがある。この定理が成立するならば，バザール経済における価格形成も結果的にはワルラス型の競争市場モデルで捉えられることになる。しかし「各商人がひじょうに多数の商人に関する情報をかなり豊富に持っているとは考えにくい」(p.120) として，極限定理も現実的ではないとする。

　対照的な価格決定方式として，フルコスト原則がある。この方式は，経済学が提唱する限界費用方式とは異なる。この原則に基づく価格設定は大量生産の工業製品にみられる方式であり，需要と供給は価格ではなく生産量で調整される。これもバザールで扱われる財の中心は大量生産の工業製品ではないことから説明力に欠ける，とする。

---

4)　梶井・松井 (2000) は，相対取引をゲームとみなして競争的市場に議論を広げている。

ここで原は，バザール経済で形成される価格は，一義的な価格水準に落ち着くことはなく，幅の大きい曖昧さがみられることに注目する。財についての情報格差（非対称性）を前提として，より豊富な情報をもつ商人が，介在者として裁定取引を行う世界をバザールに見出す。情報格差は取引当事者間では一定ではないことから，価格決定について一見すると曖昧な幅が生じることになる。こうした裁定取引こそが，バザールでの経済交換そのものを成立させる，とする。すなわち，取り扱われる財が標準化しておらず，また情報が非対称性であることを前提としてバザールにおける価格形成を捉えようとしているのである。
　この原の発想は，バザールの一般的な財を思い浮かべるならば，正当であろう。しかし本書が素材とするシンについては，すでに指摘したように，それが探索財であることから商品の品質情報についての非対称性は存在していない。さらに確認しておくべきことは，製織に必要となる糸の量と価格，織柄の難しさの程度，必要製織日数そして織子の居住する地域の代替的就業機会の賃金（特に，農業労働賃金）といったシンの価格決定に影響を及ぼす主要な情報を，小売店側もほぼ正確に把握していることである。この点が，生産費情報が不明なバザールの通常の商品（多くは農産物）とシンとが決定的に異なるところである。
　織柄はシンの価格を決める重要な要素であるが，タラート・クアディンの小売店は新しい織柄を考案する能力に欠けることから，タラート・サオほどは織柄の価格決定力は強くない。すなわち独占的競争とはなっていないことから，シンの小売価格の分散もタラート・サオほど大きくはない。このように小売店と機業家双方にとって取引にかかわる情報がほぼ完備となっていることから，交渉の余地は大きいものとはならない。この意味で，シンはバザールで取り扱われる商品としては特異な存在であろう。
　シンの生産費情報が売り手と買い手双方にとって対称的であるときの価格設定は，浅沼（1997）が明らかにしたトヨタとその下請けとの部品価格の決定に似ている[5]。すなわちシンの製織では，シン1枚あたりの直接費用（原材料費と賃金費用）は生産量にかかわらず一定であり，間接費用はほぼ無視できよう。ここで機業家は，生産費情報が完備であるという前提で，ある一定のマージン

---

5) 浅沼は，最終組立メーカーと継続的取引関係にある部品サプライヤーを，部品設計まで行う承認図メーカーと図面を貸与されて製造だけを請負う貸与図メーカーに区別している。小売店と機業家の関係も，小売店が織柄に対して支配力をもつ場合と，機業家が織柄を決定する場合とがある。この意味で，浅沼の議論は，ラオスの機業を観察していくうえで参考となろう。

を保証する価格設定を求めることになる。すなわち，フルコスト原則に近い状況で価格設定がなされると考えられる。

　フルコスト原則とは，生産物一単位あたりの主要費用（主として原料費や労賃費用などの直接費用）に共通費用（減価償却費などの間接費）を加え，それに利潤のためのマークアップ率をかけた額，ないしは適正利潤を加えた額を価格とする方法である。前者をマークアップ方式，後者をコストプラス方式と呼んでおこう。本書で紹介する織元を含む多くの事例で明らかとなることであるが，取引をするときのシンの種類がひとつである織子，ないしはそれほど製品の種類が多くない織元の場合にはコストプラス方式が，そして取扱う種類が多い織元や小売店ではマークアップ方式が採用される傾向が強い。

　シンの取引での価格交渉は，生産費情報がほぼ完備であることから，マークアップ率ないしはコストプラス部分についてだけであり，その交渉幅は大きいものではない。この交渉は，取引当事者がお得意様の関係にあることから，結局は双方独占という設定でなされる。双方独占では，取引相手との戦略的依存関係があることから，一意の均衡解は存在しないことは経済理論の教えるところである。

　生産費についての筆者の質問に淀みなく答えてくれるほど，機業家はシンの生産費をかなり正確に把握している。しかし，利益幅となると「店主が提示したので」とか「1枚あたり5000キープの利益が出ればいいと思った」などと，明確な説明はなされない。小売店も，シンの製織費用の内容をほぼ正確に知っていることから，仕入れ値と糸代との差額が機業家の利益となることを認識している。小売店の店主たちは「ある程度の報酬を認めないと織子も織ってくれない」とはいうものの，「何をもって適切な報酬とするか」とたずねると途端に彼らは説明に窮することになる。

　機業家の留保賃金があるとしても，それは農業労働賃金や生存保障賃金によって規定されるものであろうか。詳しくは，これ以降の章で紹介するが，機織りを専業としている内機織子の収入は，彼女たちにとっての代替的就業機会である縫製工場の給与と比較して同等か，むしろ高い水準にある。ヴィエンチャンの内機織子の大半は，フアパン県かシェンクワン県からの出稼ぎ織子であり，彼女たちは織元が無料で提供する宿舎（食事付）で生活している。それを勘案すれば，縫製工場の女工よりも織子たちは優遇されているといえる。もちろん，彼女たちが技能に秀でた織子であることを忘れてはならない。また本書では，

できる限り農業労働賃金との比較をしている。一般的には，織子の1日あたりの収入は，その地域の農業労働賃金と同じか，やや上回っている。よって代替的就業機会からの収入を勘案して，利幅（マークアップ）が決められているとみてよいであろう。この限りでは，賃金決定において市場メカニズムが影響しているといえる[6]。

また，金銭的な利益だけでは捉えきれない便益も存在しており，その多寡は契約形態に依存している。すでに述べたように，小売店を売り歩く売り込み織子と馴染みの小売店をもつ独立織子とでは，同じスポット契約ではあるが支払方法に差がある。馴染みの織子には取引の際か，遅くとも納品したその日のうちに支払いがなされる。しかし，売り込み織子の場合には1週間後の支払いということも稀ではない。また，お得意様の関係があれば，需要の減少する雨季でも小売店はシンを買い取るし，雨季でも値引きをしない場合もある。

小売店が囲い込んだ機業家に配慮することもある。具体的には，機業家が資金難に陥っているときには糸の掛売りをしたり，消費・治療目的のために無利子で資金を融通したりするなどのセーフティネットの提供である。すなわち，関係性の強い契約では，エージェントは価格以外の便益を享受しているのである。こうした類の配慮は，タラート・サオでは観察されるが，関係性の弱い契約で取引がなされるタラート・クアディンでは見かけることはない。

第3節　小売店の品揃え戦略

タラート・サオとは異なり，注文契約でも買い取り保証が弱いことから明らかなように，タラート・クアディンの小売店は特定の機業家と排他性の強い取引契約を結んでいるわけではない。これは，小売店に特定の織柄への支配力がないことの裏返しでもある。そのために，タラート・クアディンの小売店では，どこでも似たような品揃えとなっており，結局は価格で勝負せざるをえなくなっている。消費者の行動をみても，まずタラート・サオで流行のシンとその

---

[6] それなりの所得を機織りがもたらすからといって，織子のなり手が増えるわけではない。「近代的」な縫製工場（冷房施設すらないほうが多いのだが）や，若い人たちが多く働くレストランなどは，若年の女性にとっては憧れの花形の職場であるからである。

価格を見定めたあとで，タラート・クアディンに同じような織柄のシンがないか探しにくる人々もいる。ただし織りの確かさとなると，どうしてもタラート・クアディンでは劣ることが多い。

　多くの織柄のシンがあるにもかかわらず，集積する小売店が同じような品揃えをすることには，やや違和感を覚える。似た風景は，隣同士でも品揃えがほぼ同じというタラート内の雑貨店にもみられる。どうして，このような状況が生まれてきたのであろうか。

　シンの需要には季節性があり，暑さが和らぐ11月から1月ころが売り上げのピークとなる。特に，陰暦12月の満月にあわせて1週間にわたり開催されるタッ・ルアン祭りのときには，国内外から多くの観光客がヴィエンチャンを訪れる。ヴィエンチャンのタラートに販路をもつ織子・織元たちは，この時期を目指して機織りをする。このことから小売店としても，繁忙期のための在庫として多くのシンを仕入れているといえなくはない。しかし，タッ・ルアン祭りが終わったころにタラートを訪れても，やはりそれなりの量のシンが積みあがっている。インフォーマル金融の金利が月3～5％（単利）程度であることを考慮すれば，過剰在庫にもみえてしまう。在庫コストも嵩むであろうに，なぜ小売店はこのような行動をとるのであろうか。この疑問への回答を，消費者と店舗主との価格交渉から探ってみよう。

　小売店に並べられているシンには値札はつけられていないが，南アジアの市場でよくみられるような騒々しく時間をかけて値段交渉をするような喧噪をラオスで見かけることはない[7]。気に入ったシンがあると，客は値段を聞いて納得できなければ静かに立ち去る。南アジアでは，そのような素振りを客がみせると，店主は「じゃあ，もっとまけるから」と客を引き留めようとするが，ラオスでは立ち去ろうとする客から店主はすぐに視線を外す[8]。

---

7) ラオス政府はタラートの商品に値札を付けるよう指示している。タラート・サオの規則（1997年7月改定）には，「すべての店舗は商品にキープで値札をつけなくてはならない。外貨表示した場合や外貨で売買取引をした場合には，店の税額の半分の過料に処せられる」とある。タラート内の放送で，値札をつけるようにという指示がなされるのを幾度か聞いたことがある。しかし，シンを含めて，その規則が遵守されているケースは稀である。品質にばらつきのある野菜や肉類といった生鮮食品には値札をつけにくいのは理解できるが，工業製品にも値札はついていない。これは工業製品の大半が輸入品であり，為替レートが不安定であることから，逐次キープで値札を付け替えるための費用（メニューコスト）が嵩むこともひとつの理由であろう。ただし為替レートが安定してきた2010年代に入っても，値札がつけられる兆候はない。

8) ちなみに，客との関係は極めて流動的であり，固定的な顧客関係は形成されていない。年に何

まず，シンの小売店が多く集積するタラートでの情報収集はさほど煩わしいことではないことを確認しておく必要がある。何しろ，顧客は女性である。衣服の購入に費やす女性の労働供給曲線は，どの社会においてもそうであるように，ほとんど無限弾力的である。そもそも，そうした買い物の時間は労働ではなく余暇に分類されるべきものであり，探索費用の概念には馴染まないであろう。このように探索費用が無視できるレベルにあるとき，下手に交渉の余地を大きくするような価格を提示すれば客が逃げていくことを小売店は本能的に知っている。相場から大きく逸脱した価格を提示することなど，タラートではありえない。小売店を数軒回って価格を聞くという客の行為は，交渉と同等の効果を発揮しており，そこには駆け引きの余地はほとんど残されていないのである。

　こうした説明が可能となるのは，シンが品質情報の非対称的が問題とはならない探索財であるからである。それでもなおコアの大きさを意識して，すなわち相手の無差別曲線の形状がわからないことからコアの範囲を知りえないまま，少しでも自分に有利に交渉をまとめようと「騒々しく攻撃的な」価格交渉をするのは，異邦人である外国人旅行者たちだけである。値札がついた定価販売ではないものの，結局は，そこに原生的ともいえる価格メカニズムが働いていることに気づくことになる。

　店主が買わない客からすぐに視線を外すのは，そうした客の行動を知っているからであろう。適正な価格情報を容易に入手した客は，どこかの店でそのシンを購入する。それが自分の店となる確率は，多くの店にとってはほぼ均等になろう。均等化を妨げるような隣の店の客を横取りする行為はみられないし，もしそうした行為がなされたならば温厚なラオス人も豹変するであろうことは容易に察しがつく。ある種の自生的なルールがタラートの平穏な取引を支配しているのである。

　このように固定的な顧客関係も形成されにくい環境では，小売店の対応は限られている。独自の織柄のシンをもたない店舗としては，数軒回って適正価格情報を知りえた客が自分の店に現れたときに，客の希望する織柄のシンを揃えておくことだけである。たとえわずかな利幅であろうと貪欲に儲けを確保しておくための品揃えは，まるですべての可能性を利用しつくそうとする勤勉革命

枚もシンを購入する顧客などほとんどいないことから，そもそも反復取引がなされないためである。

（速水 2003）が起こっているかのようである。

　多様な顧客のニーズをセグメント化して，小売店舗がそれに対応した品揃えをすれば，小売店舗も独占的競争という環境のなかでレントを追及できる可能性はあろう。しかし，そういう姿勢はタラート・クアディンではみられない。在庫で嵩む利子負担も決して少なくはないであろうが，織柄への支配力をもちえないことから独占的競争の状態をつくりだせないのである。こうして，小売店が織柄への支配力をもつタラート・サオとは大きく異なる市場形成の様相がみられることになる。

第 II 部のまとめ

　2015 年 3 月，久しぶりに，ふたつのタラートを歩いてみた。シンの観察を 20 年もしていると，さすがにシンの品質判定ができるようになってくる。タラート・サオのシンは，金筬による筬打ちがなされていることから，織りがしっかりとしている。織柄も，かつてほどではないにしろ，小売店ごとに異なっている。これに対して，タラート・クアディンで売られるシンの織りは粗い。絹織りも，ほとんど見ることができない。それどころか，中国製の機械織りのシン (*sinh kopi*) が幅を利かせ始めている。そして，相変わらず，品揃えはどこも同じようである。第 II 部では，高級品のシンを扱うタラート・サオと品質の劣るシンを扱うタラート・クアディンという対照的なタラートの小売店の観察を通じて，そこで異なる経路で市場が形成されていることを観察してきた。

1.　タラート・クアディン

　タラート・クアディンの小売店のシンの仕入れは，注文契約が中心であり，スポット契約もみられる。糸信用貸契約や問屋契約は，まったく観察されない。内製か外部調達，または組織か市場 (make-or-buy) という連続体で評価すれば，タラート・クアディンの取引は市場に近いといえる。

　スポット契約と注文契約が観察されるが，後者のほうが売り手と買い手の双方にとって望まれる取引形態となっている。小売店にとっては技能の高い織子を囲い込むことができ，生産者にとっては安定的な需要が確保され，代金の支払いも円滑になされ，そして買い手の探索費用が削減される。ただし，小売店が注文契約で囲い込もうとするのは，織りに優れた織子だけである。

　タラート・サオにおける注文契約と比較すると，関係性はやや薄いものとなっている。例えば，在庫が充分にあるときなどには，小売店は買い取りを拒否することも往々にしてある。この意味では，タラート・クアディンの注文契約は顔見知りのスポット契約に近いともいえる。

小売店と消費者の売買については，シンが品質についての完全情報が確保されやすい探索財であること，そして売り手と買い手の多数性が確保されていることから，コアの極限定理が妥当する取引となっている。これに対して，生産者と小売店との取引となると，糸代や代替的就業機会の賃金といった情報までも売り手と買い手にとってほぼ完全情報となっているという状況が追加される。このことは，生産費が売り手の留保販売価格となることを買い手も理解していることを意味する。すなわち，価格交渉の幅は，売り手にどれほどの利潤を認めるかと同値となることから，それほど大きな幅をもちえないのである。シンの生産費情報は，タラートの小売店がほぼ等しく共有している。そうなればフルコスト原則で認められる織子の報酬も，かなり競争的な条件で決定されることになろう。生産者と小売店との交渉が「乱雑で無秩序な喧騒」とならない理由がここにある。

2. タラート・サオ

　タラート・サオにおけるシン小売店の織柄への支配力は店によって濃淡があるが，それでも隣接するタラート・クアディンの小売店と比べれば強い支配力をもっている。需要を喚起しうる織柄情報をもつ小売店は，それをシンに織り込んだ品質の高いシンを扱おうとする。そのためには，織子の信用制約もあることから，織柄情報とともに良質の糸を提供しなくてはならない。この意味で，タラート・サオの小売店主は，程度の差こそあれ織元でもある。織柄への支配力のない小売店は，タラート・クアディンの小売店のように関係性の弱い契約を採用することになる。
　関係性の強い契約は，機業家（特に，織子）にとっても，安定的な需要の確保・信用制約の軽減そして小売店からの織柄情報の供給という利点があることから歓迎される。しかし，そうした契約は，プリンシパルである小売店にとっては糸の窃取，織柄の剽窃そして第三者へのシンの売り渡しというエージェンシー問題を不可避的に伴う契約でもある。したがって小売店にとって，関係性の強い契約は，織柄への強い支配力とエージェンシー問題を抑止する能力が備わってはじめて採用が可能となるといえる。

エージェンシー問題を回避するには，いくつかの方法があることを序章で指摘した。しかし近代法というフォーマルな取引統治や商人の結託というセミ・フォーマルな取引統治は，シンの取引では不在である。むら共同体を使ったコミュニティ的統治も，ほとんど観察されない。小売店主の多くがヴィエンチャン出身であり，織元や織子の多くが移住民であることから，領域性の共有にもとづいた制裁が利用できないためである。フアパン県出身者の小売店主もいるが，そこでも領域性を利用した契約履行の強制という話はあまり出てこない。小売店主は都市在住であり，むら共同体の成員ではないためである。不断に接触するという高い面接性がない限りは，なかなか領域性のもつ機能は発揮されないようである。こうなると，小売店が利用できる取引の統治は個人的統治しかなくなる。ここに小売店による織子の囲い込み，すなわち固定的な取引関係の構築がみられることになる。

　取引契約だけをみると，タラート・クアディンにおける取引のほうが教科書的な意味ではより市場に近いであろう。しかし，タラート・サオの小売店は織元としての性質を兼ね備えているが，タラート・クアディンの小売店は流通マージンのみを利益の源泉とする商人に留まっている。ここから，取引されるシンの品質に差が現れてくることになる。なお，関係性の強い契約を採用すれば自働的に高品質のシンが取引されるわけではなく，織柄への支配力と高品質の糸を提供するだけの資力をもつ小売店が問屋契約や糸信用貸契約を選択するという因果関係にも留意しておく必要がある。織柄への支配力をもたないタラート・クアディンの小売店にとっては，関係性の強い契約を採用する理由がないのである。

3. 市場の広がり

　タラート・サオの小売店は大半のシンを馴染みの機業家から仕入れており，売り込み織子からの仕入れは少ない。市内，近郊，郊外そしてフアパン県といった遠隔地の機業家に分けて，調査期間中にみられた市場のありようの変化を要約しておこう。

　かつては市内（特に，ノンブァトン村やドンドーク地区という移住民のディアス

ポラ)に多くの織子がいたことから，小売店はそうした織子たちとの取引のなかで，優れた織子を選抜して取引関係を築いていった。それによって，良質の糸と流行の織柄情報を織子に提供するという関係性の高い契約が選択されていた。市内ということから距離の克服は問題とはならず，商人の介在は限定的であり，どちらかといえば小売店が糸と織柄を提供するという織元の役割を担っていた。シン2枚分の緯糸をシンの納品時に追加して織子に提供するという慣行も，距離の近さから可能となっていた。

　しかし時代の流れのなかで，市内から織子が消えてくる。こうなると近郊(特に，ノンサアート村周辺やナムスワン地区)の織子との取引が増えてくる。このときには，やや距離があることから，小売店の監視の目が織子に届きにくくなる。個々の織子が1～2枚織ったシンを納品して追加の緯糸を提供してもらって機織りを続けるという取引慣行が適用できなくなることから，織子を組織する織元が取引に介在するようになる。

　今世紀に入ってしばらくすると，特に市内に近いノンサアート村やその周辺では，オートバイの普及などから織子自身による距離の克服が容易となった。さらに経済成長によって織子たちの信用制約も緩和されてきて，織元織子が独立織子となるようになる。独立織子であることから，品質面で劣るシンが織られることになるが，それでも独立織子となるほうが織元織子でいるよりは織子の収入は高くなることが一般的である。そこで，小売店としては良質のシンを仕入れるために，独立織子としての活動が難しくなる郊外に機業を外延化するようになる。郊外となると，流行の織柄情報の入手などが難しくなることから，品質の高いシンを扱う織元が少ない。そのために，郊外の商人(織元や仲買人)は中・低級品のシンを取り扱うことになる。ここで小売店が高級品を取り扱おうとするならば，取引に積極的に関与するために郊外の村に委託仲買人をおいて織子を組織するしかなくなるのである。第9章「機織り村からみた市場形成」では，そうした事例がいくつか紹介される。

　しかし，距離があまりに離れてしまうと委託仲買人も機能しにくくなる。例えば，織物の宝庫として知られるフアパン県やシェンクワン県からシンを卸しにくる商人を委託仲買人にする事例は検出できていない。第11章と第12章では，それらの県の機業を対象とするが，そこでもヴィエンチャンの小売店なり

織元の委託仲買人となっている人を探し出せていない。このようにヴィエンチャンの小売店は，市内の機業家に対しては問屋契約か糸信用貸契約を採用しているが，フアパン県といった遠隔地の商人とでは注文契約か顔見知りのスポット契約に近い契約を締結してシンを入手しているのである。郊外ならば1～2週間ごとに納品がなされることから高い面接性が保たれるであろうし，問題が発生したときに小売店が直接いって対応もできよう。しかし，フアパン県といった遠隔地の織元については，直接の監視や契約履行はできない。このために，たとえ小売店主と織元が領域性を共有していたとしても，織柄情報や糸の提供はなされていない。あまりに遠く離れた機業家に対して，関係性の強い契約を採用することは難しいようである。せいぜい品質の高いシンを織ってもらうために金筬を提供することに留まることになる。その結果，遠隔地では，産地問屋ないしは産地仲買人ともいえるローカルな商人が主導権をとって市場を形成しているのである。

ヴィエンチャン周辺にも，フアパン県やシェンクワン県からの移住民のディアスポラは多くあり，そこに技能に秀でた織子が多くいる。それにもかかわらず僻地との取引がなされるのは，織賃の水準が決定的に違うことがある。逆にいえば，ヴィエンチャン周辺の織子たちがそれなりの収益を確保しようとすれば，フアパン県の織子には入手が難しい流行の織柄を織り込んだシンを織るしかないのである。この意味で，ヴィエンチャンでは織柄情報を伝達する小売店や織元の役割が意味をもつことになる。

4. 取引統治

タラートでの取引は都市部でなされるものの，近代法によるフォーマルな統治は機能しておらず，村人と小売店主＝都市住人との取引であることからコミュニティ的統治も希薄である。Nakabayashi and Okazaki (2010) は，都市化が伝統的な紛争解決手段を弱体化させて，代わって裁判所が紛争処理を行うようになったことを戦前期の日本の経験から明らかにしている。これは，どの社会でも経済発展の過程で観察される変化であろう。しかしラオスでは，少なくとも手織物の取引において，そうした変化の兆しはまだ観察されない。小売店

は，有能な機業家を囲い込もうとすることから，彼らの情報を他の小売店には伝えたがらない。すなわち，商人の結託によるセミ・フォーマルな統治も存在しない。取引を安定化させているのは，無限回の反復取引から醸成される信頼をベースとする個人的統治である。この取引統治は，適切な契約形態の選択を軸として，取引関係を維持するための配慮という互恵的慣行と契約の弾力的な運用をサブ・システムとして含むものである。

5. 混乱による市場の劣化

　タラート・サオでは9つの小売店を紹介したが，そこで問屋契約を採用している店舗は少なく，むしろ糸信用貸契約のほうが一般的であった。しかし，本書で紹介していない小売店も含めて，かつては問屋契約を採用していたが，調査時点では糸信用貸契約にしているという発言が多く聞かれた。それだけでなく，糸信用貸契約を採用していた店舗は注文契約に，そしてさらにはスポット契約へと取引形態が変化していったという事例が多くあった。この関係性の弱体化をもたらした最大の原因は，キープの暴落である。それは将来所得についての割引率を大きくしてしまい，機業家に近視眼的行動を採らせるようになった。

　関係性の弱い契約では良質の糸と織柄情報の提供がなされない。このために，「安かろう悪かろう」のシンがタラートを席巻し始めた。個々の小売店なり機業家なりが創り上げてきた自生的秩序が，マクロ経済の変動によって脆くも崩れ始めたのである。

　ところで，通貨暴落時に協力解が成立する要件が崩れたからといって，すぐに裏切り行為が頻発して非協力解一色の自然の状態に陥るわけではなく，契約を維持しようとする努力は払われていた。それには，次のふたつの理由がある。ひとつは，契約当事者たちも固定的な取引関係を築くために，それなりの努力を積み重ねてきた。その努力は埋没費用であることから，なかなかトリガー戦略が採りにくいことがある。他方，たしかに個別的には機会主義的行為に対して契約の破棄はみられるものの，全体としては，小売店はエージェンシー問題が発生しにくい契約へと関係性を下げながら取引関係を維持しようとしている

ことがある。経済の混乱期に機業家が問屋契約→糸信用貸契約→注文契約→スポット契約と契約形態を変更していったのは，誘発的な制度革新（速水 2000）とみなしてもよいであろう。すなわち，取引当事者たちの暗黙知にもとづく自生的な制度選択によって，市場取引の安定が図られているのである。

　織柄に支配力をもつ小売店は，品質の高いシンを取り扱おうと問屋契約が機能するような状況を創りだそうとしていた。しかし，そうした努力によって形成されていった市場も，個々の経済主体では抗うことのできないマクロ経済の不安定化が信頼を崩壊させたことによって，関係性の弱体化が起こったのである。それは，市場の弱体化でもあった。マクロ経済の不安定が経済主体の努力によって醸成された自生的秩序を崩したことは，経済開発戦略を策定するなかで心に留めておかねばならないことであろう。

補足資料 II-1　タラートの糸屋

　タラートの話をしたので，そこにある糸屋の話を追加しておこう。なお，日本などでみられた糸屋の機業家支配はない。これは生糸（ヴェトナムと中国），化繊（タイ）そして綿糸（タイ）の大半が輸入できることから，糸屋が流通において独占的な地位を築けず，また糸屋が織柄への支配力をもたないからである。特にヴェトナム産の生糸はヴェトナム人商人というアウトサイダーが販売していることから，ラオスの織子を組織する能力に欠けている。

　ここでは，タラート・クアディンにある生糸や絹の小売店を紹介しておこう。聞き取りをしたのは，ラオス語が堪能な30代のヴェトナム人女性の営む糸屋である（2013年聞き取り）。父親が始めた店を継いで9年目になる。彼女は，ハノイの東に隣接するバクニン（Bacninh）省出身であり，そこに家族が製糸工場をもっている[1]。9月から4月の織りが盛んな時期には月8～10トン，それ以外の雨季の時期には月4～5トンの絹（生糸基準）を販売することから，年間の売り上げ量は80～90トンとなる。ここ数年は，売り上げに大きな変化はないという。

　売り上げの9割方はタラート・サオを中心とするシンの小売店であり，タラート・クアディンの小売店はほとんど顧客とはならない。これは，第II部で観察したように，絹織物はタラート・サオで扱われタラート・クアディンでは綿織物か化繊の織物が中心であること，そして何よりもタラート・サオでは機業家に糸の提供がなされる問屋契約や糸信用貸契約が採用されているのに対して，タラート・クアディンでは注文契約やスポット契約が大半であるためである。残りの1割は，ヴィエンチャン近郊の織子たちに販売されるが，彼女たちの居住する村の名は知らないとのことである。

　染色した絹糸も売っているが，染色はすべて，染色技術に優れているボーオー村の染色場（第7章第4節参照）に依頼している。村の織子たちは，少しでも儲

---

[1]　同じタラートにあるもうひとつの糸屋では，ヴェトナム南部のアンザン（Angian）省とヴィンロン（Vinh Long）省の生糸を販売していた。

けを確保しようと自分たちで染色するが，染色技術がよくないことから，結局はシンの品質に悪影響を与えているという。

　掛売り（約3割）もしている。1週間以内に支払いがなされれば利子をとらないが，それ以上だと月2割の金利を課している。こうした掛売りは，買い手が隣接するタラート・サオの小売店であることから可能となる。ちなみに，経糸用絹糸は43万キープ/kg，緯糸用絹糸は40万キープ/kgである。これはシン小売店が大量購入する場合であり，織子の小口購入の場合には5%程度高くなる。

補足資料 II-2　守られない「タラート・サオ店舗規則」

　ラオスのタラートでは店舗商人の行動を規制する規則がある。1997年7月にヴィエンチャン特別市によって施行された全27条からなる「タラート・サオにおける店舗管理規則」がそれである。
　この規則のなかには、「警備・清掃その他サーヴィス」のための市場管理費を毎月支払うという項目があり、これをもって私的所有権の保護とみなすことは可能かもしれない。しかし取引で発生したトラブルについての紛争処理手続きについては何も記されていない。そもそもラオスでは、市場経済に適合的な商民法が充分には整備されていないのが現状である。2000年代に入ると、ラオスでも近代法の整備もなされ始めたが、それが日常の経済活動におけるトラブルを処理するようになるまでには、まだ時間がかかるであろう。
　「店舗管理規則」のなかで取引に関するのは9条から13条である。

　　9条：タラート・サオで販売業務を行う店舗は、すべての販売品目を管理事務所に申請しなくてはならない。
　　10条：すべての店舗は、購入者に、店名と住所と商品名を明確にした領収書と保証書を渡さなくてはならない。この規則に従わない店舗は、販売された商品総額の5%の過料を課す。
　　11条：すべての店舗は、取引にはラオスの通貨を用いなくてはならない。外貨で取引した場合には、取引額の50%の過料を課す。
　　12条：すべての店舗は、外貨交換や許可をえない金銀の販売をしてはならない。この規則を遵守しない場合には、取引額の50%の過料を課す。
　　13条：すべての店舗は、商品に店名とキープ表示の価格を記した値札をつけなくてはならない。値札をつけない、ないしは外貨で値札をつけるか外貨で取引した場合、総税額の50%の過料に処す。

　ラオスのタラートでの聞き取りの最中に、無数の取引を観察してきた。しかし領収書が渡されるところをみたことはないし、値札がついている商品を見る

ことは少ない。キープが暴落しているときには，バーツかドル支払を希望する店舗がいくらでもあった。キープが落ち着き始めると，そうしたことはなくなっていった。ときおり，タラートのスピーカーから値札の表示を促す放送が流れていたが，それを気に留める人は誰もいない。

　ヒックスやノースは，市場取引が自然の状態に陥らないようにするために，私的所有権を保護して契約履行を促す諸制度を国家が提供する必要性を説く。しかし，タラートという限られた空間にもかかわらず，規則は守られることはないのである。社会主義体制をとってはいるものの，商人の自由度はそれなりに高いようである。

補足資料 II-3　スカーフを織るパーブ村

　ここで紹介するヴィエンチャン県にあるスカーフを織る村の話は，2013年の聞き取りに基づいている。シェンクワン県から移住民の約150戸の村であり，そのすべてがスカーフを織っている。1990年ころヴェトナム系フランス人が絹のスカーフを製織するために，この村に集中作業場をつくった。村人たち内機としてだけでなく，出機としてもスカーフを織り始めた。しかし，この集中作業場は1〜2年で潰れてしまった[2]。それでも村人はスカーフの機織りに慣れてしまっていたために，そのままスカーフを織り続けている。これには，輸出向けのスカーフの需要が増加しているという背景がある。

　この村には4人の織元がいる。そのうち最大の織元が，45台機を組織するワントン婦人であり，他の3人は10台機程度を組織するだけである。ワントン婦人は，2000年に，この村ではじめての織元となった。その後すぐに，タラート・サオの数軒の小売店（第5章で紹介したポン婦人やヴォンカンティ婦人を含んでいる）と固定的な取引関係を築いた。小売店との契約は，糸信用貸である。45人の織子とは問屋契約を結んでおり，1枚6000キープの織賃を支払っている。織子は，終日機を織れば5〜6枚になることから，1日あたりの織子の収入は3〜3.6万キープになる。ちなみに，付近での農業労働賃金は5万キープである。

　婦人は，2週間ごとに，約1500枚をタラートの小売店に納品している。この数値から逆算すれば，1日1台機の生産量は2.4枚となる。すなわち，出機織子が織りを専業とすることは稀である。小売店から，生糸100kgを3000万

---

[2] この商人はヴィエンチャン市内にブティクを開いており，1997年に話を聞いたことがある。織柄を指定した注文契約を行って製品をフランスに輸出していたが，デザインを盗まれ，また同じ製品を大量に作れないなどの問題があり契約を止めたと話していた。また，ラオス社会にとって自分はアウトサイダーであり，地域の織元には到底勝てないとかなり神経質にもなっていたことを思い出す。そうしたことから，店の2階にミシンをおいて購入したシンを小物に加工して販売するビジネス・モデルに変更していた。第8章「大規模織元」でその他の大規模織元として紹介するニコン婦人と似ている。

キープで掛買いする。これから1500枚が製織されることから，スカーフ1枚の糸代は2万キープとなり，これに織賃の6000キープを加えて2万6000キープが生産費となる。これを2万9000キープで納品することから，1枚あたりの利益は3000キープとなる。したがって，2週間の利益は450万キープ(563ドル)，利益率は10.3%となる。婦人に収益を質問したところ，400～500万キープ程度だと答えており，推計と一致している。絹糸は，タラート・クアディンにあるヴェトナム人の糸屋で買えば28万キープであるという。小売店が2万キープのマージンをとっていることになるが，婦人は金利を考えれば必要なことだと認めている。

第 III 部

伝統と創造：
大消費地ヴィエンチャンとその周辺

1990年代半ば，はじめて訪れたヴィエンチャンは，まだ旅行者を見かけることも少なく，タイの寂れた地方都市のようであった。自動車もほとんど走っておらず，信号機もない。2000年代に入ってしばらくすると街中で交通渋滞らしき現象がみられるようになることなど，想像もつかないころである。メコン川の向こうに日が落ちると，街は暗闇に包まれる。2000年代に入って登場した屋台や観光客の溢れる夕暮れの賑わいは，まだみられないころである。川を挟んで対岸にあるタイの小さな町シーチェンマイの煌々たる明かりが，なんとも眩い。こうした経済活動が停滞しているかのようにみえるヴィエンチャンにも，機業のルネッサンスの胎動がすでに始まっていた。

　第1章で触れたように，独自の織柄をもつ多様な民族や地域の人々がラオス内戦やヴェトナム戦争による戦禍を逃れてヴィエンチャンに移住してきたことから，織物のルネッサンスの素地が形成されている。独自の織柄という「伝統」が交じり合い新しい織柄の「創造」が，織柄の流行を生み出していくことになった。さらに，経済自由化によって国内市場のみならず海外市場も開拓されて，海外の消費者の嗜好にあわせた織柄の創造もなされるようになった。経済自由化は，器械製糸された生糸・紡績綿糸そして化繊という新たな素材をラオスにもたらした。それによっても，伝統的なシンとは異なるシンが創造されていくことになる。まさに，伝統的近代性の追求が意味をもつようになったのである。

　ラオスの手織物にまつわる市場の形成は，大きな波に晒されながら多様な経路を辿っている。第III部では，織物の市場形成の要である織元に焦点をあて，シンの最大の消費地であるヴィエンチャンとその周辺の市場形成を扱う。ヴィエンチャンの人口は80万人（2010年）ほどであるが，市街地人口は14万人程度といわれている。市街地を出れば，ヴィエンチャン平野の長閑な水田地帯となり，そこにヴィエンチャンの大半の人々の暮らしがある。

　第II部で観察してきたように，タラートのシン小売店には，複数の経路で製品が持ち込まれてくる。午前中にタラートにいけば，独立織子や商人たちがシンを小売店に売り歩く風景を見ることができよう。しかし，市場形成の要となるのは商人（織元と仲買人）である。

　ヴィエンチャンでは多くの織元が活動しているが，彼女たちを織元と一括りするには抵抗があるほど，その性質は多様である。それは，規模の経済の実現，織子の信用制約を緩和する糸の提供，そして織子への織柄情報の伝達という織元の存在理由のウエイトが個別の織元で大きく異なっているためである。本書

では，シンの品質や選択される契約形態の側面から織元の多様性を捉えることができると考えている。そこで，織元を分類する基準を示しておこう。

1) 出身地　織元には，ヴィエンチャンのもともとの住民もいれば，フアパン県やシェンクワン県といった織物の宝庫からの移住民もいる。人数では，圧倒的に後者のほうが多い。また，図案師としての能力も，後者のほうが優れている。

2) タラートまでの距離　タラートまでの距離の克服は，商人の根源的な機能のひとつである。タラートからさほど遠くない村の織子たちは，独立織子として自らタラートに売り込みにいくことも可能であるが，郊外の織子となると市場へのアクセス費用が高くなることから商人に依存せざるをえなくなる。そこで，ヴィエンチャン市内のタラートまでの距離という観点から，「市内」・「近郊」そして「郊外」の織元に分類しよう。

3) 内機と出機（賃機）経営　織元が内機経営と出機経営のどちらの経営形態を選択するかは，契約形態の選択という観点からも重要な論点となる。直接の監視が困難となる遠隔地の織子との取引には，遠隔地の委託仲買人と契約するという方式も出機経営では考慮される。この重層的な織元−織子関係で市場の外延的な拡大が実現されることに注目したい。

4) 組織する織子の人数　便宜的に，抱える内機織子が10人以下か，組織する出機織子が30人以下，ないしは双方の条件にあてはまる織元を小規模織元，そしていずれかがそれ以上を大規模織元としよう[1]。小規模織元が国内市場向けのシンを生産するのに対して，大規模織元には国内向けと海外市場向けの生産をする業者が混在している。ただし海外市場を指向するのは，市内の大規模織元である。

第III部では織元を，とりあえず，1) 伝統的機業地の小規模織元，2) 移住民の小規模織元，3) 郊外の大規模織元，そして4) ヴィエンチャン市内の大規模織元に分類しておこう。ちなみに，郊外では小規模織元は稀な存在であり，大半の織子は大規模織元（および仲買人）によって市場に組み込まれている。タラートへのアクセス費用が大きくなる郊外では，規模の経済を享受できる大規模な商人だけが市場を形成しうるためである。ここに，織元を規模で区分けす

---

1) ラオス語では，大規模集中作業場を *soun*（施設）*hatakam*（手工芸），そして小規模集中作業場を *koum*（グループ）*tham huuk*（機織り）と区別するが，明確な境目はない。

る意味がある。

　第III部は，次のように構成される。第7章では小規模織元，そして第8章では大規模織元を対象とする。本書が主として対象とする織物は紋織りであるが，議論を頑丈にするために，比較対照として絣にも触れる。ヴィエンチャンでの絣は移住民のディアスポラではなく伝統的機業地で織られることから，第7章に紹介が含まれる。また絣はラオス南部が主要な生産地であることから，Appendix Bで南部のチャムパーサク県にある絣の村を紹介する。第9章では，ヴィエンチャン平野に散在する移住民のディアスポラを中心とする機織り村のなかから数村を選択して市場形成を観察する。これは，それまで商人の立場から機織り村をみてきたことに対して，機織り村の立場から市場形成を観察することになる。また，機業の外延化がどのようになされるかを観察することにもなる。そして最後に，第10章では，ラオスの手織物の世界では異質なアウトサイダーによる機業経営を観察する。

第 7 章

小規模織元

小規模織元は，ヴィエンチャン出身者と移住民に分けられる。前者はハーッサイフォーン郡のメコン川沿いの伝統的機業地に多くみられ，後者はヴィエンチャン市内や近郊に点在する移住民のディアスポラに居住している（第5章の地図を参照）。ヴィエンチャン市内のタラートまでの距離の克服という制約から，郊外には小規模織元は稀である。

　伝統的機業地では，メコン川沿いを走る未舗装の道路沿いに村々が点在する。主要幹線からは離れており，雨季には道路は泥濘み，重量のある自動車の走行は困難となるほどである。かつては養蚕も盛んであったが，1990年代半ばに調査を始めたころには，それもほとんど消滅していた。琉球藍による藍染もなされており，琉球藍を意味するホーム（*horm*）を名にした村もある。しかし，それも染色業者の出現によって化学染料にとって代わられた。それでも，かつては養蚕がなされていたことから人々は絹糸の扱いに慣れており，絹織りが中心である。紋織りも織られるが，絣と縞織り（ともに，紋綜絖を使わない平織り）のほうがやや多い。この地域の紋織りは，フアパン県やシェンクワン県の華やかな織柄と比較すると，単調な織柄が主流である。そのために垂直紋綜絖が使われることは稀で，摘上紋綜絖の利用が一般的である。それも数十の紋棒をもつ摘上紋綜絖を使う移住民とは異なり，伝統的機業地では10を超えることはあまりない。

　絣は，ラオス南部のチャムパーサク県が有名な産地（Appendix B参照）である。そこの絣と比較しても，ヴィエンチャンの絣柄は大振りである。緯糸の色を変えて縞をつくる横縞織り（*khan*：以下，単に縞織りと表記）が主流になりつつある。これは，絣染（括り染め）の技能をもつ人が減少していることにもよる。括り染めを専業とする人もいるが，基本的には織子自身が括り染めをしている。すなわち，絣では織柄への支配力は商人ではなく織子にある。そもそも，絣柄の種類は多くなく，流行もあまりない。これに対して紋織りでは，織柄は多様で流行の変化もあることから，流行の織柄の情報を私的情報としてもつ織元や小売店の役割が重要となってくる。この対比から，紋織りと絣とでは市場の生成経路が異なってくる。

　移住民のディアスポラ村は，ヴィエンチャンの至るところにある。市内のディアスポラとして有名なのは，市街地に含まれるノンブァトン村と市街地の北のはずれのドンドーク地区である。ノンブァトン村には，かつては小規模織元もいたが，縫製工場などの代替的就業機会が増え始めた2000年代に入ると

織子の不足から消えていった。しかし，第8章で紹介するふたりの大規模織元がいる。ドンドーク地区にも多くの小規模織元がいたが，これも2010年を過ぎたころから機業は衰退に向かうことになる。ドンドークの北，市街地から20kmばかりのノンサアート村や，その近くのウドムポン村もディアスポラである。これらの近郊の村では，市内から距離があることから2010年代半ばでも多くの織子を見かけることができる。ノンサアート村から，さらに10kmほどいくとグム川に至るが，その手前には第4章で紹介したポンガム村がある。さらにグム川を渡った辺りにもディアスポラの村が点在しており，機織りがなされている。

　議論の拡散を防ぐために，本章の構成を説明しておこう。伝統的機業地と移住民のディアスポラに分けて議論が進められる。このふたつの対比について，次の変化を確認しておきたい。伝統的機業地では紋織りは今世紀に入るころには衰退しているが，これは伝統的機業地の機業家が機織りの技能に秀でた移住民に対して紋織りでは比較優位をもてなかったことがある。また，交通インフラの整備とともにヴィエンチャン郊外ないしはヴィエンチャン県の紋織りがタラートに大量に流れ込むようになった影響もある。機業の外延化という現象である。しかし，市街地にある移住民のディアスポラでも機織りは衰退している。これは，縫製業を代表とする若年女子労働集約的な産業が成長したことから，織子の供給が減少したことによる。ただし伝統的機業地では，移住民が織らない絣や縞織りは2010年代に入っても存続している。

　小規模織元は1990年代までは，伝統的機業地を含むヴィエンチャン市内で多くいたが，今世紀に入るころには市街地の外れのドンドーク地区にまでいかないと見られなくなっている。さらに2010年ころになると，ドンドーク地区でも小規模織元は減少して，その先のノンサアート村以北のディアスポラ村やナムスワン地区にいかないと見られなくなる。それよりさらに離れると，市場アクセスの問題から規模の経済を享受できる大規模商人が支配する地域となる。こうした遠隔地のディアスポラ村の手織物については，手機織り村を扱う第10章で触れることにしよう。

　さて本章は，5つの節で構成される。第1節では，伝統的機業地で出機経営と内機経営という異なる戦略をとるふたりの織元を紹介する。伝統的機業地であることから織柄への支配力は弱く，仲買人に近い性質をもつ織元たちである。前述した理由によって彼女たちは今世紀に入るころまでには機業から撤退して

いることから，話は1990年代に限定される。この時期，キープの暴落という経済的混乱が撤退に拍車をかけている。ここで注目するのは，1) 出機経営をする織元が糸出しの仲買人に転落していく様子，2) 内機経営といってもそれが工場組織としての要素をほとんどもっていないこと，そして3) 機業からの撤退，という3点である。

　第2節では，伝統的機業地の織元織子と独立織子の実情に触れる。市場形成を議論しようとする本書では，商人機能をもつ経済主体，すなわち小売店・織元そして仲買人が主人公となる。そのために織子についての記述は手薄となってしまうが，手織物業を語るうえでは織子にも触れる必要があろう。ここでは，独立織子となるか織元織子となるかという織子の選択問題と独立織子がシンを仲買人に売るのか，それともタラートに自分で売り込みにいくかという選択問題が議論される。このことは，織元や小売店が織子といかに取引をするかという戦略にかかわってくる。

　第3節では，伝統的機業地における平織り（絣と縞織り）を紹介する。紋織りと絣では，技術的理由によって市場形成のあり方が異なってくることが議論の要諦である。この事実は，市場形成を議論するうえで，重要な視点を与えてくれる。第8章で紹介する大規模織元のなかで移住民でない織元（パサーン工房）が縞織りを主力商品としていることとも関連する事象である。

　第4節で糸屋などの機業の周辺の人々を紹介した後に，第5節では移住民のディアスポラの小規模織元に議論を移す。ここでも代替的就業機会の増加によって織子の減少がみられるが，織元たちは自分たちの出身地から出稼ぎ織子を迎えて内機経営を始めている。このことは，出機経営と内機経営の選択問題に新たな視点を提供することになる。ただし内機経営と出機経営の選択についての最終的な議論は，第8章でなされる。

第1節　伝統的機業地の紋織り：ふたりの織元

　伝統的機業地（ハーッサイフォーン郡）は市内のタラートに比較的近いことから，織子がタラートの小売店に売り込みにいくこともないわけではない。しかし，はじめて訪れた1990年代半ばは，自動車は稀にしか走っておらず，2000

年代になってみられるようになった乗合自動車のソンテウ (*songthaew*) もまだ現れていない。また，オートバイもほとんど普及していない時期である。すなわち，個々の織子が織ったシンをタラートに売り込みにいくには市場へのアクセス費用が嵩んだときの話である。ここでは対照的なふたりの織元，すなわち出機経営を中心とするワンサイ婦人と，内機経営を行うカムソーク婦人を紹介しよう。また比較対照のために，市内で比較的しっかりとした労務管理をする内機経営を始めたヴィタナポラ婦人にも触れておこう。

ワンサイ婦人とカムソーク婦人が織元となりえたのは，信用制約を受ける織子たちに高価な絹糸（生糸）を供給しえたことと，販路を確保したうえで規模の経済を享受できたことによる。しかし織柄への支配力は強いものではなかったことから，ディアスポラの織元と比べると，織子の組織力は強いものではない。そのために経済の混乱期にエージェンシー問題が深刻化となり，また縫製工場が近くに設立され始めたことから織子の募集も困難となって，彼女たちは市場から撤退していくことになる。

1. 出機経営をするワンサイ婦人（1995 年以降数度聞き取り）

ワンサイ婦人の住むボーオー村は，タラート・サオから 10km ほどの，市街地とタイに渡る友好橋との中間あたりにある。メコン川に接するこの村は，水田に恵まれていないこともあり，機織りを生業とする人々も多く，また後述するように染色業者や整経を専業とする人々もいる。はじめて婦人の作業場を訪れたのは 1995 年の夏，婦人が 42 歳のときである。その後，1998 年と 99 年と再訪した。1997 年以降は，キープの暴落期となったことから織元と織子の契約に変化がみられた。初出の織元であることから，少し詳しく紹介しておこう。

(1) 費用収益構造

ワンサイ婦人は，経済自由化が始まってしばらくした 1990 年に，このあたりではじめての織元となる。はじめは，問屋契約で 14～15 名の出機織子を抱えていた。彼女の高床式の家の下には 5 台の織機が置かれており，婦人とふたりの娘の他に，近くに住むふたりの織子が機織りをしている。織柄は摘上紋綜

絖を使う単純なものであり，垂直紋綜絖を使うほどではない[1]。

ふたりの内機織子（未婚）は月25枚ほどを織って，1枚につき雨季（7～10月）に4000キープ，乾季（11～6月）に5500キープ（5.8ドル）の織賃をえている。専業すれば1日1枚が織られることから，織賃はこの地域の農業労働賃金（1500～2000キープ：1.6～2.4ドル）よりもかなり高い水準にある。この時期の米1kgの小売価格は，うるち米550キープ，もち米450～550キープであった。よって，乾季の1日の織賃でうるち米10kgが購入可能となるほど恵まれた就業機会となっていた。1掛け25枚であり，それを1ヶ月で織り終えるのが内機織子との暗黙の了解となっている。出機織子は村内の6人であるが，彼女たちには15万キープ（約160ドル）を貸付けて金筬（日本製）を購入させ，問屋契約を交わしている。もともとは竹筬が用いられていたが，絹糸を使った良質のシンを織るためには金筬が必要となるからである。貸付は無利子であり，返済はシンで相殺される。

織られるシンの品質に差はないことから，出機と内機織子の織賃は同じである。ただし出機織子たちは月平均15枚ほど織るだけであり，内機織子の月25枚よりはかなり少なくなっている。内機は専業，そして出機は家事や農作業などへの労働配分という制約のある家計補助的という性質のためである。少なくとも週2回は出機織子の家を訪問して監督しているからであろうか，この段階ではLandes（1969）のいう「問屋契約に固有の軋轢」というエージェンシー問題は開かれることはなかった。

織元の利益（乾季）を計算しておこう。タイ産生糸2kg（4万5000キープ），ヴェトナム産生糸2kg（3万9375キープ）そして紋部分に使われる日本製メタリック糸（1巻12万1250キープ）から，1掛け分のシン25枚が織られる。細かい価格となっているのは，売り値がバーツ表示であり，聞き取り時点での為替レートで評価されているためである。シン1枚あたりの糸代は7425キープとなり，

---

[1] 彼女の作成する紋綜絖は，紋棒を織手からみて地綜絖の先の経糸の上に置くことによってなされる。簡易的な摘上紋綜絖といえるが，婦人はそれを花紋綜絖（kao chok dok）と呼んでいた。紋棒には輪となる糸が複数つけられ，その輪に経糸が通っている。すなわち，ひとつの紋棒を摘まみ上げると，それに付属する糸の輪が特定の経糸を持ち上げて開口がつくられる。開口を固定するために刀杼を差し込んで，投杼で緯糸を渡す。座ったままだと織子の手が届き難くなることから，紋棒の数は限定されてしまう。紋棒は経糸の下で結ばれており，その紐を引くと元に戻る。垂環紋綜絖と呼ばれる紋仕掛けに近いであろう。詳しくは，植村（2014）を参照されたい。ただし，植村は，垂環紋綜絖はラオスにはないとしているが。

乾季の織賃5500キープをあわせた1万2925キープが生産費となる。シンは市内のタラートの小売店に1万8000キープで卸されることから，織元の利益は5075キープ（利益率28.2％）となる。5000キープを生産費に付加したコストプラス方式による値づけである。

計算後に織元に利益を確かめたところ，そのぐらいであると認めている。糸代と織賃から推計したシン1枚あたりの費用と機業家のいう生産費は，この織元に限らず，ほぼ一致する。詳細な帳簿をつける機業家はほとんどいないが，正確な費用計算はしっかりとなされている。第II部「ふたつのタラート」で指摘したように，生産費をベースとしたマークアップで売り値が決められることから，こうした数値を機業家が熟知しているのは当然のことであろう[2]。

織元によれば，乾季に月40kg，そして雨季に20〜30kgの生糸が処理されるという。従って，乾季の利益は月125万キープ（1330ドル）となる。なお，生糸の精練・染色・整経そして機拵えは，問屋契約であることから織元の負担となる。ワンサイ婦人は，こうした作業を家族労働で行っているために，いわゆる利益率を正確に求めるには自家労働の帰属価格の計算が必要となる。この時点では，それを計算するに足る情報を収集できていなかったが，それを含めたとしても利益率は数％ほど下がるだけである。

月あたり25枚を織る内機織子の収入は，乾季で13万7500キープ（145ドル），雨季で10万キープ（105ドル）となる。これほどの収入が得られる就業機会は，この段階では村の近くにはない。しかし，2000年代に入るとヴィエンチャン市街地とタイにつながる友好橋（1994年開通）を結ぶ24kmの道路沿いを中心に工場が進出するようになる。ボーオー村周辺でも，若い女性たちが縫製工場などで働くようになった。収入だけで比較すると，縫製工場よりも機織りの収入のほうが恵まれていることが一般的である。しかし若い女性たちにとっては，「近代的」な職場に対する憧れがある[3]。こうして織子の供給が減少した結果，

---

2) 本書では，シンの費用収益構造の事例を多く示している。こうした数値が得られるのは，ラオスで徴税システムが確立されていないことから，費用収益構造の開示に機業家があまり抵抗感をもたないためであろう。社会保障制度や税制度の網が掛けられているタイで同様の調査をしたことがあるが，まったく情報の開示はなされなかった。しかし税制に対応する必要がないことから，ラオスの織元の帳簿はメモに留まっており，そこから全体的な経営情報を体系的に知ることはできない。そもそも帳簿をつける織元は稀である。

3) しかし実際に就業すると，厳しい就業規則にストレスを感じる織子たちも多いようである（大野2007）。

この地域の機業は衰退することになる。しかし，衰退の原因となったのは代替的就業機会の増加だけではない。

(2) 変化

1998年3月に再訪したとき，婦人の事業形態が大きく変わっていた。従来の問屋契約で5人の織子と契約を続けているが，さらに6人の出機織子と糸信用貸契約を結んでいた。1999年末に訪問したときには，問屋契約9人そして糸信用貸契約30人前後と，さらに糸信用貸契約に重心を移していた。この人数となると本書の定義では大規模織元といえなくもない。しかし，すぐに指摘するように，この段階では織元というよりも糸商，ないしは糸出し仲買人という性質を強めていた。その理由を探ってみよう。

なぜ糸信用貸契約を採用したかについて，婦人は「近くのタラートにシンと糸の小売店を開いたことから忙しくなり，(問屋契約では織元の担当となる)機拵えにまで手が回らなくなった」ことをあげている。しかし突き詰めて質問していくと，この地域で5人の仲買人が出現したことも変化の理由であるという。この仲買人たちは，糸も糸信用貸契約で掛売りする糸出し仲買人である。さらに彼女たちは高い値段でシンを買い漁っており，問屋契約した織子のなかにも高値につられてシンを売る織子が出始めた。通貨の暴落が将来所得の割引率を大きくして，協調解が成立しなくなったのである。いうまでもなく，問屋契約では糸の所有権は織元にあることから，第三者への販売は契約違反となる。もはや問屋契約の維持が難しくなったと考えて，婦人は1998年から糸信用貸契約に転換した。なお，伝統的機業地で生まれた糸出し仲買人は，糸価格の急激な高騰によって織元と織子の固定的な取引関係が崩れ始めた間隙に一時的に生まれてきた商人であり，キープが安定化すると消えていくことになる。

ワンサイ婦人に，問屋契約と糸信用貸契約を比較してもらった。「問屋契約では糸の窃取があるし，管巻した緯糸が余っても戻してくれないこともある。糸信用貸契約では，この問題は起こらない。織りがよくないときには，糸信用貸契約では値引きして買うことができるけど，問屋契約では契約した織賃を支払わないといけない。1ヶ月程度で織り終えてほしいと口約束はしているけど，酷いのになると5〜6ヶ月もかかる織子もいる。こうなると，投資した資金の回収がなかなかできないでしょう。糸の値段があがっているからね。だけど，よい織柄は問屋契約にしている。糸信用貸契約にしてしまうと，他に売られて

しまうからね」。

　糸の価格が傾向的に上昇するなか，糸を掛売りする仲買人が現れてくる。その過程で，問屋契約は放棄されて糸信用貸契約が主流となっていった。環境の変化によってエージェンシー問題が顕在化したときに，その問題を抑制するような契約形態への変更がなされたのである。これは，タラート・サオ（第 6 章）で観察された変化と重なる。

　糸信用貸契約で織子から納品されたシンの価格とタラートの小売店への卸価格の例をあげると，8 万キープ→ 8.5 万キープ，8.5 万キープ→ 9 万キープ，そして 9 万キープ→ 9.6 万キープである。また，タラートから購入してきた糸を織子に掛売りするときに 1 〜 2％のマージンを取る。その結果，織元の利益率は約 6％とかなり低い水準に留まっている。これは第 4 節の表 7-5 で示す糸屋の流通マージン率とほぼ同じであり，婦人が糸出し仲買人の性質を強く帯びていることを示唆している。

　詳しい数値の紹介は省くが，この時期の問屋契約での婦人の利益率（売り値 8.5 万キープのシンで計算）は 30％程度であり，前述した 4 年前とほぼ同じ水準であった。糸信用貸契約の利益率を大幅に上回っており，均衡していないようにみえる。これには，いくつかの理由がある。ひとつには，前述したように，問屋契約ではよい織柄のシンが織られていることである。また，問屋契約では染色と整経・機拵えは織元の負担であることから，その帰属費用を考慮しなくてはならない。伝統的機業地ではこうした作業を専業とする人々がいる。染色は生糸 2.5 万キープ /kg，整経 2.5 万キープ /kg，筬通し 2 万キープの作業代である。染色は生糸を精練した後なされ，生糸 2kg から 1.5kg の生糸が精練される[4]。さらに，緯糸の管巻に至る作業も考慮しなくてはならないが，内機経営で専業とする人がいる場合もあることを除けば，それらは織子の担当となる。自転車の車輪を利用した手動の管巻車もあれば，扇風機のモーターを使った機械管巻もあり，管巻に必要な時間の推計は困難である。そこで，便宜的に整経と同じ費用とみなしておこう。この数値を考慮して，織元が負担する作業の帰属費用を求めると，シン 1 枚あたり 4094 キープとなる。これは，問屋契約の利益率を 4.8％下げるが，それでも糸信用貸契約よりも高い利益率となる。もっ

4）　生糸は，絹となる繊維質のフィブロインをセリシン（生糸の 25％程度）という膠状物質がコーティングしている。ラオスでは，奥地に入ると灰汁で精練される場合もあるが，現在はアルカリ薬剤が一般に用いられている。

と別の理由がありそうである。それについては，後述する移住民の小規模織元のオン婦人（本章の第5節　織元2）から少し詳しい聞き取りができているので，そこで説明しよう。

マクロ経済の不安定化によって糸の価格が傾向的に高騰するなか，ワンサイ婦人は，問屋契約を糸信用貸契約に変更していった。それは，高い価格を提示されれば仲買人に販売してもよいという口実を織子たちに与えることになる。そのために婦人は，掛売りする糸からもマージンをとらざるをえなくなった。ワンサイ婦人は織柄を提供することから織元とみなされる。しかし簡単な織柄に留まっていることから，実態は糸商または糸出し仲買人へと役割を変質させていったといえる。経済環境が激動するなかで，織元が仲買人に転落していった事例と捉えることもできよう。

いまから思えば，ワンサイ婦人が近くのタラートにシンと糸の小売店を開いたのは，店の経営が忙しくて問屋契約から糸信用貸契約に契約の変更がなされたという話ではなく，糸信用貸契約の採用を余儀なくされ，糸商としてのマージンを追求せざるをえなくなったことから糸を扱う店を開いたとも考えられる。この状況で我慢をしていれば，あと数年でキープも安定化するので元の織元に戻れたのかもしれない。しかし2002年，ボーオー村を訪れたとき，婦人は別の場所に転居していた。近くの村人は「ワンサイは，もう機織りの仕事はやっていないよ」と教えてくれた。

2. 集中作業場をもつカムソーク婦人（1996年聞き取り）

メコン川から離れたところにあるノンハイ村は，やや交通の便の悪い場所にある。しかし，ヴィエンチャン市内から友好橋に通じる道路が建設の途中であった。その道路沿いに，カムソーク婦人（67歳）の自宅兼集中作業場がある。婦人は，1990年ころから近隣に住む織子を雇って機業を始めた。自己資金で織機を購入して，調査時点で17の織機を所有している。婦人と娘も機織りをする他に，村の織子15人（全員未婚）を内機織子として雇用している。また，かつてこの作業場で働いていた織子（既婚）3人を出機織子としている。

内機織子の織賃は，1枚5000キープである。専従すれば3日に1枚が織られることから，1日あたりの収入は1700キープとなる。これは，周辺の農業労働賃金率とほぼ等しい。しかし3日に1枚というが，実際には内機織子は月

6枚程度しか織っていない。すなわち，月18日の労働日数でしかないのである。織子たちは未婚であることから家事労働に多くの時間を取られることはないものの，農作業の手伝いなどから機織りをする日数は多くはない。集中作業場ではあるが，労務管理が整った工場とはいえないのである。

本書で紹介する集中作業場のほとんどでは，機織りが盛んなフアパン県やシェンクワン県からの出稼ぎ織子を自宅に住まわせている。この場合には，週6日就労で，就業時間も決まっていることから，労働生産性は高くなる。しかし伝統的機業地に住むカムソーク婦人の場合は近隣の村人を雇用することから，家事や農作業への労働時間の配分の裁量権を織子に認めざるをえないのである[5]。

シンはタラート・サオの馴染みの小売店に，1枚4.1万キープで卸される。したがって利益率は39.0%となる。また，内機織子は月平均6枚のシンを織ることから，織機17台を所有するカムソーク婦人の内機経営からの収入は月158.1万キープ（1682ドル）となる。家族経営とはいえ，この時期では，かなりの額の収入である。

婦人は，事業を拡大したいと思っている。内機を増やすには自宅の集中作業場を拡充しなくてはならないが，それは自宅の敷地や資金に制約があることから容易ではない。出機と内機経営の選択は，日本におけるマニュファクチュア論争の核心的な課題である。ただし，なぜか見落とされている事実は，織機を設置する場所の制約である。織機の種類にもよるが，織機は横1.5 m×縦2.5～3 m前後あり，設置するには経糸の処理などの目的で横に人が入る隙間が必要となる。そうした織機を多数設置する場所が確保できることが，内機経営の必要条件であることは理解しておかなくてはならない。ある程度の規模で機織りを事業とするならば，内機経営と出機経営が併存せざるをえない理由がここにある。ワンサイ婦人が出機経営を，そしてカムソーク婦人が内機経営を選択したのも，結局は彼女たちの家の大きさによるものといえる。

2年後，この作業場を再訪した。残念なことにカムソーク婦人は他界しており，日本から送った婦人と娘の写真が飾ってあった。娘が事業を継いでいるが，内機の織子は減少している。娘が織物の事業に不慣れであったことと，近くに縫製工場ができるなどして織子の供給がさらに減少したためである。その後，

5） 同様の事情は，第8章で紹介するヴィエンチャン県の大規模織元，パサーン工房とヴィエンケオ婦人の集中作業場でも観察されている。

新しくできたバイパスを通るたびに作業場を覗くが，もはや機織りはなされていないようである。

3. 労務管理を確立した織元（2000年聞き取り）

　伝統的機業地とは離れるが，カムソック婦人の機屋よりも，もう少し工場としての性格をもつシェンクワン県出身のヴィタナポラ婦人（59歳）の集中作業場を補足的に紹介しておこう。場所は，ヴィエンチャン市街地の外れである。織られるのは，ティーン・シンだけである。12の織機を備えた内機のみの織元であるが，かつてはカムソック婦人と同じような状況にあった。しかし生産性が低いことから，婦人は調査年から報酬制度を変更している。当然のことであるが，集中作業場を設定したからといって，それだけで生産性が向上するわけではない。広い意味での労務管理がなされなければならないのである。

　就業時間は8時から17時までと設定され，週6日制である。基本給は月5万キープ（6.25ドル）であり，これに出来高給が加わる。病欠は認められるが，それ以外での欠勤は給与から基本給の日給分が差し引かれる。基本給5万キープは1日あたりにすると2000キープとなるが，キープが暴落（対ドル為替レートは2000年1月7500キープ，8月8000キープそして12月8200キープ）しており，ドル換算すると，それほど大きな額とはならない。それでも欠勤による給与の減額は，出勤を促すことになる。

　織賃は織柄によって決まってくる。12人の織子の内，調査時点で機織りをしている織子9名の1枚あたりの織賃と，製織必要日数を確認した結果が表7-1に示される。残り3名は機拵えをしているところで，まだ織柄が決まっていない。Aを担当する織子は他の織子のために整経（1セット6000キープ）も担当することから，簡単な織柄ではあるが，必要製織日数は2日と多くなっている。EとHを担当する織子は高齢であり，製織作業が遅いことから，さほど難しい織柄ではないが必要製織日数は多くなる。逆にG担当は技能の高い熟練した織子であることから，製織のスピードが速くなる。機拵えは各自が行い，7000キープが支払われる。

　こうした点を考慮すると，織子の給与は，織りの遅い織子でも1日1万キープ強となるように調整されているようである。品質の低下につながることから機織りを急がせるようなことはないが，月の給与が最低30万キープになるよ

表 7-1　シンの種類と織賃

種類	織賃（キープ）	製織必要日数
A	8000	2
B	13000	1
C	70000	6
D	35000	3
E	20000	3
F	25000	2
G	35000	2
H	25000	4
I	10000	1

うに織子に指示していると婦人はいう。これは基本給と皆勤して製織したときの賃金で達成される額であり，暗黙裡に皆勤を促しているといえる。こうした労働努力を促す制度があることは，この集中作業場がかなり工場に近い性質をもつことを示唆している。農業がなされない市内にある集中作業場であるからこそ可能な制度ともいえよう。

　ちなみに月30ドルの収入というとかなり低いように思えるが，キープが最も暴落した時期のドル換算した場合の数値であるためである。この時期のうるち米の小売価格は1800～2000キープ/kgであったことから，1日1ドルの収入とみれば，それは米5kg程度に相当する。必ずしも，低い収入とはいえないであろう。ただし，先ほどのワンサイ婦人の織子の給与を米換算したときの10kgと比較すれば，その半分になっている。シン価格の低迷と物価高騰の影響が，織子の実質収入を低下させたのである。

　ヴィタナポラ婦人の集中作業場は，これ以降に紹介する大規模織元の集中作業場と比較しても，最も「工場」としての性質の強い労務管理戦略をとっている。逆に，カムソーク婦人の内機織子の管理は最も弱いものであった。これは，カムソーク婦人の織柄が複雑なものではないこと，農作業の需要があり内機織子といえども完全な専業とはなりえないことから，あまり効果的な管理ができなかったためであろう。

　集中作業場では，その生産形態が採用されれば自働的に生産性が高まるわけではなく，適切な労務管理が伴わなければ高い生産性は実現されないのである。たしかに出機織子よりも内機織子のほうが生産性は高いが，それは集中作業場という組織の優越性だけでなく，出機織子が家計補助的な既婚女性であるのに

対して内機織子が専従可能な未婚女性であるためでもある。この点については，もう少し事例を紹介した後に，第8章の第4節で議論することにしよう。

第2節　織子

　織元織子（出機）と独立織子について，ふたりずつ紹介する。織子は商人ではないが，商人が提案する織子へのかかわり方，すなわち市場形成の方法に対して，どのように彼女たちが反応するかを確認しよう。ここでは，織子が独立織子ないしは織元織子となるかの選択，そして彼女たちが仲買人かタラートの固定的な関係のある小売店に販売するのかの選択問題に焦点をあてたい。それは，小売店なり織元なりが織子を組織する戦略にかかわってくることにもなる。

1. 出機織子

　ボーオー村のセンカム婦人は，問屋契約で，1993年に中学校の教員をしている織元の出機織子となった（1999年12月聞き取り）。機枠は自己所有であるが，金筬や綜絖などは織元が提供している。1枚を仕上げるのに1日半が必要であり，1枚あたり乾季3500キープ，雨季3000キープの織賃を得ている。農業労働賃金が2500キープということから，それとほぼ等しいかやや上回る収入である。ここしばらくの変化について，センカム婦人は次のように語っている。

> 「今年（1999年）の7月から10月にかけて（通貨暴落の影響で）生糸価格が高騰したけど，シンの価格は据えおかれたままだ。そのために資金に余裕がなくて糸が買えない人は，織元の織子となるしかなかった。そうすれば，糸を提供してもらえるからね。昔は生糸が安かったから織元はあまりいなかったけど，この辺りでも織元が増えてきた」。

　この聞き取りがなされた1999年12月は，キープが最も急激に暴落した時期である。対ドルの為替レートは，1999年1月には1ドル4298キープであったのが，雨季が終わりに近づきタッ・ルアン祭りのためにシンの需要が高まる8月には9350キープと100％を上回る通貨の切り下げとなった。当時，流通する生糸の中心が中国産であり，中国の人民元がドルにペグされていたことから，

生糸価格が高騰することになる。このマクロ経済の激変は，タラート・サオで観察されたと同様に，機業にかかわる人々の行動に大きな影響を与えることになった。

2. 独立織子

(1) 独立織子1

ボーオー村の未婚の40代前半のタティプ婦人の費用収益構造が表7-2に示される（1999年聞き取り）。1枚あたりの糸代は8294キープであり，それを村の仲買人に乾季には1万3500キープで売る。収益率は38.6％となる。この収益率は，これから紹介する独立自営業者の収益率と比較するとかなり低い水準である。これは，キープ暴落によってシンの市場が冷え込んだ時期の数値であるためであり，経済が安定してくると50％を超す数値に回復することになる。

摘上紋綜絖の作成料は5500キープであるが，繰り返し使われることから，シン1枚あたりの費用としては無視できる額となる。1日1枚の製織であることから，1日あたりの収入は5200キープとなる。この辺りでの農業労働賃金が1日2500キープということから，その倍の収入である。ただし，この織子は朝4時から夕方9時まで機織りをしているということから，実質的には農業労働賃金と大きな差はない。これまでも指摘したように，機織りからの1日あたりの収入を示すのは，あくまでも便宜的である。独立織子でも，このような専業的な事例もあれば，家事の合間に機織りをすることもあるからである。特に，後者では，正確な労働時間の把握は困難である。

需要が減少する雨季には，売り値は1.1万～1.2万キープに下がる。「値段が下がるので，雨季には，お金のない人だけが機織りをしている。だから，私は一年中織っていて，年に300枚以上は仕上げている」と婦人は笑う。そうすると，婦人の機織りからの年間収入は360万キープ（467.5ドル）ほどとなる。これは，前述のチャンタオ婦人の小学校教員としての年収のほぼ倍となる。

(2) 独立織子2

ボーオー村の独立織子スウヴィタ婦人と話をしてみよう（1999年12月聞き取り）。数値の詳細は省くが，彼女の1日あたりの収入は2650キープとなり，農業労働賃金とほぼ等しくなる。

表7-2　タティプ婦人の費用収益構造

経糸	生糸（中国製）　2.5kg　16.5万キープ	
	染色は染色屋で1万キープ/2.5kg　50枚分（32ロップ）	
地緯糸	コンケーン糸　8万キープ/2kg　22枚分	
	染色　5000キープ/2kg	
柄糸	メタリック糸　1巻9300キープ　10枚分	
	⇒　糸代　8294キープ/1枚	
売り値	13500	
利益	5206キープ（収益率　38.6%）	

　13年間取引をしているタラート・クアディンの馴染みの小売店にシンを卸している。「仲買人に売っても同じ値段だけど，シンの価格が下がる雨季でも，この馴染みの小売店は同じ値段で買ってくれるのでね」という。馴染みの小売店の提供する配慮である。10～15枚ほど製織すると，卸しにいく。まとめて10～15枚を卸すというのは，交通費や機会費用となるタラートまでの時間を考慮したときには，規模の経済が必要となるためであろう。

　このスウヴィタ婦人の発言は，独立織子の販路選択をよく表現している。仲買人に売るときには1枚でもよいのであるから，短期的な所得の平準化という観点からすれば，随時販売できる仲買人への販売のほうが条件はよいことになる。しかし，タラートの小売店は馴染みであることから売り値は通年で一定であるが，仲買人では雨季には低下してしまう。したがって年間を通じた所得の平準化という観点からは，馴染みの小売店に卸すほうが理に適うことになる。それぞれのメリットとデメリットを勘案して，織子は売り先を選択しているといえる。

　伝統的機業地では複雑な紋織りは織られていないことから，織柄情報の入手制約は織子にとって大きな問題とならない。2000年前後になるとオートバイの普及や乗合自動車も走り始めたことから，それほどタラートまで距離のないこの地域では，距離の克服も大きな制約となっていない。1990年代末で問題となっていたのは，輸入生糸価格の高騰による信用制約であった。ここに，織元から糸の提供を受けることができる織元織子が生まれてきたのである。また，独立織子の販売先がタラートの小売店か仲買人かも，短期的な所得の平準化か年間を通じた平準化のどちらを選好するかによる。糸購入にかかわる信用制約

が織元織子を生んだという論理は，この後に触れる絣でより鮮明にあらわれることになる。

第3節　伝統的機業地の絣

　伝統的機業地の絣は，かつては独立織子たちが自己の勘定で生産しており，織元は存在していなかった。織子自らが養蚕をしていたことから糸の入手についての信用制約は問題ではなく，また絣の柄は種類がそれほど多くはないことから，紋織りほどは織柄の流行の変化がないうえに，一般に織子が括り染めできていたからである。したがって，織元が取引に介在する余地はなかったのである。

　技術的な点をひとつ説明しておこう。絣よりも紋織りのほうが紋綜絖を使うことから技能が必要で，また織りに時間を要するようにも思える。しかし，これも紋柄がどの程度入るかに依存する。伝統的機業地の織柄は簡単なものであることから，織柄部分にはやや時間をとられるが，残りの部分は平織りでよい。これに対して，絣では，緯絣であることから緯糸を渡すときに柄が崩れないように糸を逐次調整する必要がある[6]。このために，絣で織賃が低くなるわけではない。

　経済自由化以降に，伝統的機業地の養蚕は衰退していった[7]。そこで，中国産生糸を購入して機織りをするという生産形態が確立されていった。しかし1990年代後半のキープの暴落によって輸入絹糸価格が高騰したことから，織子の信用制約が顕在化した。ここに，織子の信用制約を解消する主体としての織元が生まれる素地が形成されたのである。

　絣で特有となる糸の使い方も，信用制約をより大きなものとしている。機掛けの時，紋織りであろうと絣であろうと，経糸は一度に掛ける必要がある。緯糸については，紋織りではシンを1枚織るごとに販売して，その都度，緯糸を

---

[6]　絣の縁を見ると，細かな緯糸の輪ができていることが多い。緯糸を調整して絣柄が崩れないようにしたためである。日本の手織りの高級絣でも，同様の輪を見ることができる。

[7]　代替的就業機会の増加と，タバコ栽培の普及がその原因だと村人はいう。蚕はタバコの煙に弱く，桑畑にタバコ畑から風が吹いてきて，その桑の葉を蚕が食べただけで全滅してしまうという。

追加して購入すればよい。しかし絣では，緯糸絣であることから緯糸の括り染めを機掛けの前にすべて行っておく必要がある。よって，絣で信用制約がより顕在化することになる。伝統的機業地では綿織りではなく絹織りがなされることも，織子の信用制約をより深刻としている。

こうして，信用制約を理由とした織元が絣で生まれてきた。そうしたことからであろうか，絣の織元は *phou*（人）*long*（投資）*huuk*（機）と呼ばれており，紋織りの織元をあらわす *mae*（母）*huuk*（機）とは異なる呼び方がされていた。呼び名の違いに，絣柄は自分たちが決めているという織子たちのささやかな自尊心を読み取ることもできよう。以下，絣の織元をふたり紹介しよう。

1. 織元カンスン婦人（1999年聞き取り）

ボーオー村から奥に入ったシートン村のカンスン婦人は，1996年から絣の織元となった。はじめは村の織子8人に対して，問屋契約で絣を織らせていた。しかし聞き取りをした1999年末には5人に減少している。カンスン婦人は自分で括り染めをするが，機拵えは2万キープ（2.6ドル）で村人に委託している。

表7-3は，1掛け分（180cmの絣35枚分）の費用収益構造である[8]。紋織りの織元の利益率と比較して，婦人のそれは54.7％とかなり高いものとなっている。その背後には，高価な絹糸を投資していることと，この時期のキープの暴落にかかわるリスク負担への配当がある。しかし，この高い利益率は織元の参入を促している。カンスン婦人は「近ごろ，織元が増えてきた。そのために織子の確保が難しくなり，5人にまで減ってしまった」という。絹糸価格の高騰が信用制約を顕在化させて多くの独立織子が織元織子となったが，それ以上に織元が増えたためであろう。このとき，織元となる条件は糸を提供する資力をもちあわせていることである。まさに，*phou long huuk* である。

絣の緯糸は染められていることから，窃取しても染め直さないと他に使いようがない。したがって，紋織りで聞かれる糸の窃取というエージェンシー問題

---

[8] 同じ経糸の長さで，前出の独立織子は40枚，この織元では35枚の絣が製織されている。この枚数の違いは，織幅の違いである。長さは1ワー（*waa*）180cmと規格化されているが，ティーン・シンの長さが流行で変化することからシンの織幅も変化していく。調査時点で，ある織元は「ちょっと前まで幅の広いティーン・シンが流行っていたので絣の織幅は65cmであったが，現在は小幅のティーン・シンが主流となっている。そのために絣の織幅を90cmとしている」という。

表7-3 カンスン婦人の費用収益構造

経糸	ヴェトナム産生糸 2.5kg＝2800バーツ　染色工場2.5kg　250バーツ
緯糸	ヴェトナム産生糸（太）2kg＝1700バーツ　括り染用
	化学染料　2袋　@2500キープ
	ヴェトナム産生糸（細）2kg　1800バーツ
	染色工場　2kg　200バーツ
機拵え	2万キープ
	⇒ 生産費　45300キープ/1枚
売り値	500バーツ（10万キープ）　（利益率　54.7％）

注）1バーツ＝200キープ，1ドル＝7674キープ（1999年12月）。

は聞かれなかった。しかし緯糸の調整が雑で織柄が崩れてしまい，粗悪品の絣となることがある。その対処法を聞くと，「あまり強くはいえない。織子が困っているときにお金を貸したりして，機嫌を取らないと他の織元のところにいってしまうしね」という[9]。

2. 織元シーアムポン婦人（2011年聞き取り）

2011年，久し振りにハーッサイフォーン郡を訪れた。織子の数は減っているが，それでも伝統的機業地の名残はある。ただし，絣よりも縞織り（カーン）を多く見かけるようになった。

縞織りの集中作業場を開設したばかりのシーアムポン婦人を事例に，織元の活動をみてみよう。夫は民間の電気会社の社長をしており，裕福な生活をしている。婦人は，10年にわたり近くのタラートでシンの小売店を開いていた。そして，聞き取りの3ヶ月前に，自宅の敷地に集中作業場を建てた。14台の織機がおいてあるが，織子は10人である。ひとりがフアパン県からの出稼ぎ織子である他は，村の織子が働いている。出機織子も10人いる。出機の機枠は織子のものもあれば，婦人が貸与したものもある。ただし筬は，タイ製の金筬（1000バーツ）を婦人が貸与している。

異なる品質の絹糸によって3種類の縞織りが織られている。表7-4には，その費用収益構造が示される。いずれの利益率も40％台半ばとなっている。機拵えは，2万キープで委託する。問屋契約であるから，出機織子に対しても，

9）「機嫌を取る」については，カンスン婦人はアオ（取る）チャイ（心）という言葉を使っている。この言葉は，タイ語と同じで，ラオスでも人間関係を維持するための要諦となる概念である。

表7-4 シーアムポン婦人の費用収益構造

	絹糸（2kg） （バーツ）	織賃 （キープ）	染色/kg （キープ）	整経/2kg （キープ）	費用/枚 （キープ）	売り値/枚 （バーツ）	利益/枚 （キープ）
1	6900	3万	3.5万	10万	94375	900	85625
2	5400	3万	2.5万	8万	80625	750	69375
3	4800	3万	2.5万	8万	75625	650	54375

卸値に占める構成比（％）

	織賃	糸代	利益	合計
1	16.6	35.8	47.6	100.0
2	20.0	33.7	46.3	100.0
3	23.1	35.1	41.8	100.0

注）1バーツ＝200キープ。

　これらの作業は織元の負担となる。管巻作業も村人を雇用してなされるが，1枚あたりの費用に換算すると大きな額ではない。2kgの絹糸は36綛に相当し，3綛から2枚が織られる。出機と内機織子の織るシンに品質の差はないという。ただし管巻した緯糸は，内機織子には10管渡すときでも，出機織子には12管渡すという。日本でもみられた慣行であり，余分に糸を渡して粗製濫造を防ぐためである。

　縞織りは，ティーン・シンをつけて企業や事務職の制服として売られる。ただし紋織りであるティーン・シンは，移住民の村で高品質のティーン・シンを織る村として知られるプーカオカム村（第9章参照）や軍施設のあるウドムポン村の織元から購入している。ここの織元たちとは，シンの小売店を営んでいたころからの付き合いであるという。このビジネス・モデルは第8章で紹介するパサーン工房と同じであり，双方の織元はヴィエンチャンのもともとの住民である。すなわち，さほど紋織りには精通していないことから縞織りを生産しているのである。今後はフアパン県からの出稼ぎ織子を雇用して，パー・ビアンを生産する計画がある。いうまでもなくパー・ビアンはティーン・シンと同じく紋織りであることから，伝統的機業地の織子ではうまく対応できないためである。

3. 紋織りと絣の比較

　ここで紋織りと絣ないしは縞織りとの対照が明らかとなる。紋織りでは紋綜絖を作成する能力をもつ図案師としての技能が織元に求められるが，絣では知的所有権を主張できるほどの柄はない。したがって絣やもともと織柄が問題とはならない縞織りでは，織子の信用制約が織元の存立の主たる理由となる。紋織りでない限りは糸の窃取は大きな問題とはなりにくいことから，問屋契約が採用されている。むろん織子が村人であることから，監視しやすいことやコミュニティ的統治を利用できることも問屋契約が採用される理由となっていよう。

　絣は，ラオス南部に産地（Appendix B）がある。かつては，いったんタイにでて移動したほうが早いとされるほど，ラオス中部（ヴィエンチャン）と南部（パクセーやサワンナケーッ）は分断された経済圏であった。2000年代に入ると，ラオスの大動脈である国道13号線の舗装が進み，ヴィエンチャンと南部パクセー間の流通が円滑化されていく[10]。こうして南部の絣がヴィエンチャンでも大量に入るようになり，またヴィエンチャンで縫製工場などが林立し始めると，ハーッサイフォーン郡の絣も徐々に衰退してきた。

第4節　機業の周辺

　伝統的機業地には，糸屋の他に，染色・整経そして括り染めを専業とする人々が生まれてきて農村の機業を支えている。分業もまた，織物の市場形成を支える現象であろう。市場形成という本題からやや逸れるが，機業の全体像を示すために伝統的機業地の糸屋・染色業者・整経業者・綜絖引き込みと筬通し業者そして絣の括り染め業者について簡単に紹介しておこう。日本では撚糸業者もみられたが，ラオスでは織子が撚糸するか，撚糸済みの糸を購入している。なお業者といっても個人の自営であり，機織りと同様に農村非農業活動に分類さ

---

[10]　それでもなお，ラオスが地形的に湾曲していることから，ヴィエンチャンから南に下る場合には，いったんタイに出てサワンナケーッに入るほうが便利である。これは，サワンナケーッとタイのムクダハンを結ぶ第二友好橋が2006年に開通した効果である。

表7-5　糸屋の仕入れ値と売り値（単位：バーツ）

	仕入れ値	売り値	マージン率（％）
綿糸　400g（5綛）	80	90	11.1
中国産生糸（2kg）A	2500	2700	7.4
B	2800	3000	6.7
C	3500	3700	5.7
日本製メタリック糸	225	235	4.3

絹糸　2kgの生糸を2800バーツで仕入れる。それを染物屋で精練・染色（125バーツ＝2.5万キープ）して，1.5kgとなる。これを1kg1500バーツで売る。よって，利益率は14.4％となる。

注）中国製絹糸（生糸）はmai noiと呼ばれる細い糸であり，絣の経糸に使われる。綿糸は撚りをかける作業が糸屋によってなされていることから，マージン率が高くなっている。

れる業種である。

(1) 糸屋

　ボーオー村の近くにあるタラートの糸屋の仕入れ値と売り値を表7-5に示しておく（1999年12月）。コストプラス方式の値付けとなっている。糸の大半が輸入品であることや，キープが刻一刻と切り下げられていることから，為替リスクを避けるためにバーツで値付けされている。ただし取引は，その日の為替レートを使ってキープでなされる。生糸は，タラート・クアディンのヴェトナム人の店（補足史料II-2参照）で購入しているという。

　単価が安いとマージン率も高くなるが，6％前後の率は，この時期のインフォーマル金融の利子率とほぼ等しい。ただし，生糸を精練・染色して販売する場合は，その加工費用が上乗せされてマージン率は14.4％と高くなっている。

(2) 染色業者

　伝統的機業地には，2012年段階で染色業者が3人いる。もともと機織りが盛んであったことに加えて，メコン川に近いことから染色廃液の処理がしやすいこともあって染色業者が生まれてきたのであろう。ヴィエンチャンの織元や糸屋への聞き取りでも，染色技術が高いということで染色はボーオー村の業者に委託する人々が多い。

　ボーオー村の入り口に，この地域ではじめての染色業者となったコンカム婦人の染場がある（1996年聞き取り）。様々な色に染められた絹糸が屋外で天日干しされている。コンカム婦人は自分で糸を染色して絣を織っていたが，周りの

織子たちに染色を頼まれるようになり，1990年に染色を専業とした。家族5人が働く他に，村の男性（1日3000キープの賃金）を雇用している。

草木染めは染色原料が高くて利益が出ないので，ドイツ製の化学染料を使っているという。聞き取りが雨季であったことで，ひと月50kgのベトナム産生糸の染色に留まっている[11]。2kgの生糸を染めて約5000キープの利益があるというから，月12.5万キープ（135.6ドル）の収入となる。乾季には，その倍以上を処理するとのことである。当時とすれば，かなりの収入をもたらしてくれている。

2011年，この染物屋を再訪した。10～11月のピーク時には月300kg，雨季には100kgの生糸を染色している。2007年に，近くにふたつの染物屋ができたことから注文が減ったというが，1996年の聞き取り時点よりは処理量は多くなっている。他にも染物屋ができていることを踏まえると，経済成長によってヴィエンチャンでの絹織りのシンの需要が増えていることが窺える。

コンカム婦人の染場よりも大量に処理しているのは，隣村の副村長ブンノーム氏が2007年に始めた染色場である（2011年聞き取り）。ここは，家族労働だけの染場である。隣村といってもボーオー村に隣接しており，コンカム婦人の染場とは100mほどしか離れていない。

タラート・クアディンのヴェトナム人糸屋からの注文が取引量の約8割を占め，残りはタラート・サオや近くの糸屋からの注文である。緯糸の生糸は2kgを2.5万キープ，経糸（細い）は2kgを3.5万キープで染色する[12]。化学染料は，濃さによって異なるが，2kgの染色に6000～10000キープが必要となる。燃料に木を使うと煙が出て近隣から苦情が出るので，炭を使っているという[13]。2kgの生糸を精練・染色して得られる利益は，3000～5000キープである。1日40～50kgの生糸を処理していることから，1日あたりの利益は20万キープ（25ドル）程度に，また月25日操業すれば月500万キープ（600ドル）強の収

---

11) 綿糸は染色済のタイ製が用いられることから，染色は絹糸だけである。
12) 一般に，経糸には撚りを抑えた細い糸が用いられることが多い。これは筬で糸が毛羽立つのを抑えるためである。
13) ちなみにコンカム婦人は，マンゴスティーンの木を使っている。1立方ヤードを10万キープで購入しており，300kgの生糸の染色に1.5立方ヤードが必要となる。これは生糸1kgあたりにすると500キープの費用にしかならない。炭を使う場合と比べて，生糸1kgの精練・染色から得られる利益は2000キープ程度多くなっている。それにもかかわらず，ブンノーム氏の処理量が多いのは，彼が大きな染色器具などに投資しており，処理能力に優れているためである。

写真 7-1　整経

入となる。この時期の縫製工場労働者の月給が100～120万キープ程度であることと比較すれば，家族労働を含むとはいえ恵まれた収入といえよう。

(3) 整経業者

　1995年でも整経を専業とする人がいたが，ここでは2011年に聞き取ったデータを使おう。前述の糸屋の隣で，整経を専業とするシーパン婦人（56歳）がいる。歳をとると目が覚束なくなり，機拵えや紋織りのような細かい作業が難しくなる。こうしたことから，年老いた女性が整経を行う傾向がある。シーパン婦人は，織物が復活し始めた1990年ころから整経を請け負っている。2kgの絹の整経料は，細糸で10万キープ，太糸で8万キープとのことである。綛で受け取った絹糸を糸繰り機で解いた後，整経台（fua）に掛けていく（写真7-1）。

　綜絖で経糸を上下に開き分けて杼道（開口）をつくり，そこに緯糸を通していくのが織りの基本作業である。経糸を引き上げるのが「綜」であり，引き下げるのが「絖」である。経糸の偶数番目と奇数番目が綜と絖によって操作されることから，2本の経糸を単位として，綾取りをするかのように指を動かして整経がなされる。整経された糸は，米粉を溶かした熱湯で糊づけしていく。これによって経糸がさばきやすくなり，機拵えや機織りがしやすくなる。

　整経台を何度も往復して整経する作業は単純作業にもみえるが，整経が丁寧になされないと経糸を機に掛けるときに問題が生じることから技能の差が出る

作業でもある。婦人は1日に2掛け分，週に10掛け分を整形するという。母親も整経をするが，高齢なので1日1掛けだけという。親子で週15掛け分とすれば，月の収入は500〜600万キープ(700ドル程度)となり，前述の染色業者とほぼ同じ水準となる[14]。整経を依頼してくるのは，前述の糸屋や近くの織子と織元たちである。付近には，整経を生業とする人が5〜6人いるという。

(4) 綜絖引き込みと筬通し業者

綜絖引き込みと筬通しの作業 (*khon seub huuk*)，すなわち機拵えは織子や織元が行うことが多いが，それを専業にする人もいる。1998年のボーオー村の聞き取りでは，経糸31〜32ロップ(経糸1240〜1280本)で1日作業の6000キープ(2.4ドル)，40〜43ロップ(経糸1600〜1720本)で1日半作業の8000キープ(3.2ドル)の収入となる。整経と比較すると安くなっているが，これは整経作業が整経台を何往復もしなくてはならないという(ラオス人にとっての)重労働であるためだと村人はいう。

(5) 括り染め業者

絣用の括り染めを専業にするダヴァン婦人(23歳)は，自らも絣を織る傍ら，括り染めを請け負っている。かつては織子が括り染めをしていたが，革命(1975年)以降に経済が低迷して絣が衰退したために括り染めの技能をもつ人も減った，という。1990年代に入って経済が動き始めると，絣も復活してきた。ただし括り染めができる人が少なくなり，ここに括り染めを請け負う業者が生まれてくる。ダヴァン婦人も，若いながらも括り染めができる職人であり，20種類ほどの括柄を知っている。

ベースとなる色を染めた絹糸(緯糸)を依頼者が持ち込む。持ち込まれた緯糸は，まず所定の幅をもつ木枠に巻き取られる。幅は，ティーン・シンの幅に対応して，33ロップ用と40ロップ用の2種類がある。5綛(1綛でシン1枚分に相当)の括り作業が3000キープ，そしてその染色作業が3000キープの料金である。これは33ロップ用であり，40ロップだと，それぞれ5000と4000キープとなる。馴染みの織子は7人いて，需要は通年あるという。

---

14) 1998年3月にボーオー村で聞き取りをしたときには，1kgの絹糸の整経には3時間を要して，1万キープの代金である。1日2掛け分をこなしていた。ドル換算すると，2kgの絹糸の整経から得られる収入は，1998年で8ドル，2011年で11ドルである。

聞き取りをしているときに，自転車に乗った織子がやってきた。

「まだできないの？」

「いまやっているところ。明日には渡せるよ」。

第5節　移住民の小規模織元

　移住民のディアスポラの小規模織元に話を移そう。実態をややモノグラフ的に記述するところもあるので，まず結果をまとめておこう。

　伝統的機業地と比較すれば，ディアスポラでは機業に携わる人数は圧倒的に多く，かつ技能に秀でている。ヴィエンチャン市内では，縫製工場などの代替的就業機会の増加によって織子の供給は減少しており，今世紀に入ってしばらくするとディアスポラでも独立織子はみられなくなってきた。市内の小規模織元たちも，減少している。しかし少し市内から離れて近郊にいけば，依然として機織りは重要な就業機会となっている。道路が整備され，バスなどの公共交通サーヴィスも充実してきており，そして何よりもオートバイの保有が一般的となったことから，タラートに売り込みにいく独立織子が増加している。そのために織子を探し出せなくなってきたことが，織元の減少につながっている。

　それは伝統的機業地で織元が衰退していった理由であるが，移住民のディアスポラでは異なったふたつの対応がとられることによって機業が生き残っている。ひとつは郊外のディアスポラの織子を出機経営で組織するという機業の外延化であり，他方は出稼ぎ織子を雇用した内機経営への転換である。出稼ぎ織子の大半は移住民の故郷のフアパン県やシェンクワン県からの未婚の女性であり，その多くは織元の出身地域の親戚や村人である。織元と領域性を共有していることは，移動してくる若年の織子やその両親にとっては安心なことであろう。伝統的機業地では，そうした出稼ぎ織子に頼ることができずに機業は衰退していくことになる。

　なお，ここで紹介する小規模織元もそうであるが，織元たちは1975年の革命前後に移住してきた人々というよりは，比較的新しい移住民が多いようである。1975年前後の移住民の家計はすでに第二世代に入っており，ヴィエンチャ

表7-6　紹介する小規模織元

	調査年	場所	特徴
織元1	1998	ドンドーク	内機経営。工場勤務の夫よりも高い収入。
織元2	1999	ドンドーク	問屋と糸信用貸契約採用。利益率の比較可。
織元3	2011	ドンドーク	内機と出機経営。
織元4	2011	ドンドーク	出機経営。小売店・織元・織子でのリスク負担。
織元5	2011	ウドムポン	内機と出機経営。誰が織元織子となるのか。
織元6	2011	ウドムポン	織元として事業に失敗して織子に。

ンでの生活に適応していることから都市型の職に就いている人々が多い。むしろ新規の移住者は，そうした都市型の就業機会を利用できずに機織りで生計を維持しようとしているようである。ただし，大規模織元となると，初期の移住者も多い。

　調査ノートには，かなりの数の小規模織元の記述がある。ほとんどがヴィエンチャン近郊のディアスポラでの聞き取りである。こうした織元には共通項が多いことから，聞き取りしたすべての小規模織元を紹介する必要はないであろう。そこで，小規模織元6人（織元1～6）の紹介に留めるが，それぞれ特徴のある多様性がみられる（表7-6）。なお，織元1と2は通貨暴落の時期，そしてそれ以降は2010年代の経済安定期での聞き取りである。

1.　織元1：出稼ぎ織子を雇用した集中作業場

　ドンドーク地区にあるタンミサイ村のアルニィ婦人の話から始めよう（1998年聞き取り）。この村は1970年に開村された移住民の村であり，2014年時点では，戸数764，人口4264人の大規模村である[15]。

　フアパン県生まれのアルニィ婦人は，都会に住んでみたいと1993年にヴィエンチャンに移住してきた。はじめは縫製工場に勤めていたが，結婚して子供ができたことから1997年に退職している。そしてすぐに，4台の織機（単価：機枠＝1.5万キープ，金筬と綜絖＝7.6万キープ）を購入して織元となった。縫製工場の給与が月額6.3万キープであったというから，織機の購入は必ずしも安

---

[15] 村といっても，農村地帯の村ではない。ヴィエンチャンの中心地の住所にも村（*ban*）が使われている。タンミサイ村は，農村と都市の狭間にある村である。そのために，2010年代に入ると，村で機織りをする人を見かけなくなった。

表7-7　アルニィ婦人の費用収益構造

経糸	絹糸　10綛	@6500キープ	50枚分
緯糸	絹糸　1綛		3.5枚分
メタリック糸	1.3万キープ		8.3枚分
	⇒ 糸代　4817キープ-1枚		
織賃	1000キープ　2日で3枚		
卸値	1.1万キープ		
利益	5183キープ（利益率47.1％）		

い投資ではなかったであろう。

　作業場では，フアパン県の親戚の娘達を呼び寄せて内機織子としている。「働きたいと希望する田舎の娘達も多いけど，織機を揃える予算がなくてね」と婦人はいう。この婦人のように，結婚や出産によって家事労働との時間配分に裁量がもてる機織りを始めるという織元や織子は多い。そうした女性が独立織子となると，専業性が保てないことから関係性の強い契約でタラート・サオの小売店とお得意様の関係に入ることは難しくなる。したがってタラート・クアディンの小売店に注文契約で囲い込まれていく傾向がみられる。ある程度の投資余力があれば，アルニィ婦人のように織元となっていく。

　経糸と地緯糸ともに中国産生糸を使ったシン，そして経糸がイタリー糸で地緯糸がコンケーン糸の2種類のティーン・シンを織っている。表7-7は，すべて絹糸で織った場合の費用収益構造である。1枚あたりの糸代は4817キープであり，売り値が1万1000キープであることから，利益は5183キープ（利益率47.1％）と計算できる。ただし，織子の食事代を考慮すると，利益率は40％台そこそことなる。

　1日あたりで計算した織賃は1500キープ（0.62ドル：月25日就労とすれば月3万7500キープ＝15.5ドル）とかなり低いが，これは食費・寄宿費を織元が無料で提供していること，そして経済の混乱期で需要が低迷していたときの聞き取りであったためである。ちなみに婦人の夫は近くのプリント工場で働いており，月7万キープ（37.2ドル）の給与を得ている。聞き取りからの推計では，婦人の乾季の収入は月90万キープ（ただし織子たちの食費・光熱費などを差しひくと60～70万キープ）となり「夫よりも，かなり多く稼いでいる」（アルニィ婦人談）ことになる。

　シンはタラート・サオのお得意様の2軒の小売店（店主はフアパン出身者と

ヴィエンチャン出身者）に卸している。小売店から売れ筋の織柄情報を入手しているが，資金や糸の提供はない。むしろ，店主に資金がないときには代金の後払いすらある。ただし，これはフアパン出身の店主に限られ，「ヴィエンチャン出身の店主には現金払いでないと売れない」と婦人はいう。小売店の信用制約も，領域性を通じた掛買いで処理されているのであろう。

2. 織元2：問屋契約と糸信用貸契約

　1970年にフアパン県から移住してドンドーク地区に住むオン婦人は，ヴィエンチャン県のタッ・ラー近くのディアスポラ村の織子8名を問屋契約，そして5名を糸信用貸契約で組織している（1999年聞き取り）。同じ織柄のティーン・シンであり，小売店への卸値はともに1枚7.5万キープであることから，このふたつの契約を比較してみよう。

　問屋契約の費用収益構造（表7-8-a）を計算すると，1枚あたりの織元の利益は33867キープ（利益率45.2％）となる。これに対して，糸信用貸契約では1枚が6万キープで織子から納品されることから，織元の利益は1.5万キープ（利益率20％）にしかならない。糸信用貸契約（表7-8-b）では，糸の掛売りに際してマージンをとっており，さらに垂直紋綜絖の作成費（村の図案師に委託）も織子の負担となる。このことを考慮しても，詳細な計算は省くが，糸信用貸契約における織元の利益率は，問屋契約での利益率（45.2％）よりもかなり低い30％以下となる。逆に，糸信用貸契約での織子の1枚あたりの手取りは3万5886キープとなり，問屋契約における織子の織賃2万キープを大きく上回る。前述した,伝統的機業地の織元ワンサイ婦人についても観察された事象である。

　問屋契約と糸信用貸契約における利益なり織子の収入の差は，この時期に観察される現象である。2000年代に入ってしばらくして経済が安定してくると，後にいくつかの例をあげるように，その差はほぼなくなってくる。

　なぜ，ふたつの契約に利益の差が生じているのであろうか。糸信用貸契約では，織られたシンの品質に問題があるときに織元は買い取りを拒否することができる。品質問題の判定には，織元の恣意性が入ることも多い。例えば，小売店が在庫を勘案して注文契約したシンを買い取ってくれないときには織元の在庫が嵩んでしまう。そうなると織元としても，何かと品質問題を指摘して買い

表 7-8-a　オン婦人の費用収益構造：問屋契約

経糸	イタリア糸　1絈（4000キープ）5枚分
緯糸	コンケーン糸　地緯糸　100g　2.6万キープ　2枚分
メタリック糸	金糸3.8万キープと銀糸4万キープ　4.5枚分
	ないしは管巻にして，1管1.1万キープ　2管で3枚分
織賃	2万キープ
	⇒　生産費　4万1133キープ
売り値	7.5万キープ
利益	33867キープ（利益率45.2%）

表 7-8-b　糸信用貸契約でのマージン率

経糸（イタリア糸）	市場価格1絈4000キープを4500キープで掛売り　マージン率12.5%
緯糸（コンケーン糸）	市場価格100g2.6万キープを2.75万キープで掛売り　マージン率5.8%
メタリック糸	市場価格3.8万キープを4万キープで掛売り　マージン率5.3%

取りを控えようとする[16]。問屋契約では，糸の所有権は織元にあることから買い取らざるをえない。すなわち，糸信用貸契約で織元の在庫調整がしやすくなる。買い取りを拒否するようなことをすると織子の織元への信頼が崩れてしまうが，1999年という不況の真っただ中であったことから背に腹は代えられない対応であったのであろう。納品を拒否されたときには，織子は自分でそのシンを売って糸代を返済しなくてはならない。すなわち，織子にとって，糸信用買契約はハイリスク・ハイリターンとなり，織られたシンに所定の賃金が支払われる問屋契約はローリスク・ローリターンとなる[17]。そのために，リスク・プレミアムを考慮して，糸信用貸契約では織子への報酬を問屋契約での織賃よりも高めに設定しておく必要があったと考えられる。

「タラート・サオのお得意様の店から注文を受けていたのだけど，1997年ころから注文したのに買ってくれなくなった。そこで，タラートの小売店を回って買い手を探すようになった」とオン婦人はいう。ちょうどアジア通貨危機の影響でタイの需要が激減した時期のことである。サンプルのシンを小売店からもらって，注文契約を受けることもあるという。それでも買ってくれないこと

[16) 商館との輸出取引についてであるが，『両毛地方機織業調査報告書』（1901）に，次の記述がある。「商館ガ一旦或価格ヲ以テ取引契約ヲ結ビタリト雖モ，若シ市況ニシテ下落ヲ来セルトキ或ハ本国ノ景気悪シキ時ハ，拝見ノ際殊ニ検査ヲ厳密ニシ，微細ノ瑕瑾寸毫ノ相違モ容赦ナク「ペケ」ト為シ，其取引ヲ拒絶ス……」（p.169）。

17) 「問屋契約でも品質に問題があるときには賃金を下げると織子に伝えているが，これまでそうしたことは一度もない」と婦人はいう。糸信用貸契約では，頻度は高くはないものの，品質が悪いときに自分で売って糸代を支払わせることもある。

があるので,「そのときには,もらったサンプルのシンを自分のものとするけど」というささやかな抵抗をみせている。このような環境であるから,その言質を取るのは難しいが,在庫が膨らまないように織子からの納品を調整せざるをえなくなったようである。買い取りが義務である問屋契約よりも,何かと理由をつけて買い取りの調整ができる糸信用貸契約を織元が利用しているといえる。すなわち織元は,取引の固定部分は問屋契約で仕入れて,調整弁の役割を糸信用貸契約に担わせているようである。

これ以降の織元の紹介は,経済が安定して,成長も実感できるようになった2011年の聞き取りに基づいている。

3. 織元3：内機と出機経営の比較

ドンドーク地区のカムラ婦人 (31歳) は,21歳となる2000年にフアパン県の僻地サムタイから移動してきた (2011年聞き取り)。夫は,軍人である。移動直後はサムタイ出身の織元のもとで働いていたが,すぐに独立織子となった。そのうちにタラート・サオの小売店と固定的な取引関係を築いて,注文が多く入るようになった。そこでサムタイから従妹を招いて,2007年までに内機織子が8人 (2011年の調査時点では9人：自宅では,これ以上の機は設置できない) となり内機経営を始め,さらに事業を拡大するために,この村から15km北のサムタイからの移住者の多いノンサアート村の織子と契約して出機経営も始めている。織られるのはティーン・シンである。内機と出機経営の比較をしてみよう。ここでの聞き取りは,ラオスの経済が苦境を脱して成長経路に入った時期になされている。

内機織子は,16〜18歳となると織元の出身地サムタイから出稼ぎにくる。彼女たちは住み込みであり,食事も無料で提供される。週5枚のノルマが課せられているが,6枚を織る織子もいる。織賃は1枚5万キープである。織子は月平均20枚を織ることから,収入は月100万キープ (125ドル) となる。食費と住居費が無料であることを勘案すれば,縫製工場で働くよりは恵まれた収入となっている。前述したアルニィ婦人 (1998年聞き取り) の内機織子の給与が月15ドル程度であったことと比較すれば,格段に高い収入となっている。これは,シンの市況が回復したこと,そして織子にとって代替的就業機会が出現したためである。

表 7-9　集中作業場における費用収益構造

経糸	90 万キープ　1 掛け 20 枚分
緯糸（地組織）	1 枚につき 1 綛　4.5 万キープ
メタリック糸	1 枚につき 1 巻　30 万キープ
	⇒　糸代　39 万キープ
織賃	5 万ハープ
卸値	2500 バーツ（65 万キープ）
利益	21 万キープ（利益率 32.3％）

　内機経営での費用収益構造が，表 7-9 に示される。機拵えと垂直紋綜絖の作成は織子の担当である。1 枚あたりの糸代は 39 万キープであり，これに織賃 5 万キープを加えた 44 万キープが生産費となる。織られたティーン・シンは，タラート・サオの馴染みの小売店に 1 枚 2500 バーツ（65 万キープ）で卸される。品質がよいことからであろうか，雨季と乾季の卸値は同じである。これより，1 枚あたりの織元の利益は 21 万キープ（利益率 32.3％）となる。食費（1 日 1.2 万キープ，5 日で 1 枚）を考慮すれば，利益率は 23.1％となる[18]。整経や機拵えの費用，そして食費を差し引いたとしても，集中作業場からの利益は，月 700 万キープ（900 ドル近く）とかなりの額になる。

　出機織子は 16 人おり，糸信用貸契約でシンを織っている。織柄はタラート・サオの小売店が指定するので，それを織子に伝える。2010 年ころになると携帯電話が普及してきており，注文の織柄の写真が添付されてくるようになった。カムラ婦人は図案師としての能力は高くはないことから，彼女の利益率も織元としてはやや低くなっている。それにもかかわらず細かい柄の紋織りが織られるのは，移住民である織子が垂直紋綜絖を自ら作成できるからに他ならない。

　掛売りされる絹糸ではマージンを取っていない。糸信用貸契約では，織元が掛売りする糸からもマージンを徴収している事例をこれまでにいくつか紹介した。カムラ婦人がマージンを徴収していないのは，1）プリンシパルとエージェントが同じ地域からの出身であることから，織子が第三者には売らないという信頼があること，そして 2）この織元が出機との契約を始めた 2007 年には為替レートが安定しており（むしろ，切り上げ傾向がある），シンを第三者に売り渡

18）　食事は織元の家族（8 人）と 9 人の内機織子が一緒にとる。1 日の食費は 20 万キープ程度であるというから，ひとりあたり 1.2 万キープ（1.5 ドル）となる。他の集中作業場でも確認しているが，この時期だと食費はほぼこの水準である。

すという機会主義的行為からの織子の利益が消滅したこと，がある。

　織られたシンは1枚45万キープで織元に納品される[19]。シン1枚の糸代は18万キープであることから，織子の収入は1枚につき27万キープとなる。また，3日で1枚が織り上げられるということから，織子の1日あたりの収入は9万キープ（11.3ドル）となる。垂直紋綜絖を作成して機拵えする時間を考慮すれば，1日あたりの収入はやや低くなるが，それでも農業労働賃金の1日5万キープをかなり上回っている。ラオス経済が回復してシンの需要，特に高級品の需要が高まったことが織子の収入を高めているといえよう。

　このシンは65万キープ（52ドル）で小売店に卸されることから，織元の利益は1枚あたり20万キープ（利益率30.8％）となり，食事代などを考慮した内機のそれとほぼ同じとなる。前述したように，経済混乱期では，糸信用貸契約における織元の利益率は問屋契約のそれよりも相当低くなっていた。内機経営も，1枚あたりの織賃が固定されている点では，問屋契約と同じである。前出のオン婦人の場合には問屋契約と比較して糸信用貸契約で織元の利益率がかなり低くなっていたが，カムラ婦人の場合には出機（糸信用貸契約）と内機経営におけるシン1枚あたりの利益はほぼ同じとなっている。経済が回復したことから，糸信用貸契約で織られたシンをタラートの小売店がすべて買い取るようになった。すなわち，リスク・プレミアムを織子に提示する必要がなくなったためである。

　しかし，カムラ婦人にとって，内機経営と出機経営が同値となっているわけではない。内機経営ではティーン・シン，そして出機経営ではシンが織られていることから単純な生産性の比較はできない。それでも，内機は専業であり，かつノルマも課されている。そのために織元の収入という観点からみると，9人の織子のいる内機経営からの収入は月700万キープである。これに対して16人の出機織子がそれぞれ週2枚を製織するとすれば，出機経営からの収入は月256万キープ（320ドル）である。すなわち，織子ひとりあたりの利益では，内機経営では77.7万キープであるのに対して，出機経営では16.0万キープに過ぎないのである。ここでも，内機経営の優越性が明らかとなる。

　なお，この織元の収入は月956万キープ（約1200ドル）と，ラオスではかなりの水準となる。この織元の家はコンクリート造りで，ピックアップ・トラッ

19）織りに問題があると納品価格が下げられる決まりとなっているが，これまでそうしたことはないとのことである。

クも所有している。

　カムラ婦人は，織柄を創作して垂直紋綜絖をつくる図案師ではない。タラートの小売店から指定された織柄を織子に伝え，垂直紋綜絖は織子が作成しているだけである。すなわち，この婦人の比較優位は，タラートの小売店と関係をもっており，さらには垂直紋綜絖を作成できる技能をもつ移住民の織子と領域性を共有していることである。図案師でないことから，利益率は30％程度に留まることになる。もし織柄の創作ができる織元ならば，利益率は40％台になるであろう。

4. 織元4：価格の季節変動の負担

　タンミサイ村にすむヴィエン婦人は，1971年にフアパン県から母親と移住してきた（2011年聞き取り）。独立織子として機織りをして，シンをタラート・サオのお得意様の店に卸していた。そして2007年に，織元としての仕事を始めた。しかし2010年に病をえて，弟（26歳）のカンポン氏が仕事を継いでいる。この弟から聞き取りを行った。彼らの家は，前述のカムラ婦人と同様，村のなかでは立派な造りとなっている。

　織子は，すべて出機である。ふたりはこの村の織子であるが，残りの23人は15kmほど離れた軍の駐屯地のあるウドムポン村とその周辺の移住民である。契約は，問屋契約である。この織元については，シン価格の季節変動が小売店・織元そして織子の間でどのように処理されているかをみていこう。

　　　　―― なぜ，遠方の村の織子と契約をするのですか？
　「この村の人々は，みんな農地をもっていてね。最低でも4ライ（0.64ha），最高は4haを保有している[20]。だから，なかなか織子になってくれないし，機織りをするにしても独立織子になりたがるからね。織子たちのいる村も決して貧しい村ではないけど，軍事施設の近くの村で，織子たちの夫は軍人だ。だから農地をもっていないし，それに軍人の給与は低いから，現金収入が欲しくて織子となりたい人々が多くいるのでね」。

　パー・ビアンを例にとって，費用収益構造（表7-10）を示しておこう。問屋契約であるが，ここでは機拵えは織子の負担となっていた。これは，織子が垂直紋綜絖を作成することから，それと並行して機拵えがなされるという技術的

20）　調査対象とした家計も3haの農地を所有している。

表7-10 カンポン氏のパー・ビアンの費用収益構造

経糸	絹糸（精練・製織済み） 1000バーツ 10枚分
緯糸（地組織）	絹糸2綛 5万キープ/1枚分
メタリック糸	5万キープ/1枚分
	⇒ 糸代12.6万キープ/1枚
売り値	1500バーツ（39万キープ）/1枚
利益	14.4万キープ（利益率36.9％）

理由による。そのために36.9％という利益率も，前述のカムラ婦人のそれと大差ないところにある。

　月あたりの取扱量は，ティーン・シンとパー・ビアン20組ほどであり，それからの利益は600万キープ弱（約720ドル），出機1台からの利益は月24万キープ（30ドル）となる。前述のカムラ婦人の場合，出機1台あたりの利益が月16万キープ（20ドル）に留まったのは，彼女の契約する織子のいる村では農業もなされており機織りが副業となっているためである。これに対して，軍人の家計であることから農地をもたないカンポン氏の織子たちは，機織りを専業とするために生産性が高くなっている。当然のことであるが，出機の生産性は，織子の住む村の農業事情の影響を受けることになる。

　糸の窃取について質問してみた。「1綛から緯糸4管がつくられて，2綛（8管）を1枚分の柄糸として渡してある。しかし足りないといってくることがあるので，シン1枚あたり0.5～1.5管分の追加を認めている」という。すなわち1管の追加とすれば，12.3％の予備糸（糸歩留まり87.7％）を認めている。これは，織賃を含めたシンの生産費（14.6万キープ）の4.3％に相当している。谷本（1998）も，こうした慣行が日本でも観察され，「それは原料着服というよりは現物給付に近いもの」(p.375) とみなす。『両毛地方機織業調査報告書』(1901) にも，「機屋ハ……原料糸ヲ渡スニ際シ，所要ノ量ノ外盗ミ糸ト称シテ，小巾縮十反ニ付，二杷（二百目）多ク糸ヲ与フルコト，一般ノ慣行ナリ」(p.199) とある。ラオスでも，問屋契約では同様の慣行がよくみられるが，ある種の現物給付とみなせなくもないし，糸が足りないと織子がいってきたときの再交渉費用を削減するためともいえる。

　販路は，タラート・サオの馴染みの小売店である。雨季には，例えば1500バーツのパー・ビアンは，1300～1400バーツと10％ほど卸値が下がる。これは，雨季には小売店でのシンの売り値が2割ほど低下してしまうためである。「馴

染みの小売店は，売れなくても在庫として買ってくれる。馴染みの店でないと，雨季の卸値はもっと下がるはずだ」とカンポン氏はいう。小売店が，在庫費用を負担して織元の所得の平準化を図ることは，お得意様の関係を維持しようとする小売店による配慮ともいえる。もちろん，それには品質のよいシンを確保したいという事情もある。

　さて，カンポン氏の織子チャン婦人（29歳）が近くに住んでいるので訪ねてみよう。彼女は2000年に，夫とともにフアパン県から移住してきて2007年まで縫製工場で働いていた。その後，織元織子となっている。夫は，建設労働者である。織元の家がコンクリート造りであるのに対して，彼女の家は隙間のある板張りであり，村のなかでも貧しい家計とわかる。ティーン・シンとパー・ビアンの組を織っている。織賃は通年一定で1組2.6万キープである。1週間に1組織るというから，1日あたり4万キープ（5ドル）弱の収入となる。農業労働賃金の5万キープよりはやや低くなるが，それでも幼い子供の世話と家事の合間での機織りであることを考慮すれば，決して低い収入ではない。機拵えも織子がするが，織幅が狭いので，2時間もあればできるとのことである。

　ここで注目したいのは，織賃が年間を通じて一定であることである。前に述べたことと併せて理解しよう。織元がシンを馴染みの小売店にすべて卸すことから，需要量の変動は在庫の増加という形で小売店が吸収する。価格変動については，織元と小売店がほぼ折半して吸収している。こうして織元は価格の季節変動を織子に負担させることなく，通年で同じ織賃を支払えることになる。すなわちリスク耐性の程度に応じて，小売店が最も多くの価格変動を吸収して，最もリスク回避的であろう織子は価格の季節変動を負担することなく所得の平準化が保障されているのである。

5. 織元5：独立織子か織元織子か

　軍施設のあるウドムポン村のユアン婦人（32歳）は，フアパン県北部のヴェトナムに接するシェンコー郡の生まれであり，2001年にヴィエンチャンに移動してきた（2011年聞き取り）。内機織子5人と出機織子15人を組織して，織元となっている。製品は，結婚式用のシンである。

　詳しい数値は割愛するが，1枚の生産費（糸代と織賃）は29.5万キープであり，それを乾季には50万キープ（雨季は40万キープ）でタラート・サオの馴染みの

店に卸している。利益率は乾季41.0％，雨季26.3％となる。1枚あたりの織賃は，通年して固定されており，出機織子には15万キープ，内機織子には13万キープである。この差は，内機織子の食事代・電気と水道代であるという。内機織子は月に10枚を織って130万キープ（162.5ドル）の収入を得ている。生活費を織元が負担していることも考慮すれば，縫製工場で働くよりは恵まれた収入である。

内機織子は織元の出身地であるシェンコー郡からの出稼ぎであり，中学を卒業（15歳）した後にヴィエンチャンにやってくる。4～7年ほど働いて，ほとんどはヴィエンチャンの人と結婚して辞めていく。朝8時から夕方5時まで機織りをするが，夕食後も機織りに勤しむ織子もいる。出機織子は，この村とその周辺の村の人であり，問屋契約を結んでいる。糸信用貸契約について質問すると「その契約だと，いい織柄のシンを他に売られてしまうから採用できないね」という。タラートに近いこともあり，代替的な売り先があるためであろう。

同じシンを織っており，内機と出機織子で品質に差はないという。ただし，出機織子のシンは「20枚持っていくと，4枚は長さが1ワー（180cm）に足らないということで受け取ってもらえない」という。そのときには，タラート・クアディンに売るが，値段は40万キープに下がるという。このことは，日本でも尺巾不足という粗製濫造の典型として知られている。また，「内機織子が1枚2日半で製織するのに対して，出機織子は3～4日必要となる」という。尺巾不足が20％というのが正確ならば，出機織子の管理に問題があるようである。出機織子よりも内機織子の生産性が高いことは，これまでの観察と同じである。「出機の織子は，みんな結婚していて家事に忙しいからね」と婦人がいう通りであろう。

　　　── 事業をもっと大きくはしないのですか？

「事業は拡げたいけど，難しい。（内機）織子は家に住まわせなくてはならないけど，あまり大きな部屋がないのでね。出機織子は数がいない。村の織子たちは，自分たちで織ってタラートに売りにいきたがるからね。まあ，そのほうが儲かるからしょうがない。村の織子の3分の2は，そうした（独立）織子だよ。織元の織子となるのは，貧しくて糸が買えないとか，どこに売ってよいかわからない人たちだ。この村にも，また近くのノンサアート村にも織元が多くいて，なかなか織子を探せないので困っている」。

この婦人の発言は，織子が独立織子か織元織子となるかの選択問題を適切に

表現している。例えば，婦人と問屋契約をする出機織子の数値を考えてみよう。糸代14.5万キープ，織賃15万キープそして卸値50万キープであり，織元の利益は20.5万キープである。もし，独立織子となるならば織子の収益は35.5万キープ（15 + 20.5)，収益率は71.0％となる。

それにもかかわらず独立織子とならない理由としては，1) 糸を購入する資金がない。特に経糸は1掛け70万キープ（20枚分）をはじめに購入しなくてはならず，20枚を織り終わるのに2ヶ月以上かかる[21]。必ずしも裕福ではない織子にとっては，この投資の懐妊期間に耐えきれない。2) 馴染みの小売店をもっていない。第II部でも触れたように，馴染みの小売店をもたない織子への支払は，たとえ売れたとしても，かなり遅れることが一般的である。すなわち，消費の平準化に支障をきたすことになる。そして馴染みの小売店をもたないこととも関係するが，3) 流行の織柄情報にアクセスできない，という3点が考えられる。逆にいえば，織元となるには，織子に糸を提供できるだけの資力を有しており，また馴染みの小売店を確保しているという意味で販路を確保している，ことである。さらに図案師であれば，織元となりうる資格がさらにあるといえる。

しかし，それだけで織元となれるわけではない。次に紹介するマニヴォン婦人は，織元としての事業に失敗した稀有な事例である。稀有とは，実際には多くの事例はあるであろうが，聞き取りが難しいという意味においてである。

6. 織元6：失敗した織元

マニヴォン婦人（44歳）は，フアパン県ヴィエンサイ郡の出身であり，革命時点の1975年にウドムポン村に移動してきた（2011年聞き取り）。経済自由化で経済が動き始めた1993年に織元織子となり，1995年からは独立織子となった。2005年に夫が他界する。生活費を稼がなくてはと，農業奨励銀行から借り入れをして織元となった。契約は糸信用貸としていた。

ここから，婦人の泣き言が始まる。

「糸が切れたといって呼ばれて結んでやったり，品質が悪くならないようにみて回ったりして大変だった」。「糸とシンの取引もすべて記帳しなくてはならず，これも大変だっ

---

[21] 緯糸は1枚ごとに買えばよいのであるが，それでも1枚10万キープの糸代である。これに織柄用の糸代1枚1万キープが加わる。

表7-11 マニヴォン婦人の費用利益構造

経糸	ヴェトナム産生糸　1掛け　152万キープ　40枚分	
緯糸（地組織）	地組織　ヴェトナム産生糸　15万キープ-1枚	
柄糸	メタリック糸　2.25万キープ-1枚	
	⇒　糸代　21万キープ-1枚	
卸値	タラート・クアディンのカーパッチャムの小売店	
	乾季　2200バーツ（55万キープ）雨季　2000バーツ（50万キープ）	
利益	29～34万キープ（利益率58.0～61.8％）	

た」。（「いや，織元とはそういう仕事だと思うが」とは私の心のなかの言葉である）。
　「4～5人の織子は，糸を掛売りしたのに織ってくれずに盗られてしまった。ある織子は2枚ほど納品して，お金が必要だからといって前払いで3枚分を渡したら，その後は何もしてくれなかった。シン1枚分と糸を損してしまった」。
　どうも，彼女の性格が管理（織子の組織）には向いていないのかもしれない。そこで，問題のある織子のことを他の村の人にいいふらして，お金の返却を促したらと多角的懲罰システムを念頭においた質問を投げかけてみた。その回答は，「あまり騒ぎ立てると，この村で敵を多くつくることになるから嫌だ。もし夫が生きていたならば，村の人々の対応も違うだろうけど」というものであった。
　むら共同体のもつ制裁メカニズムによる契約履行の強制は，開発経済学や近年の歴史経済学でよく指摘される。しかし，そのメカニズムへのアクセス権はむら共同体の成員に等しく賦与されているわけではない。下手をすれば，むら共同体の反撃を食らうことにすらなることを，マニヴォン婦人は恐れているのである。むら共同体は，決して，公正な裁判官ではない。別のいい方をすれば，むら共同体の制裁メカニズムにアクセスできる人が，織元になりうるともいえよう。
　ちなみに，聞き取り時点では，マニヴォン婦人は独立織子として生計を維持している。織柄は，お得意様の小売店からサンプルをもらい，摘上紋綜絖（紋棒10本，16万キープ）は図案師に依頼して作成してもらっている。この織柄は良く売れるということで1年は使っているという。費用収益構造（表7-11）から，1枚あたりの糸代は約21万キープであり，乾季では，1枚あたりの収入は34万キープ，収益率は61.8％となる。先ほど仮説的に計算した独立織子の

収益率71.0%が実態とそれほどかけ離れた数値でないことがわかろう。

＊＊＊

　本章では，ヴィエンチャンの伝統的機業地と移住民のディアスポラにおける小規模織元を観察してきた。1990年代後半の激動と今世紀に入ってからの経済成長のなかで，伝統的機業地の織元たちが手織物業から撤退したのに対して，ディアスポラでは様々な対応をして生き残ってきた。

　伝統的機業地は市街地に近いことから，縫製工場などの進出によって，織子の供給がなされなくなった。織子自身の技能も高いものではないことから，紋織りは衰退している。市内にある移住民のディアスポラでも，同様の理由によって織子の供給が激減したことから，機織りを見かけることは少なくなっている。しかし近郊のディアスポラでは，依然として機織りは重要な稼得機会を提供している。ただし交通手段の発達によって距離の克服が容易となり，織子たちが独立織子となる傾向が強まった。こうして，織元も織子の募集に苦労することになる。

　そこで織元は，自分たちの出身地から織子を呼び寄せて内機経営をするか，ないしは郊外の織子たちと契約しての出機経営に乗り出すことになった。後者は機業の外延化という現象を生むことになるが，規模の経済が享受しにくいことから，距離のあるディアスポラにまでは外延化は及んでいない。次章で議論するように，外延化は大規模織元の活動領域である。

　移住民の織元たちは，類似する織柄を織ることに慣れているディアスポラの織子たちとの取引が容易となる。単純な織柄しか作成できない伝統的機業地の織元は，ファパン県などの精緻な紋織りに精通していないことから，移住民の織子との契約は難しいようである。また移住民といっても，ヴェトナム戦争の惨禍を逃れて移動してきた第一世代とその子孫もいるが，国内の移動が自由となった1990年代以降にヴィエンチャンに移り住んできた人々も多い。むしろ，そうした人々のほうが出身地との強い紐帯を維持していることから，出稼ぎの織子を呼び寄せての内機経営に乗り出しやすいようである。伝統的機業地の織元には，出稼ぎの織子を呼び寄せる伝手もない。こうして，伝統的機業地では，織元が姿を消すことになる。

　これ以上の議論は第III部のまとめに譲ることにして，ここでは織子が独立織子となるか織元織子となるかの選択問題を整理しておこう。図7-1には，シ

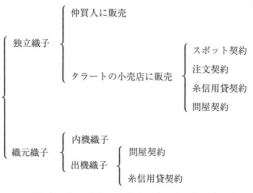

図 7-1　契約形態の選択肢　（織子の観点から）

ンを市場化するにあたっての織子の立場からの選択肢が示されている。仲買人・織元そして小売店という商人の選択肢も，この図から読み取ることができる。

　織子の立場からすれば，独立織子となるか織元織子となるかという選択が最初にくる。ちなみに，出稼ぎ織子は，織元の家に住み込むことから内機織子という選択肢しかない。独立織子となれば，仲買人を通じて販売するか，自らがタラートに売りにいく（売り込み織子）かという選択となる。この選択を説明する最大の要因は距離であり，流通費用が高くなる遠隔地では独立織子は例外的となる。また仲買人との取引はスポット契約が中心であるが，小売店への販売となるとお得意様の関係のある注文契約となる場合が多い。しかし技能に優れた織子は関係性の高い糸信用貸契約か問屋契約でもって小売店に囲い込まれていく。このときには小売店も織元の機能を果たすことから，織子も織元織子となる。

　織元織子となる利点は，馴染みの小売店をもたなくても，安定的に機織りを継続できること，そして信用制約から解放されることである。ただし，織元としては提供した糸の懐妊期間が長くなると利子負担や需要のピーク（11月ころのタッ・ルアン祭り）に間にあわないといった問題があることから，陰に陽に，織子に迅速な機織りを促すことになる。家事労働や農業労働との時間配分が必要となる織子にとっては，そうした織元からの要望は負担となって，独立織子となる人も多いようである。そうした織子は，信用制約から安価な綿糸を使い，また流行の織柄情報の入手もできないことから，タラート・クアディンの小売店に卸すことになる（第II部）。

Appendix B
絣と商人：チャムパーサク県サパイ村

絣は，ラオス南部に産地がある。ヴィエンチャンの伝統的機業地と比較すると，南部の絣は細かい精緻な絣柄をもつ。紋織りは生地が厚手となることから，気候の暑い南部では薄手の絣が好まれるようである。大消費地のヴィエンチャンまでかなりの距離があることが，ヴィエンチャンの伝統的機業地の絣で観察されたとは異なる商人を登場させていることに注目しよう。

　ここでは，絣の村として知られるチャムパーサク（Champasak）県のサパイ村を対象とする。この人口 4000 人弱の村は，県都パークセー（人口約 10 万）から国道 13 号線を 12km ほど北上したメコン川沿いにある。メコンの中洲にあるドンコー村など周辺に絣の村が散在するなか，サパイ村は絣の集散地として機能している。ここでの聞き取りは，1997 年と 2001 年になされた。

1. パークセーのタラート

　パークセー市内のタラートにあるシン小売店兼糸屋の話から始めよう（2001 年聞き取り）。1997 年ころまでは糸信用貸契約で，サパイ村の対岸の村の織子から絣を仕入れていた。しかし，徐々に品質が悪くなったことから，注文契約ないしは独立織子からのスポット契約で絣を仕入れるようになったという。

　販売される糸はタイ製であり，その仕入れ値・売り値そしてマージン率が表 B-1 に示される。第 8 章の表 8-5 にボーオー村の糸屋のマージン率を，また第 10 章の表 10-15 でもプーカオカム村の糸屋のマージン率をみているが，それらとほぼ同じ数値となっている。イタリー糸のマージン率が 20％ と高くなっているのは，糸が細いことから綛の小分けに手間がかかるためとのことである。

　タラートの近くの道端で縞織りのシンを売る女性がいる。話をしてみよう。

　　── 毎日，ここで売っているのですか？
　　「そう。ほとんど毎日ね。朝きて，昼には村に帰るけど」。
　　── 近くの村？
　　「サパイ村ですよ。そこで織子に織らせているけど」。
　　── そうですか。何人の織子を抱えているのですか？
　　「5 人だけ。2 年前に始めたばかりだからね」。
　　── 織子とは，どういう契約ですか？
　　「糸を掛売りして，絣を買い取る約束です」。

表 B-1　糸屋のマージン率

	仕入れ値 バーツ（キープ）	売り値 （キープ）	マージン率（％）
綿糸 [a]	250（5万）	5.5～5.8万	9.1～17.8
綿糸 [b]	90（1.8万）	2万	10.0
イタリー糸	1100（22万）	27.5万	20.0

注1）価格は綛を単位。バーツ＝201キープ。
注2）aはマニカットと呼ばれる低品質の綿糸で経糸用，bはトレイ（東レ）と呼ばれる高品質の綿糸で緯糸用。双方ともタイ製。

表 B-2　絣の費用収益構造（糸信用貸契約）

イタリー糸（経糸用）	4.5kgを1200バーツで仕入れて，1kg6万キープで掛売り。したがって，11.1％のマージン率。1掛け（40ロップ幅）から，55枚が製織される。
綿糸（緯糸用）	1綛4枚分　1.7～1.8万キープで仕入れて，23万キープで掛売り。21.7～23.1％のマージン率。
⇒	糸代約1万キープ／1枚
仕入れ値　1.5万キープ	
これに1.1万キープで購入したティーン・シンを付けて，3万キープで販売。利益率は13.3％。	

　糸信用貸契約である。費用収益構造を質問してみた（表 B-2）。利益率は13.3％であるが，糸の掛売りでのマージンを加えると18.3％となる。絣では織元は絣柄への支配力が弱いことから，この織元も糸出し仲買人に分類したほうが適切かもしれない。
　ちなみにタラートの米屋では，1kgあたり香米（マリー）3000キープ，うるち米ともち米2500キープであった（2001年の数値）。

2. 通貨危機の影響

　サパイ村にある小売店を訪ねてみよう（1997年）。店主のトーンシン氏（52歳）は，小売りもするが，卸問屋といえる。ここで紹介する商人は，織元としても差し支えないであろうが糸出し仲買人の性質を強くもっている。ヴィエンチャンの仲買人と比較すると，サパイ村の商人は村に店を構えており，糸屋も経営している。製品の大半はヴィエンチャンの小売店に卸している。そこで，ここでは産地問屋と呼んでおこう。第 IV 章の遠隔地の産地でも，織元は産地問屋という性質を強くもっている。トーンシン氏は年間1万枚ほどの絣のシンを扱うが，ヴィエンチャンの小売店が主要な卸先であり，一部は近隣の村々を売り

表 B-3　トーンシン氏の帳簿から

洗剤	3 × 200 キープ	
味の素	1 × 1500 キープ	
ノート	5 × 300 キープ	
貸付	8000 キープ　2000 キープ　5000 キープ	
生糸	2kg　(11000 キープ-kg) = 2.2 万キープ　80 枚分	
綿糸	5kg　15綛 (@ 4000 キープ) = 6 万キープ　18 枚分	
納品	3.6 万キープ	

注) 日付は記されていない。

歩く行商人にも売っている。タイ人を含む旅行者も客としてくるが，売り上げとしては大きいものではない。タイの商人はこないという。

　トーンシン氏は，糸信用貸契約で 300 人ほどの織子と契約している。彼の帳簿から，ある織子との契約状況を抜き出してみよう (表 B-3)。氏は糸屋兼雑貨屋を営んでおり，織子に洗剤や調味料といった生活雑貨が掛売りされている。支払いは，シンの納品でなされる。また，無利子での生活資金の融通も記されている。いわゆる，取引相手への配慮である。

　はじめに 1 掛け 80 枚分の経糸と絣 18 枚分の緯糸が渡されている。ラオスの絣は緯糸絣であり，ある程度の緯糸をまとめて括り染めを必要があることから，紋織りのように緯糸を小分けにして渡すことはできない。したがって独立織子が絣を織ろうと思えば，糸の種類を一定とすれば，紋織りの場合よりも信用制約がより深刻となる。

　仕入れ値は 1 枚 2000 キープであり，平織りであることから 1 日 3 〜 4 枚は製織可能となる。この契約書から織子の収入を求めると，1 枚あたり 1000 キープ弱となる。聞き取りは 1997 年 9 月であり，アジア通貨危機の影響が出始めている。年初には 963 キープであった対ドル為替レートは，調査月には 1347 キープに暴落している。しかし，それは混乱の始まりに過ぎない。それでも 4 枚を織れば，1 日 3 ドル程度の収入になる。この地域の現状からすれば悪くない水準である。

　2001 年 8 月，再度，彼の店に立ち寄ってみた。組織する織子の数は 40 名に激減していた。そのうちサパイ村の織子は 3 人だけであり，残りは中洲や川向うの村の織子である[1]。織子が減少した理由について，「(キープの暴落によって)

---

1)　メコン川はラオスとタイの国境となっているが，ラオス南部では，メコン川はラオス国内を流れている。

生糸の値段が高騰して，儲けが出なくなってしまった。シンの価格も高くなって売れなくなった」という。高品質の絣は経糸と緯糸双方が絹糸であるが，絣に使う絹糸は繊度が一定の中国産の生糸であることから価格の高騰が著しい。そこで，トーンシン氏も絣を取り扱うのをやめて，縞織りにしている。絣の場合には，はじめに経糸のみならず括り染めした緯糸もある程度の量を提供しなくてはならないのに対して，紋織りと同様に縞織りでは緯糸は1〜2枚ごとに小分けして渡せばよい。そのために，氏としても信用制約を緩和できることになる[2]。経糸はイタリー糸にしており，緯糸も綿糸（トレイ）という低廉な糸を使った交織となっている[3]。

イタリー糸は1括（55綛）を1100バーツ（1バーツ＝200キープ）で仕入れて，小分けにして1綛を6000キープで織子に掛売りしている。マージン率は33.3％と高くなっているが，これはキープが暴落している時期であったためである。すなわち輸入糸の市場価格が刻々と上昇していることから，経糸を織り終わるまでの期間に経糸の価格が上昇してしまう。もうひとつの理由は，紋織りと異なり，絣では柄に対する織元の支配力がないことから，高値を提示されると絣を第三者に販売してしまう誘因が織子にあるためである。このことが，糸の掛売りからマージンを取る理由となる。この時期，ヴィエンチャンでも観察された事態である。

トーンシン氏はヴィエンチャンの糸屋からの大量購入によって安価に糸を仕入れていることから，マージンを取ったとしても織子に掛売りする糸がサパイ村の糸屋での価格より高くなることはない。また，独立織子が糸屋から糸を購入して機織りをしたときには，投資の懐妊期間にかかる利子負担も考慮しなくてはならない。したがって，織子がトーンシン氏の織元織子となることは，経済的には合理的判断といえよう。

絣の商人は，織柄への支配力をもたないことから，仲買人としての集荷と糸の掛売りというふたつの機能を果たしているだけである。このことから，利益率は紋織りの織元ほどは高くはならない。

---

2) 1997年と比較して2001年では，村を回ってみても縞織りを織る織子のほうが圧倒的に多くなっていた。生糸価格高騰により深刻化した信用制約が，この変化の理由であろう。
3) 双方を化繊とすると中国製のシンのように空気密度が低くなり，暑いラオスの気候には不向きとなる。

3. 流通の要としての産地問屋

　サパイ村で最大の産地問屋を訪ねてみよう（2001年聞き取り）。この店は，この村のラオス女性同盟（Lao Women's Union：ラオスの大衆組織のひとつで，村にも支部がある）の委員長をやっていたヴィラヴォン婦人（55歳）が1995年に開いている。

　30人ほどの織子と糸信用貸契約を結んでおり，ほとんどの製品（絣と縞織り）はヴィエンチャンに送られる。ヴィエンチャンの絣の織元は小規模であったが，トーンシン氏やヴィラヴォン婦人のように糸商が大規模な商人＝卸問屋となっているのは，大消費地ヴィエンチャンまでの距離を克服するために規模の経済が求められるためであろう。この規模の経済には，販売だけではなく，糸の購入も含まれる。輸入糸はヴィエンチャン経由で入ってくるためである。

　ここでは3種類の製品（縞織り，低品質の絣，高品質の絣）について，費用収益構造を聞き取った（表B-4）。縞織りの1枚あたりの糸代は1.2万キープとなり，これを1.8万キープで買い取る。1日1枚織るということから，織子の収益は6000キープとなる。この1日1枚とは，機織りが副業的であるからに他ならない。専業で機織りをしたときには3～4枚は可能ということから，1日あたりの収入は1.8～2.4万キープ（2.25～3ドル）となる。ちなみに，2001年時点での田植えの農業労働賃金は8000キープ（1999年は6000キープ）である。

　高品質の絣は，メコン川を渡ったところの村にいる技能の高い織子5人に委託している。高品質の絣の利益率は20％と高くなるが，縞織りを含む低品質だと10％程度になってしまう。それも，キープが切り下がっている時期であることから，為替リスクを考慮すれば，実際の利益率はさらに低くなるであろう。この利益率の差は品質の差というよりも，契約の差によるものであろう。すなわち縞織りや低品質の絣は糸信用貸契約で取引されていることから，品質に起因する値引きや買い取り拒否というリスクを織子が負担することになる。特に市況が冷え込んでいる時期であったことから，このリスクが高くなることは前章でも触れたとおりである。このリスク・プレミアムを織子に認める必要があることから，産地問屋の利益率が低くなっているのであろう。

　ラオス女性同盟も，1995年に，村内に産地問屋としての店を開いた。雨季だと35人，乾季だと54人の織子を組織している。中洲のドンコー村を含む川

表 B-4　ヴィラヴォン婦人の費用収益構造

1) 縞織り　（40 ロップ，幅 80cm）［糸信用貸契約］
　　経糸　　イタリー糸　　1掛け20綛　　20枚分
　　　　　　　　1綛 5000 キープで仕入れて，6000 キープで掛売り
　　緯糸　　6括りのタイ製綿糸　　1括り 1.8 万キープで仕入れて，2万キープで掛売り
　　　⇒　糸代　1.2 万キープ /1 枚
　　仕入れ値　　1.8 万キープ
　　販売価格　　2万キープ　　（利益率 10.0％）

2) 低品質の絣　（25 ロップ，幅 70cm）［糸信用貸契約］
　　経糸　　イタリー糸　　1掛け20綛　　35万キープ
　　　　　　　　1綛 5000 キープで仕入れて，6000 キープで掛売り
　　緯糸　　5括りのタイ製綿糸　　2万×5
　　　　　　　　1括り 1.6 万キープで仕入れて，2万キープで掛売り
　　化学染料代　5袋（@ 2000 キープ）
　　　⇒　糸代　7710 キープ-1枚
　　仕入れ値　　1.1 万キープ
　　販売価格　　1.2 万キープ　　（利益率 8.3％）

3) 高品質の絣　（40 ロップ，幅 70cm）［問屋契約］
　　経糸　20綛　20枚分
　　緯糸　30綛　20枚分
　　　　　　1綛　2.4 万キープ　染料代 1綛につき 1000 キープ
　　　　　　糸代 7.2 万キープ-1枚
　　　　　　これに織賃 1枚 1万キープと機拵え代を加えると，1枚あたりの
　　　⇒　生産費　約 8.8 万キープ
　　販売価格　11 万キープ　　（利益率 20.0％）

向うの13人の織子とも契約するが，残りはサパイ村の織子である。

　この問屋は，絣と縞織りを糸信用貸契約で委託生産している。聞き取りでは，店を開いた当初は独立織子からの買い取りが中心であったが，2001年時点では糸信用貸契約による集荷が多くなっているという。ヴィエンチャンの伝統的機業地でも見られたように，絹糸価格の高騰が織子の信用制約を深刻化させた結果，絹糸の掛売りがなされるようになったと考えてよいであろう。

　詳細は割愛するが，糸信用貸契約での簡単な費用収益構造は次のようになる。絣では糸代（生糸で1掛け40枚分。化学染料代と括り染め用の括り糸を含む）は絣1枚につき6万2500キープであり，これを7万5000キープで買い上げる。3日で1枚製織されるというから，織子の1日あたりの収入は4167キープとなる。この絣は，ヴィエンチャンの小売店に1枚9万キープで卸される。利幅は1.5万キープとなることから，利益率は16.7％である。

　縞織りでは，1枚あたりの糸代（イタリー糸）は1.1万キープであり，これを1.5

表 B-5　糸掛売りのマージン率

	仕入れ値 (キープ)	売り値 (キープ)	マージン率(％)
生糸	20000	24000	16.7
イタリー糸	4000	6000	33.3
輸入綿糸	3600	5000	28.0

万キープで買い上げる。織子は1日1枚を織ることから，1日あたりの織子の収入は4000キープと絣と同じ水準となる。縞織りはヴィエンチャンの小売店に2万キープで卸されることから，利幅は5000キープで，利益率は25.0%となる。ちなみに，織子の1日あたりの収益は，米1.6kg分にしかならない。これは専業の織子でないからであり，後で紹介する専業の織子では3kgとなる。

なお，糸信用貸契約における仕入れ値と卸値の関係から卸価格の決定方法がわかる。ヴィラヴォン婦人の場合，1.1万キープ→1.2万キープ，1.8万キープ→2万キープであり，ラオス女性同盟の場合，1.5万キープ→2万キープ，7.5万キープ→9万キープである。すなわち，仕入れ値が低いときには1000キープ，高いときには1.5万キープの利幅を確保しており，フルコスト原則におけるコストプラス方式による価格設定とみなせる。

糸を掛売りするときにはマージンが課せられている。表B-5は，2001年時点での聞き取りに基づくマージン率である。パークセーのタラートの糸屋のマージン率(表B-1)よりも，イタリー糸でみると13.3%ポイント高くなっているが，これは糸が掛売りされるために他ならない。

ラオス女性同盟の店の片隅に，古びた帳簿がほこりを被っている。設立された1995年9月から毎月の数値が記入されているが，ちょうど1年たったころから数値が崩れ始めて欠損箇所が目立ち始める。そして，すぐに数値の記入はなくなる。帳簿の記入のある1995年9月から96年8月までの数値から掛売りされる糸に付加されるマージン率を計算してみると，平均は7.0%(標準偏差は1.9%)であった。この時期の対ドル・レートは1ドル940±2キープと安定していた。表B-5で示したマージン率(2001年)のほうが高くなっているが，これはキープの暴落によって掛売りした糸が製品として納品されるまでの投資の懐妊期間中に糸の市場価格が上昇するという予測を反映している。すなわち，第三者へのシンの売り渡しという機会主義的行為の蓋然性が高まったことへの対処である。

トーンシン氏やヴェラヴォン婦人がほとんどの製品をヴィエンチャンに卸していたのに対して，ラオス女性同盟の店では集荷された絣の約4割がヴィエンチャンに送られているだけである。残りは，ここの店舗で直接販売するか，行商人5人に委託売り (*faak kaai*) させている。村の外の人だとシンを返さないおそれもあるので，行商人は村人に限定しているという。1枚の販売につき，3000キープが行商人の所得となる。「持っていって売れないときは，シンは店に戻される」というから，買い取りではなく委託売りであることがわかる。買取り制 (*kep sue*) にすると，行商人の信用制約が問題となるためであろう。

4. 織子たち

　織子からも，話を聞いておこう。織元織子オンチャン婦人は，23ロップの竹筬を使って，糸信用貸契約で絣を織っている。詳細な数値は省くが，糸代は1枚あたり9458キープとなり，これを1.2万キープで問屋に納品している。織子の収益率は21.2％と低いものである。「もし客がきて欲しいといえば，1.5万キープで売るけど。糸代さえ払えば，問屋は怒らないので問題はない」という。1.5万キープとは問屋の販売価格であり，織子もそれを知っている。すなわち，店の利益率（糸の掛売りのマージン率は含まない）は20.0％である。

　オンチャン婦人の1枚からの収入は約2500キープであり，1日3枚程度を織るという。米1kgの市場価格は2500キープであることから，この独立織子の1日の収入は3kgの米に相当している。先ほど紹介した織子の1日あたりの収益は，米1.6kgに相当する。専業度の違いを反映していよう。婦人は，もう一台ある機で，縞織りも織っている（糸信用貸契約）。時間をみつけて，娘と交替で織るという。1枚の糸代は11556キープとなり，それを問屋に1.5万キープで卸す。2万キープが問屋の販売価格であり，問屋の利益率は25％となる。

　1枚あたりの織子の収入は，絣が2500キープであるのに対して，縞織りでは3500キープ弱と高くなっている。絣だと括り染めをしなくてはならないし織るのも柄の微調整で大変なはずであるが，なぜ縞織りで儲けが多いのかと質問すると「絣は23ロップだけど，縞織りは40ロップで機拵えが大変だね。それに絣は竹筬だけど，縞織りは重い金筬を使わなくてはならない。筬打ちも，絣は1回でいいけど，縞織りは2〜3回しっかりと打ち込まないと品質に問題が出るので大変だからだよ」とのことである。

ソンポン婦人は，かつては独立織子であったが，糸の価格が高くなったことから糸信用貸契約で縞織りをする織元織子となっている。聞き取り時点で，2掛け目を織っているところであった。独立織子となるために，40ロップの金筬（1400バーツ）を購入している。「竹筬だと，安いのしか織れないからしょうがない」という。経糸はイタリー糸で1掛け分30綛を18万キープで，そして緯糸は7括（70綛）のタイ製綿糸を17.5万キープで掛買いする。1掛けで30枚であることから，1枚あたりの糸代は1万1833キープとなる。1掛けを2週間程度で織り上げるようにと問屋は指定してくる。織り上げたシンは，1枚1.5万キープで卸されることから，収益は3167キープとなる。

　「夜遅くまで織っても，1日2枚が限界だ」という。「乾季は，1掛け2週間で織り上げるけど，雨季は糸が水分を含んで織り難くなるのでもう少しかかる。糸を火にあてて乾燥させて織らなくてはならないからね」という。1日あたりの収益は6300キープと，1ドルを下回っている。農業労働賃金の1日1万キープよりも低いようである。もちろん農業労働需要は季節性が高く，コンスタントな需要ではないが，ラオス南部は代替的労働需要が限定されており機織りからの収益もヴィエンチャンと比べてかなり低いようである。また，通貨暴落による経済混乱期に聞き取りをした影響は否めない。こうしたことから，この地域ではタイへの出稼ぎが常態化している。

　24ロップの竹筬で絣を織る独立織子のポンブン婦人に話を聞いてみよう。1枚あたりの糸代は6900キープであり，これを1.2万キープで村内の集荷問屋に卸している。収益率は42.5％と，独立織子としてはやや低くなっている。1日2枚を織ることから，1日あたりの収入は1万200キープ（1.28ドル）と農業労働賃金と同じ水準となる。緯糸が綿糸であるが「なぜ，絹糸にしないのですか。そのほうが，儲かるでしょう」と質問すると，「生糸は1kgで3万キープもするので，高すぎて手が出ない」という。独立織子には信用制約がつきまとう。

　経済混乱のなかで信用制約の強い独立織子が機織りをするときには，どうしても安価な糸を使わざるをえない。その結果，収益は限られたものとなってしまう。さもなければ，産地問屋と関係性の高い契約を交わして織元織子となるしかないのである。この時期，ヴィエンチャンの伝統的機業地における絣生産でみられた事象と同じである。

＊＊＊

　チャンパーサク県の絣生産の聞き取りは経済混乱期で市況が冷え込んでいるという特殊な時期であったことから，収益などを本書の他の聞き取り結果と比較するには注意が必要であろう。

　紋様の多様性が少なく流行がそれほど問題とはならない絣では，織柄への支配力はさほど取引関係に影響を与えることはない。しかし原料糸の購入とシンの販売についての市場がともに遠く離れたヴィエンチャンであることから，規模の経済が意味をもつようになる。そのために商人も店舗をもって糸商も兼ねることになることから，糸出し仲買人と区別するために，ここでは彼らを産地問屋と呼ぶことにした。ヴィエンチャン県の奥地のシーポントン村の仲買人が同様の行動をみせている（第9章）。

　この地域の絣と縞織りの主要な市場は，ヴィエンチャンである。したがって，取引にかかわる規模の経済を享受できる商人が市場形成に介在せざるをえない。かつては仲買人が独立織子からシンを買い集めるという方式で，市場が形成されていた。しかし通貨暴落を受けて糸の価格が高騰すると，織子の信用制約が顕在化することになる。ここで，糸の掛売りをする商人が生まれてくる。この点では，ハーッサイフォーン郡の絣の織元の発生と同じ論理が観察される。ただし，遠く離れたヴィエンチャンに販売するということから，規模の経済を享受できる主体，すなわち大規模な店舗商人（糸屋を兼業）としての産地問屋の役割がチャンパーサク県では大きくなっている。ヴィエンチャンでは，絣の織元は糸を提供するという役割だけに重きがおかれていたことから小規模であったことと対照的である。

第 8 章
大規模織元

多数の織子を組織する大規模な織元も，ヴィエンチャンとその周辺に多く活動している。小規模織元も含めて，ラオスで織元が簇生してきたのは，経済自由化が始まってしばらくした1990年代に入ってからである。この織元たちは関係性の強い契約，とりわけ問屋契約を制度的な軸として，農村社会における生産活動を都市さらには海外の市場に結びつけている。特にヴィエンチャン市内には，新たな織柄を創出して需要を喚起し，さらには海外の消費者の嗜好にあわせて商品開発をするなど，伝統的近代性を追求する大規模織元がみられる。

　大規模織元の多くは，出機織子を組織する出機経営だけでなく，集中作業場に内機織子を抱える内機経営も行っている。はじめてラオスの集中作業場に接したとき，『尾張名所図会』に描かれた高機が並び分業もなされている綿織物の集中作業場の風景が脳裏に浮かんだ（図8-1）。この図の左奥には整経機，そして右奥には綜繰り機もある。こうした風景は，ヴィエンチャンの集中作業でも見ることができる。

　小規模織元が市内か近郊に居を構え，市内から遠く離れた郊外では見かけることはほとんどないのに対して，大規模織元は郊外にもいる。大規模織元ないしは大量の取引を行う仲買人が，遠隔地の農村の織子たちを都市の市場に結びつけているのは，タラートまでの距離を克服するために規模の経済が求められるからである。高級なシンの場合には利益率も高くなることから，ある程度の数量が確保できれば織子がタラートまで売りにいくことも可能であろう。しかし，農村部では高級なシンが織られているところを見かけることはない。これは，農村部に古布をもった有能な図案師がおらず，また流行の織柄情報の入手が遠隔地の農村部では困難であるためである。なお，大規模織元が都市だけでなく農村にも存在することは，問屋制度が都市の問屋＝商人と農村の生産者とを結びつける制度であるだけでなく，農村内部でも問屋＝商人が生まれて市場を形成するという明治期以降の日本の経験（谷本1998）とも重なっている。

　大規模織元の性質は小規模織元よりもはるかに多様である。それを分類するとすれば，1）距離という観点から，ヴィエンチャン市内，その近郊ないしは数十km離れた郊外か，2）販路が国内か海外か，3）図案師としての技能（織柄への支配力），4）内機経営か出機経営か，が主要な基準となろう。

　郊外の大規模織元と市内および近郊の小規模織元が国内市場を対象としているのに対して，ヴィエンチャン市内には海外市場向けの高級品を生産する大規模織元が多くいる。また，郊外型では周辺の村人を織子としているのに対して，

図8-1　尾張名所図会　(結城縞織屋の図)

ヴィエンチャン市内の織元はフアパン県やシェンクワン県からの若年の出稼ぎ織子を雇用している。ただし，調査を始めた1990年代半ばでは近くに住む織子たちを雇用していた。その後に市内で縫製工場などの代替的就業機会が増加したことから近隣での織子の供給が減ってしまい，出稼ぎ織子が増え始めている。なお，出稼ぎ織子は未婚で専業という性質をもち，結婚すると辞めていく。これに対して，村の織子たちの多くは既婚であることから，家事などへの労働配分が必要となり，専業の織子とはなりにくいという対照がみられる。

　上記した基準に照らして，本章では9人の大規模織元（表8-1）を紹介していく。このうち図案師の技能という観点からいえば，ケーン婦人を除く市内の大規模織元は新規の製品を開発して伝統的近代性を追求する織元である。出身県を見ると，9名中7名は織物の宝庫として知られるフアパン県からの移住民である。

　本章の主要な問題意識も，これまでと同じく1）多様な織元が生まれてくる背景，2）取引契約の選択，そして3）内機と出機経営の選択である。内機と出機契約の選択問題は，本章の最後で議論される。また契約形態の選択，とりわけ問屋契約と糸信用貸契約の選択問題については，次章の最後で議論しよう。

　こうした観点から織元たちを眺めると，両端を組織と市場（make-or-buy）とする連続体のなかで，織元たちが実に多様な関係的契約でもって市場を形成していく様子を観察できよう。以降，第1節では郊外の織元ふたり，第2節では近郊（ノンサアート村）の織元ふたり，そして第3節では市内の織元5人を紹介

表 8-1　対象とした大規模織元

織元	市場	出身県	図案師の能力	内機経営	出機経営
郊外型					
1　パサーン工房	国内	ヴィエンチャン県	低い	○	○
2　ヴィエンケオ婦人	国内	フアパン県	低い	○	○
近郊型					
3　マレイヴァン婦人	国内	フアパン県	中位	○	×
4　シンバデット氏	国内	フアパン県	中位	×	○
市内型					
5　ケーン婦人	国内	ヴィエンチャン	低い	×	○
6　ウィラヴォン婦人	国内	フアパン県	中位	×	○
7　ブァ婦人	海外	フアパン県	高い	△	○
8　シオン婦人	双方	フアパン県	高い	○	×
9　ペンマイ工房	海外	フアパン県	高い	○	×

注）房としたのは，集中作業場の経営者が事業体に別の名を冠している場合である。ただし本文では，大規模織元の集中作業場はすべて工房と呼んでいる。内機と出機経営は主要時期であり，変化もみられる。

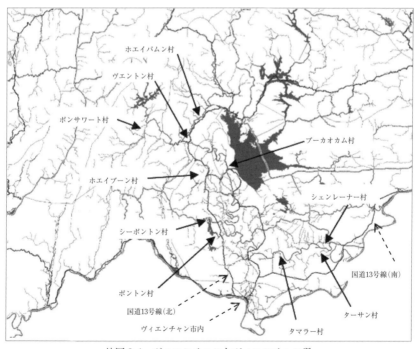

地図 8-1　ヴィエンチャンとヴィエンチャン県

第 8 章　大規模織元

していく。

第1節　郊外の大規模織元

　ヴィエンチャン市街地から国道13号線を70kmほど北上してヴィエンチャン県に入ったところの2人の大規模織元の話から始めよう。ひとりはヴィエンチャン県生まれの地元の織元であり，他方はフアパン県からの移住民の織元である。双方は国内市場向けのシンを織っていることから，品質はそれほど高いものではない。特に，前者は平織りである縞織りのシンを生産するが，それでも特異なビジネス・モデルによって経営は良好である。ここで注目するのは，両者が内機経営と出機経営を併用していることと，委託仲買人を介在させて奥地の織子たちを組織するという重層的な織元–織子関係によって外延的な市場形成がなされていることである。
　郊外型の大規模織元は多くいるが，それらすべてを紹介すると議論が拡散してしまうことから，第9章「機織り村からみた市場形成」において視点を変えて紹介しよう。

1.　パサーン工房　（2011年と2014年聞き取り）

　パサーン工房の責任者であるソムペット婦人（53歳）は，この地域の出身であり，移住者が大半の大規模織元のなかでは例外的である。この工房は，彼女の母親（サーン婦人，パはおばさんの意味）によって1995年に設立された。
　母親は自家消費用に機織りをしていたが，近隣の人たちからの注文が続いたことから，集中作業場（調査時点では，13人の内機織子）の経営を始めた。その後，出機を増やしていった。聞き取り時点では，集中作業場は自宅併設だけではなく，それぞれ3kmほど離れた村にふたつ（2007年と2010年開設）あり，18台と20台の機が設置されている。農村在住の織子を雇用していることから，彼女たちの通勤を考慮して作業場を分散させたとのことである。ソムペット婦人は，毎日，バイクに乗って集中作業場を見回っている。出機織子は，季節によって変化するが，120～130人いる。聞き取りは2011年になされ，補足的な聞き

取りを 2014 年に追加した。

　パサーン工房の特徴は，その製品の需要側にある。製品の半分はタラート・サオ，タラート・クアディンそしていくつかのブティックに卸されるが，残りの半分は企業や大学から注文のあった制服である[1]。こうした制服の受注が，パサーン工房の大量生産を実現させている。制服ということなので，儀礼布であるパー・ビアンは不要となる。シンとティーン・シンが織られることになるが，シンは地域在住の織子，そしてティーン・シンは紋織りが得意な移住民が織る。また地域在住の織子は，内機と出機織子に分けられる。そこで，シンとティーン・シンに分けて議論をしていこう。

(1) シンの生産

　2013 年には 2 万 1000 枚のシンを出荷しており，その約 6 割にはティーン・シンを付けての販売となる。大半は化繊（イタリー糸）のシンであるが，注文があったということで 3000 枚ほどはタイ製の絹糸を使っていた。この地域の織子は，移住民でないことから，紋織りには精通していない。したがって，織られるのは縞織りである。

　縞織り 1 枚あたりの生産費は，経糸 5.1 万キープ，緯糸 15 万キープ，織賃 4 万キープの総額 24.1 万キープである。この売り値は 25 万キープであるということから，利益率は 3.7％ となる。これは，本書で紹介する織元の利益率としては最も低い水準である。1 日 1.5 枚製織可能ということから，1 日あたりの織子の収入は 6 万キープ（7.5 ドル）となる。この地域の農業労働賃金の 1 日 5 万キープよりは少し高い水準にある。この賃金設定によって，通年での機織り労働が確保できることになるという。似た発言は，この後に紹介するヴィエンケオ婦人からも聞かれた。

　パサーン工房の利益率が低いのは，化繊を使った平織りであるからに他ならない。ラオスの農村における当時のインフォーマル金融の利子率が月 3％ であること，そして 1 掛け 41 枚をほぼ 1 ヶ月で織り上げることを考慮すれば，織元の利益率は在来のインフォーマル金融の金利（3％）を少し上回るだけである。しかし，この工房では，利益率は低いが取り扱うシンの数量が膨大である。

---

1) 企業としてはラオス開発銀行やラオス商業銀行など，大学ではルアンパバーンにある新設のスパノボン大学の制服などを受注している。ラオスの公的機関では，女性にシンの着用が義務づけられている。

2万1000枚を売り上げるシンに限っても，1枚あたりの利益が9000キープであることから，年間の利益は1万8900万キープ（2万4000ドル）にもなる。まさに，薄利多売のビジネス・モデルである。

　出機と内機ともに同じ織賃であり，月25枚以上を織った場合には1枚あたりの織賃を1000キープ上乗せするという誘因が設けられている。出機織子の半数以上が月25枚以上を織るものの，平均だと月25枚程度に留まるという。これに対して，内機織子は月平均35枚を織り上げており，内機織子の生産性は出機織子よりも40％ほど高くなっている。まさに内機の専業性，そして出機の農家副業的性質が生産性にあらわれて，内機経営の優位性が窺われることになる。また出機の場合には，長さが規定の180cmより短い175cmとなるという粗製品（尺巾不足）が織られることもあるという。

　織賃は1枚あたり4万キープであるから，内機織子の収入は月140万キープ（約175ドル）となり，ヴィエンチャンにある縫製工場の縫製女工の月給（超過勤務手当を含む）よりも10〜20％ほど高めとなっている。集中作業場の織子たちには，ラオスの正月とラオス婦人の日には，勤続年数と生産量を考慮してボーナスを出すという。また，新年には，クジ引きでテレビやシャツなどの賞品を出している。これらは，内機織子への配慮であり，織元が内機織子を重視していることを示唆している。

　出機織子とには，日付・製品名・糸提供量・納品期日・納品数・支払額・氏名が記されている契約書が交わされている。品質上の問題が生じる比率は，集中作業場の織子では10％，出機では20〜30％になるという。これは筬打ちが緩いことが主たる理由であり，仕入れ値や賃金を1000キープだけ差し引くことにしてある。この不良品率の差も，集中作業場のもつ優位性を示している。

　なお品質に問題があるシンは，バッグなどに加工して販売している。パサーン工房はシンの小売店をもっており，聞き取りの最中にも近隣の村人たちが頻繁にシンを買い求めにやってきていた。そこでは，不良品と判定されたシンを使ったバッグやペンシル・ケースなどの小物も売られている。

(2) ティーン・シンの生産

　ティーン・シンは，工房から数十kmから100km以上国道13号線を北上した山間部のメーッ（Med）郡，カシー（Kasy）郡，ファン（Feuang）郡の村，そして5kmばかりの移住民のプーカオカム村（第9章）で織られる。これらの村の

織子たちはすべて移住民であることから，紋織りに秀でている。ただし，婦人は織子と直接取引するのではなく，その村の委託仲買人と契約して織子を組織させている。ここでの委託仲買人は織元に類似する役割も果たしており，織元の重層構造がみられる。こうした仲買人は織子に糸を提供し，またパサーン工房から借りた金筬を織子に貸与しており，さらには織柄にも支配力をもつことから，村のなかでは織元（*mae huuk*）と呼ばれる[2]。

それぞれの村には委託仲買人がひとりいるが，プーカオカム村にはふたりいる。パサーン工房の他のふたつの作業場とそれほど距離に差のないプーカオカム村であるが，ここにも委託仲買人がいることは，複雑な紋が入るティーン・シンの管理がソムペット婦人には難しいことと，そして地元民である婦人が領域性の異なる移住民の織子を組織することの難しさを示唆している。

ソムペット婦人は委託仲買人と糸信用貸契約を締結しているが，仲買人と織子との関係には関知していない。プーカオカム村の委託仲買人の詳細は第9章に譲るとして，山間部の織元との関係に触れよう。8ロップ（40筬目×8×2本の経糸）の金筬を使用するティーン・シンを織るために，25本の摘上紋綜絖のついた経糸と金筬，そして緯糸が仲買人に掛売りされる。この仲買人は，月2回，納品のために工房を訪れる。そして，必要な緯糸を追加して供与してもらう。1掛け分が織りあがったときには，最後の1枚のティーン・シンをつけたまま金筬と摘上紋綜絖が返却されて，すべての経糸が使い切られたことが示される（第1章の写真1-13は，最後の1枚が切り取られた状態）。

ティーン・シンの仕入れ値は1枚13.5万キープである。糸代は1枚あたり約6万キープであるが，摘上紋綜絖の使用料（パテント料）を1枚につき1万キープ徴収している。パテント料は織柄の知的所有権の所在を明確にする効果がある。また，品質管理と取引手数料5000キープが仲買人に支払われる。すなわち，仲買人の取り分は7万（13.5 − 6 − 1 + 0.5）キープであり，そこから織子への支払いがなされる。糸信用貸契約であるが，糸を渡すときには糸のレシートをみせて値段を伝えており，マージンはとっていないという。キープの為替レー

---

2) こうした委託仲買人は，両毛地方でみられた下機屋とほぼ同じといえる。「元織屋ガ下機屋ヲ利用スルハゴトキハ全ク製造ヲ下機屋ニ委託スルモノニシテ其製造上ノ取引所関係ニ就テハ，元織屋ハ毫モ関スルコトナク，織物ノ品質，柄模様，地合，価格及ビ期日其他必要事項ヲ定メテ製造ヲ依頼スルモノトス，即下機屋ハ独立セル一ノ小機屋ナリ」（『両毛地方機織業調査報告書』1901：p.139）。

トが落ち着いている時期でもあり，また代替的な商人も少ないことから，第三者への売り渡しというエージェンシー問題が深刻とならないためであろう。

(3) パサーン工房のビジネス・モデル

　この工房のビジネス・モデルは，他の織元とは趣が異なる。織元はヴィエンチャン県のもともとの住民であることから，移住民のように紋織りに秀でた能力があるわけではない。また，付近の村人たちも移住民でないことから紋織りには不慣れである。したがって，縞織りに特化せざるをえなかったといえよう。

　糸も化繊が中心であることから，利益率はかなり低くなる。それにもかかわらずパサーン工房の経営が成り立つのは，制服という大量の受注生産のお蔭である。大量受注をこなせるだけの織子を確保しており，利益率が低いことから紋織りに優れた技能をもつ移住民の織元が参入しない制服というニッチ市場を確保できていることが，パサーン工房の特徴であろう。伝統的機業地の小規模織元シーアムポン婦人（第7章）も縞織りで制服市場に参入しようとしていたことと同じ論理である。

　紋織りが必要となるティーン・シンの生産は，近隣や山間部にある移住民のディアスポラに委託している。織元は織子たちと領域性を共有していないことから，村の人を委託仲買人としている。織元の重層的関係によって機業の外延化という形での市場形成がなされていくことが確認できよう。

2. ヴィエンケオ婦人（2011年と2014年聞き取り）

　ヴィエンチャン市内から国道13号線を70kmほど北上してヴィエンチャン県に入ると，すぐに戸数100強のポンサヴァン村がある。ここにヴィエンケオ婦人（42歳）の集中作業場がある。

　彼女の両親は，1966年に，戦禍を逃れてフアパン県から移住してきた。そして，ヴィエンケオが生まれている。この村もそうした移住民のディアスポラ村であることから，潜在的な織子は多くいた。経済自由化が進み始めた1990年に，シンの需要が増えてきたのをみて婦人は糸信用貸契約で織子を組織し始めた。取引する織子は，1993年ころにはポンサヴァン村の約100名，そしてこの村から更に30kmほど北上して山間部に入ったヒンフープ（Hinhurp）郡にある村々の約300名を中心とした合計約500名にもなった。ここでは，ティー

ン・シンとパー・ビアンを組として織られていた。品質のよいシンを織らせるために,婦人は日本製の金筬も提供したが,当時は40ロップの金筬が12万キープ（約130ドル）もして大変な投資であったという。

糸信用貸契約にして,問屋契約にしなかった理由を質問すると「糸を誤魔化されるのが嫌だった」という。品質に問題があるときには仕入れ値を5％程度低くするが,これは市場に卸すときに「粗雑品は卸値も5～10％程度低くなるから」とのことである。

アジア通貨危機（1997年）とその後のキープ暴落による経済動乱期には市場も冷え込み,ヴィエンケオ婦人も事業の縮小を余儀なくされた。ヒンフープ郡の織子との関係も途絶えてしまった。その後,市況が回復し始めた2009年に,自宅に90台の織機を備えた集中作業場を開設している。これは,筆者がラオスで確認した集中作業場のなかでは最大のものである。そこには,ポンサヴァン村に住む織子が通ってくるが,戸数100強の村で90人の織子ということは,村のほとんどの家計から織子が出ていることになる。垂直紋綜絖は使っておらず,20本弱の摘上紋綜絖が用いられている。

集中作業場を開設したころに,新規の出機として山間部のメーッ郡のファン村（車で3時間）と12kmほど離れたところにあるヴィエンカム郡のパークチェン村（後述）で,それぞれ100人の織子を組織するようになった。ファン村とは,かつてヴィエンケオ婦人の集中作業場がテレビで紹介されたとき,それをみた村人が委託仲買人になりたいとやってきて取引が始まったという。パサーン工房でもそうであったように,郊外型の織元がさらに奥地の織子を,委託仲買人を通じて市場経済に巻き込んでいくという重層的な市場形成である。

(1) 内機経営

集中作業場の内機織子からみていこう。休日は月2日であるが,就業時間は設定されていない。これは,内機織子のほぼ全員が既婚であることから,家事との兼ね合いで織子が労働配分を決めるためである。出勤日数も,決められていない。市内や近郊の集中作業場では就業時間が決まっているのに対して,労務管理が緩くなっている。後で触れるように,市内や近郊の集中作業場では出稼ぎ織子（大半が未婚）が雇用されており,彼女たちは織元の家に寄宿していることから就業時間の管理が可能となる。しかしヴィエンケオ工房の織子は近隣の既婚の女性であり,家事労働などへの時間配分が求められることから弾力的

写真 8-1　ヴィエンケオ工房の昼食
注) すぐそばの自宅に帰ることはなく，うわさ話を楽しみながら食事をとる。
これが集中作業場で仕事をする理由のひとつとなっている。

な就業時間を認めざるをえないのである。パサーン工房でも，同様であった。「工場の本質は規律 (discipline)」であるとの Landes (1966) の指摘に従えば，パサーン工房やヴィエンケオ婦人の集中作業場は，マニュファクチュアと呼ぶには早いのかもしれない。

　婦人は，集中作業場を開設した理由として，1) 織子が自宅で機織りをすると雨漏りや鶏が経糸に乗るなどして糸が傷むことがある，2) 作業場に集うと，織子たちが技術を教えあって技能が高まる，3) 監督しやすいので，シンの品質が高まる，そして 4) 競争心が生まれて生産性が高まる，ことをあげている。ヴィエンケオ婦人の説明は，大きくいえば，監督がなされることによる「品質と労働生産性の向上」といえよう。出機経営ではなく，内機経営がなぜ生まれるかについての婦人の指摘は示唆的である。

　この付近の農業労働賃金は 1 日 3〜3.5 万キープであるが，ヴィエンケオ婦人は，パサーン工房でもそうであったように，機織りからの収入を付近の農業労働賃金よりも少し高くなるように設定しているという。そうしたことからか，ある内機織子は「自分は 3 ライ (0.48ha) の水田を耕作しているけど，農業労働のピーク時でも農業労働者を雇って農作業をやらせていて，自分はここで機織りをしている」という。農業労働賃金よりも織賃を高く設定することによって，織子の専従性を高めようとしているのである。

表8-2 織子の技能と報酬

種類	織賃（万キープ）	織子人数	製織日数	1日あたり織賃（万キープ）
A	100	4	12	8.3
B	60	11	8	7.5
C	40	20	6	6.7
D	30	25	5	6.0
E	15	30	3	5.0

　たしかに，マニュファクチュアと呼ぶには少々抵抗のある作業場ではある。しかし，それほど資本集約的ではないにしろ糸や金筬などを投資した以上，それがあまりに遊休することは望ましいことではない。かなり弾力的な運用であるが，休日は月2日とし，また農繁期の労働確保のために農業労働賃金よりは高めとなるように織賃を設定するという経営努力はなされているのである。

　この集中作業場では，調査時点で5種類のシンが織られていた（表8-2）。表ではAが最も品質が高く，順次低品質となっている。90人の織子は，それぞれの技能に応じて織りを担当している。1日あたりの織賃で見ると，農業労働賃金（3〜3.5万キープ）よりはかなり高くなっている。ただし，この織賃は機織りに専従した場合であり，実際にはこれよりも少し低くなる。

　このうち，A，DそしてEのシンについて費用収益構造を聞き取った。例えばシンDについては，1枚あたり経糸（タイ製絹糸）5万キープ，緯糸（コンケーン糸）7.5万キープ，そしてメタリック糸2万キープであり，糸代は1枚あたり14.5万キープとなる。これに織賃30万キープを含めた，44.5万キープが生産費となる。これがタラートに50万キープで卸されることから，利幅は5.5万キープ，利益率は11.0％となる。詳細は省くが，シンEでは利幅7.5万キープそして利益率は19.2％であり，シンAでは利幅25万キープで利益率は13.3％となる。このように利益率は10％代であり，それほど高いものではない。しかし，摘上紋綜絖とはいえ紋柄が入っていることから，前述のパサーン工房よりは高くなっている。

　聞き取りの過程で利益率を計算していると，ヴィエンケオ婦人は利益率の意味をたずねてきた。説明すると「そういう計算はしたことがない」という。そこで，ひとつの織物について，タラートの小売店と契約した時の納品価格をどのようにして決めたのかと質問すると，「注文がくると，まず1枚を織って糸代を確認して，織子の織賃を加えて生産費を計算する。そして，1枚5万キー

プ以上の利益が出るならと考えて引き受けた」という。いわゆるコストプラス方式であり，タラート・クアディン（第6章）のところで触れた小売店と機業家とのシンの価格決定の方式と同じである。

(2) 出機経営

出機織子は，村内・山間部のファン村そして12km離れたパークチェン村にいる。ここでは，ティーン・シンとパー・ビアンが組みで織られている。その生産費はすべての場所で同じであり（表8-3），契約も糸信用貸である。それぞれの地域について，触れてみよう。

ポンサヴァン村の80～90人の出機織子とも契約しているが，その大半は内機織子の娘（学生）である。すなわち，放課後にしか機織のできない織子が出機織子となっている。内機がシンを織るのに対して，出機はティーン・シンとパー・ビアンを織っている。これは出機織子がまだ若年で体が小さいことから，織幅の広いシンを重い筬で織るには負担が大きいためである。

次に，山間部のメーッ郡にあるファン村の委託仲買人との契約をみてみよう。糸代は1組10万8125キープであり，一組が23万キープでヴィエンケオ工房に卸される。よって，ほぼ12万キープが委託仲買人の取り分となる。ここから織子への支払がなされるが，その詳細についてヴィエンケオ婦人は「織子との契約がどうなっているかはわからない。何しろ，いったこともないのでね」という。裁量権の高い委託仲買人であることから，かなり織元に近い性質といえる。

ヴィエンケオ工房からそれほど離れていないパークチェン村の場合には，大半の織子が自らシンを納品しにくるので，12万キープがそのまま織子の収入となる。すなわち，パークチェン村よりは低いであろうファン村の織賃との差が，ファン村の委託仲買人の収入となっている。4～6日で1組が織られることから，パークチェン村の織子の収入は1日あたり2.4（=12/5）万キープ（約3ドル）となる。製織に期限はないが，例えば「需要のピーク（11月のタッ・ルアン祭り）を過ぎても終わらないときには買い取らないで，自分で製品を売って糸代金を返せという。それぞれの村で，年に1人か2人いるだけだけど」（ヴィエンケオ婦人談）とのことである。

パークチェン村は，ナムグム・ダム建設によって水没した地域からの移住民の村である。約150戸の村であり，内70戸（100台強）がヴィエンケオ婦人によっ

表8-3 ティーン・シンとパー・ビアンの生産費 （1掛け8組分）

	経糸	タイ製絹糸　20万キープ
	緯糸	地組織　コンケーン糸　50万キープ
	柄糸	メタリック糸　3巻（@ 5.5万キープ）　16.5万キープ
		⇒　糸代　10万8125キープ/1組
仕入れ値		3万キープ/1組
織子の収入		12.2万キープ/1組

て組織されている。この村からは，毎週50組ほどが納品されてくる。ティーン・シンとパー・ビアン1組の製織に4～6日必要（早い織子だと，月7組納品）ということから，この村の最大供給能力は週100枚強となるはずである。しかし，現実には，その半分の納品に留まっている。出機の生産性は，どうしても低くならざるをえない。

　この村で，ヴィエンケオ婦人の委託仲買人として働くコーン婦人（33歳）の話をしておこう。彼女の家族は数年前にフアパン県から移住してきて，かなり貧困家計であるとすぐにわかるほどの苦屋に住んである。土地なし家計であり，3ライ（0.48ha）の小作地を耕している。この農地から1800kgの籾米が生産され，1ライあたり120kgの現物の定額小作料が支払われる。また残りの10%は種籾となるので，彼女の家計には年1260kgの籾米が残る。これは，精米ベースでは756（= 1260 × 0.6）kgとなる。これで家族4人，建築労働者として働く夫と子供ふたりの口を何とか糊することができる。

　コーン婦人は10～20人の織子が織ったシンを集荷して，毎週，ヴィエンケオ婦人のところに届けている。週，最低で5～6組，多いときは10組になる。そして織賃と追加の緯糸をもらって織子たちに届け，何がしかのコミッションを織子から受け取る。ヴィエンケオ婦人は，ファン郡の委託仲買人と同じように，コーン婦人には手数料を支払っていない。ただし，ヴィエンケオ婦人は，コーン婦人に無料でオートバイを貸与している。

　ヴィエンケオ婦人は，ファン村の委託仲買人と同じ役割をコーン婦人に期待していたようである。しかし，ファン村と異なり，パークチェン村はヴィエンケオ婦人の作業場まで12kmと近い距離である。さらに，集中作業場のあるポンサヴァン村にはタラートやその他の店も多くあり，町ともいえるところである。そのために織子たちは，町に用があったついでに製品を持ってくるようになった。道路も，舗装されている。ファン村では距離の克服が委託仲買人の存

在理由となっていたが，距離が容易に克服されるパークチェン村では委託仲買人の活動は限定されてしまった。すなわち，委託仲買人も，ファン村では織元に近い機能を果たしているが，パークチェン村では単なる集荷人に留まっているのである。ヴィエンケオ婦人も「ファン村のまとめ役と同じ仕事をコーンさんにも期待したのだけど，うまくいかないね」という。

　委託仲買人というシステムが機能しないのは，距離の近さだけを理由としているわけではない。前述のパサーン工房は6kmしか離れていないプーカオカム村に委託仲買人をおいており，第9章のプーカオカム村のところで詳述するように，それは機能している。パサーン工房の織元が紋織りに精通していないこと，またもともとの住民である織元が移住民の織子を組織しにくいことが委託仲買人を機能させているのであろう。これに対してヴィエンケオ婦人とパークチェン村の織子はともに移住民であり，紋織りに優れている。さらにコーン婦人が新規の入村者であり貧困者であることから，村の織子を組織することができていないようである。むら共同体内で，第7章の最後に織元として失敗したマニヴォン婦人と同じような扱いを受けているようである。委託仲買人＝商人も，農村社会構造に埋め込まれた存在であることを窺い知ることができる。

　話を，織元に戻そう。ヴィエンケオ婦人は，出機織子から集めたティーン・シンを集中作業場で生産したシンにつけて，タラート・クアディンを中心とする20〜30の小売店に卸している。タラート・クアディンということからもわかるように，必ずしも高い品質のシンではない。乾季には毎週50組（月200組）になるが，雨季には半分となる。婦人は，「どんな織柄が売れ筋なのか，なかなかわからないので困っていた。そこで，2013年にタラート・クアディンにシンの小売店を開いて娘に任せている。これで，どんな織柄が流行なのかがわかるようになってきた」という。織柄についての市場情報がいかに重要かがわかる逸話である。

　ここまで，郊外のふたりの大規模織元を紹介してきた。内機経営と出機経営双方を採用しているが，彼女たちは生産性の高い内機経営を重視している。これは，原料糸を提供していることから，投資の懐妊期間を短くして利子負担を減らす目的があろう。ただし，出稼ぎ織子を雇用する市内や近郊の内機経営と比較すれば，近隣の既婚女性を雇用していることから労務管理は緩やかなものにならざるをえない。また，ふたりとも委託仲買人を介して奥地の織子を組織

しており，重層的な織元-織子関係でもって市場を外延化していることに注目したい。関係性の高い契約は都市と村とを結合するだけでなく，また村内における織子の組織に留まることもなく，近隣の村やさらに奥地の村との市場結合を実現する制度ともなるのである。

第2節　近郊の大規模織元

　ヴィエンチャン市内から19kmばかりのところにあるノンサアート村のふたりの大規模織元，マレイヴァン婦人とシンバデット氏を紹介しよう。ノンサアート村は戸数1000強の比較的大きな村であり，その8割をフアパン県そして1割をシェンクワン県からの移住民が占めるディアスポラの村である。残りの1割は，ヴィエンチャンのもともとの住民である。

　前節の郊外の織元との最大の違いは，近郊の村からは織子の供給がまったくといってよいほど期待できないことである。競合する小規模織元も多く，また独立織子として機織りをする織子も多い。さらには，代替的就業機会も増加していることから，地元での織子の供給がなされないのである。こうした環境のもとで，マレイヴァン婦人は出稼ぎ織子を雇用した内機経営のみ，そしてシンバデット氏は出機経営のみという対照的な事業を展開している。

1．マレイヴァン婦人（2011年と2015年聞き取り）：内機経営

　マレイヴァン婦人（36歳）は，優秀な織子の宝庫として知られるフアパン県サムタイの出身である。教育を受けるために14歳（1987年）のときにヴィエンチャンに移動してきた。両親も続いて移住してきて，ノンサアート村に居を構えている。ラオス国立大学を卒業（2000年）した後，数学の教員をする傍ら，故郷のサムタイから6人の従妹を招いて機織りの集中作業場を開設した。

　2011年の調査時には，サムタイ出身の17人とシェンクワン県の19人の合計36人が内機織子として働いている。織子たちは15歳になるころに移動してきて，遅くとも25歳ころまでには結婚して作業場を去る。ほとんどがヴィエンチャンで相手を見つけており，出身地に戻る織子は稀だという。

就業時間は，朝5時から夕方6時までである。起床して機織りを始め，7時から8時半までが朝食の時間となる。その後，11時半まで働き，午後2時まで昼食と昼寝の時間となる。そして，午後2時から6時まで再び機を織る。その後，夕食をとり，それ以降は休息の時間となる。すなわち，1日9時間労働となっている。前述の郊外の大規模織元と比較すれば時間管理がなされているが，これは織子が未婚で，織元と同居していることから可能となることである。
　食費などは無料で提供される。日曜日は休日としてある。機織りをしてもよいのだが，みんなで市内に遊びにいくという。マレイヴァン婦人は，「織子の生活指導をしっかりとしないといけない。稼いだお金は田舎の両親に送金するように指導している。そうしないと若い娘はすぐに堕落してしまうからね」という。縫製工場で働く女工たちの風紀の乱れが意識される発言である[3]。
　サムタイ県とシェンクワン県出身の織子に機織りの技能に差はないという。出来高給であり，織子たちは月100万キープ（125ドル）を稼ぐ。この給与は，食費と寮費が無料であることを考慮すれば，縫製工場で働くよりも恵まれた条件となっている。この作業場の給与体系の特徴は，シンを週2枚なら1枚9万キープの織賃であるが，3枚以上なら1枚10万キープとなるという誘因制度をもっていることである。最も熟練した織子は週5枚を織り上げるということから，彼女たちの月あたりの収入は200万キープ（250ドル）にもなる。
　ティーン・シンとパー・ビアンは同じ織柄であることから組で織られる。織賃は1組で10万キープであり，平均して週2組が織られる。月にすると80万キープ（100ドル）と，シンの製織よりは収入がやや低くなる。これは，織幅の狭いティーン・シンに対して，シンの製織には大きい（すなわち重い）金筬を使い，織幅が広いために杼を飛ばすにも体を左右に揺らさなければならず，より労力が求められるためである。先ほどのヴィエンケオ婦人の場合も，大人がシンを織り，娘たちがティーン・シンを織っていたことと同じ理由である。
　シン，ティーン・シンそしてパー・ビアンを組にして，市内のいくつかのタラートの小売店に販売される。これらは結婚式用であり，メタリック糸を用い

---

[3] Sene-Asa (2007) は，ラオスの縫製女工たちが娼婦に転落するさまを聞き取りで明らかにしている。それに近いことは，日本でも見受けられたようである。『職工事情　織物職工事情』(1971) には，次の記述がある。「……近時機業発達セルニ土地ノ者ニシテ工女トナルモノ昔日ニ比シ大ニ其ノ割合ヲ減シ……其土地ニ在リテ機織工女ト云ヘバ一般ニ卑下サル、ノ風アリ又父兄ニ於イテモ工女トセバ風儀ヲ乱シ自堕落トナリ真面目ニ家政ヲ取ル能ハザルノ弊ヲ恐ル、……」(p.178)．

た織柄が一面に入る高級品である[4]。1組の販売額は，乾季には3500バーツであるが，需要が減る雨季には2500バーツに下がる。小売店での売り値は，5000バーツ（乾季）とのことである。タラートの小売店に利益率をたずねると，その多くは30％（マークアップ方式）程度と回答するが，ここでもその水準である。雨季に売っても，小売店は半分の1250バーツしか支払ってくれず，残りは需要の回復する乾季に支払われるという。そこで婦人は，雨季には生産したシンの半分だけを1250バーツで売り，それで糸を購入する。そして織ったシンを在庫としておき，乾季に3500バーツで売るという[5]。さて，婦人は出かける用事があるというので，ここで聞き取りを切り上げよう。

　2015年，近くにきたので再度訪問した。内機経営を継続しているが，織子は18人でしかない。前回はサムタイからの出稼ぎ織子が多くいたが，「昨年は31人いたのだけど，結婚で辞めていったのが多いね。近ごろはサムタイでも多くの織元が生まれてきて，織子がなかなかヴィエンチャンに出てこなくなった。仕事はたくさんあるのだから，出てくれば雇いたい」という。このときいたフアパン県出身の織子16人（残りはシェンクワン県出身）は，県北部のシェンコー郡と南部のファムアン郡からの出稼ぎであった。前回同様，結婚式用の3点セットを織っている。前回の続きとして費用収益構造を中心に聞き取りをした。

　シン，そしてティーン・シンとパー・ビアン（織幅が同じで柄もほぼ同じことから同一の織子が担当）に分けて生産費を聞き取った（表8-4）。3点セットの合計生産費は織賃と食費も含めて405.9万キープであり，これを550万キープ（687.5ドル）で販売する。3点セットではあるが，550万キープとはかなり高額なシンである。利益は144.1万キープで，利益率は26.2％である。利益率は少々低いようであるが，これはコストプラスでかなりの額の利益幅を確保しているものの販売単価も高いために利益率とすると低く出てしまうためである。何しろ年に180〜230枚ほど販売するというから，年間の収入は3.2〜4万ドル程

---

4) 今世紀に入ってラオス経済が安定成長期を迎えると，結婚式も華美となって豪華なシンの需要も増えている。
5) これまでも指摘してきたように，輸入される原料糸はバーツ表示であることから，卸値もバーツで表される。これは，コストプラス方式での価格設定をしやすくするためであろう。ただし，実際の取引は，その日の為替レートで換算してキープで支払われる。

表 8-4　マレイヴァン婦人の費用収益構造

シン（6日必要）		
経糸	マイ・ラープ（器械製糸）　70万キープ　16枚分	
緯糸	同　4綛　4×200バーツ　1枚分	
柄糸	撚りの入ったメタリック糸（*mai kham fanh*＝撚りリヨン製）	
	3巻×1250バーツ　1枚分	
	⇒　糸代　118万1250キープ/1枚	
織賃	25万キープ（6日必要）	
	生産費合計143万1250　キープ	
ティーン・シン（6日必要）		
経糸	25万キープ　14枚分	
緯糸	1.5綛×200バーツ　1枚分	
柄糸	メタリック糸3巻×1250バーツ　1枚分	
パー・ビアン（4日必要）		
経糸	25万キープ　10枚分	
緯糸	1.5綛×200バーツ　1枚分	
紋糸	メタリック糸3巻×1250バーツ　1枚分	
	ティーン・シンとパー・ビアン1組の糸代は，206万7857キープ	
	1組の織賃は25万キープ	

以上から，3点セットの合計製織費用は374万9107キープとなる。食費などの寮費に1日1万キープであるから，日曜日が休日であることも含めて1セットに18人日必要となる。したがって，機拵えの費用も含めて，総生産費は405.9万キープとなる。これを550万キープ（687.5ドル）で販売する。したがって利益は144.1万キープ（利益率26.2%）となる。

度とかなりの額となる。

　婦人の結婚式用のシンは評判がよく，消費者が直接購入しにくるようになった。「もうタラートに卸すことはない」という。この聞き取りの間にも，二組が購入に訪れている。前回は集中作業場のある自宅で話をしたが，今回は新築の自宅（2階建ての豪華な邸宅）に招かれての聞き取りであった。

2.　シンバデット氏（2014年聞き取り）：出機経営

　シンバデット氏（46歳）は，フアパン県サムタイから1990年にノンサアート村に移住してきた。はじめは公務員として働いたが，「あまりの給与の低さに1年で辞めて機業経営を始めた」という。それほど優れたとはいえないが，妹から学んだということで男性としては珍しく図案師でもある。はじめは輸出用の絹のスカーフを，故郷のサムタイから招いた織子20人ほどを自宅に住まわ

せて織らせていた。この点では，前述のマレイヴァン婦人と同じであるが，その後の経営戦略は異なってくる。

　── 垂直紋綜絖も自分でつくれるのに，なぜシンではなく（紋柄のない）スカーフにしたのですか？

「はじめはシンを織ってタラートの馴染みの店に卸していたけど，スカーフのほうが売れるというので変えた。でも，タイの経済がおかしくなった1997年からは，結婚式用のシンも織るようなったけど」。

　── では，スカーフは止めたのですか？

「いや，続けたよ。輸出ライセンスを獲得したので，チェンマイの業者と取引をしていた。でも今は，シンの国内需要が高まって輸出にまで手が回らない状態だ」。

　── ところで内機の織子はどうしたのですか？　作業場がないようですが。

「2006年に止めた。結婚して辞めたりするときの補充が面倒になってね。織子を自宅に住まわせて管理するのが大変だ。何しろ，若い娘たちなんでね」。

　── では，いまは出機だけですね。何人ほどの織子と契約しているのですか？

「ヴィエンチャンでは川向う（この村から20kmほど北のグム川）や（ヴィエンチャンの東の端の）パークグム郡などの4つの村の織子48人と契約している。ルアンパバーン県のナムバーク（Nambak）郡の織子32人とルアンナムター県のローン（Long）郡の織子130人ほどとも契約しているよ」[6]。

　── ローン郡って，一度いったことがあるけど，すごく遠いですよね[7]。ミャンマーまで，あとちょっとのところでしょ。なぜ，そんなに遠いところと契約したのですか？

「遠いらしいね。実は，一度もいったことないんだ。川向うの村人の親戚がローン郡にいるというので，頼まれて2011年から取引を始めたんだ。ルアンパバーンの村とは去年（2013年）からの契約だ。そこの村の人が，ノンサアート村に嫁いできていて関係ができたのでね」。

　── どのような契約で取引しているのですか？

「金筬と機拵えした糸をセットにして（第1章の写真1-14参照）バスで送っているよ。向うに管理する（委託仲買）人がいて，織子に配ることになっている。管理人には，1枚1万キープの手数料を払っているよ。」

　── ルアンナムター県やルアンパバーン県の僻地の村の織子と契約したのは，織賃が安くて済むからですか？

---

6)　ナムバーク郡は，ルアンパバーンの市街地から13号線を北に3時間ばかりいったところにある。
7)　ルアンナムターの町から中国国境のムアンシンまでいって，それから70キロほどメコン川方向にいったところにある。ここから先にいくとメコン川につく。対岸はミャンマー（シャン州）であるが，密林に覆われている。ここにも2015年に橋が架けられた。これによってミャンマー・ラオス・中国を結ぶひとつの動脈が走ることになる。

「違うよ。こちらと同じ織賃にしている。何しろ親戚との関係でヴィエンチャンでの織賃をみんな知っているから，安くできないんだ。無理だね。それどころか，運賃やエージェントへの支払いがあるので，結局は高くついている」。
　── つまり，織賃が安いというのではなく，近くで織子が不足していることで遠隔地の織子と契約をしたということでしょうか？
　「そうだ」。
　── ところで，問屋契約を採用しているようですが，何か問題は起こりませんか？
　「あるよ，あるよ (mii mii)」と氏は語気を強める。「織り方が悪くても織子は気にもしない。(問屋契約だから) 同じ織賃を払わないといけないしね。糸を盗む織子もいるし，織ったシンを他に売ってしまう織子もいるね。タラートの店を見て歩いて，自分の織柄のシンが知らない店で売られているのを見つけてわかったのだけどね」。

　裏切った織子の情報をまわりの織元たちに知らせれば，その織子は取引ができなくなるので，そんなこともなくなるのではと質問すると「無理だね。絶対にそんなことしても無駄だ」と，多角的懲罰戦略が機能しないことを強調する。
　開発経済学などでは，むら共同体のもつ多角的懲罰システムに注目が集まっているが，ラオスの手織物については，それが機能しているという話はあまり聞かれない。特に，シンバデット氏は自分の住む村の外の織子を組織しているアウトサイダー商人であることから，コミュニティ的統治に頼ることはできない。「うわさ」を使った制裁も利用しようがないのである。「どうしようもない」と，シンバデット氏は諦めている。
　シンバデット氏は，遠方の織子と問屋契約を交わしていることから，エージェンシー問題に悩まされている。ならば，これまでも紹介した事例のように，委託仲買人と糸信用貸契約を交わして，織子の管理を委託仲買人に任せればよいのではとも考えられる。しかし，そうした戦略が採用されないのは，織元と仲買人を隔てる距離があまりに大きいためである。これまでの事例からも明らかなように，糸信用貸契約ならば納品のときに検品して，品質に問題があれば買い取り価格を下げるか，ないしは他所で販売して糸代の支払を求めるという方式となる。しかし，これは織元と委託仲買人の直接交渉によってなされるものである。シンバデット氏と他県の織子との距離が，それを阻んでいる。そのために，エージェンシー問題に悩まされながらも，問屋契約で織子を組織するしかないのである。ならば注文契約をとも考えられるが，織子が容易に糸を購入

できない奥地であることから，この契約も採用できない。この点が，あとで紹介するフアパン県（第11章）やシェンクワン県（第12章）と異なるところである。

ちなみに，第10章で紹介するNGOのサオバーンと委託仲買人コン婦人の取引では，糸の窃取というエージェンシー問題を避けるために糸の提供はなされず，管理しやすい資金の貸付けによって農村の機業家の信用制約の緩和が図られている。これは委託仲買人が糸の購入ができることを条件とする方式であり，ナムバーク郡やローン郡という奥地ではそれは採用できないことになる。

ヴィエンチャンの市街地では織子の募集は難しくなっており，出稼ぎの織子に頼るようになっていることは，本書の随所で明らかにした。ヴィエンチャン市内や近郊では，小規模も含む多くの織元たちも出稼ぎ織子に依存せざるをえなくなっている。しかし，後述のシオン婦人のように，それは労務管理問題を引き起こすことになる。そのときには，まだ織子の供給が充分にある遠隔地の織子を，委託仲買人を介して組織するのもひとつの解となる。出稼ぎ織子で対処しようとするマレイヴァン婦人と生産拠点をより奥地にもっていこうとするシンバデット氏の採用した戦略は，この意味で興味深い対照である。こうした制度選択の差をもたらしたのは，マレイヴァン婦人の場合，高価なメタリック糸をふんだんに用い，高い品質が求められる結婚式用のシンを生産していることがある。すなわち，ここで出機制とすると糸の窃取の被害が大きくなるとともに品質管理もできないためである。内機経営では品質の高いシン，そして出機経営では品質が劣るシンが生産されるという対照は，かなり明瞭に観察されることである。もちろん，次節で紹介するブァ婦人のような例外もあるのだが。

第3節　市内の大規模織元

ヴィエンチャン市内にも大規模織元は多くいる。ここでは織柄への支配力の弱い織元から強い順に，5人の織元を紹介する。それは外注か内製という軸でいえば，出機経営を採用する織元から内機経営に重きをおく織元という順でもある。すなわち，はじめの織元は糸出し仲買人に近い性質をもつが，最後の織

元は集中作業場をもつ企業経営者である。また，いくつかの出機経営が紹介されるが，その実態も一様ではないことが示される。

1. ラオ国立大学の教員（2011年聞き取り）：糸出し仲買人に近い織元

先に紹介した伝統的機業地の高校教師が織元の出機織子となっていたように，タラートで店をもつ女性たちの配偶者にも公務員が多い。彼らの給与水準が，必ずしも高くはないためである。ケーン婦人は，ラオス国立大学で物理学を担当する教員である。ヴィエンチャン生まれであり，機織りの経験はない。しかし彼女は1990年ころから，国道13号線を北に35〜40kmいったナムスワン地区にある4つの移住民の村の織子，約50名と糸信用貸契約を結んで，織元となった。

契約を締結するにあたり，婦人は織子に機枠と金筬を買い与え，その代金をティーン・シンで返済させていった。費用収益構造（表8-5）を見ると，1枚あたりの糸代3.7万キープのティーン・シンが10万キープで仕入れられている。ただし雨季には，仕入れ値は8万キープに値下げされる。織子は1週間に2枚を織ることから，織子の1週間あたりの収入は乾季で12.6万キープ（15.8ドル），月では60ドル強となる。織柄は，馴染みの小売店からサンプルをもらって織子に渡して，織子が垂直紋綜絖を作成する。すなわち，ケーン婦人の織柄への支配力は弱いものである。

実際の取引は，次のようになされる。はじめに，経糸9万キープ，緯糸1綛（3.5万キープ）そして紋柄用のメタリック糸1巻（3.5万キープ）を織子に渡す。婦人は毎週村を訪れており，1週間後に2枚のシンを受け取る。仕入れ値は16万キープ（雨季）であるが，10万キープを支払い，6万キープは掛売りした糸の代金への返済とされる。そして，シン2枚分となる緯糸1綛（3.5万キープ）を渡して，残高が13.5万キープとなる。糸代をすべて払い終えた後は，織子はシンを誰に売ってもよいことになるが，全員がケーン婦人に卸しているという。品質の問題は少ないが，ある場合には10％程度ほど仕入れ値を低くしている。

ティーン・シンは，タラート・サオの馴染みの小売店5店舗，タラート・クアディン3店舗，そしてタラート・トンカンカムの3店舗に，12万キープ（雨季は10万キープ）で卸している。したがって1枚あたりの利幅は雨季と乾季と

表 8-5　ケーン婦人の費用収益構造

経糸	絹糸　9 万キープ　10 枚分	
緯糸	地組織用の糸　5 綛　10 枚分	5 × 3.5 万キープ
柄糸	メタリック糸　1 巻　3.5 万キープ　4 枚分	
	糸代 ⇒ 3.7 万キープ /1 枚	
仕入れ値	10 万キープ (乾季)・8 万キープ (雨季) /1 枚	
卸値	12 万キープ (乾季)・10 万キープ (雨季) /1 枚	
利益 2 万キープ	(利益率 16.7 〜 20.0％)	

もに 2 万キープであり，利益率は 16.7％ (雨季 20％) となる。流通マージンと糸の掛売りへの報酬とすれば，妥当な数値であろう。シンの卸値から 2 万キープを差し引いて織子の取り分とする，コストプラス方式での卸値の決定である。すなわち，価格の季節変動は織子が負担している。

例えば第 7 章で紹介した移住民の小規模織元カンポン氏は，シンの価格変動を織子に押しつけることなく，織賃を通年で一定として織子の所得の平準化への配慮をしていた。では，ケーン婦人は，なぜ価格の季節変動を織子に負担させているのであろうか。第 9 章で紹介するポンサワート村の織元も，季節変動を織子に負担させていた。その背景として，1) 織子との関係的契約を維持しようとするプリンシパルの誘因が低品質のシンでは低くなること，そして 2) 織元と織子が領域性を共有していない，すなわち織元がアウトサイダーであることから商人のジレンマが発生していないことが考えられる。序章では，反復的取引が互恵的ないしは贈与交換の色彩をもつことを指摘したが，互恵性が反復取引に普遍的に付随するわけではないことを示す事例である。関係性を維持しようとする誘因が弱ければ，互恵的な慣習も生まれてはこないのである。

ケーン婦人の収入は，乾季には 50 人の織子が月ひとり 8 枚を織ることから 800 万キープ (1000 ドル)，乾季には 25 人の織子となることから 400 万キープ (500 ドル) となる。織元を彼女の副業としたが，それからの収入は国立大学の教員としての給与を大きく上回っている。

ここではケーン婦人を織元として紹介したが，後述するシーポントン村の糸出し仲買人 (第 9 章) との決定的な差異は曖昧となる。糸は掛売りするものの，織柄に対する支配力は微力である。その意味では，ケーン婦人は糸の掛売りをする糸出し仲買人の性質を強くもっている。ただし，糸を自己資金で購入して提供していることから小売店の委託仲買人ではない。

2. ウィラヴォン婦人（2012年聞き取り）：内機経営から出機経営へ

フアパン県ヴィエンサイ出身のウィラヴォン婦人（52歳）は，県都サムヌアの県教育省で会計課に勤務していた。1990年にヴィエンチャンに移住してきて，ノンブァトン村に居を構えた。娘はラオス国立大学出身で，国家経済調査研究所の研究員をしている。「娘も，100以上の紋糸をもつ垂直紋綜絖を創って織ることができるよ。何しろ，7歳から教えていたからね」という。

移住してきたときに200枚ほどのシンを織って持ってきたところ，すぐに売れたことから機織りを始めた。しばらくは順調に事業を拡大していたが，紆余曲折を経験することになる。それは，ヴィラヴォン婦人だけでなく，ラオスの多くの機業家にも共通する変化である。婦人に語ってもらおう。

> 「最盛期には，内機織子40名と出機織子60名ほどがいた。内機織子たちは，フアパン県を中心にシェンクワン県などからの出稼ぎで，みんな私の家に住まわせていたよ。だけど，近ごろは縫製工場で働きたがる人が増えて織子が集まらなくなった。むかしはノンブァトン村にも多くの織子がいて出機織子として契約していたけど，いまじゃみんな縫製工場などで働くようになって織子のなり手がいなくなってしまった」。

最盛期の出機織子60名は，彼女の住むノンブァトン村の織子とヴィエンチャン県にあるフアパン県からの移住民の村の住民であり，問屋契約を結んでいた。ステンレス製の筬（タイ製）は，織元が提供した。はじめは契約書を作成したが，馴染みとなると口頭だけの契約になる。糸の窃取の問題はあったかと聞くと，「ちゃんと計算して渡しているので，問題はなかった。ただし，一度だけ糸を盗まれたことがあり，契約を打ち切った」とのことである。

順調に事業を展開して「すべての品質のシンがよく売れた」という時期が続いた。しかし，1997年のアジア通貨危機で需要が大幅に減少した。その後，タイのプリント柄のシンがラオスに入ってくる。それらは低所得者層が主たる需要者であるが，それなりの所得階層の女性たちも扱いやすいということで部屋着に使い始めた。その結果，中・低品質のシンが影響を受け始めた。

そこでウィラヴォン婦人は，平織りのショールを主力製品とするようになる。これは絣の技法を用いて柄にグラデーションをつけた製品であり，婦人は「だれも真似できないものだ。週700枚程度売れており，その儲けで家を改築した」

という。すなわち，絣ではあるが，織元が織柄への支配力をもつ事例である。ノンブァトン村での織子の供給が期待できなくなった状況で，婦人は郊外の織子と契約を始めた。いわゆる，機業の外延化である。絣であったことから，紋織に優れた技能をもつ出稼ぎ織子に依存した内機経営は選択肢とはならなかったのであろう。

　契約する村は6ヶ村にもなる。最大は，ナムスワン地区の北のフアパン県からの移住民のディアスポラ村の25人である。この村には，かつて内機として働いていた織子が結婚して住んでいて，その関係で契約ができたという。その南東にあるポントン村に3家族，13台の機がある。この村は，機織り村として第9章で紹介しよう。その他に，ボリカムサイ県にあるディアスポラ村の15人にティーン・シンを依頼している。

　近郊の織子たちとの契約は，かつては問屋契約であった。しかし2008年ころから徐々に糸信用貸契約に置き換えつつあるという。調査時点では，問屋契約7割，糸信用貸契約3割である。置き換えは，はじめはボリカムサイ県の織子から始めた。その理由を質問したが，なかなか要領を得ない説明であった。何か，いいたくないことがあるようである。ただひとこと，「よい糸を渡しても，安い糸に替えて織ってしまう」と彼女は呟いた。糸の窃取や粗製濫造を防ぐための監視が難しい最も遠隔地の織子から，糸信用貸契約への転換を始めたと理解してよいであろう。

　少しでも良質のシンを仕入れるために織子との契約を維持しようとする婦人は，織子に対して平均30万キープ（40ドル）ほどを無利子で貸付けている。いわゆる，配慮である。借り入れの理由は消費，医療，教育など多岐にわたるが，基本的には織子の消費の平準化を目的としている。糸信用貸契約の幾人かの織子にも貸すが，中心は問屋契約をする織子であり，彼らのほとんどが借りているという。やはり技能の高い織子とは問屋契約を締結しており，そうした織子を囲い込むために配慮がなされているのである。

　製品の販路について，触れておこう。ウィラヴォン婦人は自宅に店をもっており，取り扱うシンの3分の1はここで販売される。顧客は周辺の住民である。残りはヴィエンチャンの主要なタラートの馴染みの小売店，そしてルアンパバーン，サワンナケーッ，パークセー，ボケーオ，タケークといった主要都市の小売店にも卸す。旅行にいくときに自動車にシンを積んでいって，そうした小売店とお得意様の関係となったという。

ウィラヴォン婦人は，付近からの織子の供給が途絶えがちになってきたときに，郊外のディアスポラ村との契約で対応しようとしている。この意味では前述のケーン婦人と同じであるが，織柄に対する支配力があるという点でシンバデット氏に近いであろう。ただしシンバデット氏が伝統的な紋柄に固執しているのに対して，ウィラヴォン婦人は絣の技法で新たな柄を考案して伝統的近代性を追求しようとしている。

3. ブァ婦人（1995年以降，数回の聞き取り）：有能な図案師

　蓮を意味する名をもつブァ婦人は，本書の調査を始めるきっかけとなった織元である。はじめに会ったのは1995年，ブァ婦人が38歳のときである。フアパン県生まれであるが，ヴェトナム戦争時の爆撃から逃れるために，両親に連れられてヴィエンチャンに移住してきた。ヴィエンチャでは医師として働いたが，公務員であるために「あまりの給与の低さに辞め」（婦人談）て，1988年に織物の事業を始めた。タラート・サオの織元兼小売商のトンケイン婦人（第5章の小売店C）と同じような経歴をもつ。実際，彼女たちは友人である。
　赤タイであるブァ婦人は，ラオス商工会議所の主催する品評会で賞を授与されたこともあるほど織物に精通しており，数十の紋柄を熟知して垂直紋綜絖を作成できる優れた図案師である。また小売業者の要請に応じて新たな織柄の創作もする。このことが，トンケイン婦人とは異なる路を歩ませることになる。
　1995年の聞き取り時点では，自宅に14台の織機を備えて14人の織子と機拵えを専業にする女性ひとりを雇う傍ら，30kmばかり離れたヴィエンチャンのタマラー村，ボリカムサイ県の軍施設のある村，そして80kmほど離れたヴィエンチャン県のホエイプーン村の総計200名ほどの織子と問屋契約を交わしている。内機織子は，婦人の故郷フアパン県からの出稼ぎである。製品はタラート・サオの数軒の馴染みの小売店に卸されて，タイに輸出されると婦人はいう[8]。
　ブァ婦人が排他的に取引する3つの村は，婦人と同じくフアパン県からの移住民が入植してできた赤タイの村である。ふたつの村（タマラー村とホエイプーン村）については，機織り村として第9章で紹介する。そこの織子たちは伝統

---

[8] 輸出というが，タイの業者が買付けにきているようである。

的に機織りに秀でてはいるが，織機や筬（竹筬を使用）に問題があった。そこでブァ婦人は自己資金で織機と金筬（@15万キープ≒163ドル）を購入して貸し与え，出機経営を始めた。その代金はシンで返済されることになる。その数は，調査時点で204台となっている。その後，この数は約400にまで増えていった。こうして，村のほぼすべての高床式の家の下で，機織りがみられるようになった。

乾季には月平均500〜600枚のシンが織られる（1機あたり2.7枚）が，雨季には250枚程度に半減する。雨季にはシンの需要が減少すること，農作業の時期であること，そして湿度が高いことから糸が湿気を含んで織りにくくなることが減少の理由である。

シン1枚を織るには，平均1週間，熟練の織子だと4日を要する。専業すれば，月4〜7枚となるが，実際は2.7枚に留まっている。1枚につき9000キープの織賃が支払われるが，これは専業した場合には1日あたり1300〜2250キープ（1.4〜2.4ドル：1995年当時は1ドル=920キープ）になる。この村では農業労働賃金は1日1500キープであるので，熟達した織子の収入はそれを上回っている。織られたシンは，織子たちの代表が婦人の自宅に逐次持ってくる。そして婦人から渡された糸を村に持ち帰り，織子たちに配る。どの織子にどの織柄の垂直紋綜絖と糸を渡したか，そして納品されたシンの数の記録は，婦人によって帳簿に記入されていく（写真8-2）。

婦人が村にいくことは，ほとんどない。村には，パサーン工房やヴィエンケオ婦人が抱えていたような委託仲買人もいない。監視をする人が村にはいないけど，何か不都合が生じることはないかという問いに，婦人は笑いながら「村の人は私の家族と同じだ。なぜ監視などする必要があるのか」と答える。同郷である（領域性の共有）という心情，独特の織柄を考案して垂直紋綜絖をつくる能力（織柄への強い支配力），流通をも支配するという独占的地位，そして長期の反復取引によって培われた「潤滑油としての信頼」（アロー1999）が，問屋契約に内在する軋轢の表面化を抑えている。すなわち，個人的統治が円滑な取引を実現しているといえる。この信頼関係という枠組みは，程度の差こそあれ，織元と織子の関係に等しく作用している。しかし後述するように，それでも関係を崩してしまうトラブルが発生してしまい，婦人の事業は終焉を迎えることになる。

車を用意するので取引する村に連れていってくれないかというと，婦人は

写真 8-2　帳簿をつけるブァ婦人
注）婦人は自分がデザインした織柄のシンをはいている。タラート・サオでは
　　見かけることのない柄である。

少々困った表情をみせる。何か問題があるなら無理にはと続けると、「いや、そんなにたいした問題ではないけど、あまり村にはいかないようにしているのでね」という。結局、婦人は自家用のピックアップ・トラックでいくということになった。

　翌朝、婦人は寄るところがあるといって、タラートに入り、買い物の入った一抱えもある袋を5つ荷台に積み込んだ。村につくと婦人がきたというので村人が集まってきて、婦人は袋に詰まったお菓子を子供たちに配り始めた。「村にくると、これをしなくてはならないのでね」と婦人はいう。村人は、シンを納品するために婦人の自宅にやってくることから、婦人が大きな家に住む経済的成功者であることを知っている。郷里を同じくするものの、近くには住んでいない婦人は、やっかみの対象とはなりにくい。しかし、その婦人がいったん村に入ると、村人の妬みの餌食となってしまう。いわゆる商人のジレンマであり、施しが求められることになる。このことは、ブァ婦人が、この村の人々と同じ出身地ということでインサイダーであるものの、しかし都市に住む医者であるという意味でアウトサイダーでもある、すなわち境界人であることを意味している。

　ブァ婦人の事業の費用収益構造（乾季）をみてみよう（表 8-6）。婦人の自宅の作業場では、乾季には毎月 100kg の生糸（3万キープ/kg）が精練・染色される。

表 8-6 ブァ婦人の費用収益構造（乾季 1 ヶ月分）

生糸　100kg（3 万キープ /kg）＝ 300 万キープ
綿糸　125kg（7400 キープ /kg）＝ 92.5 万キープ
化学染料　生糸 100kg あたり 50 万キープ
精練・染色の人件費　日当 3000 キープ　延べ 12 人＝ 3.6 万キープ
織賃　1 枚 9000 キープ× 550 ＝ 495 万キープ
⇒　生産費　941.1 万キープ
収入　550 枚× 3.2 万キープ＝ 1760 万キープ
収益　819.9 万キープ

注）乾季 1 ヶ月あたりに処理する生糸 100kg を基準とする。

それには 50 万キープの化学染料（ドイツ製）と延べ 12 人日（日給 3000 キープ）の人件費が必要となる。シン 1 枚には，経糸に綿糸 225g と緯糸（織柄部分を含む）に絹糸（生糸ベース）180g が必要となる。すなわち生糸 100kg に対して，綿糸 125kg が必要となる。ひと月に精練・染色される生糸 100kg から，約 550 枚のシンが製織される計算となる。これは，織子が乾季に納品すると婦人のいうシンの枚数（500 〜 600 枚）と符合している。

シンはタラート・サオの小売店に卸され，そのほとんどはタイに輸出される。卸値は 1 枚 3.2 万キープ（34.8 ドル）であるから利益率は 46.5％であり，また婦人の乾季の収入は月 818.9 万キープ（8900 ドル：ドル＝ 920 キープ）となる。織柄に強い支配力をもつ織元の利益率は，ほぼこの水準にある。それでも，生産費などを聞き取って婦人の収入を計算したとき，桁を間違ったと思ったことをいまでも覚えている。その数日前に，金融大臣と話をしているとき，大臣の給与が月 40 ドル程度（裏金は知らないが）だと聞いていたこともある。再計算したが同じ数値となる。大臣給与の 200 倍強である。こんな数値になるのだけど，どこか計算を間違ったかと婦人に確認した。「だいたい，そのぐらいだ」と婦人は答える。

　雨季には納品されるシンの枚数は半減する。ただしラオス商工会議所の品評会で金賞を受賞するほど婦人が図案師として優れていることから，値崩れはしない。したがって雨季の収入は，乾季のほぼ半分となる。

　こうした盤石ともみえるブァ婦人の組織力も，マクロ経済の混乱に巻き込まれて大きく弱体化してしまう。婦人を再訪したのは，まだキープの暴落が続く 2000 年 9 月である。婦人の取引する織子は，乾季 90 〜 100 名，雨季 70 〜 80 名と 5 年前の半分，最盛期の 4 分の 1 になっていた。「絹の値段が高騰したこ

表 8-7　ブァ婦人の契約書（糸信用貸契約）

ヴィエンチャリーン村ブァ　織物契約書

電話番号：41-XXXX

織子は下記の規則を遵守しなくてはならない。

1. 綿糸と絹糸の提供を受けた者は，製織したシンをすべて納品しなくてはならない。（例：1掛け＝11枚を納品）
2. 製織したシンを納品したときには検品のうえ，品質に問題がある場合には契約額の減額がなされる。
3. 契約違反の際には，契約の2倍の罰金を支払わなくてはならない。（例：筬を返却しない場合，返却を求めて村を訪れたときに，筬代金の2～3倍のお金を支払うこと）
4. 名前＿＿＿＿＿＿＿＿＿　日付＿＿＿＿＿＿＿＿＿
　　村名＿＿＿＿＿＿＿＿＿
5. 納品価格　**105000 キープ**
6. 織柄を第三者に売却した時には，1枚につき5万キープの罰金を支払うこと。

糸掛売り	価格
緯糸　赤　**200g**	**40000 キープ**
緯糸　赤　**300g**	**60000 キープ**
柄用絹糸　**500g**	**125000 キープ**
綿糸　1括り　**500g**	**60000 キープ**
織子サイン	織元サイン

注）太字は手書き部分。

とからシンの価格も高くなり，売れなくなった」と婦人はいう。シンの需要が減少したことから，紋織りのテーブル・クロスを織っていた。1枚1000バーツでタラート・サオの小売店に卸されており，「たぶんタイにほとんどが輸出されている」と婦人は考えている。

　しかし変化は，取り扱うシンの数量だけではなく，織子との関係にも及んでいた。タマラー村の織子との契約は問屋契約から糸信用貸契約に移行しつつあったが，最も大きな変化は契約書の採用である。表8-7は糸信用貸契約の場合であり，問屋契約では糸の値段は書かれない。糸信用貸契約では，織元が作成した垂直紋綜絖の提供に対して織子は対価を支払い，また織元に糸代を支払えば第三者に布を販売できる場合が多い。しかしブァ婦人の場合，垂直紋綜絖

を提供しているにもかかわらず，その対価を求めていない。また規則のはじめにあるように，織られたシンのすべてがブァ婦人に納品されることを求めている。これは，契約書に織柄を第三者に売ることには罰金を課して強く禁止していることからも明らかなように，婦人が優れた図案師であることが背景にある。糸信用貸契約の内容も，決して一様ではないのである。

　契約書を作成した理由を問うと，「特に，これといった問題があったからではない。何か起こるまえに先手を打っただけだ」という。しかし，契約書の内容をみれば，何かがあったと考えるのが自然であろう。婦人は，「昔は，織子は素直で信頼できた。しかし豊かになると，何かおかしくなってきた」とも呟く。どうも，これ以上の質問は憚られる雰囲気である。その理由は，第9章で明らかとなる。

　織られているのはテーブル・クロスである。問屋契約での織賃は1枚4万キープ，糸信用貸契約での買い取り値は10.5万キープ，そして糸代は4.9万キープである。このシンは，1000バーツ（20万キープ）でタラート・サオの小売店に卸される。「糸信用貸契約のほうが，織子の取り分は少し多くなる」と婦人がいうように，計算では，問屋契約の織子が4万キープの織賃であるのに対して，糸信用貸契約の織子の手取りは5.6万キープとなる。この差は，これまでも触れてきたように，糸信用貸契約ではシンの品質に問題があるときには値引きのリスクが織子にあり，さらには市況が低迷していることから在庫調整のために買い取り拒否が増加しているためと考えられる。ちなみに，双方の契約では，機拵えは織子の担当となっている。

　2014年，久し振りにブァ婦人の自宅を訪ねてみた。以下は，ふたりの孫の世話をしながらの話である。

> 「そうだね，あなたとはじめて会った1995年と96年が一番儲かったね。タラート・サオの30位の店に売っていたし，ペンマイ工房（後述）にも売っていたよ。そのときには，最大で300～400人の織子と契約していたからね。（ヴィエンチャンの）タマラー村と（ヴィエンチャン県の）ホエイプーン村が中心で，そこの織子全員と取引していたからね。ホエイプーン村は遠くて3回しかいっていないけどね。ここはフアパン県の，私と同じ地域の出身の人々の村だよ」。

> 「タイ経済がおかしくなった1997年以降，糸が値上がりして，シンも高く売れなくなった。それに，織子たちが正直でなくなったしね……（具体的には，語ろうとしない）」。

かつて，婦人は取引の帳簿をつけていた。もう商売を止めているのでと思い，それを見せてくれないかと聞いてみた。「あんなもの捨ててしまったよ」と吐き捨てるようにいう。もう，思い出したくもないという雰囲気である。

2004年，彼女は病気をして手術を受けた。それをきっかけに，織物の事業から完全に撤退している。ブァ婦人からは直接は聞くことはできないが，彼女の友人のトンケイン婦人（第6章の店舗C）からは話を聞いていた。1990年後半に大きな所得を得て家も新築したころ，ラオスではよくあることであるが夫が若い女性と懇ろとなり離婚騒動となっている。法廷に持ち込まれることになって離婚が成立した。落ち込んでいるという話を聞いていたので，しばらく訪問を控えていた。「もう大丈夫だよ」とトンケイン婦人がいうので再訪（2000年）した時にもらったのが表8-7の契約書である。そのときに婦人は「織子たちが……」と不満を漏らしたが，具体的なことについては口を閉ざした。この直前，ホエイプーン村で事件が発生していたのである。本書で，幾度か指摘しているように，キープの暴落が頂点に達した時期に，こうしたトラブルが多発している。ブァ婦人も，その罠にかかってしまったようである。この事件については，第9章「郊外の機織り村」のところで語ろう。

ブァ婦人は，「娘を立派に育てたい。イギリスのオックスフォード大学に留学させたい」と前向きの発言もでていた。もう一度，何とかやろうと意思も感じられたが，手術でそれもなくなったようである。ちなみに2014年の訪問時には，娘はイギリスではなく日本の大学院に留学中であった。

婦人の事業が途絶えたのは，病もあったであろうが，タイ市場に依存しすぎたこともあろう。この後に紹介する織元たちは，日本や欧米市場に販路を広げていった。その過程で，そうした市場の消費者の嗜好にあわせるように製品開発をしている。しかし，ブァ婦人はその流れに乗ることはなかった。賞を授与されるほど優秀な図案師としての誇りもあったのであろうが，自分の織柄に守株待兎してしまい，シンをテーブル・クロスにする程度に留まってしまったのである。

4. シオン工房 （2013年聞き取り）：販路に悩む織元

シオン婦人（50歳）は，ヴィエンチャン市のはずれにある自宅に集中作業場を併設しており，またタラート・サオにも店を出している。この意味では，タ

ラート・サオのトンケイン婦人（小売店 C）と似ている。ただしトンケイン婦人が出機経営をするのに対して，シオン婦人は内機経営で事業を展開している。シンの品質はシオン婦人のほうがはるかに高い。そうしたことからか，2012年には，ブティックを市内に開いている。

シオン婦人はフアパン県のヴェトナム国境近くのシェンコー郡の生まれであり，1995年にラオス国立大学文学部を卒業している。卒業後はテレビ局に勤務しており，レポーターとしてテレビに出ていたと自慢する。古布を扱う男性との結婚を契機に，2002年に機織りビジネスに参入した。夫は自宅近くで製麺工場を営んでおり，売上げも好調のようである。

タラート・サオの店とブティックで売られる商品のすべては，彼女の集中作業場で織られており，出機織子とは契約していない。婦人に出機を利用しない理由を聞くと「出機について多くの問題があることを知っているので，怖くてできない」という。婦人は図案師でもあり，小売店にある製品も他店とは異なる独特の織柄をもっていることから，独占的競争を維持できる立場にいる。ラオスの紋織り特徴を生かしたスカーフ（小売店での売り値は22万キープ＝27.5ドル）も生産しており，その8割は欧州，2割は日本に輸出されている。

14台の内機で始め，翌2003年には52台まで増やした。しかしシオン婦人によれば，織子の募集がうまくいかずに，調査時点では織子は12人に減少している。織子たちはフアパン県からの出稼ぎであり，婦人の自宅で共同生活をしている。織子は23〜25歳であり，全員が独身である。ヴィエンチャンで相手を見つけて結婚する織子もいれば，出身地に帰って結婚する者もいる。いずれにしても，結婚すると辞めていく。寮費と光熱費は無料であり，さらに米12kg分として毎月7.5万キープ（9.4ドル）が補助される。ある織子は「米についてはこれで足りる」という。おかずは個人で購入しており，1日1.5万キープ（約2ドル）の食費が必要となるという。この織子は，「月あたりの収入は120〜130万キープ（154〜167ドル）であり，食費や遊興費などの生活費を除くと，月60〜70万キープを貯めることができる」という。監督する女性によれば，「郵便為替で送金する織子が2〜3名いるけど，ほとんどはお金を手元においており，帰省の時に持ち帰っている。手元におくと危ないので銀行に預けるようにいっているけど，誰も従わない」という。

就業は朝8時から夕方5時までであり，昼休みが1時間ある。夕食後に機織りをする織子はいない。日曜日は休日であり，市内に出かける者もいれば，機

表 8-8　シオン工房における織子の賃金簿から
(a) ストール

日付	筬目数（ロップ）	数量	支払賃金（キープ）
8-6-13	20	1	22万
11-6-13	20	1	22万
15-6-13	20	1	22万
20-6-13	20	1	22万
25-6-13	20	1	22万
2-7-13	20	1	22万
フアパン帰省			
24-7-13	20	1	10万
27-7-13	20	1	10万
31-7-13	20	1	22万
5-8-13	20	1	22万
9-8-13	20	1	22万
13-8-13	20	1	22万
17-8-13	20	1	22万
22-8-13	20	1	22万
27-8-13	20	1	22万
2-9-13	20	1	22万
8-9-13	20	1	22万

注）織賃10万キープは織柄のない布。

(b) 着物

日付	品目	長さ	数量	賃金支払い
7-8-13	着物用	14m	1	20万キープ
10-8-13	着物用	11m	1	11×20万キープ
2-9-13	帯		1	90万キープ

注）着物38cm, 帯35cm×5m

　織りをする織子もいる。12月には100万キープ（128ドル）のボーナスが支給される。帰省は15日が上限であり，それ以上の場合にはボーナスが減額される。ボーナスは長期の帰省を回避しようとする手段ともなっている。帰省は，田植え時期の6月と収穫時期の10〜11月に集中している。整経と染色はふたりの地元出身の女性（既婚）が担当しており，彼女たちは監督者の役割もこなす。彼女たちの給与は，月額150万キープ（192ドル）の固定給である。織子とともに，彼女たちの給与水準は，縫製工場に勤務するよりも恵まれている。
　表8-8は，工房の賃金簿からの抜粋である。スカーフを織る織子の賃金簿（表8-a）を見ると，内機であることから，ほぼコンスタントに製織（平均で4日に1

枚）がなされている。月7枚程度が織られていることから，給与は月額154万キープと監督者の給与と同じ水準になる。7月にフアパンに帰省しているが，ボーナスの減額がなされないようにであろうか，半月で戻ってきている。日本に輸出される帯・着物を織る場合（表8-8b），織柄のない反物は単価が低くなるが，織柄がつく帯（5m）の製織には半月以上を要することから，単価も90万キープと高くなっている。和服関連の製品（特に帯）はしっかりとした筬打ちが求められ，さらに織り傷やふしがあれば検品で撥ねられてしまう。したがって，和服関連を製織できる織子は，この集中作業場にはふたりしかいない。後述するペンマイ工房やニコン工房では20〜40人ほどが帯を織っていることと比較すれば，どうも技術指導がうまくいっていないようである。

　シオン工房の労働条件は，これまでみてきた内機経営をする織元と比べても見劣りするものではない。それにもかかわらず，なぜ織子の数が減少しているのであろうか。シオン婦人は，「結婚すると織子は辞めていくが，その補充が年々難しくなってきている。昔は出稼ぎできた女性の技能といったらシンを織ること以外にはなかったけど，いまは縫製工場などいろいろな仕事がある」という。婦人の主張には一理はあるが，しかし本書で紹介してきた，またあと数ヶ所紹介する集中作業場では依然としてフアパン県やシェンクワン県といった機織り県からの出稼ぎの織子を雇用し続けている。

　この点について，シオン工房にかかわりのある女性は「シオン工房では，コンスタントに仕事がない。そのために出来高給のもとでは，充分な稼ぎとならないことがある。また，指導者を育てていないことも問題だと思う。（後述の）ペンマイ工房などは常に需要があるし，指導者も育てている。だから，ふたりの姉妹がいないときでも，工房は回っている」と指摘する。

　出機に依存してしまうと品質に問題が出ることから，シオンなどが対象とするハイエンドの市場には不向きな製品となってしまう。高級なシンを生産しようとすれば内機に頼らなくてはならないが，内機経営では織子の労働費用が固定費用化することからコンスタントな需要が不可欠となる。どうもシオン工房は自分の店だけで製品を売り捌こうとしており，十分な需要が確保できていないようである。ここで出来高給を採用すると需要変動のリスクを織子も負担することになり，結局は，織子が離れてしまう。内機経営では，固定費用をもつ工場という組織の運営能力が織元に求められる。この後に紹介するペンマイ工房と比較すると，労務管理も含めてシオン婦人の経営戦略に問題があるようで

ある。タラート・サオのシオン婦人の店には，「織子募集。寮完備」の紙が張り出されている。

5. ペンマイ工房（1996年以降，複数回）：最も名を馳せる姉妹

ノンブァトン村にあるペンマイ工房は，コントンとヴィエンカムのふたりの姉妹によって1986年に開設された，ラオスでも最も有名な機織工房である。"高貴な"を意味するペンは，彼女たちの母親の名前でもある。マイは絹である。両親は，フアパン県南部のファムアン郡で暮らしていた赤タイ族である。

ノンブァトン村はフアパン県やシェンクワン県の赤タイのディアスポラ村であるが，農地が少ないことから，機織りが盛んであった。フアパン県にいたころ，優れた織手であった母親が織ったシンを，父親がモン族に売りにいくなどして生計を立てていた。ときには，中国に売りにいったこともあったそうである。当時のラオスでは全国的に通用する通貨がなく，高地ラオのモン族の棒状の銀貨（江戸期の丁銀に似ているが，刻印はない）や絹・金糸などと物々交換がなされていた。

1964年に，兵士であった父親が戦争で亡くなった。ホーチミン・ルートへの爆撃も執拗を極めていたことから，母親は妹のヴィエンカムを妊娠したままヴィエンチャンに移り住んできた。このとき，姉のコントンは1歳であった。ペン婦人は，機織りで生計を立てようとした。ルアンパバーン王国の王女の主催する織物コンテストで賞を受けるほど優れた織手であったが，サムヌアの織柄のシンはヴィエンチャンではあまり受け入れられなかったそうである。そこで，彼女はヴィエンチャンで流行っている織柄を取り入れたシンを織って糊口を凌ごうとしている。姉妹も，母親を手伝うようになり，技能を高めていった。コントンは2年間ほどソ連に留学し，ヴィエンカムはラオス国立大学で教育学を専攻した。

ラオスが市場経済化政策を採択した1986年にペンマイ工房が設立され，製品の一部はタイに輸出されるようになる。1990年には，日本への輸出も始まる。この動きに拍車をかけたのが，タイのチェンマイにおいて開催（ユネスコ主催）された東南アジア織物コンテストに出品して賞を授与されたことである。これによって，海外との取引が急速に拡大していく。

2003年に妹のヴィエンカム婦人と話をしているときに，市場開拓のための

有効な方法は何かという問いを投げかけてみた。彼女は「展示会への出品，これが最良の方法です」と答えている。チェンマイでの受賞，そしてその後に日本各地での展示会に出品するなかで小売業者との関係を築き上げてきた経験からでた自然な反応であろう。これからの事例でも幾度か指摘されるが，外部世界との邂逅が織元による市場形成を促す契機となっている。はじめて筆者がこの工房を訪れた1996年の売上はおよそ2万ドルであり，その約6割が日本への輸出によりもたらされていた。日本への輸出比率は，その後も高まっている。2010年ころの聞き取りでは，売り上げは30万ドルを超えていた。

1996年当時，工房ではサムヌア織り特有の織柄がふんだんに散りばめられたシンが織られ，ラオス人の好む強い色彩が用いられていた。そうした製品は，文化を共有するタイでは市場を確保できるであろうが，欧米人や日本人の嗜好にはあわない。1993年以降，ヴィエンカム婦人は毎年のように日本を訪れており，そこで日本人の嗜好を学んでいった。ほぼ毎年この工房を訪問していたが，2000年を過ぎるころになると，明らかに日本人の好みにあわせた作品に様変わりして，フアパン特有の織柄はアクセントに留まるようになっていった。染色も，日本人が好む草木染めだけとなっていった。伝統的近代性が追求されたのである。

2001年末段階では，内機45台と出機70台を組織している。内機織子はフアパン県からの出稼ぎであり，ペンマイ工房内の宿舎に寝泊まりする。彼女たちは手織りに優れていることから，2週間程度の指導で機織りを任せられるようになるという。織柄は，ふたりの姉妹が古布の織柄などを参考にしてつくる。織子たちは垂直紋綜絖も作成できる。コントン婦人は，「それができないと，垂直紋綜絖にミスがあったときに自分で修正できない」という。食費等は無料で提供される。結婚すると多くは辞めていくが，そうした織子の多くは出機織子として糸信用貸契約で組織された。

整経・撚糸・管巻・染色などの作業は専門の職人が行い，分業に基づく協業がなされている（写真8-3）。まさにマニュファクチュアであり，本章の冒頭で述べた尾張名所図会の結城縞織屋の図を思い出させてくれた場所でもある。製品が多様であることから，費用収益構造の計算はしていない。コントン婦人にたずねると，糸代と織賃から生産費を算出して30％の利益率となるように売値を決めるという。製品が多様であることから，コストプラスではなくマークアップ方式でのフルコスト原則による価格設定である。

妹のヴィエントン婦人と絹糸について話をしたことがある (2001 年 12 月)。タラートでは，ヴェトナム産生糸，タイ製絹糸そしてラオス産の生糸が入手できる。「どれがよいかは，顧客によるので一概にはいえないです。ヴェトナムやタイの絹糸は器械製糸ですので，スムーズで肌触りがいいですね。でも自分たちは素朴さを重視したいので，ラオスの絹糸を使うようにしています。国産の生糸は手挽きであることから，節（ふし）があったりして糸は均一ではないです。大きな節があると，そこを切り取ってつなぐ作業が必要となるし，撚糸も必要ですけど」。強度に問題があり経糸には使えないのではというと「強度には問題はなく，経糸にも使えます」という。その理由は，後で明らかとなる。

工房では月 150kg の生糸を処理しており，その安定的供給を確保するために，1991 年以降にボリカムサイ県のヴェトナム国境に近いラクサオ郡の養蚕農家 500 戸との契約を始めた[9]。ペンマイ工房はラオスの絹糸にこだわりをもっており，この地域でも在来の多化性蚕が育蚕されている。年 6 回，1 回に 170kg の生糸が産出される。多化性蚕であることから器械製糸はできずに，手挽きとなる。

繭糸は，糸の吐きだしのはじめは圧力があることから太く，最後になるほど細くなる。手挽き繰糸では，それらを区別することなく糸挽きするので，繊度が一定しない。そのために経糸に用いると筬が引っかかって糸切れしやすくなる。しかし，ペンマイ工房では，繭の外側の糸（*mai khi* ないしは *mai pueak*）と細い内側の糸（*mai nyot*）を分けて挽いており，それによって繊度が一定した経糸にも使える絹糸が生産されている[10]。また，細い絹糸だけを使った，オーガンジーも織っている[11]。こうして製品の品質を高めようとしているわけであるが，そのことが後の和服の帯の製織に役立つことになる。

ペンマイ工房の敷地の裏戸は，ノンブァトン村の集落に続く。この村に農地はなく，機織りが重要な収入源となっている。ここにもペンマイの出機織子たちがいる。そのうちのひとり，キンナロン婦人（43 歳）と話をしてみよう（1999 年聞き取り）。1995 年に娘がフアパン県から移動してきて，ペンマイ工房で織子として働いていた。そして 1997 年に，娘を追って，家族が移住してきてノンブァトン村に定住したという。彼女の家では，他に娘など 4 人が機織りをし

---

9) 先ほど紹介したブァ婦人が乾季には月 100kg の生糸を処理していたことと比較されたい。
10) 分けない生糸は，*mai sao lueai*（とにかく挽いた絹）と呼ばれる。
11) オーガンジーとは，薄手で軽く透けている平織りの生地のことである。

染色場：男たちの仕事である。

撚糸や管巻など：染色の手が空くと染色工も手伝う。

整経

機織り

写真 8-3　ペンマイ工房の風景
注）機が並べられているが，その大きさを考慮すれば，60台機を持つペンマイ工房の大きさが想像できよう。「マニュファクチュアとは分業に基づく協業のことである」という定義が，よく理解できる風景である。

表 8-9　ペンマイ工房の出機織子の費用収益構造

経糸	絹糸	1kg = 5.8 万キープ	8 枚製織可能
緯糸	地組織糸	1kg = 2.7 万キープ	3.5 枚製織可能
	織柄	1kg = 2.6 万キープ	4 枚製織可能
染料	1kg の絹糸に対して 3000 キープ		
	糸代 ⇒ 2.3 万キープ		
卸値	6.5 万キープ		
収益	4.2 万キープ　（収益率 64.6%）		

ている。

　機は4台あるが，内2台はペンマイ工房の出機として使われている。簡単な費用収益構造をみておこう（表 8-9）。まだ日本や欧米の市場を目指していない段階であることから，染色には化学染料が用いられている。製品は 85cm × 200cm のシンである。1枚あたりの原材料費は約2.3万キープで，これが1枚6.5万キープでペンマイ工房に納品される。したがって収益率は 64.6% と，伝統的機業地の独立織子のそれとほぼ同じ水準である。1枚を織るのに10日必要ということから，1日あたりの収入は 4200 キープとなる。近くの村での農業労働賃金1日 3000 キープよりも高く，通年で就業できる機織りは恵まれた条件の農村工業となっている。

　キンナロン婦人は糸信用貸契約でペンマイ工房の仕事を請け負っている。この契約では織子が販売する権利をもつことになるはずであるが，筆者が購入をもちかけると「売れないよ。ペンマイで買って」という。ペンマイ工房は織柄に強い特色をもつことから，織子としても知的所有権を認めているのであろう。そのことが，糸信用貸契約ではあるものの，裏切りの代償を高くしていると考えられる。

　しかし 2000 年代に入ると出機は廃止されていき，その波は工房の裏手にも及んできた。内機経営への移行である。工房から裏手に続く裏戸には，いつの間にか鍵がかけられていた。そのカギも錆びついており，関係が途絶えて久しいことを物語っている。2013 年 3 月，久し振りにペンマイ工房の裏手の村を歩いてみた。ほとんどの家で機織りがなされていた風景は，もう見られない。村人は「娘たちは，残業手当を含めれば 120 〜 140 万キープ（150 〜 175 ドル）となる縫製工場で働きたがるからね。日曜日は休みだし。それに，ヴィエンチャン市内のレストランとかのほうが華やかでいいようだ。若い人がたくさん

いて，楽しいらしい」という。

　1979年にフアパン県から移住してきた60代半ばの女性は，ペンマイ工房の下請けとして5台機をもつ織元をしていた。「(問屋契約であったが)1掛け分を織り終わらないと支払いをしてもらえなかった。独立織子なら，1枚ずつ売れてコンスタントにお金が入ってくるのだけど。それに，草木染めされた糸の供給を受けていたけど，なかなかもらえずに待たされることも多かった」という。そうしたこともあり，2000年には，契約は停止となった。そして，「何しろ工房では内機が増えたからね」ともいう。

　ペンマイ工房が内機経営に特化するようになった理由について，ヴィエンカム婦人は「海外との取引が増えたことから，納期を厳守することが重要となった」という。糸の窃取といった問屋契約に固有となる軋轢について，いろいろな角度から幾度か質問したが，彼女の回答はいつも「そんな問題はない」である。前述の出機織子の事例からも明らかなように，ペンマイ工房の圧倒的な市場支配力に裏打ちされたコンスタントな注文を前にして，織子には裏切りの誘因はないからであろう。内機経営への特化戦略は，問屋契約に固有の軋轢とは別の論理が働いているようである。納期の厳守とは，管理されたシステムにおける生産という工場の論理が表に出てきたことを窺わせている[12]。

　2010年代に入ってのペンマイ工房について，ひとつ触れておきたい。ペンマイ工房は着実に売上を伸ばしており，事務所と販売店を収める立派な建物が建てられている。ジェトロの和装製品の開発を支援するプロジェクト(通称*Kimono*プロジェクト)に参加したことから始まった帯生産も軌道に乗り，20台ほどが帯の製織に向けられるようになった。日本からの和装業者の訪問も多くなっている。姉妹は海外の展示会への出品を続けており，訪問しても会えないことも多い。しかし指導者をしっかりと育てていることから，姉妹が不在のときでも工房は回っている。

　2015年3月，本書を執筆するうえでの最後の訪問をした。「帯の注文が増えている」とヴィエンカム婦人はいう。帯には紗，絽，羅といった夏帯があるが，

---

12) 『両毛地方機織業調査報告書』(1901)には，次のような記述がある。「元織屋ガ賃機屋ヨリ其織物ヲ引取ルニハ，一週間乃至十日位ニ人ヲ派シ賃織屋ヲ廻ラシメ，其既ニ織上ケタル分ハ之ヲ受取リ，又賃織屋ノ勤惰ヲモ観察シ，其怠慢ナルモノニ向テハ之ヲ促カシ，如之シテ諸方ニ拡ガレル賃織物ヲ収集シ，之ヲ戸別廻リト称ス此賃機屋廻リハ殊ニ輸出織物ノ如キ予テ期日ノ厳格ニ定メラレタルモノニ在テハ最必要トス。蓋シ賃機屋ノ怠慢ハ外国商館トノ契約不履行トナリ，為ニ意外ノ損失ヲ招ク……」(下線，筆者)。同様の指摘は，谷本(1998：p.370)でもなされている。

それに類似するオーガンジーの帯も織られている。それを可能にしたのは，先に述べた，細い絹糸を挽く努力があったからに他ならない。内機は60台と同じであるが，40台ほどを出機として委託しているという。出機経営の復活である。せっかく技能を身につけても，出稼ぎ織子は結婚とともに辞めていく。帯の需要が増加しているなか，彼女たちを出機として使わざるをえなくなったのである。ただし，出機は厳しい品質管理や納期のある日本の帯ではなく，ラオス国内の結婚式用のシンを製織させている。これは，姉のコントン女史が開いた結婚式用のシンを販売する店で売られることになる。

　　――出稼ぎ織子も結婚すると辞めていくようですけど，補充はどうしているのですか。
　　「ほとんどサムタイ（フアパン県の僻地：第11章参照）かシェンクワン県からの織子を採用しています」。
　　――シェンクワン県のどのあたりからくるのですか？
　　「ほとんどが，ペッ郡（県都ポーンサワンがある）かカム郡（第12章参照）ですね」。
　　――故郷のファムアン郡からは採用しないのですか？
　　「親戚はいるのですけど，いったことはないので」。

　出身地を同じくするという領域性は問題ではなく，機織りの技能があれば受け入れているのである。帯を織ることのできる織子の数も40人ほどになっており，帯需要の変化にあわせて織子を振り分ける態勢ができている。ある種の，織子のマルティ・タスク化がなされているようである。

第4節　その他の大規模織元

　ペンマイ工房に近い性質をもつ織元としては，マイ・カム工房とニコン工房がある。マイ・カム工房は，タイ人女性がフアパン県からの移住者の女性と1995年に設立（2013年売却）した工房である。ラオスの高所得者や在ラオスの外国人を対象とした事業を展開している。織子はフアパン県やシェンクワン県からの出稼ぎ織子であり，約60台（1999年には30台）の内機だけの工房である。織子は1ヶ月の試用期間を経て雇用される。製織に狂いの出ないように太い木材で機枠がつくられている。フランス製の二化種の絹糸を使っていることから，

みた目としては機械織りのようである。ここは市場の形成という本書の目的からは逸れることから，分析の対象とはしていない。

　ニコン婦人は，ラオス南部サワンナケート県出身である。この辺りでは機業はあまり発達しておらず，ニコン婦人も機織りはできない[13]。彼女は1975年の革命の時期にフランスにわたり，大学を卒業している。フランス語と英語が堪能である。1998年にはじめて彼女の店を訪れたが，このときには内機はなく，4つの村の総計60人ほどの織子を組織化していた。ただし，サワンナケート出身のニコン婦人は，ヴィエンチャンの織子にとってはアウトサイダーである。そのために織子との直接の取引はできずに，各村で任命した委託仲買人に取引を一任させていた。この仲買人は月2回織り上げられた布を納品しにくる。彼女たちには，固定給（13万キープ＝140ドル）が支払われる。織られる布も，紋織りではなく，平織りである。それから欧州的センスのあるクッションカバーといった小物がつくられて販売されている。紋織りのできないニコン婦人にとっては，こうした戦略をとるしかなかったのであろう。

　市場形成という観点からはニコン工房は必ずしも魅力的な対象でないことから，その後の調査対象からは外していた。しかし，2001年にジェトロがラオス手工芸協会とともに始めた「*Jai Lao*（ラオスの心）プロジェクト」（2007年終了）に参加したことが，ニコン工房の転機となる。このプロジェクトでは，製品の品質を保証する認証制度の導入などもなされている[14]。海外経験のあるニコン女史は，その機会を活用する能力をもっていた。内機を増やし始め，2012年に再訪した時には内機は20台あった。いずれも紋糸を使う垂直紋綜絖によるかなり精緻で複雑な紋織りが製織されている。織子はフアパン県を中心とする出稼ぎ織子である。サワンナケート出身でありながらフアパン県の織子を雇用していること，また逆にフアパン県出身ながら織子の募集に困難を感じているシオン婦人のことを考えれば，織元と織子が同じコミュニティ出身であることが内機経営ではそれほどの意味をもたないことを示唆している[15]。たしかに

---

13) 藍染の綿織物は多くあったようである。それをベースとした織元については，トンラハシン工房（第10章）を参照されたい。
14) 認証制度は根づいてはいないようである。
15) フアパン県の機業に触れる第11章で，サムタイの織元カームサオ婦人を紹介する。2003年，国際NGOがフランス語と英語に堪能なニコン婦人を連れてきて，サムタイで織物のプロジェクトを行った。この時に，ニコン婦人はサムタイの人々と知り合い，それが呼び水となって織子の供給が始まったようである。

集中作業場が出現し始めた1990年代では，織元の出身地から織子が出稼ぎにくるということもあったが，ヴィエンチャンへの出稼ぎが増えた現在は，もはやそのような段階にはないのであろう。

　ニコン工房では，製品はすべて草木染めにして，日本市場を意識した織りとなっている。工房の販売所で売られる帯も，400ドルから500ドルの値がつけられており，高い品質となっている。これは*Kimono*プロジェクトによって，日本の和装関連業者との接点がつけられたことによる。ペンマイ工房やシオン工房の帯生産も，そのプロジェクトの成果である。また，100弱の出機を組織しているが，その製品はかつてのような平織りの簡単な布に留まっている。内機経営で高級品，そして出機経営ではさほど品質が問題とならない布が織られている。

　シェンクワン県出身のカンチャナ婦人（30歳）は，伝統的な織柄に強いこだわりをもつ織元である（1998年聞き取り）。彼女はシンの古布を多く集めており，自宅にその展示場を作っている。1970年代にはタラート・サオにシンの店をもっていたが，あまり売れなかったので2年で店を畳んだ。当時は，シンの小売店は30程度しかなかったという。経済開放が始まると，観光客向けに市内に織物の店を市内に開いている。1枚の製織には1ヶ月半必要というだけはあって織物の質はかなり高く，1枚200〜300ドルの値付けがなされている。店の別室には，さらに高級なシン（500〜1000ドル）が並んでいる。織柄は古布から選んでデザインしており，それに基づいて垂直紋綜絖を織子がつくる。糸信用貸契約で，35人の出機織子を抱えている。織子が必要というときには，織賃の前払いという形で資金を融通している。こういう配慮を施して関係を築いているので，織子が他の織元のところに移ることはないという。しかしラオス固有の織柄に強いこだわりをもつことから，幅広い海外需要を捉えることはできていない。

　南部のチャムパーサク県出身のチンダ婦人は1996年に店と集中作業場を開いている。出機は持たずに内機30台で，フアパン県からの出稼ぎ織子を雇っている。織子たちの住む寮もある。ここの製品は結婚式用の高級なシンであり，国内の富裕層をターゲットにしている。ノンサアート村のマレイヴァン婦人と同じである。

　ヴィエンチャン市内には，このような大規模織元が多くいる。それぞれは固有の消費者をターゲットとしており，織元の多様性をみてとれる。ただし，そ

のすべてを紹介することは本書の目的ではないので，紙幅を考えて簡単な紹介に留める。

第5節　出機経営と内機経営

　ここまでの事例の紹介から，内機織子の生産性が出機織子よりも3～4割ほど高いことを指摘してきた。その説明としては，内機織子の専業性と出機織子の家計補助（農間余業）的性質という表現に留めており，内機織子の労務管理については触れてこなかった。そこで，第3章第2節の「集中作業場をめぐる課題」に立ち戻って，出機経営と内機経営の選択問題を検討してみよう。
　まず，1860年代から1880年代にかけて問屋制が広汎に展開されるようになった桐生を中心とする両毛地方の機業を議論の手掛かりとしよう。なお，桐生では1910年代後半から力織機の導入が本格化して工場制が普及していく（橋野1997）ことから，それ以前に話を限定する。
　第3章で紹介した『両毛地方機織業調査報告書』（1901）に記述のある出機経営と内機経営の比較のなかで，内機経営の利点として労働生産性の高さが指摘されていなかったことに注目してみよう。たしかに，明治期における出機織子の労働生産性は極めて低いものであった。しかし，まだルイス流の転換点に至っていない当時の日本の農村には，終日機織りをしたとしても米700gに満たない織賃でしかないような非常に低廉な過剰労働が豊富に存在していた（補説史料III-1）ことを理解しておく必要があろう。明治初期の問屋契約が農村に展開したのは，そうした過剰労働を利用することによって生産量を確保しようとしたのであり，労働生産性の向上による生産の増大は織元＝問屋の視野に入っていなかったといえる。
　では，そのような環境で，なぜ日本に集中作業場が登場したのであろうか。問屋制収益逓減説（斎藤1984）の主張のように，粗製濫造につながる糸の窃取が出機の弊害とされることもあろうが，それが主たる原因であったかには疑問が残る。糸信用貸契約にすれば，糸の窃取の問題は処理できるからである。明治期の手織物業における集中作業場の登場は，ラオスでもそうであるように，地域外からの出稼ぎ織子の増加によって説明される側面が強くある。そうした

出稼ぎ織子たちは，織元の提供する寄宿舎（通常は織元の自宅）に住むこととなった。例えば，19世紀末の足利では4102人の職工のうち88％は寄宿職工であった（『職工事情　織物職工事情』1971：p.180）。『両毛地方機織業調査報告書』(1901)には，足利では「工女ハ其生国土地ノ者アリ又茨城地方ノ者モナキニアラサレドモ，最モ多キハ北陸特ニ越後ノ者」(p.81)であり，桐生においても「女工ノ生地ハ主トシテ北越地方ニシテ，十四五才ヨリ廿才前後ノモノナリ」(p.225)とある。横山(1999)も，「その多数工女は桐生・足利地方の者甚だ少なくして，……，特産物なき地方即ち越後・越中・能登・加賀より来れるは最も多く，その他越前・武蔵・相模・上総・下総・甲斐地方の者多し」(p.119)としている。出稼ぎ織子は専業であり，寄宿舎に住むことから，労働費用が固定費用となる。ここで，労働生産性を高めるための労務管理が必要となる。日本における機業マニュファクチュアの形成について，管見の限り，この視点はほぼ欠落しているようである。

横山(1999：pp.122-123)には，次のような記述がある。ある機屋の細君は，「桐生・足利辺りの工女ほど仕様のなきはなし。油断して居れば手を休めたがる，……物日の来るのを二十日前より数えて業務に心を入れず，少し油断して居れば台なしな物を拵えて平気で居る。……見習い来て居る事も忘れ，国に覚えて還らねばならぬという事も思わずして，何の考慮もなくムヤミに機織は詰らぬものとして主人を困らす」と労務管理の難しさを嘆く。これに対して，織子たちは「物日のほか家外へは少しも出さず，……機屋の女房という者はあれほど邪推深いものか，同国の者幾十人来て居りても互いに往来することも許さず……少しでも仕損いあれば恫喝づかれ，……」と応じる。集中作業場における労務管理は，する方もされる方もはじめての経験であり，労使間に軋轢が生じることになる。

出機経営と内機経営との違いは，労働時間にあらわれる。すなわち出機織子は自分の意思で労働配分が可能となるのに対して，内機織子の労働配分は機屋の管理下に入ることになる。『織物職工事情』によれば，手機を使用する織物工場の労働時間は「日出後ニ始マリ日没前ニ終リ其時間十二三時間ナルモノハ最モ短キモノニシテ日出後ニ始マリ午後九時又ハ十時ニ終リ其時間十五六時間ナルアリ之多数織物工場ニ於ケル労働時間トス」(p.172)とあるように労働時間の長さが問題となり，1911年公布1916年施行の工場法の登場につながる。

当時の日本の手織物工場での労務管理について，明治32年（1899年）に桐生

に設立された服部工場(旧縮緬合資会社)の,「凡テ職工及伝習人ハ工場制定ノ規則ヲ守リ,主人ノ命令ハ勿論番頭手代其他目上ノ者ノ指図ニ従ヒ……」という職工伝習人心得から始まる工場規則から,いくつかの条項を抜き出してみよう(『両毛地方機織業調査報告書』1901：pp.106-113)[16]。ちなみに,この集中作業場は35台の手機を備えている。

  工場規則
 第十条　就業時間ハ左ノ通リ定ムト雖モ日ノ長短ニヨリ多少ノ伸縮アルベシ
  午前五時　起床直ニ就業
  六時半　　　食事　二十分休息　就業
  正午　　　　食事　一時間休息　就業
  午後六時半　食事　二十分間休息　就業
  八時　　　　終業　綾下掃除
  九時　　　　入浴　直ニ就寝
  但八月中ハ午後六時就業
 第十二条　一ケ月二回以上通常ノ休業トス但急劇ノ注文アルトキハ一日ノ休業ヲ半日ニ縮メ……

  職工規則
 第六条　　定時休業ノ外ハ欠勤外出スルヲ禁ズ……
 第九条　　機織工女ハ毎市間尠クトモ十九吋巾拾弐丈壱疋ヲ織上クベシ若シ織上ゲ壱疋ニ至ラザルモノハ工場規則第十二条ノ休業ヲ許サズ
 第十条　　洗濯結髪小買物等ハ工場第十二条規定ノ日ヲ以テ辨スベシ就業時間ハ勿論平素ハ一切之ヲ為スヲ禁ズ

  賞与規則
 第三条　　機織工女ノ勉励賞与ハ左ノ等級ニ依ヲ区分ス
  一等　一日平均三丈織四日ニ一疋ヲ織上ル者　　　　貳拾銭
  二等　一日平均二丈五尺織五日ニ一疋ヲ織上ル者　　拾五銭
  三等　一日平均二丈織六日ニ一疋織上ル者　　　　　拾五銭

---

16)　『織物職工事情』(1971)でも,この服部織工場の労働時間は15時間,始業時間午前5時,終業時間午後8時(8月中は午後6時)と記してある(p.174)。

罰則
第三条　左ノ各項ニ觸ルヽ者ハ職工ニ在テハ給料停止伝習人ニ在テハ休日禁足
　一，門限ヲ犯シタル者
　一，病気外出假令許可ヲ得タル後ト雖モ虚偽ノ申立ヲナシタルモノハ病気ニアツテハ安逸ヲ偸ムタメ外出ニ在テハ往キ先ト帰場ノ時間ヲ偽ルモノ

　ここに記されている条項の相当部分は時間規律に関するものである。工業化の初期段階の工場の就業規則は，まさに時間管理であった（大野 2007）。固定費用化された労働資源を効率的に利用しようとする経営側の意図が窺われる。
　かなり厳格な就業規律が日本の織物の集中作業場で求められたのも，出稼ぎ織子を雇用せざるをえなくなったという外生的理由によって労働資源が固定費用化されたためであり，出機経営よりも内機経営が本質的に優れていたという論理は弱いように思える。内機経営であるから労働生産性が高いのではなく，外生的理由によって固定費用化された労働を効率的に利用するために労務管理が求められ，その結果として内機経営の労働生産性が高まったという論理である。
　ラオスの手織物の集中作業場では，ここまで厳格な時間管理はなされていない。しかし，それでも就業時間には暗黙裡にではあれ織子との間で合意ができており，日曜日は休業（すなわち，他は就業）という規則も採用されている。やはり出稼ぎ織子を自宅に住まわせるという生産形態となったことから，固定費用化した労働者を効率的に利用する必要に迫られたといえる。
　これに対して，ヴィエンチャン県のヴィエンケオ工房とパサーン工房では，周辺の村人を集中作業場で働かせており，出稼ぎ織子はいない。そこでは，集中作業場ではあるが労働費用の固定化はなされていない。そのために，日曜日は休業というルールはあるが，就業時間についてはかなり緩いものであり，就業と終業時間は明確に決められてはおらず，夕方となると，織子たちは三々五々，集中作業場を去っていく。それでも，集中作業場に集っている間は専業性が保たれることから，出機織子よりは労働生産性は高まる。納期のある注文の多いパサーン工房で集中作業場が3ヶ所設置されていることも，集中作業場の利点を確認させてくれよう。もちろん，ヴィエンケオ婦人の指摘した集中作業場の利点，すなわち監視と競争心ないしは職場の雰囲気が就労を促すことで，品質と生産性の向上が実現されていることを否定するものではない。また，ペンマイ工房が指摘したように，海外との取引をするときに納期を守るために生

産管理がしやすいことも内機経営が採用された理由のひとつとなっている。

第6節　多様な織元たち

　本章では大規模織元9名を紹介した。歴史分析のような時系列の史料を用いた分析ができないことから比較分析とならざるをえないところはあるが，簡単に要約をしておこう。

1. 多様性

　日本の経済史などでは，織元と一括りにされる。しかし現実の織元，特に大規模織元は多様な性質をもっており，それゆえに多様な市場形成の経路が確認された。仲買人に近い織元もいれば，内機経営を軸とする織元もいるのである。次章でも確認されるが，この多様性をもたらす要因として，織元の図案師としての能力（織柄への支配力の差），市場情報（特に海外）の入手能力，海外の事業者とのコンタクトの有無，優れた技能をもつ織子を組織できるか否かなどが考えられる。

　多様な織元ではあるが，郊外と市内の大規模織元は明らかに異なっている。郊外の織元が扱うシンは中級品であり，1枚あたりの利幅は大きいものではない。中級品の生産に留まる最大の理由は，流行の織柄情報の効率的な入手ができていないことである。タラート・クアディンに店を開いたヴィエンケオ婦人が流行の織柄情報がようやく入手できるようになったと語ったことが，この問題の深刻さを物語っていよう。

　市内や近郊では中級品と高級品を扱う大規模織元に分けられる。中級品を扱うのは，織子の供給が途絶えた市内や近郊から織子を求めて機業活動を外延化していく大規模織元（シンバデット氏や大学教員のケーン婦人など）である。製品単価が安いこと，そして織柄への支配力が弱いことから独占的競争を実現できない。したがって，薄利多売戦略を採らざるをえないことから大規模織元となっている。この意味では，郊外の織元と同じ論理である。

　これに対して高級品を扱う織元は，市内に集中している。そうした織元は内

機経営を行うが，しかし内機経営だからといって高級品が生産されるわけではない。例えば，郊外の大規模織元のパサーン工房やヴィエンケオ婦人は内機経営を行うが，製品は中級品である。なぜ，そのような織元が郊外に生まれてこないのであろうか。やはり市内在住でないと織柄についての市場情報を的確に捉えることが難しく，また海外市場との取引も市内でないと困難となることがあろう。市内型の大規模織元の内，ケーン婦人とブァ婦人以外は，自宅に販売所をもつか，シオン婦人のようにタラートに店をもつ他ブティックも開設している。その他の大規模織元として紹介したマイ・カム工房，ニコン工房，カンチャナ工房そしてチンダ工房も販売所をもっている。外国人を中心とする高所得者がアクセスしやすいわけである。そして，そうした購買層と日常的に接することから，織元たちは市場情報を得て高級品の生産につなげているのである。

高級品を生産する大規模織元は，出稼ぎ織子を雇う内機経営を行う傾向が強い。しかし内機織子であるから高級品が織られるという論理よりも，高級品を生産できるだけの市場情報の入手と顧客の確保ができることが，彼女たちを高級品の生産に向かわせたのである。

このように多様な織元ではあるが，共通する特徴は，彼女たちが小売店（海外の小売店を含む）と長期的な取引関係（カーパッチャム）という形態で安定的な販路を確保していることである。すなわち，性質の異なる紐帯の束として市場が形成されているといえる。

2. 集中作業場の選択

ラオスでも，織物の集中作業場を多く見かけることができる。その大半はヴィエンチャン市内か近郊にあるが，わずかながら郊外にも存在している。郊外と市内・近郊の集中作業場は，区別して捉えたほうがよいであろう。郊外の作業場の内機織子は村の既婚女性たちが中心であることから，専業織子とはなりえない。そのために労務管理も緩いものに留まっている。これに対して，市内や近郊の集中作業場の内機織子は未婚の出稼ぎ織子である。彼女たちは織元の寄宿舎で生活することから，織子労働が固定費用化する。ここで，労働生産性を高める労務管理が求められることになる。集中作業場を採用すれば，自動的に労働生産性が高まるわけではない。また，市内や近郊で内機経営を可能に

したのが，出稼ぎ織子の存在であることは押さえておくべき事実である。

　関係性の強い契約で遠隔地の織子を組織することによって，集中作業場の開設を回避することもできよう。ブァ婦人やシンバデット氏などが，そうした戦略をとっていた。また，委託仲買人をおくことによる機業の外延化も可能であろう。しかし，その場合には，シンバデット氏が吐露したような，またこの後に詳しく触れるボア婦人が被ったようなエージェンシー問題が発生する。このように大規模に事業を展開している場合にはエージェンシー費用が増加してしまい，ここに集中作業場が求められる理由が出てくる。この意味では，プロト工業化の議論でいわれる，「問屋制度の内部矛盾」から工場成立を説明する「問屋制収益逓減説」が妥当しているといえよう。

　ここで，ふたつを指摘しておきたい。例えばブァ婦人やシェンレーナー村の事例から明らかとなるように，また日本の経験からいえば中林 (2003) が桐生において指摘しているように，すべての高級品が内機経営で生産されるわけではないことである。次に，市内や近郊であることから，規模の経済は求められないことである。特に，付加価値の高い高級品においては大規模である必要性はない。実際，ペンマイ工房の近くには日本に輸出する帯を生産する織元がいるが，数人の出稼ぎ織子を抱えているだけである。それでも事業が成り立つのは，単位あたりの利幅が大きいからに他ならない。内機経営をする市内の織元が大規模化したのは，規模の経済性を実現するためというよりは，充分な需要を確保しているという需要面の要因が大きいといえる。

3. 大規模織元の属性

　誰が大規模織元となりうるかは，起業家がいかに生まれてくるかという難しい問いでもある。ひとつ指摘できるとすれば，彼らが境界人（文化ブローカー仮説）という性質をもつことである。ここで触れた大規模織元は，郊外のふたりの経営者を除いて，すべてが大学教育を受けている。ペンマイ工房の姉妹のひとりは，旧ソ連ではあるが海外留学も経験している。またニコン婦人は，革命時に海外に出たということもあるが，フランスで大学教育を受けている。

　またパサーン工房の経営者とケーン婦人を別とすれば，大規模織元はヴィエンチャン平野への移住民である。ヴィエンチャンの境界の外から移動してきて自ら生活を切り開いてきた外来者という性質を強く備えている。決してすべて

の織元がそうであるわけではないが，事業を大きく展開していく商人は，その地域の慣行や生活様式を客観的に捉えることのできる，ないしはそれらを無用に墨守する性向があまり強くない特質を備えているといえよう。すなわち，伝統的近代性を追求する性向が強いのである。

4. 成功した大規模織元

ペンマイ工房やニコン工房は，欧米そして日本といったハイエンドの海外市場を開拓して大規模織元となっていった。これに対して，シオン工房は海外市場への参入が充分ではなく，ブア婦人もタイ市場に留まっていた。この差をもたらした要因のひとつが言語の障壁であろう。ニコン婦人は，フランスで大学を卒業していることから，仏・英語が堪能である。ペンマイの姉妹は，初めて会ったころは英語が不得手であったが，急速に語学力をつけてきて，海外との取引も通訳を介さずにできるようになっている。そのために，積極的に海外にいって販路を開拓しようとしている。これに対して，シオン婦人は英語が話せない。そのために，どうしても海外需要に対して受け身となってしまい，海外市場の消費者の嗜好を捉えきれていないようである。ブア婦人も，同じである。そのために，下手に製品をハイエンド化しても，国内かタイでの販売（旅行者も対象）という限られた市場での商売となってしまっている。

すべての織元に，海外取引のための語学力を期待することは難しいであろう。そのときには，第10章で触れるアウトサイダー商人と接触して販路を拡大することもひとつの解決策となろう。

5. 市場形成

市場形成において中核となる役割を果たすのが織元である。彼女たちは多様な能力を備えており，一般のラオス人消費者，企業の制服，高級品そして海外市場といったセグメント化された需要を対象としている。織子−織元−小売業者という流通経路は，織元を軸としたお得意様の関係によって特徴づけられる。織元と織子には関係性の強い契約が，そして織元と小売店とには関係性の低い契約が結ばれている。ただし，関係性が低いといっても，スポット契約で取引されることはない。織元による品質管理がなされることから，小売店としても

織元との関係を固定化しようとするからである。

　この意味で，お得意様の関係によって固定化された農村と都市を結びつける多様な紐帯，すなわち交わることのない紐帯によって市場が形成されていくのである。さらに，遠隔地の委託仲買人を利用するという重層的な組織形態によっても，市場形成の外延化がなされている。こうした大規模織元による市場形成は，郊外の機織り村の観点から，次章で再度議論されることになる。

第 9 章
郊外の機織り村：機業の外延化

ヴィエンチャン市内にはノンブァトン村やドンドーク地区という移住民のディアスポラがあるが，工業化や都市化の影響を受けて織子の供給が減少している。この変化に対して，出稼ぎ織子に依存する内機経営と織子を求めてヴィエンチャン郊外への機業の外延化（外機経営）という，ふたつの対応がなされている。前者については第7章と第8章で観察してきた。本章では，機業の外延化を，機織り村の観点から議論していこう。

　本章では機織り村を，都市部の織元によって郊外の織子たちが市場に包摂されていった村（第1節），在村の織元が織子を組織して，市内のタラートにシンを販売するようになった村（第2節），そしてナタン村（第4章）のように仲買人が市場を形成している村（第3節）に分類する（表9-1）。最後の第4節では，本章だけではなく，これまでに紹介してきた事例から，問屋契約と糸信用貸契約の選択問題を要約する。

第1節　都市部の織元が主導する市場形成

　ヴィエンチャン市内に住む織元が関係性の強い契約を通じて遠方の村の織子を組織していく外延化の事例を3例ほど紹介する。それらは，大規模織元として紹介したブァ婦人（第8章）が契約するふたつの村（ヴィエンチャンのタマラー村とヴィエンチャン県のホエイプーン村）とタラート・サオの小売店主ヴォンカンティ婦人（第6章）が入り込んでいるヴィエンチャンの北東の端にあるシェンレーナー村である。はじめのふたつでは織元が織子と直接契約するが，最後では委託仲買人を通じて織子を組織する事例である。

　タマラー村とホエイプーン村は，フアパン県のヴィエントン（Viengthong）郡（サムヌアとルアンパバーンの中間あたり）にあるタマラー村とノンコン村からの移住民によって形成されたディアスポラ村である。フアパン県のタマラー村は，大規模織元のブァ婦人（第8章）の出身村でもある。このふたつの村については，ブァ婦人が撤退したあとの対応の差に注目したい。また，ブァ婦人がホエイプーン村から撤退する原因となった事件は，深刻なエージェンシー問題の発生によって村の織子全員との契約が破棄された事例であるが，これほどの事態はなかなか聞き取りが難しい。14年という歳月を経て，ようやくその経

表 9-1　調査村

ヴィエンチャン市内の織元による市場形成
1　タマラー村
大規模織元ブァ婦人が組織していたが，婦人が撤退した後には商人が生まれておらず，機業が衰退している村。
2　ホエイプーン村
ブァ婦人との確執があり関係が途絶えたあと，村内に織元が出現した村。
3　シェンレーナー村
仲買人・小売店・織元といった複数の種類の外部商人が参入する村。
在村織元による市場形成
4　ターサン村
仲買人が織元になっていった村。
5　ヴィエントン村
遠隔地であることから流通に規模の経済が求められ，織元が出現。
6　ポンサワート村
ダムに沈む村からの移住民が生計維持のために機織りを始める。
7　プーカオカム村
村内に織元。ティーン・シンの機織り村として名高い村。
仲買人による市場形成
8　ホエイパムン村，シーポントン村
糸を供給する村外仲買人と在村仲買人は織元をどこまで代替しうるのか。

緯が明らかとなった事件である。シェンレーナー村では，近年，外部の仲買人・小売店そして織元が入り込み始めている。遠隔地の村が市場に巻き込まれていく初期段階の様子を観察できる事例である。

　これらの織物村の特徴は，織柄への強い支配力をもつ優れた図案師である都市の織元によって市場経済に組み込まれることになったことである。そのために，織られるシンも高級品である。

1. ブァ婦人の契約する村（I）：タマラー村（1995, 2001, 2014 年聞き取り）

　国道 13 号線を南に 23km ほどいき，左に折れて未舗装道路を 5km ばかり北上すると，グム川に至る。ここにポンガム I（ヌン）村がある[1]。この村にはタマラー，ノンコンそしてタイラブの 3 つの区がある。区はクム・バーン（*koum*

---

1) 第 4 章で紹介したポンガムも同じ綴りであり，こちらはポンガム II（ソン）と呼ばれている。

写真 9-1　シンを織る少女

注) タマラー村の織子たちは，家事労働を別とすれば，朝6時ころから昼の1時間の休みを挟んで夕方6時ころまで機を織る。小中学校の女子生徒たちも，下校してくると機織りを始める。左の写真の少女 (10歳) も，5〜6歳のころから機織りを習い，今やひと月に1枚を織って，織賃9000キープ (10ドル弱：農業労働賃金6日分に相当) を稼いでいる。大人は月4枚を織って，40ドル近くの収入を得ている。これは一般的な公務員の給与の倍に相当する。一緒に行ったブァ婦人も「14〜15歳になれば，女の子は織子として一人前になるけど，この娘はもう十分な技能をもっている」と目を細める。この少女は，自分の織ったシンをはいている。こうして織りの技能をみせることによって，村社会で，彼女はアイデンティティを認められることになる。下の写真は，久し振りに村を訪れたブァ婦人が織子に指導しているところである (1995年訪問)。

第9章　郊外の機織り村：機業の外延化　331

ban)と呼ばれており，自然村といえる。本書では，クムも村としておこう。これらは，内戦の時期にフアパン県から戦禍を逃れて移住してきた人々が定住した村である。

　戸数49のタマラー村は，織元のブァ婦人が契約する村である。1995年にブァ婦人と訪れた時には，彼女との契約のもと，ほぼすべての家で絹綿交織のシンが織られていた。高床式の家の下には2〜4台程度の機が置かれている。これに対して同じフアパン県からの移住民の村という共通の性質をもつ隣村のノンコン村とタイラブ村では，数人の独立織子がいるだけであった。それも信用制約と織柄情報の入手制約から，この村の織子たちは紋部分にも絹糸を使わない低廉な綿織物を織るしかなかったのである。こうしたことから，周辺の村が電化されていないなか，タマラー村は1995年の訪問の2週間前に電化されている[2]。ブァ婦人という織元の存在が市場形成に果たす役割の大きさがわかる。

(1) ブァ婦人撤退の前夜

　1995年当時，この村の織子は問屋契約で組織されていたことは，ブァ婦人の紹介（第8章）のところで述べた。そこで，2001年に再訪したときの状況から，タマラー村の変化をみていこう。2001年8月，雨季のためでもあろうが，ブァ婦人と取引をしている織子は20〜25人に減っている。タイの通貨危機の影響などで，ブァ婦人のシンの需要が減少していた時期である。そのために，独立織子が生まれていた。

　独立織子とブァ婦人の織子の費用収益構造を比較してみよう（表9–2）。この時期には，ブァ婦人のシンの売れ行きも芳しくなく，かつて地組織は絹綿交織であったが，独立織子だけでなく織元織子の織るシンの地組織部分もすべて綿糸となっていた。ただし，柄糸は絹糸である。

　独立織子の場合，シン1枚あたりの糸代は4.1万キープであり，これを雨季には8万キープでタラートの小売店に卸している。したがって収益は3.9万キープ（4.7ドル：1ドル＝9230），収益率は48.8％となる。後述する2014年の聞き取りでも，独立織子の収益率はこの水準である。1枚を織るのに1週間必要ということから，1日あたりの収入はそれほど高いものではない。ただし，雨季

---

[2] 送電線は近くまではきているが，そこから村に引き込む費用は村の負担となる。タマラー村の村長は，機織りで得られた収入のお蔭で，この辺りではこの村が最初に電化されたという。また，電気がきたことから，日が暮れてからでも機織りができるようになったともいう。

表 9-2　織子の費用収益構造

独立織子

	経糸	5 万キープ /kg の綿糸 1.5kg でシン 11 枚
	緯糸	1 綛 4000 キープの綿糸　シン 1 枚（16 綛 = 1kg）
	柄糸	ヴェトナム産生糸　2kg でシン 11 枚　16 万キープ /kg
	染料	単価 1500 キープを 10 袋で生糸 1kg を染色
		⇒糸代　4.1 万キープ
	売り値	8 万キープ
	収益	3.9 万キープ（収益率 48.8%）

織元織子

	経糸	6.5 万キープの綿糸で 12 枚
	緯糸	1 綛 4000 キープの綿糸　1 枚
	柄糸	ヴェトナム産生糸（染色済）1.5kg で 12 枚　30 万キープ /kg
		⇒糸代　4.7 万キープ
	卸値	10 万キープ
	収益	5.3 万キープ（収益率 53.0%）

であることから農作業に時間を取られ，1 日あたりの機織りの時間は 2〜3 時間に制約されるという環境での話である。この織子も，需要が回復する乾季にはブァ婦人と契約する。

　織元織子はテーブル・クロスを織っている（第 8 章参照）。ブァ婦人から提供される垂直紋綜絖は 180 本の紋糸をもっており，クロス全体に織柄が広がる製品である。1 枚あたりの糸代は 4.7 万キープであり，10 万キープで婦人に納品される。したがって 1 枚あたりの織子の収益は 5.3 万キープ（収益率は 53.0%）となる。仕上げるには 1 週間程度必要というが，これも雨季の農作業の合間という事情からであり，テーブル・クロスで長さが通常のシンの半分程度であることから，終日機織りをすると 2 日で織り上がるという。この織子は機織りの技能が高いということで需要の減る乾季でも仕事を確保できていることから，1 日あたりの収入も独立織子の場合よりは多少高くなるが大きな差はない。しかし，織元織子の優位性は，そこにあるだけではない。織元織子は織柄の提供と糸の掛売りを受けることができる。さらに，ブァ婦人が買い入れてくれることから，独立織子のようにタラートの小売店を回って売りにいく必要もないのである。

　終日機織りをして 2 日で織り上げるとしても，織元織子の 1 日あたりの収益は 2.6 ドルにしかならない。しかし，それは村人がよく食するもち米（*khao*

表 9-3　タラートでの米価（2001 年）

種類	キープ/kg
ラオ・マリー（3 等米）	6000
タイ・マリー	7000
タイ・マリー（高質）	7500
もち米	4000～4500

niao）6.8kg に相当する（表 9-3）。為替レートが大きく変動するなかでの織子の収入を評価することは簡単ではないが，賃金財としての性質を強くもつ米の価格で評価すれば，織子の収入も決して低いものではない（補足史料 III-1 参照）。ちなみに，この村の農業労働賃金は 1 日 1.8～2.0 万キープ（食事つきだと 1.5 万キープ）と 2 ドルを少し下回っていた。すなわち，機織りは農業労働賃金よりも高い収入を与えてくれている。

この織元織子の家には 3 台の織機があり，1 台から年間 2～3 掛け（1 掛け 10 枚）が織られている。したがって，機織りからの年間収入は 109 万～163.5 万キープ（100～154 ドル）となる。これは，もち米 272.5～408.8kg に相当する。彼女の家計は 1ha の水田を所有しているが，低地にあることからグム川の氾濫で水が出やすく，雨季米の生産量は 380～1140kg と大きく変動する。乾季にも米作がなされるが，380kg 程度しか収穫できない。したがって年間では，精米換算で 456～912kg 程度の生産である。43 歳の夫と子供 6 人そして幼児 1 人の大家族を養うには，「半年分にもならないね」という。機織りからの収入の重要さがわかろう。

(2) 撤退のあと

タマラー村にとってのブァ婦人の存在の大きさは，同じような移住民のディアスポラ村でありながら織元の接触がない隣村との対比に端的にあらわれていることは説明したとおりである。ブァ婦人がいなければ，どのような事態となるのであろうか。ブァ婦人が病をえて織物の事業から撤退した後のタマラー村をみてみよう（2014 年聞き取り）。

ブァ婦人に代わる織元は接触してはこなかったし，村のなかから織元が生まれてくることもなかった。織子たちは，結局，独立織子とならざるをえなかったのである。ただし救いだったのは，ブァ婦人の垂直紋綜絖や紋織りのシンの一部がほとんどの家に残されていたことである。移住民であることから垂直紋

綜絖の作成技能をもっており，ブァ婦人の遺産の再生はお手の物であった。村人は「この織柄を使うと良く売れる」という。ただし，流行を創出する新たな織柄を考案する能力はない。残されたブァ婦人の織柄を村の織子たちが共有していたことが，織柄の支配者でもある織元が発生しなかった理由のひとつであろう。

　ここで，織機が4台置かれている高床式の家の下に集う織子たちと話をしてみよう。「ブァ婦人がこなくなって，みんな（独立織子として）ひとりで機織りをするしかなかった。最も困ったのは，よい糸（絹）を購入する資金がないことだ。絹糸は高くて買えないし，綿糸にするとシンの売値が安くなって儲けが悪くなるしね。結局，コンケーン糸を使うしかない」と嘆く。ブァ婦人が掛売していた絹糸のもつ意味がよくわかる発言である。

　彼女たちに老齢の独立織子（58歳）を紹介してもらったので，訪問してみよう。やはり「絹糸は高いし，綿糸のシンは高く売れない」として，化繊の糸を使っている。経糸はイタリー糸（10万キープで20枚分），地組織用の緯糸はコンケーン糸（3綜×2.4万キープ）そして織柄にもコンケーン糸が使われ，シン1枚あたり約15万キープの糸代となる。これを，乾季には30万，雨季には27万キープでタラート・クアディンの小売店に卸している（収益率44.4%〜50.0%）。ブァ婦人が介在していたときにはシンはタラート・サオに卸されていたが，彼女がいなくなると絹糸を用いないシンはタラート・クアディンに卸すしかなくなる。この婦人は4〜5日に1枚を織ることから，1日あたり3万キープ（4ドル弱）の収入を得ている。農業労働賃金の1日5万キープよりは低いが，それでも農作業の過酷さを思えば，老齢の女性にとって機織りは重要な稼得機会となっている。

　垂直紋綜絖は，村の図案師に作成を委託している。この図案師は，先ほど訪問した家の軒下で仕事をしていた人なので，後でもう一度話を聞いてみよう。垂直紋綜絖は，紋棒が30本ほどの簡単な織柄であり，作成には9万キープを支払ったという。

　販売は，1枚あたり5000〜1万キープの手数料を払って，村の年寄りに委託売り（faak kaai）をしてもらっている。そうした仕事をする人は村に5人いるという。委託した価格より高く売られてしまうことはないかと問うと，「村の織子たちは，タラートでの売値をほぼ知っているので，余分に儲けることはできない」という。流行の織柄を織り込んでいるわけではないことから，市場価

格は既知となってしまうのであろう。

　さて，もう一度，先ほどの織子たちの集う家に戻ってみよう。まず，図案師に話を聞いてみる。図案師といっても，ブァ婦人の織柄をコピーしているだけであるが。ちょうど，摘上紋綜絖を作成していたので，それを手掛かりに質問を始めよう。40本の紋棒をもつ摘上紋綜絖の作成費用は，筬部分に織柄のあるシンが残してあれば1本あたり5000キープ，なければ1万キープである[3]。この後，筬通し (seup huuk：筬幅39ロップで5万キープ) をして，最後に経糸をつなぐ作業 (seup xeng：4万キープ) をすれば，機拵えが完了する。この作業には4日必要となり，総作成費は29万キープ (40×5000+5万+4万) となる。したがって，1日あたりでは7万キープ (8.75ドル) の収入となる。パー・ビアンでは，簡単な織柄だと10万キープ，複雑な柄だと20万キープになる。「いろいろな織柄の綜絖を作成するので月にいくつとはいえないけど，だいたい10ほどの機拵えをしている。とにかく忙しすぎて，ここ1年は機織りができていない」と図案師の婦人は笑う。もし月25日ほど紋綜絖の作成に専従するとすれば，収入は219ドルとなり，縫製工場の女工の給与をはるかに上回ることになる。

　織子たちと雑談しているなかで，2011年から織元がきていることがわかった。ヴィエンチャンの北19kmにあるノンサアート村に住むポン婦人 (シェンクワン県からの移住者) である[4]。ただし，数人だけの契約 (問屋契約) である。キープの為替レートも落ち着いており，インフレも収まっていることから，糸信用貸契約ではなく問屋契約となっているようである。織賃は，1枚あたり30万キープである。縫取りによる細かい紋様が入っており，1枚を織るのに10日必要だという。1日あたり3万キープの収入となるが，これは先ほどの独立織子のそれと同じである[5]。聞き取りが雨季であったことから専業での機織りはなされていないためであろうが，農業労働賃金よりは低くなる。織柄は，ポン婦人がサンプルをもってきて，先ほどの図案師が機拵えをする (問屋契約であるから，費用は織元が負担)。

3）　織柄部分をみながら，織りと逆の作業をすれば摘上紋綜絖 (垂直紋綜絖も同様) を作成できる。第1章で説明した織柄情報の伝達方法1 (写真1–13) である。

4）　ヴィエンチャン近郊のノンサアート村でも村内では織子の供給は望めなくなっており，出稼ぎ織子を雇用するか，郊外の織物村の織子と契約するという外延化で対応している。ポン婦人は後者の事例である。

5）　ただし，織元織子は委託売りにかかわる費用や機拵えの費用を負担する必要はない。

話をしている織子たちのひとりが,「ポン婦人から渡された織柄を, 他の独立織子に渡したりする」という。そんなことをして問題とならないのかというと,「配色を変えて織るから大丈夫だ」と笑う。織柄の知的所有権にまつわるエージェンシー問題がここでも発生している。

　現金取引が原則であるが, ポン婦人に手持ち資金がないときには, 村に朝きて買って, タラートで売ったあとに夕方に支払をしにくることもあるという。この織元も, 信用制約に直面しているようである。ある織子は「染色の斑があったことから高く売れずに, 織賃を下げられたことがある」という。それは織元の責任であって, 織子のミスではないのではというと「もっと織元や仲買人がきて競争となれば, こちらとしても強く出ることができるのだけど。何しろ村にくるのはポン婦人だけだから, こちらとしても交渉ができない」という。他の織子たちも「ブァ婦人は, こちらが納品しにいくと昼食を出してくれた。お金もすぐに払ってくれたし, 値引きもしなかった」とブァ婦人を懐かしむ。

　歴史に「もし」はないが, 経済政策の失敗によるキープの大暴落がなかったならば, ブァ婦人は手織物業から撤退しなかったかもしれない。ブァ婦人という優れた図案師でもある織元のお陰で, 信用制約, 織柄情報の入手制約そして販路の制約から織子たちは解放されていた。その織元がいなくなると, この村の機織りは衰退していくことになる。しかしブァ婦人の織柄が残されていたことから, かつてのような賑わいはないものの, 機織り村の地位はなんとか保たれている。それでも, タラート・クアディンに卸すようになったことからもわかるように, シンの品質は低下してしまった。織子だけの力では, なかなか市場に立ち向かえないのである。

2. 織元ブァ婦人の契約する村（II）：ホエイプーン村（2014 年聞き取り）

　ブァ婦人がなかなか語りたがらないホエイプーン村は, 国道 13 号線を 80km ばかり北上してヴィエンチャンに入り, 左折して山間部の未舗装の道を 4km ばかりいったところにある戸数 70 ばかりの村である。この村には水田が少なく, 周辺の村のなかでも貧しさがわかる村である。水田のあるタマラー村の家々と比較しても, かなり見劣りがする家屋が並ぶ。バスもきていない。

(1) 織子と話す

　ティン婦人（51歳）とビン婦人（35歳）のふたりの在村織元が，この村のほぼ同数の織子を組織している。この織元の話に入る前に，織子のマイ婦人（44歳）の話から，村の状況を把握しておこう。

　　「むかしは，村の織子みんながブァ婦人と契約していた。いまは，織子はふたりの織元と契約しているよ。ブァ婦人がこなくなったあと，ティンさんが織元になった。そして，すぐにこの村の人と結婚して村にやってきたビンさんも織元になった」。
　　―― マイさんは，どちらと契約しているのですか？
　　「自分はビンさんだけど，娘（10歳）はティンさんとだよ」
　　―― どうして別々に契約しているのですか？　一緒のほうが便利なのでは？
　　「いろいろと人間関係があるじゃない。ひとりの織元とだけ契約すると，もうひとりと関係が悪くなるからね」。

　複数の織元がいるとき，同一家計内で異なる織元と契約することは一般的である。マイ婦人がいうように，ひとりの織元との関係が途絶えるようなことがあったときのリスク分散の意味をもつ。

　ふたりの織元は，問屋契約と糸信用貸契約の双方を提示している。マイ婦人と娘は，ともに問屋契約を交わしている。マイ婦人は目が悪く，また娘も子供なので機拵えが苦手である。そこで，機拵えが織元の責任でなされる問屋契約を選んでいるという。さらに，婦人は「糸信用契約だと，糸代金を借りていることになり，なんだか借金を負っているようで嫌だ」という。利子もつかなければ織ったシンで返済することから負債という点では問屋契約と差はないと思われるのだが，織子はよくこうしたいい回しをする。どうも，糸を購入したにもかかわらず代金を支払っていないことへの心理的負担を感じているようである[6]。

　マイ婦人と娘は，パー・ビアンを織っている。マイ婦人は紋糸160本，そして娘は67本の垂直紋綜絖を使う。この差は織賃に反映されており，婦人のは

---

[6]　ヴィエンチャンにあるコーヒー店の店主Mさんは，次のように語る。南部のコーヒー農家から豆を直接仕入れているが，「貧しい農家に手付金を支払おうとしても，今年の豆の出来がどうなるかわからないといって受け取ろうとしない。負債を嫌がっているらしい。収穫間近となって収量の見込みがつくと手付金を受け取る人も出てくる。裕福なコーヒー農家は，いつでも前金を受け取るし，要求もする。ただし，それを踏み倒すことが多い」。貧困者は借金を恐れているようである。

7万キープ，そして娘のは2.5万キープである。婦人は「自分は織るのが遅いので，1枚仕上げるのに3日から4日必要だけど，早い人なら1日で織り上げる」という。どうしても家事労働に時間を割かなくてはならないことや目が束ないことから，この生産性となってしまう。もし，マイ婦人のシンを1日で織り上げるならば，農業労働賃金の5万キープを上回る7万キープの織賃となる。それは，精米9.9kgに相当する。

マイ婦人の家計は4ライ (0.64ha) の水田を所有しているが，灌漑がないので1年に1作500kg (精米だと300kg) の生産に留まる。4人家族であることから，これでは4ヶ月分にも満たないという。そのために，残りの8ヶ月は，毎週12kg (ラオスでは，精米は12kgを単位として販売) の米を購入している。近くのタラートで確認すると，12kgの米は8.5万キープ (10ドル強) であった。こうした支出を可能にするのが，機織りと農業労働からの収入である。農業労働の需要は，田植えと収穫のそれぞれ1ヶ月程度ほどあるという。ただし農地の少ない村内ではなく，周辺の村々が中心である[7]。そうした時期となると，周辺の村々の人がピックアップ・トラックでやってきて労働者を募集する。これで何とか家族は口を糊することができる，とマイ婦人はいう。

(2) 事件のあらまし

ブァ婦人をめぐる例の事件の話をしよう。ブァ婦人は問屋契約で村の織子を組織していた。村人が交代でブァ婦人の自宅を訪れてシンを納品して，代わりに糸をもらってきていた。タマラー村と同じ方式である。

そのうちに，ヴィエンチャンに出たときにタラート・サオにいき，自分たちの織ったシンが高く売られていることに気づいた者がいる。そこで，その女性は村人からブァ婦人の提示する織賃よりも高い値段を提示してシンを買い集めて，タラート・サオで売ってしまった。問屋契約であるから，糸の所有権はブァ婦人にあるし，垂直紋綜絖もブァ婦人が作成したことから織柄の知的所有権もブァ婦人にある。しかし織子たちは，所有権，いわんや知的所有権などという概念に疎い人々である。高い値段で買ってくれるならと，たいした罪悪感もなく売渡してしまった。

そのことは，すぐにブァ婦人の知るところとなった。怒りに震えて村にやっ

---

[7] 村内は，労働交換（結）が中心という。

てきたブァ婦人は，織子全員の垂直紋綜絖の紋糸を崩し，掛売りしていた糸を取り上げて帰っていった。同じ地域からの移住民であるにもかかわらず，ブァ婦人と織子たちとの関係は脆くも崩れ去った。キープの暴落がピークに達していた2000年のことである。長閑で平和にみえる辺鄙な村ではあるが，裏切りによる「万人の戦い」が発生してしまったのである。

村の織子たちと話をしているときに，ブァ婦人の話題が出た。ちょうど数日前にブァ婦人と一緒に写った写真がカメラに入っていたので，いまのブァ婦人だよと見せたところ，その織子たちは「元気そうだね。孫ができたんだ。この村も豊かになったよ。よろしく伝えておいて」とニコニコしながらいう。豊かになったのはブァ婦人のお蔭だろうし，その婦人を裏切ったのは貴女たちだよね，といいたいのはやまやまであるが抑えるしかない。彼女たちは，自分たちのしたことに特段の罪の意識を感じてはいないようである。開発経済学や経済史の研究者は先進国の価値基準でもって契約不履行とかモラル・ハザードだとか大上段に構えてしまうのだが，その実態は，けっこう無邪気な機会主義のなせる業なのかもしれない。しかし，無邪気だけに始末に終えないところがある。それは私的所有権の意識が希薄であることと裏腹であろうが，いずれにしてもブァ婦人にとってはたまったものではない。いくら私的所有権を保護する法律を制定したところで，私的所有権の意識が希薄であれば如何ともしがたいのである。

ブァ婦人のシンを織子たちから買い集めてタラート・サオに売りにいったのが，織元をしているティン婦人である。織元のティン婦人もビン婦人も，垂直紋綜絖をつくることはできるし，周辺の村にも図案師もいる。しかし，彼女たちは伝統的な織柄を作成できるだけであり，ブァ婦人のように新たな織柄を創作できるほど優れた図案師ではない。しかし村人にとって幸いだったのは，ブァ婦人が織りかけのシンを切り取って持って帰ったときに，織柄の一部が数センチ残されていた事例がいくつかあったことである。それさえあれば，織りと逆の作業をして垂直紋綜絖を復活させることができる。ティン婦人が新たな織元となった時，ブァ婦人の織柄が再生されていった。もう，ブァ婦人に打つ手はない。

ブァ婦人は染色された絹糸を掛売りしていたのであるが，村の織元には絹糸を扱うほど資金の余裕はない。こうして，一部は絹綿交織もあるが，この村では固定された織柄を織り込んだ綿織物のシンが織られるようになった。タマ

ラー村と同様の顚末である。当然のことであるが，そうしたシンからの利益は低くなってしまう。裏切りの代償は，決して小さくはなかったのである。

(3) 織元

　ここで織元のビン婦人 (35歳) と話をしてみよう。彼女は，ブァ婦人の事件があったころに，シェンクワン県のカム郡から結婚のために移住してきた。第12章で触れるように，カム郡は織物の盛んな地域である。彼女の家には，ピックアップ・トラックと4台のバイクがある。衛星放送を受信するパラボラ・アンテナも軒先にあり，かなり羽振りがよいようである。

　ビン婦人は，48人の織子 (隣村の7人を含む) と契約している。そのうち約3分の1が問屋契約であり，残りが糸信用貸契約である。「契約の選択は織子の希望にもよるけど，綿織りでは糸信用貸契約が多く，絹糸を使った場合にはすべてを問屋契約にしている。何しろ糸代が高いのでね」と婦人はいう。この発言には，少々説明が必要であろう。糸の窃取や尺巾不足といったエージェンシー問題による損害は絹織りで大きくなることから，絹織りで糸信用貸契約が採用されるとも考えられる。しかし，実際は逆である。これは，エージェンシー問題の発生しにくい信頼できる織子に絹織りを依頼しており，また織元もそうした織子を頻繁に見回るようにしているためである。織子も，一様ではないのである。

　この織元は，タラート・サオに馴染みの小売店5軒を抱えており，結婚式用のパー・ビアンとティーン・シンの組を生産している。タラート・サオの店とだけ取引していることは，ビン婦人の扱うシンの品質が高いことを意味している。ブァ婦人の残した織柄を参考にして，ビン婦人が織柄をつくる。そして，彼女の妹が住んでいるノンサアート村 (第7章と第8章参照) の図案師に垂直紋綜絖の作成を依頼している。こうしてシンの品質が維持されている。

　パー・ビアンとティーン・シンの組について，費用収益構造を質問してみた。これはパー・ビアン2枚を貼りあわせて厚みをもたせた製品 (*phabiang song danh*) であり，織りもしっかりとしている。詳細な数値は省くが，糸代は50万キープ，織賃は100万キープ (125ドル) である。織賃がかなり高くなっているが，これは1組の製織に1ヶ月強 (パー・ビアン2枚に1ヶ月，ティーン・シンに1週間) を要することによる。これを1万バーツ (250万キープ) で卸すことから，利益率は40％となる。コストプラス方式による値付けのようである。

これまでみてきたように織元が糸を掛売りして，かつ織柄を支配しているときの平均的な利益率である。

ビン婦人は，13号線をさらに北にいって山間部に入ったヒンフープ郡のヴィエントン村の織子とも契約している。ここでは，ホエイプーン村からヴィエントン村に結婚して移住した女性が委託仲買人となっている。これまでも観察されているように，重層的な織元-織子関係によって市場形成がなされている。この仲買人とは糸信用貸契約を締結して，糸代3.5万キープで織られたパー・ビアンを11万キープで買い取る。したがって1枚につき7.5万キープが仲買人に支払われる。そこから織子に報酬が支払われるが，その詳細をビン婦人は知らないということから，裁量権の高い委託仲買人である。この仲買人は月2回，村にきて20枚のパー・ビアンを納品している。

同じパー・ビアンを，ホエイプーン村でも問屋契約で織らせている。織賃は7万キープである。この村の織子の1枚あたりの取り分が5000キープほど低くなっているが，この点について婦人は「だって，この村の織子とは（問屋契約だから）機拵えをこちらの負担でしなくちゃいけないでしょ」という。この織子と前述したヴィエントン村の委託仲買人には同額の報酬が支払われていることから，ヴィエンケオ婦人（第8章）の仲買人についてもそうであったように，工房付近の織子の織賃と委託仲買人の活動する山間部の織賃との差が，委託仲買人の収入となっている。

3. ふたつの村の比較

ここまで，ブァ婦人が排他的に取引をしていたふたつの村を紹介してきた。かつては村のほぼ全戸で機織りがなされ，それをブァ婦人が組織していた。婦人が去った後，絹糸を多用していたブァ婦人の時代から，低廉な綿糸や化繊が使われるようになった。需要にあわせた，さらには需要を創出できる織柄も入手できなくなり，絹糸の提供もなされなくなった。そのために品質を落としたシンを織るしかなくなり，織子たちの収入も減少してしまった。優れた図案師であり，また高品質の絹糸を掛売できる資力をもった織元の市場形成能力が，改めて確認されることになる。

ふたつの村の住人は，フアパン県の同じ村から移住してきたことから，織りの技能に遜色はないはずである。また，ブァ婦人の残した織柄を使うこともで

きる。しかしブァ婦人が去った後，ホエイプーン村では在村の織元が出現したのに対して，タマラー村では在村の仲買人しかいないという異なる展開がみられた。

　この対照を説明する最大の要因は，農業事情の差にある。タマラー村は，一戸あたり1ha程度の水田を保有している。これに対して，ホエイプーン村では水田面積は極めて小さい。そのために機織りは，タマラー村では副業的，そしてホエイプーン村では専業という性質をもつことになる。機織りへの依存度が低くなるタマラー村では，ブァ婦人の接触は「棚から牡丹餅」であったが，といって織元がいなくなっても敢えて織元となろうという人が生まれてこなかった。またホエイプーン村とは異なり，ヴィエンチャン市内まで30km弱であり，道も舗装され，モーターバイクで通うこともできる。本数は多くないものの，バスも運行している。したがって織元が介在しなくても，独立織子としての機織りができたのである。この意味ではヴィエンチャン近郊の織物村の事情とよく似ているが，出稼ぎの織子を雇用した内機経営をする織元は生まれてきていない。そうした内機経営がなされるノンサアート村やウドムポン村では農地がほとんどないことが，この差異をもたらしたのであろう。

　これに対して，農地が少なく代替的就業機会も限られているホエイプーン村では，機織りは専業となる。バスの便もないことから，ヴィエンチャンのタラートに独立織子として売りにいくにしても費用が嵩む。ここまでヴィエンチャンから離れてしまうと，規模の経済を獲得できる商人に頼らなければ機織りは続けられないのである。そうした地域では織子を組織するのは容易であり，織元の利益も高くなることから，織元が出現しやすかったといえよう。ブァ婦人には及ばないものの，その織元が織柄への支配力をもってブァ婦人の残した織柄をベースとした多少なりとも新しい織柄も考案している。そのために，タマラー村よりは付加価値の高いシンを生産できている。やはり流行にあう織柄の作成は織子では対応できないことから，タラートと常に接触している織元の役割が求められることになる。

4. 小売店の委託仲買人：シェンレーナー村（2013年聞き取り）

　ヴィエンチャンから国道13号線を南に70km弱いくとグム川を渡る。左折して未舗装の道を10kmほどグム川に沿っていくとシェンレーナー村に着く。

この道をさらに 10km ほどいくと，第 4 章で紹介したナタン村がある。
　シェンレーナー村には 4 つのクムがあり，そのふたつは，もともとこの地域にいた人々のクムであり機織りはなされていない。残りの戸数 30 と 75 のふたつのクム（トゥン村とルム村と通称，上村と下村の意味）はフアパン県からの移住民の村である。このふたつの村では，どこの高床式の家の下にも複数の織機が置かれており，さながら村全体が織物工場であるかのようである。この村では委託仲買人が織子を組織しているが，織子は彼女たちのことを織元と呼ぶ。委託仲買人が，糸と垂直紋綜絖を提供しているからである。

(1) 委託仲買人

　クム・トゥンには，3 人の委託仲買人がいる。そのうちのひとりシー婦人（30歳）はフアパン県サムタイ（第 11 章参照）の出身であり，1996 年にこの村に移り住んできた。2ha の水田をもち，年間 2400kg（精米だと 1440kg）が収穫される。10 人家族であるが，幼児が多いことから，これでほぼ自給できているという。ピックアップ・トラックも所有していることから，村のなかでは裕福な家計のようである。
　かつては独立織子として機織りをしていたが，数年前にタラート・サオのいくつかの小売店からの勧めで仲買人となった。タラート・サオの小売店と取引をしていたということは，それなりの技能をもつ織子なのであろう。シンは織子から買取り（*kep sue*）もあったし，委託売り（*faak kaai*）もあった[8]。ある小売店がもっとシンがほしいと要望し，その小売店から織柄の指定もなされ始めた。この小売店主が，ヴォンカンティ婦人（第 5 章 小売店 I）である。
　それでも，はじめの段階ではヴォンカンティ婦人は糸の掛売りをしてくれなかった。そこでシー婦人は，糸の購入のために親戚から資金を借りて織元となった。織元となるには「資金があるだけではなく，小売店との間で信頼関係があることが重要だ」と彼女はいう。糸を織子に提供できる資力は織元となるための必要条件であろうが，馴染みの小売店が確保されていることのほうが重要だとの認識である。また，そうした小売店からは織柄情報の提供もなされる。
　しばらくして，ヴォンカンティ婦人は問屋契約で糸を提供してくれるようになった。正確な定義からすれば，織元が委託仲買人となったわけであるが，市

---

[8] この違いの意味については，第 11 章のフアパン県のサムヌアでの聞き取りから明らかにする。

場を形成する能力がより強化された商人になったわけである。幾度かの取引のなかで，信頼が醸成されたのである。村の織子との契約は，問屋契約10人と糸信用貸契約14人の計24人で始めている。問屋契約の織子には高価なタイ製絹糸を渡しており，品質管理のために日に2回は織子たちを見回っている。高級な糸を使うときに監視を伴う問屋契約が選択されることは，前述のホエイプーン村の織元ビン婦人の場合と同じ論理である。タイ製の絹糸は精練・染色済みである。これに対して，糸信用貸契約の織子にはヴェトナム産生糸を渡して，織子が精練と染色をする契約になっている。シー婦人は，「ヴェトナム産生糸を使ったシンと比較して，タイ製絹糸のシンの評価は高く，いい値段がつく。ヴィエンチャンの人は豊かになっており，タイ製絹糸を使ったシンの需要が増えている」という。

　タイ製絹糸を使ったシンの費用収益構造をみていこう。シー婦人は自宅に3台を備えて，自分の他に内機織子（村の若年の女性）をふたり抱えている。費用の詳細は割愛するが，シン1枚あたりの生産費は95万キープ（織賃40万キープを含む）となり，これを120万キープで卸している。従って利益率は29.2％となる。村の織子たちはシー婦人を織元と呼んでいるが，タラート・サオの小売店の委託仲買人である。その意味では，妥当な利益率といえよう。もし，糸を自分で購入して，さらに織柄まで考案するという織元ならば，これまでの事例からも推測できるように利益率は40〜50％になるであろう。

　「タイ製絹糸を使うようになって，取引する小売店が減った」とシー婦人はいう。それは，高級品を扱う店舗をお得意様としたからに他ならない。「ヴェトナム産生糸を使ったときには，品質に問題があるとして，はじめに決めた価格より値引きされることがあった。しかし，タイ製絹糸を使うとそれがないことが嬉しい」と婦人はいう。これは器械製糸のタイ製絹糸は繊度が一定であることから切れにくく，節など繊度むらがでないためである。高級なシンを織るようになったために需要が減少したのであり，シー婦人にとって状況が不利になったわけではない。

　ここで，シー婦人の被った災難に触れておこう。何度か村にきていた仲買人がいた。支払いも，滞りなくしてくれていた。そして，聞き取りの前年のタッ・ルアン祭りのまえに大量の注文がなされた。村人からも買い集め，足りない部分はシェンクワン県の知り合いからも買い集めた。そして，タラート・クアディンに持っていって渡した。その仲買人は「ちょっと用があるから」といっ

ていなくなり，そのまま帰ってこなかった。電話にも出なくなった。損害額は1億キープ（1.2万ドル）にもなり，聞き取り時点でも婦人の負債残高は2000万キープある。独立織子がタラートにシンを売りにいっても，なかなか交渉がうまくいかない。そのときに，親切そうに「じゃ自分が売ってきてあげるから，ちょっと手数料をくれる？」と近づいてくる人もいる。シンを渡すと，そのまま消えていなくなるという話はよく聞く。

村人にとって，タラートは裏切りと不信が渦巻く魑魅魍魎の棲む異境である。第II部のはじめに，「農村なるもの」と「都市なるもの」という異なる社会秩序をもつ共同体の接する場としてタラートを紹介した。この事例が，まさにそうした性質を反映していよう。信頼できる馴染みの小売店ないしは商人の存在が，市場に不慣れな生産者にとっては決定的に重要となってくるわけである。

(2) 隣村の委託仲買人

隣村のクム・ルムにも委託仲買人がいる。小さなタラートがあるが，食料品を売るだけであり糸屋はない。機織り家計の半分は織元織子（後述のターサン村の織元），そして残りは独立織子だという。

聞き取りの4ヶ月前に，この村にヴィエンチャン在住のパン婦人（サムタイ出身）が訪ねてきた。そして，このクムのペーン婦人とラン婦人を委託仲買人とした。ペーン婦人（26歳）と話をしてみよう。彼女は，10年ほど前にサムタイから家族とともに移住してきている。4ライ（0.64ha）の農地でキャッサバを栽培しており，年に7〜800万キープ（約875〜1000ドル）の収入がある。米作はやっていない。

パン婦人とは問屋契約が結ばれている。しかし，パン婦人がどこに住んでいるかペーン婦人は知らない。シンも「輸出されているらしい」とはいうものの，詳しくは知っていない。パン婦人は，糸だけでなく金筬も提供している。織柄は，パン婦人がもってくるサンプルを参考にしてペーン婦人が垂直紋綜絖をつくり，織子に渡している。ペーン婦人は16人の織子を管理し，また機拵えなどの作業もペーン婦人が担当することから，1枚の取り扱いにつき1万キープ（1.25ドル）の手数料が支払われる。尺巾不足の場合には，織賃の70万キープを60万キープに減額にするなどの品質管理も請け負っている。また，新しい織子を見つけると10万キープの報酬がもらえる。このように問屋契約といっても，織子への支払額はパン婦人によって決められており，ペーン婦人には手

数料が支払われるだけで裁量権は限られている。被雇用者（中間管理職）に近い，委託仲買人といえよう。

　パン婦人から渡される糸は，草木染めされたラオス製絹糸である[9]。草木染めされた繊度が不均一で節のあるラオス製絹糸で織られた布は，海外の消費者には手づくり感があることから歓迎される。逆に，タイ製の絹糸でしっかりと製織すると織密度が高まって機械織りとの差が縮まってしまうことから海外の消費者からは評価されないことになる。しかし，ラオス人にとっては肌触りのよいタイ製絹糸を使ったシンは高級品となる。シー婦人のシンが国内富裕層向けで，パン婦人のシンが輸出向けという対照の所以である。

　ペーン婦人も，パン婦人用に機織りをしている。問屋契約での織賃は，1枚につき70万キープである。製織には10日必要となる複雑な織柄である。月3枚を織るというので，210万キープ（約260ドル）の収入となる。これに織子を管理する手数料が入るので，月の収入は240〜250万キープにもなる。縫製工場で働くよりは，はるかに高い収入が得られている。

　シェンレーナー村は，新たに市場に包摂されつつある村である。もともとは独立織子がほそぼそとタラートに売りにいっていたが，近くの村からくる仲買人によって本格的に市場に組み込まれ始めた。その仲買人は，このあとに紹介するグム川対岸のターサン村からやってきた。はじめはティーン・シンの仲買人であったが，後に説明する理由で，シンに変更される。それも紋織りを多く施したシンであることから，糸代を織子が負担することができずに問屋契約が採用されるようになる。

　また，市内のタラートに売込にいっていた独立織子のなかにも，馴染みの小売店をもつ者がでてくる。もともと優れた織子たちが多い村であったこと，そしてヴィエンチャン市内や周辺で織子が減少していたこともあり，小売店としても郊外の織子たちを組織しようとしていた。この機業の外延化の流れにシェンレーナー村は乗ることができたようである。こうしたヴィエンチャンの小売店や織元はアウトサイダーであることから，これまでも観察してきたように，村内に委託仲買人をおいて織子を管理させるという重層的な織元－織子関係で市場が外延的に形成されることになる。

9）　草木染めされラオス産絹糸であることから，代替的な使用は限られている。そのために，糸の窃取というエージェンシー問題は発生していない。むしろ，糸が余ったときには返却されることが一般的という。

第1節ではヴィエンチャン市内在住の商人による市場形成を3例ほど紹介した。前2者では，都市在住の織元が村の織子たちと直接取引していた。これに対して，最後の事例では，織元としての機能をもつタラートの小売店が，村の委託仲買人を介して織子を組織している。双方ともに，都市のプリンシパルが農村を訪れることは稀であった。それもあってか，前者では裏切り行為が発生して，取引が途絶えてしまった。「村の人は私の家族と同じだ。なぜ監督などする必要があるのか」と語ったブァ婦人であるが，村に住まないブァ婦人にとっては，領域性に頼った管理は幻想に過ぎなかったのであろう。もし委託仲買人をおいて管理していれば，エージェンシー問題は防げたのかもしれない。

第2節　在村の織元による市場形成

　第2節では，村内で織元が自生的に出現したディアスポラ村を4例ほど紹介する。彼らも関係性の強い契約で織子を組織するが，そうした契約が都市の商人と農村の織子との関係だけでなく，農村に生まれてきた織元が主導権をとって織子を組織するときにも観察されることに注目したい。ここで紹介する郊外の織元は，距離の克服が求められることから大規模織元に分類される。ただし，第8章で紹介した市内や近郊の大規模織元が大卒であったのに対して，在村織元は大卒ではない。
　なおラオスの農村，特に移住民のディアスポラでは，革命時に農地が平等に分配された経緯から，土地所有の多寡に対応した農村社会階層は存在しない。すなわち，戦前期の日本のように地主階層が商人活動を主導するという世界ではない。こうした世界での商人は，多くの人々が機織りの技能をもつシンについていえば，ちょっとした商売の才覚をもった村人が始めたとしかいえない側面もある。
　そうした人々は，糸を自己資金で調達して織子に提供する独立性の高い織元であって，タラートの小売店や他の大規模織元のエージェントとしての委託仲買人ではない。

1. ターサン村（2015年聞き取り）：仲買人が織元に

　ターサン村は，ヴィエンチャン市内から国道13号線（南）を36kmほどいき，そこから未舗装の道路を21km北に入ったところのグム川の南岸にある。ヴィエンチャンまでのバスの運行はない。グム川の対岸には前述のシェンレーナー村がある。ターサン村は，1973年にシェンクワン県から30戸ほどが移住して開村されている。その後，2000年にはボリカムサイ県から50戸ほどが移住してくるなどして，130戸ほどになっている。灌漑がなされている農地もあり，二毛作も可能である。

　この村には，4人の織元がいる。かつては自家消費用に機織りがなされていたが，2006年にシェンクワン県からの移住民である仲買人（ニラパン婦人とビン婦人）が活動を始めている。今回は，ニラパン婦人（35歳）に聞き取りをした。

　ニラパンとビン婦人は，はじめは仲買人としてティーン・シンを集荷していた。ふたりともグム川を渡った村々の織子とも取引をしており，ニラパン婦人は村内10人と村外40人（雨季と乾季で多少変化）を，そしてビン婦人は200強の織子を組織する大規模商人である。第4章で対象としたナタン村にはビン婦人が入り込んでいる。彼らが仲買人となったことから，ターサン村だけでなく周辺の村でもティーン・シンの機織りが盛んとなっていった。ちょうどこの時期は，シンの市場が活気をみせていたと同時に，市内で代替的就業機会の増加から織子が減少しており，機織りが周辺部に広がりをみせていたころである。なお，この村では数人の図案師（写真9-2）が紋綜絖を作成している。

　2012年には，ティーン・シンからシンないしはティーン・シンのついたシン（sinh-tiin-kab）に製品を変えている。シンはティーン・シンよりも糸を多く必要とすることから，織子の信用制約が深刻になってくる。そこで，仲買人が糸を提供するという形態に変化していった。またティーン・シンは細かい織柄の連続であるが，シンでは大きな紋柄が全体に施されていく。このために，織柄への支配力がより重要となる。仲買人ではなく織元としての役割が商人に求められるようになってきたことから，仲買人が織元に転化したわけである。同じころ，さらに2人が織元として活動を始めている。

　この製品の転換は，中国製の機械織りのティーン・シンが流入し始めて，売

写真 9-2　摘上紋綜絖をつくる図案師
注）彼女は聾唖者であり，母親が質問に答えてくれた。娘の将来のために，母親が摘上紋綜絖のつくり方を教えたそうである。聞き取りの後，彼女は母親と農作業に出かけていった。

上が減少しことによる[10]。タラート・クアディン（第6章）のところでも触れたが，中国製の機械織りのティーン・シン，しばらくしてシンもラオス市場に入り込んでいる。タイの機械織りのシンもあるが，それはラオスのそれとは明らかに異なるタイの織柄である。これに対して中国製のシンはラオスの織柄をコピーしていることから，*sinh kopi* と呼ばれている。

契約は，村内の織子とは糸信用貸契約，そして川向うの村々の織子とは問屋

---

[10] 織物服地の 50〜80％は空気であり，服を着るとは空気をまとっているともいえなくはない。しっかりと筬打ちすれば織密度（糸密度）が高まり，空気の含有量は低くなる。「打ち返し，三つ打ち」という強い筬打ちで知られる献上博多では，帯に適しているような緻密で張りのある，すなわち織密度の高い製品となる。化学繊維を使った中国の機械織りのシンも高い織密度となる。しかし，それはラオスのような暑い気候の地域では，決して歓迎される布ではない。中国のシンについて，ラオスの女性たちは「熱がこもって，暑くてはけたものではない」という。女性が適度な力で筬打ちをしたシンこそが，ラオスの自然環境に適しているといえる。こうしたことから，中国製の *sinh kopi* は貧困者用という評価が定着している。シンが制服となるラオスの学生たちも，ティーン・シンだけは中国製を使うが，シンは綿の手織りとしていることが一般的である。前にも指摘したが，中国製のシンは *sinh kopi*，シンのコピーであるまがい物と呼ばれる所以である。しかし，そうはいってもラオスでは低級品扱いとなる綿織りのシンが 4〜5 万キープであるのに対して，中国製のシンは，それよりも安い 3.5 万キープである。日本では力織機の普及によって手織物業が衰退していったが，ラオスでは国内ではなく中国の力織機が手織りに大きな打撃を与えることになる。

表9-4　タラート・サオに卸すシンの費用収益構造

	経糸	タイ製絹糸	55万キープ　15枚分
	緯糸	コンケーン糸	5綛×2.5万キープ/1枚
	柄糸	在来絹糸	1綛　4万キープ/1枚
	織賃		12万キープ/1枚　（5日で1枚）
	⇒ 合計生産費		201667キープ/1枚
卸値			42（雨季）～45（乾季）万キープ
利益			12～15万キープ　（利益率28.6%～33.3%）

契約となっている。直感的には，監視が容易で，むら共同体の制裁メカニズムも利用できることから，村内の織子に問屋契約が採用されると思われる。この点を，ニラパン婦人に確認してみよう。

「それはね，川向うの織子たちが貧しくて金筬が買えないから，こちらで掛売りしているからよ。シンで返済してもらうことになっているの。何しろ金筬は，40ロップのもので30万キープするからね。糸を掛売り（糸信用貸契約）にすると，もっと借金をすることになるので，織子たちが嫌がるからね（いわゆる，心理的負担である）。この村の織子は豊かだから，垂直紋綜絖も私から買い取っているよ。100紋糸で30万キープぐらいだね」。先ほど紹介した，ホエイプーン村のマイ婦人の発言に符合している。糸の窃取の問題を質問すると「あるよ。年間1～2人だけだけどね。それを見つけたら取引はすぐに停止にするけど」という。

　シンは，タラート・サオとタラート・クアディンの馴染みの店に，毎週それぞれ40～50枚，多いときには100～200枚を所有するピックアップ・トラックに積んで卸しにいく。タラート・サオには経糸に絹糸そして緯糸には化繊を使ったシンを，そしてタラート・クアディンには綿糸と化繊の交織のシンを卸しているという。やはりタラート・サオのシンには一部ではあれ絹糸が使われる必要がある。織柄部分は在来の生糸であるマイ・モンが使われる。しっかりと織られたシンであり，織りの質は中の上といったところであろう。

　タラート・サオに卸すシンの費用収益構造が，表9-4に示される。これから求められる利益率も30％前後と，この種類のシンとしては少し低いようである。雨季と乾季を問わず織賃は一定であり，卸値の季節変動は織元が吸収している。タラート・クアディンに卸す綿糸と化繊の交織のシンの利益は，1枚1～2万キープにしかならないので，できるだけタラート・サオに卸したいと

婦人はいう。しかし，充分な注文がないのが悩みの種である。

　2014年になると，シンについても中国製の *sinh kopi* が流入し始めてきた。それは競合するラオスの中・低級品のシンの価格を低下させて，タラート・クアディンに卸すシンの利幅を圧迫していった。そのために，それまではターサン村の全戸で機織りがなされていたのが，いまや半分にまで減少している。このことが，さきほど計算した織元の利益率が少し低くなっている理由であろう。グム川に近いことから灌漑ができるこの村では，手織りに代わって有機野菜の栽培が盛んとなっている。ヴィエンチャンでは，高所得者層を中心に有機野菜の需要が増加しており，一般の野菜の1.5〜2倍の価格となっているという。

　ここでシェンレーナー村とターサン村の比較をしておこう。ターサン村では，ティーン・シンの仲買人によって市場が形成されていった。織柄情報の伝達がなされず，また信用制約もあることから，低品質のティーン・シンの製織に留まっていた。この点については第4章で紹介したナタン村の機業で触れている。それゆえに，同じく低品質の中国製のティーン・シンの流入の影響を受けてしまったようである。そこで仲買人はビジネス・モデルを変更して，問屋契約や糸信用貸契約によってシンを製織させる織元になった。ただし，タラート・サオの小売店から強い形態での織柄情報の伝達はなされていない。

　これに対してシェンレーナー村は，初期にはターサン村や在村の仲買人によっても市場に巻き込まれていった。この限りでは，品質は高いものではなかったであろう。しかし，在村仲買人であったシー婦人が優れた図案師であるタラート・サオのヴォンカンティ婦人との関係を強めていくなかで委託仲買人となり，さらには草木染めの布を輸出するパン婦人という外部の商人（織元）が参入してきたことから様相が一変する。高級な絹糸と需要を喚起しうる織柄が，委託仲買人のシー婦人たちを通じて織子に供給されるようになった。こうして高級なシンを織る村へと変容したのである。

　ふたつの村で，タラート・サオに卸すシンの費用収益構造を比較してみよう（表9-5）。卸値からわかるように，シェンレーナー村で高級品が織られていることがわかる。しかし村の商人（織元ないしは委託仲買人）の利益率は，ターサン村で高くなっている。これは，シェンレーナー村のシー婦人の場合，織柄への支配力がタラート・サオの小売店ないしは外部の織元にあり，かつ小売店から高級な糸の提供もなされていることから，裁量権が限られた委託仲買人に過

表 9-5 タラート・サオに卸すシンについての織元の費用収益構造の比較
(単位：1000 キープ)

	聞き取り年	糸代	織賃	卸値	利益率（％）
ターサン	2015	8	12	42～45	44.4～47.6
シェンレーナー	2013	55	40	120	29.2

注）シェンレーナー村はシー婦人の事例。織賃は 1 日あたりではない。

ぎないためである。これに対して，ターサン村の数値は裁量権をもつ織元の利益率である。

このふたつの村の機織りの成長経路の違いは，どのような小売店と馴染みの関係が成立したかという経路依存的な理由によるところが大きい。その結果，ターサン村の機業は中国の sinh kopi と競合して衰えをみせることになったが，高級品を生産するシェンレーナー村の機業はいまのところ影響を受けていない。この対照は，sinh kopi の流入によるラオスの手織物業の将来を暗示することになるかもしれない。もちろん，ターサン村では農業事情が恵まれているということも経路に影響していることは確かである。

2．辺鄙な山間部での織元（1）：ヴィエントン村（2009 年聞き取り）

ヴィエンチャンから国道 13 号線を北に 92km いったヴィエンチャン県のヒンフープ郡のヴィエントン村をみていこう。この辺りは 13 号線沿いにあるものの，ヴィエンチャン平野から離れて山間部に入り込んだ地域である。

この村はフアパン県やシェンクワン県からの移住民からなる戸数 130 のディアスポラであり，ほとんどの家計で機織りがなされている。ある織子は「村からもヴィエンチャンの縫製工場に働きにいく娘たちが多い。17～18 歳になると働きにいくけど堕落するので嫌だという親も多い。自分にも 18 歳になる娘がいるけど，縫製工場では働かせたくない」という。

この周辺には，織元はカムオン婦人（50 歳）しかいない。婦人は，若いころから機織りをして，ティーン・シンをヴィエンチャンのタラートに売りにいっていた。ヴィエンチャンから距離のある地域であるが，幹線道路である国道 13 号線沿いの村ということからバスを利用しやすい環境にある。そうしたところ，周りの織子たちが糸を買うお金がないといって借りにきた。それなら自分で織子たちを組織しようと，2008 年に織元となった。はじめは，この村内

表 9-6 カムオン織元の織子との契約形態（人）

	村内	村外	合計
問屋契約	30	20	50
糸信用貸契約	50	30	80
合計	80	50	130

と 1km ほど離れた隣村の織子 50 名ほどに金筬を貸与して組織していった。織子たちの知っている織柄を使っており，婦人は織柄の創作はしていない。金筬は単価 8 万キープで，400 万キープ（約 460 ドル）の立ち上げ資金が必要だったという。その後，取引する織子の数は増えて，調査時点では 130 人程度になっている。

ヴィエントン村では 130 戸すべてで機織りがなされているが，そのうち 80 戸ほどがカムオン婦人と取引をしている。残りの 50 戸はテーブル・クロスを織って，自分たちで市場に売りにいっている。

カムオン婦人は，問屋契約と糸信用貸契約の双方を採用している。村内と村外で契約に差があるかを確かめてみた（表 9-6）。契約する織子の出入りもあることから織元も正確な人数を把握してはおらず概算であるが，村内と村外で採択される契約の比率に有意な差はない。契約の選択は織子に任せられている。経糸の整経は，織元が人を雇って（1 掛け分 2 万キープ）行う。機拵えは，問屋契約では織元，糸信用貸契約では織子の作業となる。すなわち，ここまで指摘してきたように，織子が機拵えをするか否かが契約選択の基準となっている。

代替的就業機会が期待できず，また市場から隔離された地域では，エージェンシー問題はかなり抑制され，またコミュニティ的統治が機能する環境である。糸の窃取の問題もないという。キープも安定していることから，問屋契約と糸信用貸契約の実質的な差はなくなる。結局は，高齢で目が覚束なくなり機拵えができない織子や機拵えを熟知していない織子は問屋契約を選好するであろうし，少しでも収入を増やしたい織子は糸信用貸契約を選好することになる。

費用収益構造をみておこう（表 9-7）。織子の収入は，問屋契約では織賃の 1 万キープであるが，糸信用貸契約では 1 万 2200 キープとなる。この差は，機拵え作業を織元と織子のどちらが負担するかで説明される。1 掛け 20 枚であることから，織子の収入の差は 4 万 4000（2200 × 20）キープとなり，織元が機拵えを委託したときの作業代 5 万キープとほぼ等しくなる。1 日弱で 1 枚が製

表 9-7　問屋契約と糸信用貸契約の費用収益構造

経糸	イタリー糸	3 万キープ		20 枚分
地緯糸	中国製化繊糸	10 綛	@7000 キープ	20 枚分
柄糸	メタリック糸	3 巻	@1.2 万キープ	20 枚分
1 枚あたり糸代	5800 キープ			
問屋契約	織賃	1 万キープ		
糸信用貸契約	仕入れ値	1.8 万キープ	季節変動なし	
タラートでの卸値	乾季 2.5 万キープ　雨季 2.2 万キープ			

織可能というから，1 日あたりの織子の収入は 1 万キープ強（1 ドル = 8000 キープ）となる。なお，織子の賃金は通年で同じにして，卸値の季節変動は織元が吸収している。織子の収入が低く，織賃が留保賃金ないしは最低生存賃金の近傍にあるであろうことから，変動を織子に押しつけるわけにはいかないのであろう。第 7 章で紹介したタンミサイ村の織元 4 の事例などと同じである。

　第 8 章のヴィエンケオ婦人や本章のビン婦人（ホエイプーン村）が契約する山間部の委託仲買人の収入が，平野部と山間部の織賃の差によってもたらされる可能性を指摘した。調査年が異なっていることから単純な比較はできないものの，例えば 2011 年のヴィエンケオ婦人の周辺での農業労働賃金が 1 日 3 〜 3.5 万キープであったことと比べれば，ヴィエントン村での織賃（1 万キープ強）の低さは，まさに賃金格差を利用した委託仲買人の収入を示唆するに充分であろう。

　次に，織元の利益をみてみよう。1 枚あたりの乾季の利益は，問屋契約では 9200 キープ，糸信用貸契約では 7000 キープとなる。利益率は 28.0 〜 31.8% である。織元は機拵えを 5 万キープで委託しているが，これは 1 枚あたりだと 2500 キープとなることから，ふたつの契約での織元の利益には差がなくなる。これまでも確認したように，市況が回復すれば品質に大きな問題がない限りは糸信用貸契約での買い取りの拒否がなくなることから，双方の契約は織元にとってかなり無差別となってくる。

　織元は，毎週 100 枚強のティーン・シンをタラート・クアディンにある 4 軒の馴染みの小売店に卸しにいく。タラート・クアディンということからもわかるように，必ずしも品質のよいティーン・シンではない。卸す量の季節変動はなく，年に 5000 枚程度を販売している。しかし価格は，乾季では 2.5 万キープであるが，雨季には 2.2 万キープに下がってしまう。それでも年間の利益は

4000万キープ (5000ドル) 程度と，このような山間部としてはかなりの収入となる。

3. 辺鄙な山間部での織元の出現 (2)：ポンサワート村 (2015年聞き取り)

　ポンサワート村は，ヴィエントン村から国道13号線を離れて西に35kmほどいった奥地のファン郡にある。村の北側に建設されたナムグム第2ダムの建設 (2010年商業運転開始) によって水没した地域の17ヶ村の入植村として，2011年に開かれた戸数1875の大規模な村である。道路が碁盤の目状に走っており，計画された入植村とわかる。

　入植に際して各戸に3ライの農地が与えられたが，ある農家に話を聞くと「あまりよい土地ではなく800kg (1.6トン/haに相当) しか米がとれない。これは精米にすると500kgに満たないことから，一戸に平均10人 (最低でも5〜6人) いる家族を2〜3ヶ月しか養えない」とのことである。森からの恵み (非木材森林産物) も利用できなくなり，入植民は生計の維持に窮することになる。

　近くに就業機会がほとんどないことから，機織りが主要な稼得機会となっていく。村人たちと話すと「この村では，ほとんどの家計で機織りがなされており，(それほど機織りをしない) ラーオ・トゥン (山腹ラオ) やラーオ・スーン (高地ラオ) の人々も，ラーオ・ルム (低地ラオ) から機織りを習ってシンを織っている」という[11]。こうして，入植民は強制的に市場経済に巻き込まれることになった。

　はじめは仲買人に販売していたが，そのうちに近くの村のふたりの織元が入り込んできた。3kmほど離れた村のオッ婦人と8kmほど離れた村のコッ婦人である。彼女たちは糸信用貸契約を提示してきたことから，信用制約に悩む織子たちは，この織元たちと契約するようになった。織柄は自分たちの知っている柄であり，織元から織柄の注文が入ることはない。織柄情報の伝達はなされず，また綿織りである。さらに竹筬が使われていることから，国内の低所得者向けのシンが織られることになる。摘上紋綜絖は，紋棒あたり1000キープで作成 (材料代を含むと1本3000キープ) する図案師がいる。

　ひとりの織子から費用収益構造を聞き取った (表9-8)。1日1枚を織ること

---

[11] 低地ラオ，山腹ラオそして高地ラオの区分は，現状にそぐわないということで，公式には使われなくなった。しかし，人々はいまもって使っている。

表9-8　ポンサワート村の織子の費用収益構造

経糸	綿糸1kg　35000　キープ　　10枚分	
緯糸	綿糸1kg（5綛）4.5枚分	
紋糸	メタリック糸　1綛7000キープ　2枚分	
⇒	糸代　1万4778キープ/1枚	
卸値	4.3万キープ	
収益	2万8222（収益率　65.6%）	

から，収益は2万8222キープ（3.5ドル），収益率は65.6%となる。農業労働賃金4万キープよりは低いが，ほぼ毎日機織りをしていることから月あたりの収入は100ドル程度となり，この山間部では恵まれた稼得機会となっている。

次に，織元のひとりオッ婦人（36歳）に聞き取りをしよう。彼女は聞き取りの3ヶ月前に，ポンサワート村のタラートに店を開いている。ここには洗剤・砂糖・調味料などもおいてあるが，中心は綿糸である。織子が卸していったシンが積み上げられている。聞き取りをしているときも，ひっきりなしに織子がシンを持ってきて，糸をもらって帰る。シンと糸の受渡し場という性質が強い店舗である。この点では，サパイ村の絣や縞織りの産地問屋（Appendix B）と似た機能をもっている。もうひとりの織元コッ婦人も，聞き取りの数日前に店を開いている。

オッ婦人は2008年から自分の村で織元をしており，数量は少ないが仲買人としても活動していた。2011年，ポンサワート村が開村されるとともに，ここの織子を糸信用貸契約で囲い始めた。取引する織子は「300人前後かな」という。何しろ「1日あたり2〜300枚は仕入れているからね」とのことである。

――　そんなに仕入れて，いったいどこで売るのですか？

「ヴィエンチャンに週1000枚，ルアンパバーンに週800枚，そして（ラオス北部の）ボケーオとパークセー（チャムパーサク県の県都）に，それぞれ月400枚位かな。バスで送っているよ。送金は，私の銀行口座になされることになっている」。

これだけで月8000枚となることから，「1日あたり2〜300枚」という婦人の発言と帳尻があう。

――　どこのタラートですか。

「ヴィエンチャンはタラート・クアディンで，ルアンパバーンはタラート・プーシー，

タラート・プーウェーンそしてナイト・マーケットだよ」。
　── ルアンパバーンのタラート・ダラには卸さないのですか？
「卸していないね。あそこは高級品を売るところだからね」。
　── 売り値はどう決めているのですか。
「4.3万キープで仕入れたのを，4.8万キープで売るようにしている。雨季だと値崩れするので，3.8万キープで仕入れて4.3万キープで売るよ。とにかく，1枚について5000キープの儲けと決めているからね」。

　コストプラス方式での価格設定であり，市場価格の季節変動を織子がすべて負担している。前述したヴェントン村のカムオン婦人やタンミサイ村のカンポン氏（第7章）などが市場価格の変動を自分が負担していたのに対して，オッ婦人は織子に変動の負担を強いている。カムオン婦人やカンポン氏が契約する織子が同じ村の住人というインサイダーの織元であるのに対して，オッ婦人と織子は領域性を共有していないことが影響しているのかもしれない。

　利益率は，乾季10.4％，雨季11.6％となる。織柄は織子が決めており，糸は提供するが綿織りであることから，ほとんど流通マージンとみなしてよい水準である。この意味では，織元というよりは，糸だし仲買人に近いともいえよう。それにしても月8000枚を販売することから，月あたりの収入は4000万キープ（5000ドル）と，ラオスの奥地の村としては膨大な収入になる。オッ婦人は糸屋経営からも，かなりの額になるマージンを得ている（表9-9）。山間僻地であることからマージン率は，ヴィエンチャンの糸屋（第7章の表7-5）よりは高くなっている。

　突然現れた大規模なポンサワート村は，山間の複数村の人々の入植村である。生計を維持できるほどの農地も与えられていない彼らにとって，機織りは所得を創出してくれる貴重な農村工業となった。しかし，山間部にいて市場経済に慣れていない人々のなかから商人が生まれてくるのは，現段階では期待できない。どうしても村外の商人に頼るしかないのである。

　相当数の織子が生まれてきた機会を捉えたのは，近くの村のふたりの織元であった。ほそぼそと自分の村で織元として活動してきた織元にとって，これほどの織子が近くに登場したのは千載一遇の好機であったのであろう。彼女たちは，瞬く間に織子たちを組織して，都市の市場に結びつけていった。自分たちで綿糸を紡いでいた人々に輸入綿糸を供給することによって大量生産を可能に

表 9-9　オッ婦人の糸屋のマージン率

	仕入れ値	売り値	マージン率（％）
綿糸（トレイ）緯糸用	31000	35000	11.4
綿糸（トレイ）経糸用	35000	45000	22.2
メタリック（小）	9000	12000	25.0
綿糸（トレイ）経糸用	35000	45000	22.2

していったのである。ただし織元が図案師ではないこと，そして織元としても信用制約のために高価な絹糸などを供給できないことから，製織されるシンは綿織りの低級品に留まっている。そもそも織子たちは綿織りをしていたことから生糸の扱いになれておらず，また金筬も使っていないことから絹糸のみならず化繊も使われていない。しかし綿織りのシンであることは，化繊を使った中国製のシンとは差別化される。そのために，中国から入ってくる sinh kopi の影響は限定的であるようである。

　織元はかなりの超過利潤を得ていると考えられる。これは流通を独占している織元の独占レントとみなせよう。そうした織子に対する圧倒的な立場からか，織元が織子に対して配慮をみせることもない。織子たちが金銭的に困ったときにはお金を貸したりするのかと問うと，婦人は怪訝な顔をしながら「ないよ（baw mii）」と答える。市場価格の季節変動を織子が負担することも含めて，織元は織子に特段の配慮はしていないようである。関係的取引であっても，互恵的な関係が必ず発生するというわけではないのである。しかし，これほどの超過利潤があれば，織元の参入も予想される。そうしたときには，織元にも織子への配慮が求められるようになるかもしれない。

4．プーカオカム村（2000 年と 2014 年採集）：織元の結託

　これまでも幾度か名前がでてきた，ティーン・シンの産地として名を馳せる村である。国道 13 号線をヴィエンチャンから 80km ばかり北上，右折して 14km ばかりいくとグム川に達する。ここには，この地域の中心地ターラートがある。ここで橋を渡ってしばらくいくとナムグム・ダムに至る。ターラートからグム川に沿って北上すると数 km で，黄金の丘を意味するプーカオカム村につく。自動車でいくと，ヴィエンチャン市内から 2 時間近くの距離となる。

　この村は，フアパン県からの移住民が 3 分の 2，そして残りがシェンクワン

県からの移住民のディアスポラ村である。村の名に"プー (*Phou*：丘)"がつくことからもわかるように，この村には農地が少なく，人々は非農業活動によって生計を立てなくてはならない。この意味では，前述したホエイプーム村と似た性質をもっている。戸数約 400 戸の比較的大きな村であり，その家計の大半が機織りをしている。

この村は，高級なティーン・シンの産地として名を馳せている。移住民の村ではティーン・シンが織られることが多いが，これはヴィエンチャンでは，1) シン本体にはあまり織柄を入れずにティーン・シンでおしゃれをする女性が多いこと，2) 移住民が紋織りの技能に優れていること，そして 3) 1 枚あたりの糸代がシンよりも少ないが，売値は高いことから，信用制約のある貧困な織子にティーン・シンの製織が適していること，が背景にある。プーカオカム村の聞き取りは，2000 年と 2014 年になされている。これまでも触れたように 2000 年は不況期であり，2014 年は景気がかなり上向きとなっている時期である。

(1) 2000 年のプーカオカム村

この村をはじめて訪れたのは 2000 年 8 月である (1 ドル = 8262 キープ，1 バーツ = 204 キープ)。この時期には，村にはふたりの織元しかいない。幾人かの織元はいたであろうが，経済が混乱した時期であることから廃業したようである。そうした事情も含めて，織元チャン婦人と話をしてみよう。

シェンクワン県から移住してきたチャン婦人 (45 歳) は，1993 年に織元となった。聞き取りをした雨季には 30 人，乾季には 40〜50 人の出機織子を組織している。織子は近隣の村にもいるが，遠くても 2km 以内である。

婦人は，金銭を提供した糸信用貸契約を採用している。問屋契約について聞くと「問屋契約をやった人を知ってはいるけど，品質に問題があってうまく売れなかったようだ」「この契約 (糸信用貸) だと，品質が悪いと受け取らないで，自分で売って糸代を返済するようにいうことができる。織子が，いくらでもいいから売ってきてくれというときは受け取るけど」とのことである。すなわち，糸信用貸契約では，織子としても品質に気を配らなくてはならなくなるという主張である。これは推測であるが，2014 年の聞き取りでは問屋契約が採用されていたことを考えれば，これまでも指摘してきた論理から，経済混乱期に問屋契約が糸信用貸契約に変更されたと考えられる。

婦人は，織子に諸々の配慮をして関係を保つ努力をしている。特に，生活費

に困った織子には無利子でお金を融通するという。「織子でなければ，月5％の利子がとれるけど」と婦人はいう。こうした贈与交換的な色彩をもつのは，需要が最も高まる11月のタッ・ルアン祭りのころに，高い値段を提示する外からくる仲買人にシンを売ってしまうことを防ぐ意味もある。しかし，第三者への販売を完全に防ぐことは難しいという。そのために，これまでも経済混乱期において観察されてきたように，織元は糸を掛売りするときにマージンをとっている。

　取引のある小売店から受け取ったサンプルを織子に渡して，織子が摘上紋綜絖をつくる。糸はすべて綿糸であることから，織元の信用制約を窺わせている。経済が回復した2014年の調査では，綿織りは減少して，絹や化繊糸が中心となっている。詳細は省くが，1枚あたりの糸代は1万84キープであり，これを織子は1.8万キープで織元に納品することから，1枚あたりの織子の収益は約8000キープ（収益率44.4％）となる。終日機織りをして1日で1枚が織られることから，織子の収入は1日1ドル程度でしかない。

　これをタラート・サオの馴染みの小売店に2万キープで卸すことから，1枚あたりの織元の利益は2000キープ（利益率10％）と計算できる。織元に利益を聞くと「1セット（12枚）で，2.4万キープ」とすぐに答えが返ってきたが，それは費用収益計算から求めた数字と一致している。これに糸の掛売りのマージン（1枚あたり792キープ）が加わる。利益率は14.0％となるが，これまでに紹介してきた織元のそれと比べると明らかに低い水準である。綿織物であることもあるが，経済が冷え込んだ時期の聞き取りであったことが，この低い利益率の理由と考えられる。1掛け（12枚）分を，早い織子は25日，遅い織子でも1ヶ月で織り上げる。織るのが遅い織子とは契約を更新しない。織元は，乾季には週30枚，雨季には20枚の納品を受け，毎週タラート・サオに持っていく。月あたりの利益は，乾季で33.5万キープ（41.9ドル）となる。

　チャン婦人が織元となって，調査時点で7年が経過している。その間の変化を質問した。婦人は「（通貨危機とキープの暴落が始まる）1997年までは，週100枚程度をヴィエンチャンのタラートに売りにいっていた。それが，いまは30枚位に減ってしまった。糸の価格が高騰したけど，ティーン・シンの価格が低下したために儲けが少なくなってしまった」という。婦人の利益率が低いことの背景のひとつであろう。このなかで，織元たちの廃業が続いたようである。

(2) 2014年のプーカオカム

　経済状況が回復した後の2014年に，プーカオカム村を再訪した。ターラートとヴィエンチャン間のバス便は1時間に1本と増えている。ティーン・シンは，相変わらず，この村の特産品である。

　織子や織元に中国製のシンの影響を質問しても「あんな低級品など関係ない」と歯牙にもかけない。この背景には，織柄に対する主導権を確保するために織元たちが結託した取り決めがある。経済混乱期に打撃を被ったプーカオカム村の織物も，ラオス経済の回復とともに活況を呈してきて，織元も増え始めている。その過程で，徐々に織柄に対して村として主導権をとろうする織元たちの結託が始まった。需要が低下する雨季に織元たちが集まって乾季の織柄を考案し，流行の織柄とする。いわゆるプーカオカム・ブランドの確立である。そこで織られたティーン・シンは，タラートではなく経済回復と同時に生まれてきた市内に20ほどあるブティックに卸されていく。そこで，その年の流行として富裕層の女性たちに高値で販売される。タラートに卸さないのは「そこで店先に並べられると，中国の業者にコピーされる恐れがある」からという。ブティックでの需要が一段落すると，今度はタラートに大量にその柄のティーン・シンが卸されることになる。できる限り生産者余剰を確保しようとする織元たちの戦略である。こうした結託が可能となるのは，織元たちがインサイダー同士であるからに他ならない。

　さて，庭先で筬通しと摘上紋綜絖を作成しているふたりの婦人がいたので，話しかけてみよう。彼女たちは，この作業を専業にしている。筬通しは12ロップ幅が2万キープでなされ，1日に3つ仕上げることができるという。すなわち，1日の収入は6万キープ（約7.5ドル）となる。また，摘上紋綜絖の作成費用は，紋棒1本につき2000キープである。1日の収入となると，やはり6万キープ程度と，農業労働賃金と同じ水準になる。

　村には6人の織元がおり，市況が回復したためであろうか，2000年の調査のときよりは増えている。そのなかでも300人ほどを組織する最大の織元であるチット婦人（35歳）の話をしよう。彼女は隣村の出身であるが，プーカオカム村在住の夫（ファパン県出身）と結婚して移ってきた。そして市況が好転し始めた2004年から，織元を始めている。この村と近隣の複数村の織子，それぞれ50名程度を抱えている。ただし，隣村には委託仲買人をおいて，ティーン・シンとパー・ビアン1組につき5000キープの手数料を支払っている。また，

山間部のメーッ郡の織子200人強も組織している。そこには親戚7人が委託仲買人としており，その間とは糸信用貸契約が結ばれている。この仲買人は，織子たちとは問屋契約を採用しているという。双方ともに，パー・ビアンとティーン・シンを一組にした製品が織られている。ここでは委託仲買人とするが，織賃を決めることもできることから，裁量権がある仲買人であり，織元に近いといえよう。

村内の織子との契約では，チット婦人は問屋契約（織子の約6割）と糸信用貸契約（約4割）双方を採用している。問屋契約の復活である。どちらの契約でも，織元は金筬（8.5万キープ）を提供している。違いは，垂直紋綜絖の作成と機拵えの作業を，問屋契約では織元が，そして糸信用貸契約では織子が担当することである。織元によれば，「1日の作業の差」である。

糸の窃取の問題はないが，品質に問題があるときには，どちらの契約でも織子の取り分の値引きをするという。ただし「一般には，糸信用貸契約のほうが品質は高いね。なぜって，この契約だと品質に大きな問題があるときには，シンを売って，糸代を返却しろということになるからね。織子は丁寧に織ってくれるよ。問屋契約の場合は，品質が悪いときには契約を停止する。年にふたりぐらいはいるね。糸信用貸契約では，品質問題での契約の停止はないよ」とのことである。先ほどのチャン婦人と同じ内容の発言である。織賃の値引きよりも，仕入れ値の値引きのほうがやりやすいためであろう。

高級品質と普通品質の2種類が織られている。ここで，ティーン・シンとパー・ビアン1組についての費用収益構造を示してみよう。まず，全体の3割を占める，高級品質からみていこう（表9–10）。

織子の収益は，問屋契約で織賃の50万キープ（62.1ドル），そして糸信用貸契約で機拵えを自分でしたとき（一般には，外注せずに織子が担当）には64万1200キープ（79.6ドル）となる。1組の製織には7日程度が必要であり，糸信用貸契約では機拵えなどに追加して1日が必要であることから，1日あたりの収益は，問屋契約では7万1429キープ（8.9ドル）そして糸信用貸契約では9万1600キープ（11.4ドル）と，後者で2万キープほど多くなる。1日あたりにすると，付近の農業労働賃金6万キープより，多少高い収入となっている。

1組あたりの糸信用貸契約で織子の取り分が大きくなるのは，1枚あたりでは垂直紋綜絖の作成と機拵えを織子が負担しなくてはならないことがある。しかし，そのために1日の追加が必要という条件で1日あたりの収入を算出して

表 9-10　チット婦人の高品質のシンの費用収益構造

　　経糸　　タイ製絹糸　25 万キープ　　1 掛 8 組分
　　地緯糸　ヴェトナム製生糸　3 綛　1 掛け分　(@ 3 万キープ)
　　柄糸　　メタリック糸 3 巻 1 掛け分　@ 1250 バーツ
　　　　　　1 掛け分の糸代　105 万 8750 キープ
　　機拵え　22 万キープ
　　意匠代金　30 万キープ (初回のみ：繰り返し垂直紋綜絖を利用することから，製品
　　あたりの代金は少なくなるので，計算では考慮しない)
　　--
　　問屋契約の場合　　　織賃　　50 万キープ/1 枚
　　糸信用貸契約の場合　買い取り　170 万キープ/1 枚
　　--
　　タラート・サオの小売店への卸値
　　雨季 7500 バーツ (186 万 7500 キープ)
　　乾季 8500 バーツ (211 万 6500 キープ)

注) 卸値がバーツ (249 キープ) 評価となっているが，実際の支払もバーツである。これは，輸入糸がバーツ
で販売されているためという。タラート・サオ内には外貨交換所があることから，キープ支払でも問題は
ないのだが，為替手数料の支払いを避けたいためとのことである。

も，糸信用貸契約で約 2 万キープほど織子の収益は大きくなる。これは，糸信用貸契約では品質に問題があったときのリスクを織子に転嫁できるのに対して，問屋契約ではそれが難しく織元が負担するリスクがあることで説明されよう。こうした現象は 2000 年ころの不況期にみられたが，市況が回復してくると問屋契約と糸信用貸契約は織元にとっても無差別となることを指摘した。しかし，プーカオカム村では，いまもって差異がある。

ブティックなどに卸されるプーカオカム村のティーン・シンだと，品質に少しでも問題があると卸値が大きく下げられてしまう。そのために，プーカオカム・ブランドを重視する織元たちは，品質に難のあるシンの買い取りを拒否することになる。買い取りを拒まれるというリスクに対して，糸信用貸契約ではリスク・プレミアムが認められているのである。2000 年ころとは理由が異なるが，いずれにしても織元による買い取りの拒否が，利益率の差の原因と考えられる。

次に，普通品質 (全体の 7 割) をみてみよう。詳細な数値は省くが，織柄に使うメタリック糸が 3 巻から 1 巻に減り，その価格も 1 巻 5 万キープの安価なものになっている。その代わり，1 枚あたり 5.4 万キープのコンケーン糸が柄糸として追加されている。これより，1 組あたりの糸代は 22 万 5250 キープと計算できる。問屋契約での織賃は 1 組あたり 35 万キープ，糸信用貸契約での仕入れ値は 3000 バーツ (74 万 7000 キープ) となる。意匠代は 20 万キープである。

高級品質と普通品質のシンは，ともに製織には1週間が必要となる。しかし問屋契約での織賃は，前者で50万キープ，後者で35万キープである。同じ日数にもかかわらず織賃に差がある理由を質問すると，「そりゃ技能の差だね。高級なティーン・シンに使うメタリック糸は繊細で切れやすいので丁寧に織らないといけないからね」とチット婦人は答える。ちなみに，普通品質の場合，7日で織り上げるとすれば織子の収入は1日あたり5万キープと農業労働賃金の6万キープとほぼ等しくなる。

　チット婦人の委託仲買人にも話を聞いておこう。プーカオカム村からグム川沿いに5kmばかり下ったところにある村のポン婦人と話をしてみた。金箴・糸・垂直紋綜絖・綜絖がセットとなった，すなわち機拵えのなされた1掛け分が，チット婦人から糸信用貸契約で提供される。ポン婦人は，14人の織子を組織している。

　1掛け分の糸代は，経糸30万キープ，地の緯糸13万キープそして柄糸120万キープの合計163万キープとなる。これに摘上紋綜絖の作成費16万キープ（32紋棒×5000キープ）を加えた，179万キープ分が織子に掛売りされる。この1掛けから，パー・ビアンとティーン・シン8組が織られる。1組の織賃は25万キープであるから，糸代とあわせた1組の生産費は47万3750（22万3750＋25万）キープとなる。これをチット婦人に55万キープで卸すことから，ポン婦人の1組あたりの利益は7万6250キープ（利益率13.9％）となる。流通マージンと織子の管理費としては，妥当な利益率であろう。

　　——　この数値であっていますか？
　「あっているよ」。
　　——　1掛け8組を織り上げるのに，どの位の日数が必要になるのですか？
　「月に4組が平均だね。だから，織子たちは月100万キープ（125ドル）を織賃として稼ぐことになるね」。
　　——　ということは14人を組織しているから，月に56組をチット婦人に納品しているということですか？
　「そうだね。月によって多少は異なるけど，だいたいその位だね」。

　これから計算されるポン婦人の収入は月427万キープ（約534ドル）となり，かなりの高収入となる。この数字は，周りにも村人が集まってきているので，婦人に確かめるのは止めておこう。

(3) パサーン工房の委託仲買人（2014年聞き取り）

　プーカオカム村にいるパサーン工房のふたりの委託仲買人のうちのひとり，ティン婦人（26歳）に話を聞いてみよう。ふたりの仲買人は，ともに20代であり，県のラオス女性同盟で働いている。ティン婦人は，もともとは独立織子としてティーン・シンを織って，タラート・サオに売りにいっていた。そして2010年から，パサーン工房の委託仲買人となった。はじめは10人程度の織子を担当する単なる仲買人であったが，自己資金ができたことから2013年に織元となり，聞き取り時点では30名の織子を抱えている。

　織元の委託仲買人は，これまで数例ほど紹介している。それらの仲買人が織元から糸信用貸契約や問屋契約で糸の供給を受けていたのに対して，ティン婦人は糸の調達は自分でしている。このように，日本でも仲買人に関東型と西陣型があったように，織元のエージェントとしての委託仲買人も性質は一様ではないのである。委託仲買人の性質は，織元の管理のありようにも反映される。すなわち裁量権の高い委託仲買人と契約するならば，織元が織子のエージェンシー問題に悩まされることはなくなる。品質管理も委託仲買人の責務となることから，良質のシンが納品される。しかし，その分，委託仲買人の取り分が大きくなる。これに対して一定の取引手数料（口銭）だけが支払われる委託仲買人の場合には，手数料は大きくはないが，織元はエージェンシー問題に悩まされることになる。

　ティン婦人は注文契約（10％），問屋契約（30％）そして糸信用貸契約（60％）の3つを採用している。契約の選択は織子の要望に沿うようにしているとのことである。少々珍しい事例なので，紹介しておこう。ちょうどパサーン工房から銀行の制服用に300枚のティーン・シンの注文が入っていたので，その製品について契約別の特徴を聞き取った。ちなみに，糸代は1枚あたり5万6333キープ（経糸9000，緯糸2万3333，メタリック糸2万4000）である。

　注文契約では，織子からの仕入れ値は12万キープである。したがって，織子への報酬は，1枚あたり約6.4万キープとなる。糸信用貸契約でも，仕入れ値は12万キープである。したがって，織子の収益（収益率44.4％）も注文契約と同じとなる。それならば，糸信用貸契約のほうが糸を購入する必要がない分だけ織子にとって有利ではないかと質問すると，「だから糸信用貸契約を選ぶ人のほうが圧倒的に多い。注文契約を選択するのは，借りる（借金する）のが嫌な人だね」とティン婦人はいう。ホエイプーン村のところでも記述したが，

糸の供給を受けた場合，それを借金と捉えて心理的負担とする織子がいるということである。なお，問屋契約では，織賃は7万キープである。

　機拵えの作業は，注文契約と糸信用貸契約では織子，そして問屋契約では織元が負担となる。糸信用貸契約にもかかわらず機拵えのできない織子には，10万キープで織元が代行する[12]。ところで，問屋契約では機拵えを織元が負担するにもかかわらず，問屋契約での織賃（7万キープ）は他のふたつの契約における織子の収益（6.4万キープ）よりも高くなっている。機拵えを考慮すれば逆ではないかと問うと「問屋契約では糸の管理を厳密にして，監視もしている。それに糸信用貸契約では，経糸で20枚というが，実際には21枚製織できる。1枚12万キープなので，それが織子の収入に追加される。このために，契約間での織子の取り分の差はほとんどないはず」とのことである。先ほどのチット婦人の場合には，糸信用貸契約での織子の収入のほうが問屋契約よりも高くなっていた。それは，高い品質が求められるプーカオカム・ブランドのティーン・シンであったためである。パサーン工房で求められるティーン・シンは，それほど品質の高いものではないことから，契約間の差はないようである。求められる品質によって，契約間の収入に差が出てくるようである。こうした事例はあまり多くないことから，確固とした結論は導き出せないが，契約の差異を探るうえで興味深いところであろう。

　こうして織られたティーン・シンは，パサーン工房に14万キープで卸される。10％程度は品質に難があるとして，13.5万キープに値引きされている。また1枚について，5000キープの取扱手数料がパサーン工房からティン婦人に支払われる。したがって，取扱手数料を含めたティン婦人の利益率は20.8％となる。織柄の支配力のある織元では利益率40〜50％となるが，ティン婦人はそれがないことから利益率は低くなっている。ただし単なる仲買人でもなく，糸の供給を含む管理作業をしているので，仲買人の利益率よりは高くなる。なお信用貸しされる糸の価格は，彼女の母親が経営する糸屋の売値である。したがって，そのマージン（表9-11）も加えれば，利益率はさらに数パーセント高まる。

12）ティーン・シンは8ロップの筬目であり，この村で筬通しを専業にする人が6万キープで請け負っている。また綜絖通し（摘上紋綜絖通しを含む）を専業とする人は，綾棒1本につき2000キープで請け負う。ティーン・シンのための摘上紋綜絖は20本前後であることから，10万キープは村での市場価格といえる。

表9-11　ティン婦人の母親の糸屋のマージン率（キープ）

	買い値	売り値	利幅	マージン率（％）
コンケーン糸	25000	27000	2000	7.4
イタリー糸	5500	7000	1500	21.4
中国製メタリック糸	10000	12500	2500	20.0
日本製メタリック糸	45000	50000	5000	10.0

注）イタリー糸は細いために小分けにする作業に時間がかかり，また中国製メタリック糸も管巻して小分けで販売する手間がかかるために，マージン率が高くなっている。

　ここで，パサーン工房への納品価格14万キープの決定プロセスについて質問をした。パサーン工房から提供されたサンプルをもとに，1枚を織ってみて費用を確認する。必要な糸代，製織日数，織賃は，プリンシパルとエージェント双方がほぼ知っていることから，あまり大きな交渉要件とはなりにくい。この製織費用をベースとして，パサーン工房側が利益幅を提示して納品価格が決まる。パサーン工房としても，ティン婦人のような委託仲買人の留保賃金を経験から知っていると考えられる。織子からの仕入れ値12万キープをパサーン工房側も知っていることを考慮すれば，2万キープのコストプラス方式で卸値が決定されているといえる。

　ティン婦人は，パサーン工房に完全に依存しているわけではない。そこからの委託があるときには，その生産に集中するが，そうでないときにはタラート・サオのお得意様に卸している。聞き取りをしたときの過去1年では，約6割はタラート・サオ向けの生産という。

　年間の取扱量は700枚程度だという。乾季には週10枚程度が納品されるが，雨季には15枚となる。一般には雨季で生産量が落ちるが，この村は農地がないことから農作業に労働を取られることはない。逆に，雨季は学校が休みとなることから学生が機織りを始めるためだという。700枚からの年間の収益は2000ドルを超すと推定される。織元は副業ではあるが，彼女の公務員としての収入を上回ることになる。

　ここまで，4つの村の在村織元による市場形成をみてきたが，それぞれで特徴のある様相がみられた。ターサン村は，機業の外延化という時流に反応して村内から仲買人が登場した事例である。その後，中国からの機械織りのティーン・シンの流入によって，村の機織りは打撃を受けるようになる。そこで，ティーン・シンからシンに製品を替えて生き残ろうとした。糸を多く使うシン

では織子の信用制約が深刻となることから，仲買人は糸を提供する織元になっていく。しかし，この村には農地があることから，機織りは家計補助的な農村工業という位置づけに留まっている。そのために，織元は周辺の村の織子を組織しようとしている。

これに対して，ポンサワート村やプーカオカム村は農地がほとんどないことから，機織りは専業的な農村工業となる。またプーカオカム村がティーン・シンの産地として成功しているのに対して，ポンサワート村ではローエンドのシンが織られている。これは，プーカオカム村がそれなりの歴史を経て現在の地位を築いてきたのに対して，ポンサワート村が新規入植地であることがひとつの理由であろう。また，ポンサワート村には織元は出現しておらず，近くの村でそぼそぼと織元を営んでいた婦人が関与しているために，高級品の機織りには至っていない。ヴィエントン村は，ポンサワート村とプーカオカム村の中間に位置づけられよう。村の農業事情が，機織り村の性質にかかわっているのである。

このように機織り村といっても，機織りが専業でなされるか否か，そして織元の織柄に対する支配力によって，製織されるシンの品質で異なる様相をみせており，ひいては市場形成のあり方に差が出てきている。しかし在村織元であるから，海外市場はおろか，シンの大消費地であるヴィエンチャンにおける織柄情報にも疎くならざるをえない。自分たちのブランドとなる織柄を考案しているプーカオカム村は例外であるが，外部の織元が主導した市場形成と比較すれば，どうしても低品質のシンが織られることになる。それは，中国製のシンとの競争に晒されることをも意味している。

第3節　仲買人による市場形成

仲買人も，市場をつくる商人となりうる。キープが暴落したときにも，伝統的機業地で仲買人が跋扈した話をした。彼らは，一掛け分の機織りに必要となる期間内におけるキープの暴落によって発生する製品の価格差を利用して利鞘を稼ぐ商人であった。キープが安定化してくると裁定取引からは利鞘を稼げなくなり，そうした仲買人は姿を消してしまった。ここで紹介する仲買人は，大

量の取引によって市場へのアクセス費用を削減するという，本来の機能をもつ商人である。市場から相当の距離のあるふたつの村（ともにヴィエンチャン県）で市場形成を担う仲買人を紹介しよう。はじめの村は，在村織元と村外の仲買人が商人活動をしており，後者の村では仲買人のみが商人となっている。

1. 村外の仲買人（1995年聞き取り）

ヴィエンチャンから国道13号線を110kmばかり北上した道路沿いのホエイパムン村（人口1053人：村長への聞き取り）では，焼畑を中心に生計が営まれている。この村は，先ほどのヴィエントン村よりもさらに山岳部に入ったところにあり，水田はない。戦禍を逃れてフアパン県やシェンクワン県から移住してきた人々が定住した村である。ここでも，機織りは重要な所得源となっている。しかし消費地からかなり離れていることから，この村の織子たちは織元と仲買人によって市場に組み込まれている。

まず，織元からみていこう。この村には5人の織元がいるが，そのうちのひとりカムプーク婦人（30歳）は11台の織機を所有している。うち2台は自分と娘（11歳）が使い，残り9台は村の織子に問屋契約で貸与している。織機（1台5万キープ）の購入は，1992年に農業奨励銀行から年利6％，融資期間6ヶ月で50万キープを借り入れして賄われている。織柄は織子たちの知っている柄に限定されており，織元は織柄に支配力をもたない。この意味では糸出し仲買人の性質を強くもっているが，織機を貸与して糸も提供していることから村では織元と呼ばれている。

費用収益構造をみておこう。この辺りでは，ポンサワート村でそうであったように，高価な絹糸は使われることはなく，すべて綿織物である。カムプーク婦人は，ヴィエンチャンのタラートにシンを売りにいったときに，1kgが7500キープのタイ製の綿糸（染色済み）を購入してくる。シン1枚には綿糸160gが使われ，織賃は1枚1000キープ（1.1ドル）である。したがって，シン1枚の生産費は2200キープとなる。これを，この村にやってくる後述の仲買人に売れば3000キープ，ヴィエンチャンのタラートに持っていけば3200キープとなる。したがって，製品が多いときには，ヴィエンチャンのタラートに売りにいくという。ちなみに，自分たちの知っている織柄を使った綿織りであることから，この織元の利益率は26.7％〜31.3％の水準に止まっている。

織子は，1日1枚のシンを織って織賃1000キープ（1ドル強）を得ている。この織賃は，同時期のボーオー村の1700キープやタマラー村の2250キープと比較してもかなり低い。しかし，この地域の農業労働賃金800キープ，そしてもち米1kgの小売価格700キープを考慮すれば，焼畑に依存せざるをえない山間部の人々にとっては重要な稼得機会となっている。しかし，それでも1日の織賃がもち米1.5kgにしかならないことは，1日の織賃が米669gにしかならない明治期の足利（補足史料Ⅲ-1）ほどではないにしろ，かなり低い水準であることは確かである。

　この地域の織子を組織する，もう一方の商人が仲買人である。実は，織元よりも，仲買人のほうが取扱量としては圧倒的に大きい。この村に買い付けにきていた糸だし仲買人のレーン婦人に話を聞くことができた。彼女は，先ほど紹介したプーカオカム村の住人である。レーン婦人は糸信用貸契約で付近の数ヶ村の約300の織子と取引しており，1日あたり50〜100枚のシンを扱っている。織柄や色の配色については指定するが，垂直紋綜絖は織子が作成している。仕入れ値は，織柄にもよるが，4000〜1.5万キープと幅がある。それをヴィエンチャンのタラートの小売店に卸している。手持ちのシンの仕入れ値とタラートでの卸売価格を質問したところ，7300キープは8300キープ，1.2万キープは1.4〜1.5万キープとのことであった。すなわち流通マージンとしての利益率は約15〜20％となる。前述の織元カムプーク婦人の利益率より10％ポイントほど低くなっている。これは，カムプーク婦人が垂直紋綜絖も提供しており，また問屋契約であることから機拵えも織元の負担であるためである。この点を考慮すれば，織元と仲買人の利益率はほぼ同じとなる。

　仲買人のレーン婦人と取引をしている織子（22歳）は，次のように述べている。「1日に1枚のシンを織って，これをレーン婦人が4000キープで買ってくれる。でも綿糸代金3200キープが差し引かれるので，手元には800キープしか残らない。他の仲買人に売ってもよいのだけど，その時には糸代の3200キープを支払わなくてはならない」。レーン婦人に確認したところ，「綿糸はヴィエンチャンで400gを3000キープ（すなわち1kgを7500キープ）で購入して，それを3200キープで掛売りしている」とのことである。綿糸の掛売りからも利益（マージン率6.3％）を得ているが，これは織子が他の仲買人に売ってしまう可能性があるからに他ならない。

　この地域では，5人の仲買人が活動しており，競争が激しい。そのために，

レーン婦人は「糸を提供しても，シンを他の仲買人に売ってしまう織子がいる」という。この時期，綿糸価格は安定しており，国内市場向けのシンであることから，取引にかかわる価格変動は大きくはない。それでも糸信用貸契約を採用するのは「織子が他の仲買人にシンを売渡したときの処理が容易」（レーン婦人談）であるからである。レーン婦人を含めて村にくる仲買人はアウトサイダーであり，複数いることから，この環境で織柄情報を提示してもすぐに外部化してしまう。そのために，織柄情報の提供はなされずに，低品質のシンが織られることになる。仲買人の限界ともとれるが，この村の織元もヴィエンチャンでの織柄の流行には対応できていないことから似たようなものである。

2. 在村仲買人による市場形成（1998 年聞き取り）

シーポントン村は，ナムスワン貯水湖の北にある戸数 63 のフアパン県からの移住民の村である。1 日 1 往復だけであるが，ヴィエンチャンへのバスの運行もある。米作（水田と焼畑）で生計を立てているが，ほとんどの家計で機織りもなされている。この村には，かつてペンマイ工房（第 8 章）で働いていた織子がひとりいる。結婚してこの村に住み始めたが，ペンマイ工房との関係を維持していた。この織子は，210 本の紋糸をもつ垂直紋綜絖（すなわち，高度な織柄）が提供されて問屋契約で機織りをしている。2 週間ほどで 1 枚を織り上げて，5 万キープ（20.8 ドル）の織賃をえている。これは，1 日あたりにすると 3600 キープとなり，この村の農業労働賃金 2500〜3000 キープを上回っている。この織子はペンマイ工房から貸与された金筬を使うが，村の他の織子たちは竹筬を使っている。

この村には独立織子もいるが，在村の仲買人と糸信用貸契約を結んでいる織子のほうが多い。比較対照のために，まず，独立織子の事例を紹介しておこう。聞き取りをした織子は，45 本の紋棒をもつ垂直紋綜絖で機織りをしている。この村の織子たちは自分で垂直紋綜絖を作成できるが，村に伝承されてきた数種類の織柄しか知らないために織柄の流行に対応できていない。費用収益構造にかかわる数値は，以下である。経糸（綿糸）1 万 4500 キープから 1 掛け 8 枚のシンを織る。緯糸はラオス産の生糸を使うが，織柄部分も含めて，200g（6600 キープ）で 1 枚が織られる。したがって，シン 1 枚の糸代は約 8400 キープとなる。2 枚ほど織るとヴィエンチャンのタラートに売りにいき（バス代往復 1000

キープ），2.1万キープ程度で売れるという。収益率は約60％と，同じ時期のヴィエンチャンの独立織子のそれとほぼ同じ水準である。4日に1枚織るということから，1日あたりだと3100キープ（1.54ドル）の収入になる。経糸も絹糸にしたほうが利益も大きくなるのだが，価格が高くてできないという。

　さて，在村仲買人のノイ婦人の話をしよう。彼女は独立織子であったが，1995年から仲買人となり，雑貨屋（洗剤・薬などの生活雑貨と糸）も始めている。雑貨屋といっても，軒先にわずかばかりの商品が並べられているだけである。婦人は，ヴィエンチャンで購入してきた綿糸を，糸信用貸契約で56人の織子に掛売りしている。織柄は織子が決めており，市場情報が伝わることはない。独立織子に糸を売るときには，買い値1.5万キープの綿糸を1.55万キープ，3.5万キープのラオスの在来の生糸を3.6万キープというように，3％前後のマージンをとっている。しかし，糸信用貸契約では仕入れ値で渡している。織子たちは糸の市場価格を知っていることから，わずかであれ口銭を稼ぐことへの反発を恐れていること，ないしは口銭をとらないという配慮からの贈与交換を狙っているのかもしれない。ノイ婦人が購入した糸の3分の2は，糸信用貸契約での取引に回されるという。

　ある織子との取引履歴をノイ婦人の帳簿から写しとっておこう（表9-12）。取引の日付がないことに，まず気づく。等号の後の数値は，織子の負債残高である。マイナスとなっているのは，シンが納品されたときに債務が調整されたことを示す。薬と金銭の貸付けがあり，織子が何らかの緊急事態に直面したときに婦人がセーフティネットの役割を果たしていることが窺えよう。貸付けは無利子であるが，織子以外の人への貸付けには月5％の金利をとるという。薬や金貸しについて，婦人は「織子に対してはいろいろな配慮をしなくては，シンの仲買という商売はやっていけない」という。

　それでも，糸を渡したのに，自分でタラートに売りにいく織子が月に5〜6名いるという。糸信用貸契約では糸の掛売りに対してマージンをとっていないことから，他に売られてしまうとノイ婦人は独立織子に糸を売ったときに得られるであろうマージン分を失うことになる。「織子の織柄はすべて知っており，タラートにいったときに同じ柄があるのでわかる。怒りたいけど，我慢するしかない」という。同じむら共同体の成員ではあるが，コミュニティ的統治を利用できていないのである。第7章「小規模織元」で，織元として事業に失敗したウドムポン村のマニヴォン婦人（織元6）を紹介したが，それを彷彿させる事

表 9-12　ノイ婦人の帳簿から

残高 35000 ＋ 経糸 6500 ＝ 41500 ＋ トレイ 750 ＝ 42250 － 6000 ＝ 36250 ＋ トレイ 1300 ＝ 37550 － 2000 ＝ 35550 － 2000 ＝ 33560 ＋ 100 ＝ 33650 ＋ 経糸 3300 ＝ 36960 ＋ 生糸 5500 ＝ 42450 － 4500 ＝ 37950 ＋ 生糸 3400 ＝ 41150 ＋ 薬 300 ＝ 41450 ＋ 貸付 5000 ＝ 46450 － 16500 ＝ 29650 ＋ 生糸 10500 ＝ 40150 ＋ 経糸 8000 ＝ 48150 － 10500 ＝ 37650 ＋ 生糸 4200 ＝ 41850

例である。

　納品されたシンはヴィエンチャンのタラート・クアディンなどに売りにいく。仕入れ値が1.8万キープなら，2～2.1万キープで売るということから，利益率は10～14％程度と流通マージンの水準である。調査時点で，織物市場はタイの通貨危機（1997年）の影響を受けていた。危機以前は，1枚3万キープで売れており，織子にも2.8万キープ（糸代を含む）を支払うことができたという。この状況を織子も知っており，仕入れ値を下げたことに対しても何も文句も出なかったという。すなわち，ヴィエンチャンのタラートに売込みにいく独立織子も多いことから，織子たちも市況を正確に把握しているようである。

　フアパン県からの移住民の村でヴィエンチャン市内から距離があるという点では，シーポントン村は，織元のブァ婦人が取引をするタマラー村やホエイプーン村と似ている。また，シーポントン村は，ホエイプーン村よりも10km以上南，すなわちヴィエンチャン市内に近いところにある。さらにシーポントン村には，1998年段階でヴィエンチャンまでのバスが通っていたが，ホエイプーン村には2014年段階でもバスはきていない。それにもかかわらずシンの品質は，シーポントン村がローエンドに留まっているのに対して，ホエイプーン村では，ブァ婦人との取引があったときには高級品，そして彼女が去った後でも品質の比較的高いシンが織られていた。

　これは，ホエイプーン村ではブァ婦人が糸のみならず織柄を提供しており，婦人との契約が切れた後も，残っていた婦人の織柄を使うことができたことによる。これに対して，ノイ婦人は，仲買人として糸の掛売りをするだけである。そのために，シーポントン村で織られるシンは織柄の流行を捉えることはできず，卸値も低いものに留まっているのである。織柄のもつ意味の大きさが理解できよう。

　糸の掛売りをしているという点ではノイ婦人は織元といえなくはないが，ノイ婦人には織柄への支配力がないこと，そして安価な綿糸を提供していること

から，彼女を糸出し仲買人とみなした。実際，村人も彼女を仲買人と呼んでいた。独立織子としてシンを販売するという選択肢が織子にはあることから，ノイ婦人の立場は強いものではない。図案師である織元が商人である村と，図案師でない仲買人が商人である村との差の大きさに改めて気づかされる事例である。この地域の織子の機織りの潜在能力は高いものであるが，需要にあった織柄情報の入手や品質の高い糸の入手が困難なこともあり，品質の低いシンしか生産されていない。ブァ婦人のような優れた図案師でもある織元が入り込めば，話は異なってくるであろうことは容易に想像のつくことである。

第4節　問屋契約と糸信用貸契約の選択

　問屋契約と糸信用貸契約は，プリンシパルがエージェントに糸と織柄情報を提供するという点では，かなり近い性質をもっている。しかし，機業にかかわる人々にとっては，このふたつの契約の選択には明確な理由がある。これまで問屋契約と糸信用貸契約の選択についていくつかの事例を紹介してきたことから，ここでまとめておこう。なお，経済混乱期の選択と安定期の選択とに分けて議論する必要がある。

1．経済混乱期の選択

　経済が安定しているときには将来利得と現在利得の評価の差が小さく，すなわち割引因子が充分に1に近くなることから，無限回の反復囚人のジレンマ・ゲームにおいて協力解が均衡解となるというフォーク定理が成立しやすくなる。いわゆるギアツのみたバザールにおける固定的な顧客関係が成立する世界である。しかし1997年以降のキープの大暴落は将来所得の割引率を極端に大きくしてしまい，糸の窃取というエージェンシー問題が深刻化した。将来の約束が遵守されるとの期待が，深刻なほど希薄となっていったのである。
　こうして問屋契約の維持は困難となり，糸の窃取が問題とならない糸信用貸契約が選択されるようになる。すなわち，提供される糸は，所有権がプリンシパルからエージェントに掛売りされることになった。ただし，そのことは糸の

所有権がエージェントに移転されることから，シンの第三者への売渡しという別のエージェンシー問題を誘発してしまう。そのために織元は掛売りする糸からマージンを徴収する，すなわち糸商的性質を備えるようになっていった。

　もうひとつ，プリンシパルにとって糸信用貸契約が選好される理由として，品質問題を理由とする買取りの拒否が可能となることがある。市況が冷え込んでいるときには，買取りを恣意的に拒むという形での在庫調整が可能となる糸信用貸契約をプリンシパルが選好することになる。ただし，このときには買い取り拒否というリスクに対してエージェントにリスク・プレミアムを認めなくてはならない。こうした契約形態の変更は，外部環境の変化に対応した契約当事者による誘発的制度変化（速水 2000）とみなせよう。

2. 安定期の選択

　今世紀に入ってしばらくすると，ラオス経済は安定的成長期を迎え，将来の割引因子も再び1に近づいてフォーク定理が成立しやすい状況に戻ってきた。その結果，タラート・サオでも観察されたように，問屋契約の復活がみられるようになってくる。この段階で契約の選択理由となるのは，機拵えが，問屋契約では織元，糸信用貸契約では織子の負担となるということである。すなわち，機拵えに慣れていない織子は糸信用貸契約を，そして機拵えもこなして追加所得を得ようとする織子は問屋契約を選好することになる。機拵えを専業とする人もいることから，織元にとっては問屋契約と糸信用貸契約は無差別となる。したがって織元も，織子が望むほうで契約をすると発言するようになってくる。

　しかし，織元にとって選択の積極的理由もある。「高価な絹糸を使うときには糸の窃取による損失が大きくなることから，糸信用貸契約を採用する」という発言は，経済が混乱していた時期によく聞かれたが，安定期に入ると逆の説明が聞かれるようになる。例えば，シェンレーナー村の織元ビン婦人やホエイプーン村の織元シー婦人は，絹という高価な糸を使うときには問屋契約，そして低廉な綿糸では糸信用貸契約という選択をしている。

　これには，次の理由が考えられる。綿糸と比べて，絹糸は細いことから扱いが難しくなる。このために，技能の高い織子が高価な絹糸を使うことになる。また，高価な糸はよい織柄と相まって高い市場価値を獲得できる。「糸信用貸契約だと，糸代さえ支払えばいいというので，織子が第三者に売り渡してしま

う。だから，よい織柄（したがって高価な糸を使用）のシンは問屋契約で織らせている」という発言もあったように，そうした高価なシンは，織元への排他的納品が求められる。したがって，織元が糸の所有権を主張できる問屋契約が選択されやすくなる。さらに問屋契約の採用に際しては，織子の監視を前提としている場合が散見された。それには，織元と織子の住居の近接が前提となることはいうまでもない。

＊＊＊

　大規模織元を論じた第8章では，織元と一括りにいっても，実際には多様な性質をもつことを明らかにした。このことを機織り村の観点からいえば，その村を市場に包摂しようとする商人の特性によって，その村の市場形成の様相が異なってくることを意味している。そこで本章では，機織り村の観点から異なる様相をみせる市場形成を観察してきた。

　ヴィエンチャン市内のタラートからかなり距離のある地域には機織り村が多くあるが，その大半はフアパン県やシェンクワン県からの移住民のディアスポラである。そこの機織りが市場経済に包摂されるためには，距離を克服する商人の仲介が不可欠となる。距離の克服には規模の経済が求められることから，商人は大規模となり，また村としても産地を形成することになる (Ohno 2009)。しかし商人には，距離の克服だけでなく，信用制約と織柄情報の入手制約という織子のふたつの制約の解消も求められる。

　織子の技能と市場形成に携わる商人の特性によって，そのディアスポラにまつわる市場形成の様相は異なっていた。ヴィエンチャン市内の織元が農村部に進出して機織りを盛んにした事例や，在村の織元が主導して織物市場が形成されていく事例，遠隔地の織元がさらに遠隔地の織子を組織するという重層的な市場形成，そして仲買人が市場形成を主導する事例である。

　一般的にいえば，ヴィエンチャン市内在住の織元が商人となる場合には高級品が，そして村内の織元が市場形成をする場合には中級品が，そして仲買人が商人となる場合には低級品が扱われる傾向が認められる。高級品が織られることは，関与する織元なり小売店主が優れた図案師であることが条件となっている。移住民のディアスポラであることから，織子の技能には大きな差はないであろう。それにもかかわらず織られるシンに織物村ごとの違いがあらわれてくることは，どのような商人が織物村に関与してくるかという経路依存性によっ

て機織り村の性質が規定されることを意味している。

　商人によって形成されるシンの市場は，経済学の教科書が想定するような市場とは明らかに異なっている。そもそも，経済学の教科書には商人は登場すらしていない。過度な単純化の懸念はあるが，機織り村をめぐり形成される市場を描いておこう。

　機織り村で織られるシンは，商人が構築した紐帯に乗せられて都市のタラートに流通していく。多くの場合，商人はタラートに馴染みの小売店をもつことから，紐帯に従う取引は教科書的な競争的市場取引とは異なる。機織り村とタラートの小売店を結ぶ紐帯は，交わることなく，束となって市場を形成している。そして，その紐帯は，織子の技能や商人の性質によって濃淡のある関係性をもつ契約となる。すなわち，商人の性質が多様であることは，市場を構成する紐帯そのものが一様ではないことを意味しているのである。

第 10 章
アウトサイダーと機織り

本書の主たる登場人物は，これまでラオス人，それも個人であった。しかし事例は少ないものの，外国人なり NGO などのラオス社会にとってのアウトサイダーも機織りに関与している。本章ではアウトサイダーが機業にかかわる方法を観察するが，このことは市場をどのように形成するかという課題に新しい視座を提供してくれることになる。また，前章でも確認したように，海外に販路を求めようとする織元には言語面での制約がある。織物市場の形成にアウトサイダーがかかわることによって，そうした制約が緩和されることも期待されよう。

　対象とするのは，ラオスの NGO，日本のテキスタイル企業と取引をする織元，そしてフランス人夫婦が経営する集中作業場の3事例である。NGO は，村の織子と関係をつくり，その織子を織元として村人の織子を組織させている。NGO は仕様書を提供して製織を委託しているが，糸の掛売りはしていない。日本の衣服業者も，これとよく似た形態である。ラオス人の織元をエージェントとしているが，そのラオス人は織物の経験はない。それにもかかわらず，多数の出機織子が組織されている。このふたつは，インサイダーのエージェントに出機経営を委託している事例である。前章で触れた，機業の外延化に伴う委託仲買人の利用と似た構図である。そしてフランス人夫婦は，集中作業場を設けた内機経営をしている。これらで共通する特徴は，紋織りが生産されていないことである。それぞれの特徴は，これまでの議論を補強することになる。

第1節　サオバーン

　1996年設立のラオスの NGO のメンバー組織として農村手工芸品を扱うサオバーン（Saoban 農民）がある。サオバーンには，織物，竹細工，銀アクセサリーなどを専門とする14の生産グループがあり，製品は海外に販売されると同時に，ヴィエンチャン市内の自社の店でも販売される。フェアトレードの会員でもある。

　ここではヴィエンチャン県ポンホン郡のターポーサイ村の織物グループをみていこう。ターポーサイ村はフアパン県からの移住民の村であり，国道13号線を57km 北にいき，右手に折れて15km ばかり入ったグム川の近くにある。

道路は，すべて舗装されている。

グループの責任者コン婦人 (31 歳) に聞き取りをした (2012 年 8 月)。コン婦人はフアパン県出身の赤タイである。1960 年代に，ホーチミン・ルートへの爆撃から逃げるために祖父がヴィエンチャン県に移住した。そして 1993 年に，両親がターポーサイ村に移住してきた。婦人は生活の糧を得るために機織りをしたが，タラートが遠くまた低品質のシンしか織れなかったことから，結局は儲からなかったという。独立織子では，規模の経済が実現されないことから距離の克服が困難となり，信用制約によって良質の糸が使えず，そして流行の織柄情報の入手も困難であるからである。そこで 1999 年からペンマイ工房 (第 8 章) で働き始めた。ここで織りの手法や，原価計算，市場の需要を捉える必要性などを学んだという。しかし父親が家出をしていなくなってしまい，1 年で母親から村に呼び戻されてしまった。

しばらくはペンマイ工房の出機として働いたり，タラートのシン小売店からの注文を受けたりしていたが，低品質のシンしか織らせてもらえなかった。そうしたなか，2006 年にサオバーンのことを知った。サオバーンからは，基本的なビジネスのやり方，製品のデザイン，品質管理そして草木染めなどを教えてもらった。そして，村に店も構えた。サオバーンからデザインの供給 (写真 10-1) を受けたスカーフは他には売ってはいけないということで，この店では衣類用の平織りの布やスカーフ (サオバーンのスカーフと比べるとデザインに難がある) を売っている。

サオバーンは海外市場向けの絣柄の入った布 (スカーフ中心) を扱っており，ラオスの伝統的な紋柄は求めていない。この地域の人々は垂直紋綜絖を使う習慣がないが，絣は織られていた。そのことから，サオバーンの希望にあうショールの生産に適した地域である。

コン婦人の売上の約 4 割が，サオバーンによってもたらされる。サオバーンからの注文はスカーフである。これ対して，地元で売られるのは大きめの平織りの布であり，それを服に仕立てて販売したりもする。製品はすべて絹織物 (ヴェトナム産生糸) である。ただしサオバーンのスカーフは草木染めであるが，地元向けの製品は化学染料で染めている。これは，ラオス人が化学染料で染められるはっきりとした色合いを好むのに対して，欧米や日本人などは草木染めを好むためである。草木染めの染料は地元で入手できるが，ラック (カイガラムシから採れる染料) だけはタラートで購入している。

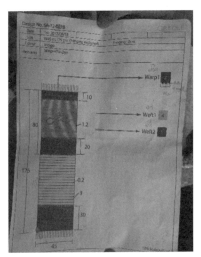

写真10-1　サオバーンの仕様書

　まず，生産組織を説明しておこう。コン婦人は，織元9人を束ねている。このうちコン婦人ともうひとりがターポーサイ村の住人であり，残りは近隣の村の住民である。すべての織元は，染色場をもっている。組織する織子の数はコン婦人が最大で約30人，最低は5人である。織子を探すのは容易だという。これには，ふたつの意味がある。ひとつは，この村は幹線道路から離れており，またヴィエンチャン市内とも約70kmの距離がある。したがってヴィエンチャン周辺の縫製工場などへの通勤が困難であることから，機織りをする若い織子が村に留まっている。もうひとつは，製品が平織りであることから，それほど高い技能を要求されないことである。

　これらの織元は，サオバーンからの受注品と国内向け製品の2種類を織っている。まず，サオバーン向けの機織りからみていこう。絣ではあるが，柄が精緻であることから技能のある織子しか製織できない。例えば，コン婦人のもとにいる30人の織子のなかでも担当できるのは4人しかいない。

　織元は，問屋契約で織子を組織している。絣染（括り染め）をした緯糸を渡すことから，糸の窃取の問題はないという。ただし経糸の扱いが粗雑で鶏に切られてしまった織子がふたりおり，彼女たちとは契約を打ち切ったという。9人の織元が管理して織られたスカーフはコン婦人のもとに集められ，彼女が代表してサオバーンに持っていく。コン婦人は品質管理を任されている。A，B

そしてCのランクがあり，Bランクの場合には10％，Cランクならば20％の賃金カットがなされる。Cはないが，Bランクは全体の5％程度はあるという。サオバーンは，1枚につき2000キープの品質管理手当を支払っている。サオバーンからの注文は，かつては200〜300枚であったが，聞き取り時点では80枚ほどである。これは注文が減少したのではなく，絣の柄が複雑となったために織子の制約から減らさざるをえなくなったためである。

　織元たちは，毎月会合を開いて，染色技術・絣柄の分析そして賃金をいくらにするかなどを話し合っている。これらはすべてサオバーンとの取引に関することであり，自分たちでタラートに売る分については，個人での判断となる。会合にはサオバーンからの参加もあるが，これは信用制約のある織元に経糸分の資金を月2％で融資したり，その返済を受け取ったりするためである。

　サオバーンからの注文を受注すると，織元が集まって織柄の難易さと織子の技能とを考えて仕事を割り振る。毎月新しいデザインが提示されるが，納期も毎月あり，遅れると製品を受け取ってもらえない。そのために，安全を考えて受注量を制限しているとのことである。糸代，機拵え料そして織賃から生産費を計算して，織柄のない平織りならば15〜20％のマークアップ率を掛けて卸値を決めてサオバーンに伝える。簡単な柄ならば30％であるが，特に複雑な柄となると50％のマークアップ率としている[1]。多様な製品が織られることから，コストプラス方式ではなく，マークアップ方式が採用されている。

　均衡価格から大きく乖離するならばともかく，織柄の流行や種類を含めた多様な製品について市場の均衡価格を模索することは現実的ではない。それは小売店レベルで調整されるべき話である。製造現場では，生産費にマークアップを掛けた額（ときには定額のコストプラス額を上乗せ）が卸値となることが一般的である。また，上に述べたマークアップ率は，紋織りを扱う織元の利益率にほぼ対応している。すなわち，比較的良質な紋織りの場合には織元の利益率は40％程度であり，それよりも品質が少し劣ると30％程度となる。さらに低品質だと，流通マージン率としての5〜10％程度となる。

　国内向けの製品は，コン婦人を経由することなく，それぞれの織元たちがヴィエンチャン市内のタラートに独自に卸している。ほとんどは，タラートの馴染みの小売店からの注文契約であるという。コン婦人が自分の店で売っているス

---

1) どの程度スカーフに絣部分があるのかによっても（写真10-を参照），マークアップ率は異なってくる。

カーフ（12万キープ）の生産費を計算してみよう。1枚あたりの費用は織賃も含めて約5.7万キープである。利益は6.3万キープであり，収益率は52.5％となる。利益からは家族でなされる染色・精練，括り染め，整経そして機拵えの帰属費用は控除されていないことから，収益率と表現する。

コン婦人に，サオバーンとの取引についての感想を聞いてみた。「コンスタントに需要はあるし，利益も大きい。でも絣柄は難しいし，納期も厳しいので大変です。いろんな絣柄の技術を学んで蓄積できるので，長期的には自分のためになると思っていますが」。

サオバーンはラオスのNGOであり，責任者もラオス人である。この意味では，農村の人々にとっては完全なアウトサイダーとはいえないかもしれない。サオバーンは糸の掛売りをしない注文契約であることから，糸の窃取というエージェンシー問題は起こりえない。糸の掛売りではなく，その購入資金を貸付けるという方式が採られているのも，糸の窃取というアウトサイダーでは監視の難しいエージェンシー問題を回避するためであろう。また織元と織子では問屋契約が締結されているが，絣（緯糸は括り染めされている）であることから糸の窃取は生じにくい。織られるスカーフは海外消費者の嗜好にあわせており，国内市場向けではない。そして，販売経路はサオバーンが押さえている。したがって，第三者への売渡しというエージェンシー問題も起こりにくいことから，問屋契約が採用されているといえる[2]。

第2節　トンラハシン

ラオス南部のサワンナケーッ（Savannakhet）県の県都サワンナケーッの町外れに，トンラハシン（Thong-Laha-Sing）という作業場がある。そこを運営する夫婦，ブントンとソン婦人の話である。主な聞き取りは2000年と2003年になされた。

ブントン氏は，1992年設立の縫製工場（タイ企業の下請け）を経営している。タイ企業の下請けでナイロン製のスポーツウエアの生産を行うが，品質は素人

---

[2] ただし，筆者がサオバーンの製品を購入したいというと，売ってくれた。どこでもそうであるように，知的所有権の認知は弱いようである。

目にもお粗末である。ラインの組み方を含む労務管理も，それまで筆者が観察してきたアジアの縫製工場と比較すると格段に劣っている。ブントン氏は日本に輸出できないかというが，まず難しい相談であろう。工場の敷地には，クルーザー・ボートが打ち捨てられている。「メコン川で遊ぼうと思って買ったのだけど，あまり乗っていないな」とのたまう。ブントン氏は，少々遊び人のところがあり，経営者には不向きな性格のようである。かつて400人いた縫製工も，2000年には200人となっている（その後，廃業）[3]。

この夫婦に，1998年，JODC（海外貿易開発協会）が日本人のM夫婦を紹介した。夫は商社でテキスタイル関係を扱い退職したあと，同様のフィールドで仕事を継続している。その夫人は染色家でありデザイナーでもある。この日本とラオスの二組の夫婦によって，トンラハシン工房が立ち上がる。

この工房は染色と多少の縫製をするだけであり，機織りは，国道13号線をパークセー方向に70kmばかり下ったラハナーム村でなされる。水追村とでも訳されるこの村は藍染の伝統をもつプータイ族の村である，と同時にソン婦人の故郷でもある。ソン婦人の父親は王制時代に郡長をしていたことから，それなりの名家であり，むら共同体のもつ制裁メカニズムを利用しやすい立場にいる。ただし，そうした経緯から，両親は革命のときに米国に亡命している。

(1) 原料糸

原綿は，主としてサワンナケーッ県の合計600ほどの農家から購入している。またルアンパバーン県の綿の集荷業者（ワントン氏：第13章の補足資料参照）からも仕入れている。ヴィエンチャンにある国有企業のラオ・コトンでも綿紡績がなされているが，それは買わないという。「一度買ってみたけど，よく染まらなかったからね」という[4]。

集められた原綿（繰り綿）は，近くの5つの村の村長に渡されて200ほどの農家に配分されて手紡ぎされる。村長には，月20万キープ（23.5ドル）の手当てが支払われる。1袋10kgの繰り綿から8.5kgの糸を紡ぐという契約であり，

---

3) 参考までに，月給をドル換算で示しておこう。工場長150ドル，監督者80ドル，縫製工は平均40ドルである。

4) ラオスの綿は短繊維であり，機械紡績には不向きである。そこで，化繊を加えた混紡としている。化繊が入ることから草木染めには不向きとなり，化学染料で染めるときも高温での煮沸が必要となる。

糸1kgにつき1.5万キープ（1.8ドル）が支払われる。上手な紡ぎ手は10kgの繰り綿から9kgの糸を紡ぐが、そうした人には追加の報酬を与えている。繰り綿4〜5トンが渡され、2ヶ月で手紡ぎは終了する。原綿の購入価格は1トンが1500ドルであり、それから850kgの綿糸が紡がれる。運搬費用なども含めると、綿糸1kgの生産費は1.7万キープ（2ドル）となる。

　紡がれた糸は、トンラハシンの工房で染色される。藍染を中心とする草木染めである。インド藍（*kharm*）をソンコーン郡の農家に契約栽培してもらう。1haあたり1.5万キープの先払いをして、藍玉1kgを1.5万キープで購入している。3ヶ月で収穫されることから、年4回の作付けがなされるという。工房には染色職人10人がいる。彼らはソンコーン郡からきており、寮と食事が提供されて、月20万キープが支払われる。機拵えは、工房の近くに住む女性が担当して、月30〜50万キープが支払われる。縫製をする女性もおり、住込みを含めて37名が働いている。

(2) 織子の村

　機織りの現場であるラハナーム村は戸数200ほどのやや大きな村であり、各戸に2〜3台の織機がある。また、家々の軒下には藍甕も見ることができる。工房は、村のラオス女性同盟の委員長を委託仲買人としている。問屋契約であり、72cm幅（14ロップ）だと1mにつき4500キープの織賃が支払われる。また、500キープの手数料が委員長に渡される。織子には、1掛け28mの経糸3.5kgと緯糸3kgが渡される。製品はシンではないことから、1掛け分の布を一巻として委託仲買人に納品される。平均で1日4mほど織られるということから、一巻を1週間で織り終わる。したがって、1日の織賃は1.8万キープ（2ドル強）となる。ちなみに、この村での田植えや稲刈りの農業労働賃金は1日1万キープである。

　機拵え10万キープ、1掛け分の染色（藍玉3万キープと染色職人の賃金30万キープ）を考慮して生産費を計算すると、1mが5.1万キープ（6ドル）となり、これを7ドル（5万9500キープ）で日本のテキスタイル業者であるJ社に卸す。送料は、日本の企業が負担する。したがって、工房にとっての製品1mあたりの利益は1ドル、利益率は14.3％となる。無染色の生地で計算すると、生産費は1.2万キープ（1.4ドル）で売値は2.5ドルであるから、1mあたりの工房の利益は1.1ドル（利益率44％）である。ここからもわかるように、利益率は現場ではそれ

ほどの意味をもたず，単位あたりの利益幅が問題となっている。コストプラス方式の薄利多売である。

村の織子カムボウ婦人（47歳）と話をしてみよう。かつては絣か経糸紋織り（ムック）を自家消費用に織っていた。機は2台ある。ひとつは，織幅72cm（14ロップ）を請け負っている。機拵えを自分ですれば1m 4500キープであるが，工房で織拵えのなされたものを使うことから1m 3000キープの織賃である。1日3～4mが製織される。よって，1日あたり9000～1.2万キープの収入となる。他方の織機では，織幅45cm（8ロップ）の布が織られている。こちらは機拵えを自分たちでやるので，1m 3500キープの織賃である。1日5～6mが織られるという。よって1日あたり1万7500～2.1万キープ（2.1～2.5ドル）の収入となる。これは付近の農業労働賃金1万キープよりは，はるかに恵まれた収入である。機拵えは，14ロップで1日，8ロップだと半日が必要となる。

紋が入っておらず絣でもないことから，年老いても製織が可能な布である。ただし，カンボウ婦人は「いまはないけど，始めたころは品質に問題があるといって戻されてきたこともある」という。「この布は，しっかり織りすぎてもだめだし，緩く織ってもだめだ。加減に慣れるまで，ちょっと時間がかかったね。不良品として戻ってきたときには，針を使って修正しなくてはならず，大変だった」という。

> 「3年前（1997年）には村に電気がきたし，5年前には灌漑施設ができて米の二期作も可能になった。近くに工場もないので，他に働くことができなかったけど，機織りでお金がもらえるようになったからね。お蔭で，生活が楽になったよ」。

この村には，工房の委託を受けて藍染をする老婦人もいる。工房が藍玉を供給するときは1kgの綿糸を染めて1万キープ，自分が藍玉を準備すれば2万キープの賃金となる。1日に1kgの染色が可能だという。彼女の手は，藍色に染まっている。「もう，この手の色は落ちないね」という。

(3) 販路

製品は日本に送られるが，その半分以上はJ社との契約である。J社は，テキスタイル・デザイナーであるユダヤ系ポーランド人J氏（1944-2014）によって設立されている。J社は，デザインを指定して，生産を委託してくる。

2002年にはヴィエンチャンにラハ・ブティックを開設し，その後，ルアン

パバーンにも開設している。ここで，ひとつ問題が起こった。J社から委託されたデザインの製品を，そのままブティックで販売し始めたのである。知的所有権意識の希薄さがなさせる業であるが，それがJ社の知るところとなった。東京の本社でJ社の担当者と話をしたときに，このことが話題となり「どうしたものか」と相談を受けたことがある。知的所有権意識が希薄な途上国では避けえない事態であり，契約の破棄という脅しをかけるしかないのではと答えた記憶がある。それまではJ社の製品の購入を私にもちかけていたのであるが，2003年に訪問したときに試しに購入しようとすると，ソン婦人は「売れない。怒られるよ」という。厳しい指導が入ったようである。

さて，この工房は，本書の執筆時点では活動を停止している。日本人夫婦が代理店として日本の小売店と話をつけていたのであるが，契約した価格を急に値上げしてくるなどのトラブルが続いたことから，彼らが手を退いたためである。その後，日本のMJ社が入るという話も聞いたが，これもうまくはいかなかったようである。どうも契約の概念そのものがラオス人夫婦に欠けていたようである。納期を守るために内機経営を採用したペンマイ工房の事例もあることを考えれば，どうも経営者としての個体差の問題であったのかもしれない。

第3節　フランス人夫婦の集中作業場：マイサワン

フランス人夫婦が，ヴィエンチャン市のはずれで運営する工房である。夫F氏は外科医で，ヴィエンチャン市内でクリニックを開業している。夫人はテキスタイルというわけではないがデザイナーであり，彼女の描いた絵も工房の店で販売されている。聞き取りは，2012年，F氏になされた。

彼らは2000年にラオスにわたってきて，2005年に機織りの事業を開始した。2009年にはフェアトレードの会員となり，ラオ・フェアトレード協会を設立している。事業所名はSilk and Tea Companyとなっている。茶は南部のセコン県のボーラウェン（Bolaven）高原産のものであり，ウーロン茶や緑茶を輸出している。工房の倉庫には，茶葉を入れた大きめの袋が山積みされており，ここで箱詰めされて欧州に輸出されていく。

夫婦は，フランス系NGOのSFC（Service Fraternel d'Entraide）の事業にも参加している。SFCはラオス南部のボーラウェン高原でタイの二化多化性蚕の卵を使った養蚕事業を展開しており，約200農家が参加しているという。簡易繰糸機を使って繰られた生糸が送られてくる。器械製糸工場では，繰糸機はケンネル撚り掛け装置を備えていることから，仮撚りも同時になされる。しかし，簡易繰糸機では撚糸はなされない。また座繰りと比較すると，座繰りでは在来種（多化種）も繰糸できるが，繰糸機では二化ないしは二化多化しか繰糸できない。ヴィエンチャンの工房で使う絹糸の約8割はボロヴィエン産であり，2割はタイ製絹糸という。できるだけラオス産生糸を使いたいというが，これはフェアトレードの認証と関連しているためであろう。

　工房には，ラオスの他の場所では見ることのできない近代的な荒巻整経機や撚糸機も備えつけられている。手織りと資本集約的な機械が並ぶ風景は，少々違和感がある。整経は手でやると40〜50 mしかできないが，機械でやると数百mができるという。たしかに，多くの織子に聞いても，経糸の長さは最長で40 m程度である。こうした機械化によって糸の品質が一定となり，結果として，製品の品質向上に寄与しているとのことである。

　工房には18台の織機があるが，2台で簡単な垂直紋綜絖を使うだけであり，他はすべてがバッタン（飛杼）である。バッタンは平織りには適しているが，紋織りや緯糸の位置調整が必要となる絣には不向きである。織られる製品は40cm幅の平織りのスカーフである。

　F氏は，緯糸を渡す強度を一定にしてスカーフの縁に凸凹が入らないようにしているという。技能の高い織子の作業を見せてくれながら，彼女の織るスカーフの縁はストレートになっているだろうという。まるで「機械織りのようだね」というと，「そうだ。その通りだ」と満足げである[5]。ならば機械で織ればいいものをと思うのだが，それは口には出せない。個人的には，手織布にあらわれる不均一さが手織りの魅力だと感じているのだが。

　この工房には販売店もおいてある。スカーフの価格は，タラート・サオなどで見かける類似品と比較しても，それほど高いものではない。丁寧に織られて

---

[5] 機械織りと手織りの布は，縁が均一か否かで見分けがつく。杼を通すときの力の入れ具合が一定しない手織りでは縁が乱れるが，機械織りだと一定の力で緯糸が渡されることからきれいな直線となる。その他に，紋が入っているときには，布の裏地を見るとよい。機械織りでは，裏地の柄糸もきれいに形を作っているが，手織りだと乱れている。

おり，品質も高い。この値段で提供できるのはバッタンを使っていることから，労働生産性が高いためと考えられる。織子の賃金は月給制で150万キープ（約200ドル）と，縫製工場の労働者よりは20％ほど高い水準にある。月給制ではあるが，ノルマは設定してある。織子に月給制を採用する工房は，調査した工房のなかではここだけである。出来高制にしたときの品質の低下を恐れているのであろう。人数は少ないが技能工もおり，1枚1.5万キープの出来高給としてある。1日5枚織っており，月あたりの収入は200万キープ（250ドル）になる。労働時間は，朝8時から夕方5時までで，週6日制である。織子はヴィエンチャン市内に住んでいるが，工房の手配するピックアップ・トラックでの送迎がなされている。

　出稼ぎ織子を雇用する市内の織元の集中作業場や縫製工場と比較するとかなり高い給与水準となっているが，これは寮を完備して食事を提供する必要がないこと，そしてピックアップ・トラックによる送迎によって労働時間の管理ができるためと考えられる。また，フェアトレードの会員ということで給与水準を高く設定しなくてはいけないこともあろう。

　夫婦はラオス社会にとっては完全にアウトサイダーである。それにもかかわらず機織りの事業ができるのは，エージェンシー問題が生じるような出機経営ではなく，すべて内機経営で生産をしているためである。

＊＊＊

　3つの事例を通じて，アウトサイダーが機業の世界に入り込む可能性を探った。これらの事例で共通しているのは，織られる製品がラオスの手織物の最大の特色である紋織りではないことである。これは，アウトサイダーが紋織りを熟知していないこと，また紋織りの製品がさほど評価されない海外の市場を対象としていることによる。

　また，国内市場向けではないデザインの布を生産することによって，結果として第三者への転売というエージェンシー問題を抑制することもできる。紋織りの製織には垂直紋綜絖が必要となるが，その作成はアウトサイダーには難しい作業である。そもそも，織柄についての知的所有権の侵害や糸の窃取といったエージェンシー問題を防ぐことは，アウトサイダーには無理なことであろう。

　サオバーンとトンラハシンの事例では，コミュニティ的統治を利用できる委託仲買人と契約することによって，村の織子たちを組織できたのである。この

意味では，ヴィエンチャンで観察した委託仲買人を利用した機業の外延化と同じ論理がここにもある。そうしたエージェントを利用しないならば，マイサワンのように，集中作業場に織子を集めて管理するという，市場ではなく組織を利用した生産形態を選択するしかないのである。

第 III 部のまとめ

　1986 年の経済自由化への政策転換に呼応して，ラオスの手織物市場の形成が始まった。そこで核心的な役割を演じているのが，多様な商人たちである。彼らの存在なくしては，市場の形成はなされないといってよいであろう。第 III 部では，シンの大消費地であるヴィエンチャンとその周辺の手織物業を対象として，市場形成者である商人に注目して議論を進めた。

　商人は実に多様である。そのなかでも伝統的な織柄を参照としながら需要を喚起する新しい織柄を考案する商人は，ダイナミックな市場形成者である。そうした商人の中心は織元であるが，一部の小売業者も織元と同様の機能を果たしている。彼らの販路は国内に留まることなく，タイ・欧米そして日本にまで製品を輸出している。それぞれの地域の消費者の嗜好が異なることから，それにあわせた製品開発がなされている。こうした伝統的近代性を追求していくのは，その多くが大卒である市内の大規模織元たちである。これに対して，小規模織元や郊外の大規模織元たちは国内市場を対象としている。

　経済自由化以降に，ラオス経済も成長を始めた。その結果，シンの需要は増大していくが，ヴィエンチャン市内では織子の供給が途絶えてきた。かつては一大機業地であった市内のディアスポラでも，機織りを見かけることは稀となっている。そこで一部の小売店を含む織元たちは，出稼ぎ織子に依存した内機経営ないしは郊外の出機織子を組織するという機業の外延化という対応をみせるようになる。

　こうした動向にも注目して，「いかなる商人が，どのような契約で市場取引を実現していくのか」という本書の分析枠組みで，ヴィエンチャンにおける手織物の市場形成を観察してきた。主要な結論をまとめておこう。

1. 織元の登場

　主要な市場形成者である織元は，経済自由化の開始からしばらくした 1990

年前後から，問屋契約や糸信用貸契約という関係性の強い契約を利用して，主として農村部に居住する織子を組織しながら登場してきた。Hayami ed. (1998) や谷本 (1998) が明らかにした，経済発展の初期段階に問屋契約で農村工業が興隆するという指摘と重なる事実である。

織元の存在理由として，市場へのアクセス・信用制約そして流行の織柄情報の入手という織子の直面する制約の解消を指摘した。紋織りでは，流行の織柄情報が極めて重要な意味をもつが，本書ではそれを織柄への支配力と表現した。織元とは，この織柄への支配力をもつ商人である。それをもたないで，取引における規模の経済のみを比較優位とする商人は仲買人と呼ばれ，織子たちからも織元とは区別された呼び名を与えられていた。

しかし，それはヴィエンチャン市内か近郊の話であり，郊外にいくと流行の織柄情報をもつ商人の勢力が及ばなくなる。流行の織柄情報を入手できるのは都市の商人（小売店や織元）であり，また需要を創出できる織元＝図案師も都市在住者が中心である。よい織柄は高品質の糸で織り込まれて，はじめて高い商品価値を実現できる。遠隔地の織子の信用制約を思えば，織柄情報と良質な糸がともに織子に提供される必要がある。しかしプリンシパル（小売店か織元）とエージェント（機業家）の住居が近接していればともかく，遠く離れたときには監視ができないことからエージェンシー問題が深刻となる。織柄情報の伝達に地理的限界がある背景である。情報インフラさえ整えば流行の織柄情報が遠隔地に伝達される，という簡単な話ではないのである。

そうしたことから，市街地から離れると，村人たちは糸を提供する商人を織元と呼び，買い集めるだけの仲買人と区別している。これはヴィエンチャンだけでなく，第 IV 部で議論する遠隔地の産地でも同様である。それでも集荷を確実にするために糸を提供する糸出し仲買人もいることから，織元と仲買人の峻別は難しくなる。しかし，そうした仲買人の提供する糸は低品質であるという点で，織元とは区別されることになる。

ここで，ひとつ留意しておきたいことがある。織物業が勃興し始めた初期段階では，機業地の中心はタラートからそれほどの距離のないノンブァトン村やドンドーク地区であった。このときには距離の克服は問題とはならず，小売店と織子が直接取引することも多かった。すなわち，小売店が織元の機能を果た

していたのである。シンを納品したときに2枚分の緯糸を渡すという慣行がみられたのである。そのうちにシンの需要が増大し，また市内での代替的就業機会の増加によって織子の供給が減少すると，機業は近郊へと広がりをみせる。さらには，道路インフラの整備などもあり，郊外にも織元が生まれてくる。この段階となると，小売店が緯糸を2枚追加して渡すことによってエージェンシー問題を阻止する戦略が機能しなくなる。ここで，織子と小売店を介在する商人の役割が大きくなってくる。

2. 新しい形態での市場形成

　経済発展の初期段階では労働集約型の産業が勃興するが，それは若年の女子労働集約型であることが多い。ラオスも例外ではなく，市内や近郊では織子の供給が著しく減少しており，市街地に近い伝統的機業地，そしてノンブァトン村やドンドーク地区といったディアスポラでは機織りが消えつつある。こうした変化に対して，織元はふたつの対応をとることになる。ひとつはフアパン県やシェンクワン県などからの出稼ぎ織子を雇用した「内機経営」の採用であり，他方は郊外の織子を組織する「機業の外延化」である。外延化は，市街地の織元が主導することもあれば，交通インフラの整備もあって郊外での織元の登場もみられる。また郊外の織元が委託仲買人を通じてさらに奥地の織子を取り込むという織元–織子関係の重層化も観察されている。

　機業の外延化は，織子の組織形態に変化をもたらすことになる。市内の小売店や織元などは，かつては近隣の生産者を組織していたことから，監視も容易であった。また，1〜2枚織ると納品して，新たに1〜2枚分の緯糸を追加して渡すことによって，エージェンシー問題を抑制できた。しかし外延化がなされると，そうした手段は使えなくなる。ここで在村の委託仲買人を利用して，遠方の織子を組織するという新たな市場形成のあり方が生まれてくる。この手法は，遠方の織元が，さらに遠方の織子を組織するときにも利用されている。

　この委託仲買人にも，裁量権の程度によって，単に織元から集荷手数料を得る仲買人もいれば，織子への報酬を自ら決めるという織元に近い仲買人もいる。いわゆる関東型と西陣型の仲買人に相当する人々である。委託仲買人は，都市

の織元が遠隔地の織子と取引するため方法であり，NGOであるサオバーンが取引するコン婦人も委託仲買人である。また，ヴィエンケオ婦人やパサーン工房が，さらに奥地の織子たちを組織するときにも，委託仲買人と契約していた。郊外の織元が，さらに遠隔地の織子をその地域のエージェントを委託仲買人として契約して使って組織するという重層的な市場形成である。こうした委託仲買人は糸と織柄情報も提供することから，その組織する織子たちからは織元と呼ばれている。

多様な商人の活動によって，市場が形成されているわけである。そして，彼らの取引形態は一様でないことから，形成される市場もまた多様なものとなっている。次に，それを契約という観点から，まとめてみよう。

3. 契約の選択

織子や商人（織元と仲買人）は，取引するときに契約の選択問題に直面する。そのときに考慮する基本的な点は，良質なシンを仕入れるためには関係性の強い契約が必要であるが，それにはエージェンシー問題が伴うことである。この問題が制御できるならば，織柄への支配力と糸を提供する資力があることを前提として，関係性の強い契約が選好されることになる。ここでは，中心的な選択問題について，ふたつの側面から要約しておこう。

(1) スポット契約・注文契約 vs 糸信用貸契約・問屋契約

4種類の取引契約のうち，スポット契約と注文契約ではプリンシパルから糸の提供はなされない。注文契約では織柄の指定がなされることはあるが，エージェンシー問題の発生を危惧して市場価値のある良質な織柄情報の提供はなされない，弱い形態での情報伝達に留まるものである。すなわち，スポット契約と注文契約では，織子の信用制約と織柄情報の入手という制約は解消されることはないことから，その市場を形成する効力も弱いものとなる。

これに対して，関係性の強い糸信用貸契約と問屋契約では，糸と織柄情報が企業間信用として織子に提供される。関係性の強い契約を採用する織元は，織柄への強い支配力を保持しており，また良質の糸を提供するだけの資力がある

人々である。信用制約と織柄情報の入手制約を受ける農村の織子たちを市場に巻き込むには，こうした関係性の強い契約のほうが有効となる。しかし，それはエージェンシー問題を孕む契約でもある。

　そもそも良質の織柄情報をもたない限り，商人は関係性の強い契約を織子と交わす必要はない。良質な織柄情報を提供して品質の高いシンの製織を依頼するためには，良質な糸の提供も求められるのである。この織柄情報と糸を織子に提供するのが織元であり，それをしないのが仲買人である。すなわち，仲買人は流行の織柄情報を私的情報として保持していないのである。ただし，仲買人が集荷を容易にするために糸信用貸契約で糸を掛売りする場合がある（糸だし仲買人）。この場合には，掛売りされるのは低品質の糸（通常は綿糸）である。

(2) 内機経営の選択

　集中作業場が形成される理由には，ふたつがある。ひとつは，労務管理が容易となることである。集中作業場では，織子の機織り以外への労働時間の配分をコントロールできる。また，品質管理もできることから，不良品率を下げることも可能である。これは，プロト工業化の議論にみられる問屋制収益逓減説の別の表現である。この点では，集中作業場は労働生産性を高める効果をもつ。しかし，それだけで「工場の本質は規律」とLandes (1966, p.14)が見抜いたような工場が登場するわけではない。伝統的機業地（第7章）やヴィエンチャン県にある郊外型のふたつの作業場（第8章）で観察されたように，そこでの労務管理は極めて緩いものであった。この意味では，それらをマニュファクチュアと呼ぶには尚早であろう。

　集中作業場をもたらした，もうひとつの要因は出稼ぎ織子の雇用である。ヴィエンチャン市内や近郊では，代替的就業機会の登場によって近隣から内機織子が供給されなくなってきた。そこで，遠隔地からの出稼ぎ織子に依存せざるをえなくなる。織元の家に寄宿させ，食事も提供して，機織りをさせることから，集中作業場という内機経営が必然的に成立することになる。こうした内機経営では織子の労働費用が固定費用化されてしまうことから，織子労働の効率的な管理＝労働生産性の向上が求められる。こうして織子が専業となることと相まって，内機経営の高い労働生産性が実現されることになった。すなわち

高い労働生産性は内機経営を選択する理由ではなく，選択の結果である。こうして形成された集中作業場は，マニュファクチュアと呼んで差し支えない組織であろう。

4. むら共同体によるコミュニティ的統治

開発経済学では，むら共同体のもつ制裁メカニズムが様々な経済活動を統治するという研究成果が多く出されている。しかし，本書で扱う市場形成はむら共同体を越える事象であることから，コミュニティ的統治の機能に多くは期待できない。

それが機能するとすれば，村社会における織元と織子の関係においてであろう。ところで，織元として失敗したマニヴォン婦人の事例（第7章）は，織元と織子の関係が，単なる経済的関係だけでなく社会的関係に埋め込まれていることを明らかにしていると同時に，それが過度に期待できるほど万能なものではないことを教えてくれる。すなわち，むら共同体のもつ機能にアクセスできる程度は，成員によって濃淡がある。容易にアクセスできる人は織元となりやすいとも考えられるが，この点については本書では充分な証拠は得られていない。

村社会もうわさ社会であり，うわさが制裁機能として働いているだろうことは想像に難くない。しかし，織元と織子の反復取引という現実を考慮するとき，その効果とコミュニティ的統治の効果を完全に分離して議論することは難しいところである。なお多角的懲罰戦略といえるほど強い制裁は，村のなかでもあまり観察されることはない。いろいろと悪いうわさを立てられて居心地が悪くなる，といったレベルでの制裁に留まっているのである。

5. 信頼の崩壊とその帰結

信頼が経済活動に与える効果については，多数の研究がなされている[1]。ラ

---

1) 例えば，Russell Sage Foundation Series on Trust によって Ostrom and Walker (2003) を含む書籍が刊行されている。

オスの手織物の取引にかかわる信頼の中核は，反復取引のなかで醸成された二者間信頼である。この信頼に基づくお得意様の関係は，適切な契約の選択と配慮として総称されるような贈与交換や契約条項の状況依存的な変更といった慣行を，この関係を安定的に維持するサブ・システムとして備えていた。それこそが，本書のいう，取引の個人的統治なのである。

　二者間信頼の醸成は，フォーク定理の帰結のひとつである。ひとつであるというのは，その信頼は将来所得の割引率が充分に小さいときに成立するが，割引率が大きくなれば裏切り行為が均衡解となるためである。理論において指摘される裏切り行為が均衡解となるような状況が，1990年代後半のキープの暴落によって発生してしまった。かつてのように糸を自給したうえで自家消費用に機織りをしていた段階ならば，問題は大きくはならなかったであろう。しかし輸入糸を使って市場取引のために機織りがなされるようになったとき，すなわち市場の形成が進んでいたときに，ゲームの利得行列の数値を傾向的に大きく変化させてしまう事態が生じたのである。その結果，エージェンシー問題の伴う関係性の強い契約から，その問題が起こらない関係性の弱い契約への転換がみられた。それは，とりもなおさず市場の弱体化を意味するものであった。

　しかし，ここで次のことに注目しなくてはならない。たしかに通貨暴落で将来所得の割引率が大きくなって機会主義的な裏切り行為が頻発するようになったが，そのことが「自然の状態」を常態化させたわけではない。たしかに個別的事例では契約の破棄もみられたが，総体としては，商人たちは裏切り行為が生まれにくい契約形態を選択することによって関係的取引を維持しようとしたのである。具体的には，固有の軋轢をもつ問屋契約から糸信用貸契約への移行，さらには裏切りが発生しない注文契約への移行である。まさに，速水(2000)のいう外部環境の変化に対応した契約当事者による誘発的制度変化によって自然の状態が回避されたのである。ただし，関係性の弱い契約への移行は，織子たちの信用制約と織柄情報入手制約を顕在化させることになり，品質の低下を含めた市場の劣化を引き起こすことになった。マクロ経済の不安定化が，人々の意思決定に影響を与えて，関係性の強い契約によって形成されつつあった市場を弱体化させたのである。マクロ経済の安定は，この意味で，市場を形成するうえで重要な政策となる。

6. 市場を形成するとは

　最後に，本書の主題である市場形成について少し抽象度を高めて要約してみよう。市場に参加する人々（織子・織元・仲買人そして小売商）は，彼らの経験のなかで蓄積した知識や知恵を駆使して円滑な取引をするための適切な方法を生み出していく。その知識や知恵は，形式知として人々に共有されることはほとんどなく，暗黙知と呼ばれるに相応しいものである。例えば，問屋契約と糸信用貸契約の違いについて質問しても，なかなか要領を得た説明がなされないことが多い。彼女たちは直感的に，どちらの契約が最適化かを適切に判断しているだけであり，言語化にまでは至っていないのである。

　個々人が合理的に判断してと表現すると，経済学における還元主義的な方法論的個人主義との混同が起こるかもしれない。経済学における個人は，均衡価格に従い資源を効率的に配分するという受動的な行為者である。これに対して，本書で描かれている個人は，それぞれのもつ多様な暗黙知を利用して取引を実現していこうとする能動的な個人である。この意味では，本書で対象としている商人は，自らが制度設計を行うシュンペーター流の革新者＝起業家である。

　形式知として共有される程度が低いことから，結果として，多様な自生的秩序が形成されて市場取引を統治していくことになる[2]。こうした発想はハイエク流の新自由主義に近いといえる。ハイエクは集産主義（collectivism）に対峙させる形で個人の自由意思に焦点をあてるが，市場の形成が始まったばかりの社会でもハイエクの発想は別の意味をもつであろう。それはノースが「ゲームのルール」として定義する制度，すなわちフォーマルな統治メカニズムが市場形成の初期段階では整っていないことから，個人の自由意思のプレゼンスが相対的に高くなるからである。

---

[2] 猪木（1987：p.218）は，ハイエクに依拠して，このことを次のように説明している。「紙の上にヤスリくずをふりかけ，下から磁石をあてるとどうなるかという実験をしてみよう。われわれはヤスリくずが描く一般的な傾向については予測できるが，各々のヤスリくずがこの磁場においていかなる位置を占めるかについては予測できない。それは紙の表面の質，ヤスリくずの重さや質など様々な（そのすべてを観察者が知ることができない）性質に依存するからである」。この発想は，経済学が想定する方法論的個人主義には収まりが悪いものとなろう。

商人が多様である以上，彼らによって形成される市場も同質な一枚岩ではなく，多様な形成経路を辿って創出されるものとなる。特に，関係性の強い契約で織子・商人（織元と仲買人）そして小売店が強い紐帯で結びつけられることによって市場が形成されていくことが注目される。その結び付きは長期的かつ固定的な紐帯となって，交わることなく束となって農村の生産活動を市場経済に包摂している。さらには，その紐帯は商人の性質や村の織子の技能などによって異なる様相（契約）を示している。すなわち，紐帯そのものが一様ではないのである。多様な紐帯の束，それこそがラオスの手織物について形成されつつある市場なのである。

補足史料 III-1　明治期における足利の織賃

　織賃がどの水準となるかを，本書では農業労働賃金や縫製工場の給与などと比較している。もうひとつの基準として，1日あたりの織賃が何 kg の精米に相当するかを計算する方法もあろう。筆者の経験でいえば，アジアの貧困国では最低賃金で精米 3 〜 4kg が購入可能であることから，それが最低生存水準を保障する賃金水準だと考えている。

　そこで『足利織物史』(1960) のデータを利用して，明治期の足利における織賃が何 kg の精米に相当していたかを求めてみよう。出機織子の生産性を，織元である野本家の賃織業者 93 名の記録（「賃機口取帳」）から確認しよう（付表 III-1）。「1 日フルに働いたとしても一反織り上げるのが精いっぱいであった」(p.122) ことを考慮すれば，年間生産量が 100 反に及ばない織子が 8 割ほどいたことは，機織りが農間余業であったことを物語っている。この地域の米価が一石（150kg）あたり 13.01 円（p.123）であったことから，1kg は 8.67 銭となる。また，表から一反の織賃は約 5.97（3.6 円 /60.3 反）銭である。すなわち，1 日機織りをしても 688g の米に相当する賃金しかもらえていないことになる。一地域のデータではあるが，明治期の織賃が極めて低い水準であったことがわかる。膨大な過剰労働の存在が窺われる。こうした環境では，集中作業場で織子を管理して労働生産性を高めることは選択肢とはなりえないであろう。

付表 III-1　賃織業者の年間生産反数の分布：1903 年　　　　（　）は%

生産量（反）	人数	生産反数（構成比）	年間一人あたり	
			生産反数	織賃（円）
150 〜 200 反	5　(5.3)	821 (14.6)	164.2	8.6
100 〜 150 反	14 (15.1)	1290 (22.9)	92.1	5.4
50 〜 100 反	23 (25.3)	1587 (28.3)	69.0	4.1
50 反以下	51 (54.8)	1911 (34.0)	37.5	2.2
合計	93 (100.0)	5609 (100.0)	60.3	3.6

早稲田大学経済史学会編『足利織物史 下巻』(1960) 第 41 表から計算。

第Ⅳ部

距離の克服：辺境の産地

シンの大消費地であるヴィエンチャンから遠く離れた地方にも，織物の産地がいくつかある。しかし，その県庁所在地ですら多くとも２〜３万人の人口規模でしかない地域であることから，ヴィエンチャン，ルアンパバーンそしてタイなどの大消費地と結びつくことによってしか，その地域は織物の産地となりえないのである。すなわち，経済の自由化が本格化して都市部でのシンの需要が増大したことに対応して，産地の形成が始まりえたのである。

遠隔地であることは，ヴィエンチャンの商人がイニシアティヴをとって市場を形成することの強い障壁となる。それは，距離の克服に留まるものではない。ヴィエンチャンでの流行の織柄情報を伝達したとしても，遠隔地の商人はシンを卸すために数ヶ月に一度ヴィエンチャンを訪れるだけであることから，その間に流行は終わってしまう。また，直接の監視が難しいことから織柄情報の外部化を防ぐ手立ては都市の商人にはなく，遠隔地の機業家に排他的納品を確約させることも困難である。取引を統治するメカニズムの構築が難しいのである。そのために，高価な糸の掛売りにも都市の商人はためらうことになる。やはり，車で数日かかる地域の機業家と関係性の高い契約を交わすことは難しくなる。その結果，ヴィエンチャンの小売店の委託仲買人が活動することもできない。そうした遠隔地の機業がより大きな市場に包摂されていく過程を観察するのが，第Ⅳ部の目的である。

第Ⅳ部は４つの地域を対象とする。ヴィエンチャンから遠く離れているものの，それぞれは固有の特徴をもつことから，市場形成のあり方にも差異がみられる。「織物の宝庫」として知られるフアパン県（第11章）とシェンクワン県（第12章）は，シンの大消費地であるヴィエンチャンまでかなりの距離があり，また道路インフラにも恵まれていない僻地である。自給的色彩の強かった機織りが市場経済に包摂されていく様子を，ヴィエンチャン周辺よりも明瞭に観察できる。この織物の宝庫は独特の伝統的織柄を受け継いできており，ヴィエンチャンのタラートでも，それがどの地のシンかすぐに判定できるほどである。それぞれの県都では機織りは衰退してきているが，周辺では活発な機織りがみられる。ただし，フアパン県と比較すると，シェンクワン県では農村地域でも機織りは衰えつつあるようである。そのような対照的な経路がなぜ生じたのかも，ひとつの検討課題である。

第13章で扱う古都ルアンパバーンの機業は，大きく変化する需要構造に揺さぶられてきた。これは，他の地域ではみられない経験である。この変化に，

第Ⅲ部の対象地域

フアパン県	
県都サムヌア	集中作業場もあり，地域の織物流通の要所となっていたが，ヴェトナム経済の浸透などにより衰退。
サムヌア近郊	外部の仲買人の買付けで市場が形成。しかし，内部で仲買人/織元が発生。
サムタイ	辺境の地で市場形成が遅れたが，外部仲買人と在村仲買人が先鞭を付け，その後，織元が登場して産地となる。
シェンクワン県	
県都ポーンサワン	織元もいたが，農業も盛んなことから衰退。
カム郡	技能や織柄では可能性を秘めているが，都市の市場に結びつける織元が生まれてこない。
パーサイ郡	農業が盛んで，自給的な機織りしかされないままの地域。
ルアンパバーン県	
ポンサイ村	外部からの商人が入るが，在村商人は生まれてこない村。農業事情が一変して，近くの集中作業場に通い始める織子もいる。
メコン機業地	農地がほぼないために，専業で機織り。タイ市場の開放に素早く反応するが，その縮小とともに海外からの観光客相手へのビジネス・モデルの変更。
パノム村	伝統的な機織り村。政策介入によって商人が発生していない。タイ市場への参入には失敗。海外からの観光客の増加の恩恵を受ける。
サイニャブリー県	織りの技能が低い地域。外部の商人のコンタクトによって平織りで生き残りをかけている。

機業家や商人たちがどのように対応していったかを探ることになる。そして，最終的には織元が消えていくことにも注目したい。そのことは，逆に，織元の役割を浮かび上がらせることにもなる。

　第14章ではサイニャブリー県を扱うが，上記の3地域と比較すると，織物としての名声がない地域である。そうした地域での機織りは，Hymer and Resnick (1969) に従えば衰退を運命づけられている農村工業なのかもしれない。しかし，上記の織物の産地とは異なる経路で，部分的ではあるが手織物が成長の兆しをみせている。このことは，ラオスの多くの地域で手織物を興隆させるヒントを与えてくれることになる。

　これまでに述べた理由によって，遠隔地では，都市の小売店や織元というアウトサイダー商人ではなく，遠隔地のインサイダー商人が主導して市場を形成していかざるをえない。また，そうした地域の商人とヴィエンチャンのタラートの小売店との間には関係性の強い契約は採用されないことは，タラートの小売店を対象とした第Ⅱ部で観察したとおりである。この意味では，フアパン県の織元は，糸出し仲買人に近い性質をもっているといえるかもしれない。し

かしヴィエンチャンの仲買人が低品質のシンを扱っていたのに対して，フアパン県の織元が扱うシンは，タラート・クアディンではなく，タラート・サオに流れていくことからもわかるように高級品が中心である。こうしたシンの生産形態が形成されていく過程を確認していこう。

　第IV部で対象とする4つの県の特徴を，それぞれの県で対象とした地域別にまとめておく。

第 11 章

興隆する手織物の宝庫：フアパン県

ヴェトナム北部と接するフアパン（Houaphanh）県は，ラオスのなかでも最貧県のひとつであると同時に，織物の宝庫としても知られる。フアパン県の県都はサムヌアであるが，この県も古くはサムヌア（Xamneua）と呼ばれたことから，この地方独特の紋柄をもつ織物もサムヌア織りとして知られている。ヴィエンチャンにいる移住者も出身地はサムヌアというが，詳しく聞くとサムタイ（Xamtai）であったりする。そしてフアパン県は，第III部でみてきたように，ヴィエンチャンにある大小の集中作業場で働く出稼ぎ織子の最大の供給地でもあり，またヴィエンチャンの織元にもこの県の出身者が多い。そして，何よりも，ヴィエンチャン平野とその周辺に点在するディアスポラの人々の出身地でもある。

　フアパン県にも織物の産地はいくつかあるが，本章では，県都のサムヌアとその周辺の村，そしてフアパン県のなかでも僻地であるが織物の産地として名高いサムタイを対象とする[1]。このふたつの地域の機業は，経済発展のなかで異なる様相をみせることになる。

　フアパン県の調査は，2001年と2013年になされた。2001年当時，シェンクワン県の県都ポーンサワンを経由する現在の経路（南廻り）は悪路であるだけでなく，反政府ゲリラの襲撃が頻発したこともあり，ラオス人も利用を避けていたほどである。そのために，ルアンパバーンからメコン川の支流ウー川に沿って北上していく北廻りの経路を利用せざるをえなかった。ヴィエンチャンからルアンパバーンまで1日，そこからサムヌアまでの悪路432kmを2日，そしてサムタイまで丸1日を要した。サムヌアからは，ヴェトナム方向に73kmほどいき，その後はサム川に沿ってかつてのホーチミン・ルートを下流に68km下ってサムタイにつく。ヴェトナムに向かう道は舗装されていたが，サム川沿いの道はかなりの悪路である。幾度かサム川やその支流を渡らなくてはならないが，橋はない。雨が降って水嵩が増すと，途端に道路は寸断されてしまう。この区間は，4輪駆動車でも，結局は「平均時速は13km以下」と当時の調査ノートに記されている。この辺りは自然保護区となっており，トラに注意の看板が目につく。

　2005年前後になるとゲリラの掃討も進み，ポーンサワン経由の南廻りルートが整備されていった。ポーンサワンから東北方向に56kmでカム（Kham）郡の中心の小さな町につく。そのまま進めばヴェトナムに通じるが，ここから北

1）　サムヌアはサム川の北，そしてサムタイはサム川の南を意味する。

フアパン県

上すればサムタイに向かうことになる（次章の地図参照）。かつては3時間以上を要したポーンサワンからカム郡に至る道路も、いまや整備されて1時間の距離となっている。また、サムヌアからサムタイに通じる悪路も、アジア開発銀行からの融資を受けて整備（2006年）され、サムヌアとサムタイ間も車で5時間の距離となった。サム川にも橋が架けられており、自動車でサム川を渡る必要もなくなった。

　ここまで長々と距離を説明したのは、市場の形成が距離の克服という側面をもつからに他ならない。フアパン県の初回の調査は北廻り、2度目は南廻りのルートを利用した。道路の舗装は、ヴィエンチャンからサムタイまでの必要日数が1日短縮されただけでなく、商人の肉体的負担も軽減してくれる。雨季でも、道路が閉ざされて陸の孤島となることはなくなった。商人にとって、これは大きな変化である。

　2013年の調査で確認されたもうひとつの特筆すべき変化は、ヴェトナム経済の浸透である。ハノイからラオスに向かう高速道路が整備され、いまや、ハノイ・サムヌアは車で1日の距離である。かつてはタイの工業製品が並べられていたサムヌアのタラートには、代わってヴェトナムの製品が並び、ヴェトナム人も見かけられるようになった。

　初回の訪問時点では、サムヌアは県都ながら電化もされていない山間の鄙びた町に過ぎなかった。町中にも、機織りをする人々が多く見かけられた。しか

し2013年の調査時点では，町中から機織りは姿を消している。ヴェトナム経済が入り込んでおり，建築ラッシュらしき感もある。かつてヴィエンチャン経由で入っていたヴェトナム産生糸が直接流入するようになったことは，この地域の機業にとって大きな，そして有利な変化であった。フアパン県には，ヴィエンチャンからの流行の織柄情報が入りにくい。しかし，織子たちはサムヌア織りとして知られる優れた伝統的織柄を織り込む高い技能をもっている。もともとは糸を自給したうえでの機織りであったのが，ヴェトナムからの生糸の直接流入によって生産量の飛躍的な増加が可能となり，その結果として市場形成が促されることになる。こうした変化を念頭において，ラオスの僻地といわれたフアパン県で手織物の市場が形成されていく様子を追っていくことにしよう。

　こうした僻地での市場形成を議論するうえでの要点のひとつは，織子たちが市場に組み込まれる契機がいかにして与えられるかを探ることである。この契機を前もって整理しておくと，それらは1) 都市を訪れた僻地の機業家が，そこで小売店と馴染みの関係を築く，2) 都市の商人が接触してくる，そして3) 品評会やNGOなどの外部の介入によって機業家と都市の商人が接触をもつ，という3つに分類される。

　調査対象地はサムヌア市内とその周辺の村，そしてラオスの僻地と称されるヴェトナムの国境近くの小さな町，サムタイである。また，サムヌアとサムタイについては，2001年と2013年の比較をする。

第1節　サムヌア

　2001年当時，サムヌアでは，夕方の3時間ほどディーゼル発電による給電がなされるだけであった。宿も少なく，ここまでくる旅行者も稀であった。2013年時点でも，ヴェトナム人を別とすれば，外国人旅行者を見かけることはほぼない。サムヌア郡の人口も5万人に満たないことから，町の人口は1万人に達しないであろう。中心を流れるサム川沿いに町が形成されており，標高1200 mにある山間の盆地であることから，朝は肌寒く，町は霧に覆われることも多い。ここからは為替レートが1ドル = 8424キープ，そして1バーツ = 194キープであった2001年3月の話である。

1. タラート

　町の中心にあるタラートの糸屋とシンの小売店への聞き取りから始めよう。サムヌアの小売店は，織元としても機能している。多くの消費者がいるヴィエンチャンと異なり，サムタイの小売店はヴィエンチャンやルアンパバーンの市場と結びついてはじめて商売が成り立つことから，個々の消費者を相手とする店舗商人というよりは織子と都市のシン小売店との流通を仲介する商人としての役割が強くなるためである。

(1) 糸屋

　生糸は，フアパン県で養蚕される在来種のカンボウジュ (Cambodge) 種（黄絹が中心だが，白絹もある）とヴェトナム産の二化多化の黄絹の二種類が売られている。手挽き（第1章の写真 1-2）される在来の生糸は撚糸されていないことから，織子がその作業をしなくてはならない。手挽きであることから繊度が一定せず，また節もある。そうした糸を経糸に使うと節が筬に引っかかって糸切れしやすくなることから，織子たちはヴェトナム産の生糸のほうがよいという。ただし，在来種は光沢が強いことから柄糸に使われる。ヴェトナム産生糸は，2～3ヶ月ごとにバスでヴィエンチャン（片道3日：8万キープ = 9.5 ドル弱）にいって仕入れている。この段階では，ヴェトナムから生糸はまだ直接は入っていない。

　糸のマージン率が表 11-1 に示される。ヴィエンチャンまでの交通費が加算されるために，ヴィエンチャンの伝統的機業地にある糸屋のマージン率（第7章の表 7-5）よりも，やや高い数値となっている。

(2) 小売店

　このタラートには 10 軒ほどのシンの小売店がある。店主たちは小売店を経営する傍ら，自宅で内機織子を雇い，出機織子とも取引関係を形成するという織元でもある。ふたつの小売店を紹介しよう。

a) 小売店 1

　プアポン婦人（37歳）は，1991年に県の財務課を退職してシンの小売店を開

表 11-1　糸屋の仕入れ値と売り値（単位：キープ）

	仕入れ値	売り値	マージン率（％）
在来生糸	10万/kg	12万/kg	16.7
ヴェトナム産生糸	17万/kg	18万/kg	11.1
綿糸（手紡）	1.5万/kg	1.8万/kg	16.7
化学染料	1200/袋	1500/袋	20.0

注）1ドル＝8424キープ。

表 11-2　納品書（価格は万キープ）

	仕入れ値	売り値	数量	総額
小幅のティーン・シン付シン	4	4.5	10	45
小幅のティーン・シン付絣のシン	4.1	4.6	10	46
広幅のティーン・シン付シン	5.5	6	4	24
小幅のティーン・シン付シン	4	4.5	3	13.5
紋織のシン	9.5	10	8	80
絣と紋織のシン	14	15	8	120
ムックのシン	38.5	40	4	160
ティーン・シン付のシン	27.5	28	4	112
テーブル・クロス	2.8	3	2	6
シン用の平織布	2	2.5	40	100
パー・ビアン	85.5	90	3	270
小幅のティーン・シン	1.5	2	5	10

いた。地域の人々にも販売はするが，大半はヴィエンチャンに送られている。中級品と高級品に分けてみていこう。

　中級品は，ヴィエンチャン首都区工業・手工業省の中小企業および手工業・家内工業センター（ヴィエンチャン市内に販売所をもっている）に送られている。毎月注文票が届くが，表11-2は2001年2月の実績である。表の納品書は標準的な量であるというが，タッ・ルアン祭りの前になると注文は大幅に増加する。総売上額が986.6万キープ（1171.2ドル）であり，総仕入れ額は916.9万キープ（1088.9ドル）となることから，この取引でのプアポン婦人の利益は69.7万キープ（82.7ドル）となる。大量の取引ではあるが利益が82.7ドルでしかないのは，中級品であり，またこの時期は経済の混乱によってシンの価格が低迷していたためである。それでも，平均的な公務員の月給（約20ドル）と比較すれば，悪くはない水準である。

　売り値を仕入れ値で回帰させると，

$$\text{売り値} = 0.20 + 1.05^{***} \text{仕入れ値}$$
$$(1.49)\ (220.38)\ R^2 = 0.99\ ^{***}p<0.1\%$$

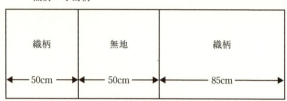

図 11-1　仕様書

が得られる。カッコ内の数字は，t-値である。切片はゼロと有意な差はない。仕入れ値の係数から，利益率が5%であることが求められる[2]。これは，小売店が特異な織柄や糸を提供したりしているわけでなく，単に独立織子からスポットで仕入れたシンを転売しているだけの，仲買人としての利益である流通マージンでしかないためである[3]。

　手工業・家内工業センターが織柄に無頓着なわけではない。例えば図11-1は，センターから送られてきた仕様書である。これに，サンプルとしての写真がつく。ただし，こうした仕様書は，やや高値の織物につくだけである。その他の注文は大雑把なものであり（図11-1の仕様書もかなり大雑把であるが），標準的な織柄の指定に留まっている。それにあわせて，プアポン婦人は，独立織子からスポット契約でシンを買い付ける。ヴィエンチャンでの流行の織柄情報の伝達が，ほとんどなされていないことがわかる。センターから品質面でクレイムがついたことはないという。

　プアポン婦人は，高級なシンも取り扱っている。サムヌア市内に6人（糸信用貸契約），29km離れたヴィエンサイと遠隔地のサムタイにふたりずつ（注文契約）織子を抱えている。「近くの織子については，朝な夕なに訪れて細かい指示を出している。製品の横流しを防がなくてはいけないし，織柄を盗まれない

---

2)　取扱数量を考慮したときの利益率は7.1%となる。回帰式では種類別にみた平均利益率を求めるために，取扱数量でのウエイトづけはなされていない。

3)　この率は，インフォーマル金融の月あたりの金利に等しくなっており，手持ち資金の利益率が均等化している様子をみてとれよう。すでに指摘したように，本来は資本の回転期間を考慮した数値でなくてはならないが，シンの製織では一定期間における資本の回転の計測は困難である。しかしプアポン婦人が毎月取引をしていることから，回転期間を1ヶ月とみなしても差し支えないであろう。

ようにもしなくてはいけないからね」と婦人はいう。糸信用貸契約であることから，糸の窃取の問題は聞かれない。織柄は，他の小売店もそうであるが，婦人が所有するシンの古布から織柄を抜き出して創作している。織られるシンは織子の手前の巻棒に巻き取られるが，それを広げて他人に見せないようにと織子に指示しているという。
　サムタイやヴィエンサイの織子たちについては，「彼女たちには，よい織柄のシンを織らせていないね。そりゃサムタイの織子たちの技能が高いことは知っているけど，遠いし，雨が降ると（道路が川で寸断されるので）いけないしね。だから，織子の管理ができないじゃない」という。したがって関係性の弱い，注文契約での取引となっている。ヴィエンチャンの小売店とフアパン県の小売店との間に関係性の弱い契約しか交わされていないことと同じ理由である。高品質のシンとなると，頻繁な監視が可能となる近くに住む織子に機織りを委託するか，ないしは集中作業場での生産というように，できる限り組織に近い形態での取引関係を構築する必要がある。遠方の織子では，さすがにそれは不可能というのが，婦人の考えである。
　織子との関係（糸信用貸契約）について，ひとつ費用収益構造を紹介しておこう。約800本にもなる紋糸で織られる複雑な織柄をもつパー・ビアンである。織柄はプアポン婦人が創作するが，垂直紋綜絖は織子がつくる。すなわち，織子の技能もかなり高いわけである。婦人がヴィエンチャンで購入してきたヴェトナム産生糸1kg（20万キープ）を掛売りして，1枚が織られる。パー・ビアンの仕入れ値は120万キープであるから，織子は1枚あたり100万キープ（118.7ドル）の収入を得ることになる（精練・染色は織子の負担）。織子の収益率は83.3％とかなり高い水準となるが，1枚を仕上げるには，急げば1ヶ月半，しかし実際には家事などもあって3ヶ月はかかることから，月あたりの収入は30万キープ強（35.6ドル）に留まる。それでも，平均的な公務員の給与（20ドル程度）よりは高い収入となる。
　納品されたシンは，タラート・サオの馴染みの小売店に150万キープ（178.1ドル）で卸される。したがって，利益率は20％となり，低品質のシンの利益率の4倍となっている。これは，婦人の創作した織柄と婦人の監視によって高められた品質への配当，すなわち織元としての利益率である。高品質にもかかわらず利益率が低いことは気になるが，1枚から得られる利益の30万キープは，平均的な公務員の給与よりも高いのである。

「ねえ。もうひとつよいシンがあるんだけど」といって，婦人は店の奥から1枚を取りだしてくる。「外国からの旅行者向けに図案を考えて織ってみたのだけど，どう？」という。そういわれても，ヴィエンチャンにある凱旋門（*Patuxay*）を中央に配して，周りに鹿，虎，牛などが織り込まれている。これを織るための垂直紋綜絖を作成するのは大変だっただろうとは思うが，図柄があまりに稚拙であり，食指が動かない。これ，あまり売れないでしょうというと，「そう。ぜんぜん。やはりだめかね」と呟く。海外の消費者の嗜好が理解できていないときに発生するミスマッチの笑い話であるが，しかし市場形成の核心を突く逸話でもある。

b）小売店 2

ナートン婦人（41歳）は，1997年にヴィエンチャンにシンを売りにいったときにタラート・サオのチャントン婦人（第5章の小売店A）と知り合い，馴染みの関係を築いた。チャントン婦人のもつ古布から創作された織柄が写真で送られてきて，それから垂直紋綜絖をナートン婦人が作成している。その他に，フランス系ヴェトナム人の経営するブティックやラオスのNGOカーマクラフト（次章で触れるマルベリーズも運営）のブティックとも関係を築いてシンを卸している。

ナートン婦人はヴィエンチャンの小売店から織柄情報を仕入れて機織りをしている。これは，チャントン婦人の店がそうであったように，織柄の流行がない外国人を対象とした小売店だからこそ可能となる話であり，織柄の流行に敏感なヴィエンチャンの消費者を対象とするとこうはいかない。もちろん，チャントン婦人の伝えた織柄情報が外部化するおそれはあるが，そうした高級なシンを売るタラートはタラート・サオでしかなく，チャントン婦人は他の店を見回っているので，外部化は阻止されているようである。

婦人は，サムヌア市内に30人ほど，そして20kmほど離れた村に10人ほどの出機織子と糸信用貸契約を交わしている。また後述のサレイ村（36kmほど国道を南下）などからは，注文契約でムック（経糸紋織りのシン）を仕入れている。糸信用貸契約にした理由について，ナートン婦人は「遠くの村の人だから貧しくて，糸が買えないから」という。たしかに，これらの村には糸屋はないことから，ヴェトナム産生糸を使った機織りをするには糸を提供する必要があろう。しかし，続けて彼女は「注文契約にすると，サンプルを見せたのに，よいのが

織れると，他に売ってしまうことがよくあるからね。だから，糸を掛売りしている。ときおり他の商人に売ってしまう織子もいるけど，そのときにはサンプルと提供した垂直紋綜絖を取り上げて，金輪際，契約をしないことにしている」という。なお，サレイ村からは注文契約としているが，これは距離もやや遠いこともあるが，織られているのが綿織りが中心となるムックであるためである。詳しくは，第4節で説明する。

　織柄情報を伝えたのにもかかわらず第三者にシンを売渡すというのは，織柄という知的所有権の侵害である。それを阻止しようと，注文契約ではなく糸信用貸契約にしたわけである。信用制約の強い織子にとっても，また近くに糸屋がない現状では，織元による原料糸の提供は歓迎すべきことである。織子は掛買いによって債務を負うことになることから，織元への納品を義務と認識することになる。こうして，織柄の知的所有権を侵害する誘因を減らすことができる。問屋契約にすれば，原料糸の所有権が織元にあることから，納品の確実性はさらに高まるであろう。しかし遠方ということから，問屋契約にした場合に生じる糸の窃取というエージェンシー問題を阻止できるほどの力は織元＝店主にはないようである。

第2節　サムヌアの集中作業場

　県都サムヌア市内には小規模な集中作業場がいくつかある。作業場で働く織子たちは県内の僻地からの出稼ぎであり，織元の家に住むことになる。ヴィエンチャンと同様の事態が，サムヌアでもみられる。近くにタラートがあることから，サムヌア市内の織子が独立織子となろうとするのは当然であろう。何しろヴィエンチャンの事情とは異なり，都市での流行の織柄情報の入手は織元でも困難であることから，信用制約さえ解消されれば織子は独立織子となろうとする。そのために，内機経営をしようとすると出稼ぎ織子に頼らざるをえないのである。

　典型的な小規模織元をひとり紹介しておこう。チャンさん21歳は，1997年から集中作業場を開設している。集中作業場といっても内機織子は8人（15～19歳）だけであり，家のなかの一角を機場としている。市内にみられる他の作

業場も似たようなものである。内機織子は織元の母親の出身地であるシェンコー (Xiengkhor) 郡とその奥のエト (Et) 郡からきている。この地域はヴェトナムに隣接するフアパン県北部に位置しており，サムヌアから100kmほど離れたかなりの僻地である。さらに，エト郡の織子4人と問屋契約を結んでいる。垂直紋綜絖はチャンさんが作成して渡している。糸を渡しているが，ときおり足りないといってくるという。しかし，「*phii*（年上）*nong*（年下）の関係だから，信頼しているよ」という。この *phii-nong* といういい回しは，ラオスではよく聞かれ，ある種の擬制的家族関係をあらわしている。

しかしながら，「出機織子よりは内機織子のほうがいい」とチャンさんはいう。「内機織子が10日で織り上げるシンも，出機織子だと1ヶ月以上はかかってしまうからね」という。チャンさんは「内機織子には労働時間についての規則もないし，ノルマもないけど」というが，暗黙の契約として朝6時ころには機織りを始めて，夕方5時から6時ころまで働くようである。電気がきていないことから，この時間は日照時間に左右される。それでも織子の専業性は保たれており，出機織子よりは高い生産性が実現されている。ヴィエンチャンの集中作業場の生産性についての説明と同じである。

ここで織られる700本の紋糸を用いた複雑な織柄をもつパー・ビアンを例にとって，費用収益構造をみてみよう。詳細な数値は省略するが，1枚あたり650gの糸（ラオス産生糸使用）が使われ，その費用は8.45万キープである。1枚を織り上げるのに20日弱必要であり，12万キープの織賃が支払われる。織子にとっての月あたりの収入は平均的な公務員の給与を少し上回るだけであるが，無料で食事が提供されることなどを考慮すれば，決して悪い労働条件ではない。食費は8人の内機織子について，1日4万キープ，すなわちひとりあたり5000キープである。この食費を含めると，シン1枚の生産費は約30万キープとなり，それをタラートの小売店に50万キープで卸している。よって，利益率は40％となる。はじめに紹介したシンの小売店の利益率は5％であったが，チャンさんの場合には，織柄を創作して垂直紋綜絖を自らが作成し，さらに内機織子を監視しながら紋糸700本という高品質の織物を生産することから，この高い利益率を確保している。この40％という利益率は，同様の特性をもつヴィエンチャンの織元やタラート・サオの織元のそれとほぼ同じ水準である。

次に，少々特異な事例として，市内の南のはずれで近接する集中作業場を経営するバンポン婦人とペンシー婦人を紹介しよう。2000年にチェンマイ在住

のシンガポール人商人がふたりに接触してきて，契約関係に入った。仕様書は写真で送られてくるが，その大半はスカーフなりストールにする大きさであり，色や柄を見る限り欧米向けの輸出用と思われる。作業場の壁には，仕様書として送られてきた写真が張りつけられている。注文契約であり，糸は織元が購入している。「事業を始めたときには資金がなくて，シンガポール商人が無利子で資金を貸してくれていた。いまは金銭的に余裕ができたので，資金を借りる必要はなくなった」とペンシー婦人はいう。

　代替的な販路がないことから，プリンシパルが織柄のデザインを提供しても，それが外部化するおそれは少ない。サオバーンとコン婦人（第10章）との関係に似ている。ヴィエンチャンの織柄の流行のようには欧米の嗜好がめまぐるしく変わらないことから可能となる生産形態である。前述の小売店主ナートン婦人と似た事例でもあるが，ナートン婦人が伝統的織柄のシンを扱うのに対して，バンポンとペンシー婦人は外国人向けのデザインとなっている。このために，チェンマイの商人からの織柄の仕様書の提供が，経営の生命線となる。

　製品の受け渡しは月1回ヴィエンチャンでなされ，ふたりは交替で製品をもっていく。バンポン婦人は月130〜150枚，ペンシー婦人は月100〜150枚を納品している。この枚数が限界であり，これ以上の注文には応じられないという。交通費などを考慮した利益は，双方の織元で月70〜80万キープ（83〜95ドル）となる。小さな作業場であること，そしてヴィエンチャンまで毎月製品を運ぶ費用もあることから利益は大きくならないが，それでも公務員給与の4倍程度となっている。納品のためにヴィエンチャンにいったときに，ヴェトナム産生糸を購入して帰る。

　バンポン婦人は12人，ペンシー婦人は7人の内機織子と6人の出機織子を抱えていることから小規模織元である。織子たちはサムヌアから南に38kmほど離れたムアンウェーン村（後で紹介）の出身であり，20歳前の若年女性が中心である。ふたりの織元も，この村の出身である。バンポン婦人は出機経営はしていない。その理由として「簡単なのや注文が多いときには出機に出すこともあるけど，品質に問題が出てくるし，また納期も守れない。それに，サンプルの写真から垂直紋綜絖を作成できるような織子はあまりいないからね」とのことである。納期が守れないことから集中作業場が選好されることは，第8章で紹介したペンマイ工房が出機を廃した理由でもある。また，独特の織柄であることから，伝承された織柄の垂直紋綜絖は作成できても，新しい織柄の綜絖

の作成はできない織子が多いようである。このふたりの織元は，内機織子を家に住まわせており，食事も含めて無料である。

　ペンシー婦人の生産するスカーフ（45本の紋棒使用）を例にとって，費用収益構造をみてみよう。1枚あたりの糸代（絹糸）は5.7万キープである。1日1枚が織られるが，織賃は内機では5000キープ，そして出機なら1万キープ（1ドル強）である。差額の5000キープは，内機織子の食事代・電気代などに充当されるものである。前述のチャンさんも，住込みの内機織子の食費を1日あたり5000キープとしていることから，妥当な額であろう。卸値は400バーツ（7.8万キープ）であるから，織元のシン1枚あたりの利益は内機で1.6万キープ（食事代を差し引くと1.1万キープ），出機で1.1万キープと計算できる。利益率は14.1％と高くはないが，織柄情報に対する支配力のない織元であることから，流通マージンと労務管理への配当だけが利益を構成しているためであろう。なお，ペンシー婦人に1枚あたりの利益を確認したところ，1～1.5万キープとの回答であった。

　出来高給であるものの，双方の集中作業場での織子の収入は月20～30万キープであり，公務員と同等かそれよりもややよい収入である。しかし食事も無料で提供されることを加味すれば，山間僻地の村人にとっては，それなりの就業条件である。

　県都サムヌアとその周辺には，優れた技能をもつ織子が多く存在している。そこで織られたシンの大半は，市場規模の小さい地元ではなく，タラートの小売店を結節点としてヴィエンチャンを中心とする大消費地に向かうことになる。サムヌアの小売店はヴィエンチャンにシンを卸しにいったときに糸（主としてヴェトナム産生糸）を購入してくることから糸屋ともなるが，同時に糸を織子に提供して機織りを委託するという織元の機能も果たすことになる。市内では小規模な織元はいるが，ある程度の規模となると，それは小売店の経営者である。

　特異な事例として，海外の事業家の接触を受けて集中作業場を設立したふたりの織元を紹介した。海外の商人によって販路が確保され，市場にあわせた製品情報も提供されている。アウトサイダーであるサオバーンやトンラハシン（第10章）について紹介した論理がみられる。

　遠隔地のフアパンでは，ヴィエンチャンの変化の激しい流行の織柄を織り込

んで製品化することはできていない。そのために，自分たちが伝統的に受け継いできた織柄を利用している。サムヌア織りとして名高い評価を受けていることが，流行の織柄を取り入れない機織りを可能にしているのである。

第3節　サムヌア再訪（2013年）：機業の衰退

　2013年の春にサムヌアを再訪した。このときの為替レートは，1ドル＝7700キープ，1バーツ＝265キープである。町は電化され，宿泊施設もかなり増えている。タラートも2階建てとなり，新しい場所に移されていた。ヴェトナム経済の浸透が，この変化の最大の要因であろう。これといった第二次産業はないものの，建築ラッシュらしきものもみられる。
　タラートにある最大のシンの小売店の店主チェン婦人（53歳）に，ここしばらくの変化を話してもらおう。彼女はサムヌア生まれの華人であり，1990年代初頭からシンの小売店を始めている。

> 「かつてはサムヌアの織子だけからシンを仕入れていたけど，いまは町に織子はいないね。少なくとも数km離れた村にいかないと，織っている人はいなくなった。だから，4～5年前からはサムタイからも仕入れるようにした。むかしは，サムタイから1日掛かりでサムヌアにやってきていたものだ。だから，織物も，いったんはサムヌアに集まってきていたけどね。でも，いまは道路が舗装されたでしょ。だから，サムタイの人はここを通り過ぎていくだけになって，サムヌアからの仕入れも減ってしまった。糸（生糸）もヴェトナムから直接入るようになった。むかしは私の店にもヴィエンチャンやルアンパバーンから商人が買い付けにきていたけど，代金を後払いでなどと要求してきたので取引をやめた。信用なんかできないからね」。

　この後，チェン婦人はサムヌアとサムタイの織りの違いを説明し始めた。「ほらみてよ。ここのドットになっているところ，サムタイのは密度が荒いでしょ……」。彼女の口ぶりには，サムタイに対する対抗心が見え隠れする。
　どんな人が顧客かを問うと，「地元の人が中心だけど，周りの村の人も買いにくる。ヴィエンチャンの人が買っていくことも少しはある」という。そのためであろうか，陳列されているシンは，ほとんどが低廉な綿織物である。ヴィ

エンチャンに販路を求めていた前回の訪問のころと比較すると，かなり品質が落ちている。絹を使った前面に織柄の施された高級なシンは，わずかではあるが店の壁にかけられている。タラート・サオ・モールに店をもつヴォンカンティ婦人が始めたという，例のシンである。ちょうど政府の会議が開催されていたことからヴィエンチャンから多くの女性公務員がサムタイにきており，彼女たちの多くは高級なシンを買い求めている。紋織りの布を着用する風習がないベトナム人観光客は，顧客とはなっていない。

　チャン婦人の発言は，サムヌアの機業の衰退の原因を説明している。市内を歩いてみても，もはや機織りを見かけることはなくなった。町の南のはずれにあるバンポン婦人とペンシー婦人の作業場を訪ねてみたが，もう内機織子はいなくなっていた。

　内機経営をしていたバンポン婦人は2011年に夫を亡くした。ラオスでは，地域や民族などで違いはあるものの，家で死者が出ると数ヶ月は機織りをしない風習がある。その間に，内機織子はヴィエンチャンに移って，織子として働き始めた。学校が長期の休暇となるときにだけ，彼女の出身村であるムアンウェーン村から学生がきて機織りをしている。チェンマイ在住のシンガポール人とは取引が続いているが，彼がヴィエンチャンに移ってきて仕事をすればというので，バンポン婦人は自宅を売りに出していた。売値は8万ドルという。ヴィエンチャンならまだしも，ラオスの僻地でこの価格ということは，ここでも土地バブルが発生しているようである。

　ペンシー婦人は製品を絣にして，問屋契約で近くの村の織子に織らせている。絣は先染めであることから織りの確かさを確認しやすいことや，先染めされた糸は窃取されにくいこともあり，問屋契約でもエージェンシー問題は起こりにくいようである。このことから，彼女は，サムヌアで仕事を続けていくという。織られるシンの違いが，織元の行動に異なる影響を与えている。

第4節　サムヌア周辺の村（2013年聞き取り）

　2013年時点の調査では，サムヌア市内の機織りは衰退していたが，その周辺ではまだ重要な稼得機会となっている。市場はサムヌア周辺に広がりをみせ

写真 11-1　ムック（経糸紋織り）
注）縦のラインの柄がムックであり，その間には緯糸による絣柄が入り込んでいる。

ているようである。しかし，ヴィエンチャンで観察されたような市内の機業家が主導権をとって機業をサムヌア市内から外延化しようとする傾向はあまりみられない。そもそも，サムヌア市内から機織りはほとんど消え去ってしまっている。ヴィエンチャンのように内機経営による対応もみられなくなった。サムヌアで内機織子となる位ならば，憧れのヴィエンチャンに出稼ぎにいきたいというのが若い女性たちの気持ちのようである。

　ヴィエンチャンやルアンパバーンからサムヌアに続く国道沿いには，いくつもの村が連なる。ここでは対照的な市場形成がなされているふたつの村，サムヌアの手前 36km にあるサレイ村と，それからしばらくサムヌア方向に戻って未舗装の道を 10km ほど入ったところのムアンウェーン村の話をしよう。サレイ村では絣とムック（経糸紋織り）が，そしてムアンウェーン村では紋織りが織られている。この製品の差が，形成される市場のありように違いをもたらしている。

　ムックでは垂直紋綜絖を使ったときのような複雑な織柄は織り込めないことから，垂直紋綜絖による織柄のように図案師が大きな役割を果たすことはない。そのために，経糸で紋を入れたライン（これがムック）を何本か走らせて，絣染めにした緯糸でラインの間に絣柄を入れていくことが一般的である（写真 11-1

第 11 章　興隆する手織物の宝庫：フアパン県 | 425

を参照)。織子自身が絣の括り染めをすることから,ラインの幅や本数,そして絣柄で決まるシンの織柄への支配力は織子にある。したがって,織元の交渉力は弱くなってくる。この点では,ヴィエンチャンの伝統的機業地における絣の事情と同じである。

このふたつの村で形成される市場には,大きな違いがある。サレイ村のシン(絣とムック)は,サムタイの小売店を通さずにヴィエンチャンに直接送られる。これに対してムアンウェーン村のシン(紋織り)はサムヌアの小売商を通じて,ルアンパバーンやヴィエンチャンなどの小売店に卸されていく。結論を先にいえば,この差は流通における規模の経済が享受できるか否かによるところが大きい。専従した場合には1日あたり3枚が織られるムックに対して,ムアンウェーン村で織られる複雑な織柄をもつシンでは1枚を織り上げるのに1ヶ月ほどが必要となる。さらに,ムックを織るサレイ村のほうがムアンウェーン村の倍の戸数である。このために,サレイ村で規模の経済がえられやすくなっている。紋織りで大量のシンを扱おうとすると,ある程度の枚数を集めるまでに時間がかかり過ぎて,購入した糸にかかわる利子負担が大きくなってしまう。そこで,織られたシンをできるだけ早く販売する必要が生まれてくることから規模の経済が確保できなくなる。よって,サムヌアに集荷されて,そこで規模の経済が確保されてヴィエンチャンなどに送られることになる。

市場形成にかかわる商人の性質が機織り村をめぐる市場形成に影響を与えるという第9章の結論に対して,織られるシンの性質が商人の形態を規定するという逆の論理の存在を明らかにすることになる。この対照は,ヴィエンチャンで観察した紋織りと伝統的機業地の絣との関係の相似形である。

1. サレイ村

戸数179のサレイ村は,低地ラオに属する仏教徒ラオのタイ・ポン(Tai Pong)族の村であり,ほとんどの家計が機織りに従事している。村の家々には,少なくとも2台の機がある。この村は比較的裕福であり,平均して6〜7ライ(すなわち約1ha)の水田をもっていることから,米はほぼ自給できている。そのためか,近隣の村とは違い,この村からヴィエンチャンなどに出稼ぎにいく若い人は少ないという。

この村では,在村3人と村外2人の仲買人が活動している。村内の仲買人の

表11-3　ムックの費用収益構造

経糸	イタリー糸　1掛け（50枚）分　1kg　4万キープ	
在来の絹	（ムックの柄）　200g　8万キープ	
綿糸	赤　1.6kg　4.8万キープ	
	黒　1.5kg　4.5万キープ	
緯糸	綿糸　7kg　19.6万キープ	
	⇒　糸代　8180キープ/1枚	
仲買人への売り値	2.5万キープ	
収益	1.7万キープ（収益率68％）　染色費用は考慮していない	

注）絹は近くの村で生産されたものを買っている。仏教徒ラオは殺生を嫌うことからか，養蚕は行っていない。

うちふたりは，糸屋も経営している。彼女たちは糸信用貸契約で糸を提供していることもあり，織元と呼んでも差し支えないかもしれない。しかしムックと絣であることから，織柄の選定は完全に織子に任されている。また，村やその周辺に多くいる独立織子からもシンを買い取っている。村人もそう呼んでいることから，サレイ村の商人を仲買人と呼んでおこう。後にも述べるが，糸の提供はシンの集荷を容易にするためである。すなわち，織元というよりは糸出し仲買人といえよう。ただし糸出し仲買人と織元の峻別は，本書の議論の道筋に大きな影響を与えるものではない。

独立織子のコン婦人（39歳）への聞き取りから始めよう。彼女の家の軒下には，3台の機が置かれている。ふたつは絣，ひとつがムック用である。糸は，村内の糸屋から購入している。ムックの費用収益構造（表11-3）から，1枚あたりの糸代は8180キープとなる。これを仲買人に2.5万キープで売る。藍染の費用は入れていないが，「少なくとも1枚あたり1.5万キープの儲けとなる」という。収益率は68.0％となり，ヴィエンチャンの独立織子のそれと同じ水準である。1日3枚を織るが，家事をせずに集中すれば6枚も織りうるという。3枚を織ったとすれば4.5万キープの収入となり，付近の農業労働賃金の1日3.5万キープよりは高くなる。織ったシンは村の仲買人に売られるが，値段が折り合ったところで売るので，固定的な関係をもつ仲買人はいないという。織柄の多様性の少ないムックであり，また綿織りであることから織子の信用制約も大きくはならない。こうした環境では，スポット契約が合理的となる。

仲買人に話を移そう。在村の仲買人は，マイ婦人，カイ婦人そしてミー婦人の3人である。マイ婦人はラオス南部のチャムパーサク県のパークセーに，そ

して残りのふたりはヴィエンチャンに販路をもっている。それらの都市に住む彼女たちの娘を通じて，タラートの小売店に卸しているからである。

　今回は，仲買人兼織元のミー婦人（43歳）に登場してもらおう。まず，織元としての活動を説明しておこう。2008年ころから，ムアンウェーン村に向かう未舗装の道路沿いにある村の織子40人ほどと取引を始めた。綿絣が織られる。ヴィエンチャンの伝統的機業地の絹絣では，もともとは独立織子が製織していたが，輸入生糸が高騰したときにphou（人）long（投資）huuk（機）としての織元が生まれたことを指摘した。しかし，こちらの村では綿絣であるにもかかわらず，問屋契約が採用されている。これは，かなり貧しそうな村であることから，綿糸の購入ですら織子たちの信用制約が深刻となるためであろう。問屋契約であることから，括り染めや機拵えはミー婦人の担当である。ちなみに，括り染めされた糸を使う絣では糸の窃取は発生しにくく，また糸も低廉な綿糸であることから，糸信用貸契約ではなく問屋契約が選択されていると考えられる。

　1掛け12枚分の緯糸（2.6万キープ）と整経済みの経糸1掛け分（2万キープ）が織子に渡される。絣であるから，括り染めした緯糸も経糸とともに契約時にすべて渡さなくてはならない。綿糸であることから糸代は4.6万キープ（約6ドル）でしかないことから，織元としての信用制約はさほど問題とはならない。1枚のシンに6000キープの織賃が支払われるが，専業すれば1日3～4枚が製織可能ということから，1日あたり1.8～2.4万キープの収入となる。しかし，農業労働賃金（3.5万キープ）には満たない。そのためか農繁期の3ヶ月間は，機織りはなされないという。毎月の製織枚数は800枚ほどということから，平均で，ひとり月20枚（2掛け弱）の生産に留まっている。あくまでも，家事の合間での副業である。

　この絣のシンは，雨季（6月から8月）には2万キープ，乾季には2.5万キープでヴィエンチャンに卸されていく。したがって雨季に織られたシン（1500枚から2000枚程度）は保管しておいて，値が戻る9月以降に販売するという。卸値は2.5万キープであるから，織賃，1枚あたりの糸代3833キープそして絣の括り作業の委託料を差し引くと，ミー婦人の利益は1枚あたり約1.2万キープとなる。月平均800枚を取り扱うということから，月あたりの利益は960万キープ（1200ドル）とかなりの額になる。これほどの枚数であることから，サムヌアの小売店を介して販売する必要はなく，直接ヴィエンチャンに販路を求めている。その結果，利益率も40％と高くなる。これは，織元が絣織を支配しか

つ染色をして，また機拵えしたうえで糸を提供していることへの報酬である。先ほど紹介したサムヌアの織元ペンシー婦人の利益率が40％であったことと対応している。

次に，仲買人としてのミー婦人の活動をみてみよう。月に1200枚程度を村内のみならず周辺の村の織子からも買い付けている。彼女は，この村に2軒ある糸屋のひとつを経営している。毎週，サムヌアの糸商が生糸と綿糸を売りにくるが，この店と売り値は同じである。ミー婦人は，取引の30〜40％で糸の掛売りをしており，その代金をシンで返却させることによってシンの集荷を図っている。糸信用貸契約による糸出し仲買人である。糸代分を返却した後は，織子はどの仲買人に売ってもよい契約であるが，ミー婦人に売るが一般的である。糸の掛売りは技能のある織子に限られており，品質のよいシンを集荷するためであるといえる。

集荷したシンはヴィエンチャンに住む娘に送って，タラートで売捌いてもらっている。「4万キープで仕入れたのを娘に4.5万で卸しているので，たいした儲けではない」とミー婦人はいう。しかし，月1200枚を扱うことから，利益は月600万キープ（750ドル），利益率は12.5％である[4]。サムヌア市内にあるタラートの小売店主プアポン婦人のスポットで買い集めている低品質のシンの利益率よりは高いが，織柄を指定して糸信用貸契約をしている場合の利益率20％よりは低い。これはミー婦人が糸を掛売りしているが，織柄への支配力はないという意味で，プアポン婦人の取り扱う2種類のシンの中間に位置づけられるためといえよう。しかし織元と仲買人としての利益をあわせると，月1800ドルほどの収入となる。これほどの利益を山間僻地の商人が稼いでいることは驚きである。

ミー婦人が娘を介して都市の市場に結びついているように，他の仲買人も同じ方法を取っている。このことについて，ミー婦人の次の発言は参考になる。「シェンクワン県やルアンパバーン県からも商人がやってくる。彼らも資金が充分にないことから，シンの掛売りをしてくれということが多い。一度，ルアンパバーンの商人に掛売りしたら，2度と来なくて大損したことがある。外の商人は全然信用ならない。だから現金取引でない限りは，織子は村内の仲買人にしか売らないね」。アウトサイダー商人に対する信頼の欠如が市場形成の足

---

[4] 問屋契約における織元としての利益率40％よりもかなり低い数値であるが，これは括り染めや機拵えの作業が織子によってなされているためである。

枷となっており，自分たちで流通経路を確保することになった。フアパン県では，ヴィエンチャンの商人との関係性の強い契約で市場が形成されるのではなく，地域の商人が市場形成のイニシャティヴをとっていることの理由のひとつがここにある。

　ここまでみてきたように，この村ではムックと絣が生産されていることから，織子に織柄の支配力がある。ただし，辺境の農村の織子には市場を開拓する能力はない。シェンクワン県やルアンパバーン県からのアウトサイダー商人もくるが，ある程度の規模を取り扱わないと交通費などを加味すれば割にあわない。そうした商人にも信用制約があることから，規模の経済を確保するために代金後払いの信用取引をもちかけてくることになる。しかし代金を支払わない事例が頻発して，織子たちも現金払いでない限りはアウトサイダー商人との取引を忌避するようになった。

　村のもつ制裁の対象となるインサイダー商人の場合には，そうした問題は生まれにくい。しかし，一般には，そうした商人は村外の市場へのアクセス能力に難がある。この村のインサイダー商人は，都市に在住する家族を利用することによって，この課題を克服したのである。別のいい方をすれば，都市に家族がいる人が商人になりえたのである。市場が形成される，ひとつの類型といえよう。

2.　ムアンウェーン村

　サムヌアから 38km の村であるが，国道から未舗装の道を 10km ほど入る必要がある。ウェーン川に沿って家屋が立ち並び川向うには水田が広がる戸数 85 の美しい村である。2012 年には電化されている。ほぼ全戸で機織りがなされ，各家には少なくとも 2 台の織機がある。紋織りと絣を組み合わせた品質の高いシンが織られており，ムックはない。サムヌアでも，ときおり織物村として名を聞いただけはあって織りの技能は確かである。

　かつては養蚕がなされて，糸は自給されていた。しかし 1990 年代の後半になるとヴィエンチャン経由でヴェトナム産生糸が入り始め，そして 2000 年代半ばになると直接ヴェトナムから流入し始めたことから，2008 年ころには養蚕は完全に廃れてしまった。原料糸を購入して機織りをするという，新たな生産形態の出現である。

写真 11-2　ムアンウェーン村の風景
注）電気がくると，衛星放送を受信するためのパラボラ・アンテナ（右下）が建てられる。村人が見るのは，タイの放送である。

　機織りは盛んであるが，織子の多くは独立織子であり，シンをサムヌアの小売店に売りにいく。1998年ころにサムヌアまでの乗合自動車（ソンテウ）の運行が始まったころから，村人たちがシンを独立織子として小売店に売りにいくようになったという。交通機関の整備が独立織子を増やすことは，ヴィエンチャンでも観察された経験である。サムヌアまで往復だと5万キープの運賃であり，農業労働賃金の3.5万キープを上回ることから，決して安いものではないが，それでも後で触れるように1枚あたりの利益が60〜80万キープある高級なシンであることから，売り込み織子としても充分にやっていけるわけである。こうして，サムヌアでシンを売った収入で追加の糸を買い，生活用品も購入するというスタイルが生まれてくる。また，正確な人数は不明であるが，独立織子の2割程度は小売店から糸信用貸契約で糸の供給を受けているという。タラート・サオで観察された，お得意様による織子の囲い込みと同じ現象がみられる。

　この村には，3人の織元とひとりの仲買人がいる。この3人の織元は，2003年前後に織元となっている。彼女たちは仲買はしておらず，織柄と糸を織子に提供している。したがって，村では織元と呼ばれている。そのうちのひとり，シンカム婦人（48歳）に話を聞いてみよう。

「昔は，サムヌアの仲買人がシンを買い付けにきていたけど，もうこないね。絹糸は自分たちで生産していたから，その仲買人はシンを買うだけで，糸は売っていなかった。でも，（ヴィエンチャン経由で）ヴェトナム産の生糸が出回り始めると，誰も養蚕をやらなくなった。だから，機織りをするには生糸を買わなくてはならなくなった。村には糸屋がないから，自分のように織元となる人がでてきた。弟も，織元をやっているよ。もちろん自分でサムヌアのタラートに持ち込んで売ってくる織子もいる。彼女たちは，自分で糸を買ってきている。シンの小売店から，（糸信用貸契約で）糸をもらってくる織子も多い。人数はわからないけど」。

　糸を自給した機織りでは，糸の供給制約があることから生産量は限られてしまう。ここにヴェトナム産の生糸が入ってくると，糸供給の制約から解き放たれて市場向けの機織りが盛んになってくる。特に，ヴェトナムから安価な生糸が直接流入するようになると，その傾向が強まってくる。しかしそれは，糸を購入したうえでの機織りという新たな生産形態の登場を意味している。ここに，少し資金に余裕のある家計が糸商としての性質を強くもつ織元となってきた。

　シンカム婦人は，自宅に9台の機を備えている。織子は中学生であり，放課後や学校が休みの時に機織りをしている。そのために，通常は1枚1ヶ月のところ2ヶ月かかるという。織賃は，1枚45万キープである。また，同じ条件で村内の出機織子5人と問屋契約を結んでいる。ヴェトナム産生糸が入って織元が出現し始めたころ，それまでの竹筬に代わって金筬が使われるようになった。これも，ヴェトナムの絹糸によって高品質のシンが織られるようになったことに対応している。

　機拵えと垂直紋綜絖の作成もシンカム婦人の仕事である。垂直紋綜絖は婦人の弟（婦人によれば，弟は村で一番の図案師）が作成しているが，在来の織柄であり，ヴィエンチャンの流行の織柄情報などは入手できる環境にない。この弟も織元であり，10人の中学生を内機織子としている他，近隣も含めた50人程度の出機織子とも契約している。この村には垂直紋綜絖をつくる図案師が4人いて，それを専業としている。村人も垂直綜絖をつくる技能はあるが，限られた織柄でしかないことから，よい柄となると図案師に依頼する。作成料は，紋棒1本が3000キープである。簡単な柄だと20〜30本，複雑なものだと100〜200本の紋糸が使われている。多いものだと，1000本近くの紋糸をもつ垂直紋綜絖もあるという。ヴェトナム産生糸で織られ，材料がないときには化

学染料を使うこともあるが，大半は草木染めされている。農家の庭先には，琉球藍が植えられているのがみえる。

　シンカム婦人について，簡単な費用収益構造をみておこう。38〜40万キープ/kgで購入した生糸を精練して700gの絹糸が得られる。シン1枚に600gが必要ということから，織賃を含めた生産費は約80万キープとなる。サムヌアの小売店に卸すが，6〜10月は80万キープにしかならずに利益が出ないので在庫としておいて，価格が140〜150万キープとなる11月から5月に販売する。この場合の利益率は，42.9〜46.7％となる。これまでに紹介した，織柄への支配力のあるヴィエンチャンの織元が自分で糸を賄える場合の利益率にほぼ等しい。しかし，年間のシンの取り扱い枚数は100枚に届かない。これでは規模の経済を享受できないことから，ヴィエンチャンではなくサムタイの小売店に卸すことになる。そのために織元としての年間の収入も4〜5000ドル程度であり，サレイ村の仲買人よりは少なくなる。それでも，ムアンウェーン村のような辺地にあっては，決して少ない収入ではない。

　この村の唯一の仲買人ヴィエンパン婦人（51歳）は，2005年ころから仲買人となった。集荷方法は，買取り（*kep sue*）と委託売り（*faak kaai*）のふたつがある。買取りと委託売りの違いについては，後のサムタイのところで記述する。委託売りは，当然のことながらインサイダーの商人でないとできない取引方法である。彼女は，毎月，ルアンパバーンに売りにいく。1回に，20〜30枚のシン（平均単価120万キープ）と30cm×20cmのランチョンマット100枚（単価2.5万キープ）をもっていくという。この程度の枚数となると規模の経済が確保できるようである。サムヌアまでソンテウで2.5万キープ，そこからバスでルアンパバーンまで15万キープであり，宿泊費を含めると1回に50〜60万キープの経費がかかる。総売上額は3000〜3500万キープ（3750〜4375ドル）になるが，シンの購入費用と旅費・宿泊費を差し引いた利益となると200〜250万キープ（250〜313ドル）程度だというから，利益率は5％程度である。一般的な流通マージン率であるとともに，在来金融の月あたりの利率でもある。

3．サレイ村とムアンウェーン村の対比

　サムヌア周辺のふたつの織物村をみてきた。それほど離れていない村であるが，市場の形成経路が大きく異なっていることが注目される。ムアンウェーン

村のシンの販路は，仲買人がルアンパバーンに卸すこともあるが，大半はサムヌアの小売店に卸されてヴィエンチャンに流れていく。では，なぜサレイ村のように，またこの後すぐに紹介するサムタイのように，直接ヴィエンチャンに販路を開拓する商人がムアンウェーン村では生まれてこないのであろうか。

その最大の理由は，ムアンウェーン村では取引についての規模の経済が確保されにくいことである。ひとりの織子が1日数枚を織ることのできるムックと異なり，全体に織柄の入るムアンウェーン村の紋織りを織り上げるには1枚1ヶ月ほどが必要となる。また，サレイ村の戸数は179であり，周辺の村でも機織りがなされている。これに対してムアンウェーン村は戸数85であり，この村の周辺にはほとんど村はない。サムヌアまでのアクセスが確保されていることから，独立織子も多い。このために商人が生まれにくい，ないしは生まれてきたとしても規模の経済が享受できにくいことから，販路がサムヌアとならざるをえないのである。このあとに紹介するサムタイでは，織元が販路をヴィエンチャンに求めていた。これは，サムタイが，織子が多数いるムアン郡という後背地をもっていることから規模の経済が享受できるためである。

織柄情報の伝達という観点からみてみよう。ムアンウェーン村では，ヴェトナム産生糸の流入は生産を飛躍的に伸ばす契機となったが，それでも規模の経済が確保できないことからヴィエンチャンとの直接取引はできていない。その結果，織柄情報を入手できないまま伝統的織柄のシンが織られている。ここでヴィエンチャンの織柄情報というとき，それは小売店などから直接の仕様書として情報が伝達される強い形態と，村の商人がヴィエンチャンのタラートに商品を卸しにいったときに知りうる売れ筋情報という弱い形態があることを指摘した。ムアンウェーン村では，弱い形態の情報伝達すらも期待できない状況にある。

こうした環境であることから，織子としても，売り込み織子となってもよいし，関係性の高い契約で小売店に囲い込まれてもよい。さらには，村の織元の下で機織りをしてもよいのである。織子たちは垂直紋綜絖を作成できるし，図案師に依頼してもよい。信用制約があるならば，糸はサムヌアの小売店（織元）からも，また村内の織元からも関係性の高い契約によって提供されうる。養蚕をしていた村であるから，生糸の精練や染色も織子にとってはお手のものである。比較的高価なシンが織られることから，サムタイに買物等に出かけたときに小売店に寄ってくれば交通費はさほど問題となる額でもない。そのために，

織元織子となるか小売店とお得意様の関係となるかは，織子にとって，ほぼ無差別な選択となっている。もし織元がヴィエンチャンの流行の織柄に関与できるようになれば，市場の形成のありようは異なってくるであろうが，そうした気配はいまだみられない。

　サムヌアで集中作業場を経営するふたりの織元の出身地であり，またタラートでもこの村の名前をよく聞いていたことから，機織り村として期待して訪問した。たしかに織りの技能は高いが，特に高級なシンが織られているわけではなく少々落胆した。この落胆の理由には，次に触れるサムタイと同じ構図がある。

第5節　サムタイ（2001年）：落胆の理由

　第5節と第6節では2001年と2013年のサムタイを紹介するが，この間にサムタイの機業は大きな変化をみせている。議論の道筋を示すために，変化の簡単な紹介をしておこう。2001年，サムタイのタラートには，これといったシンの小売店はなかった。糸（生糸と綿糸）は自給されており，シンは自家用であって市場で取引されることはほとんどないからである。タラートを歩いても，店の片隅に在来の生糸が少し置いてあるだけである。また，サムヌアのように小売店が織元的な機能を果たしながら市場を形成していくという様子は観察されない。仲買人だけが，市場形成にかかわっている状況であった。

　サムタイのある女性は「結婚のために，この辺りの織子は若いうちから織物を織って蓄えておきます。シンだけでなく毛布・布団・シーツ・枕・座布団・蚊帳・マットレスなど様々な用途の織物を結婚までに何セット織れるかが，その女性の村での評価となるのです」という。織物は，市場で購入するものではないのである。

　2013年，タラートにシンの店が数軒見られるようになっていた。といっても，そこに買い手がやってくることは稀である。サムタイまで旅行者がくることは例外的であるし，周りの人々も自分でシンを自家用に織っているからである。これらのシンの店の店主は，サムヌアでもそうであったように，織元でもある。すなわち，小売店というよりは，シンの集荷問屋＝産地問屋としての役割をもっ

ている。仲買人はいなくなり，織元が流通を支配するようになっていた。

このタラートには糸屋がなく，シンの店にわずかに糸が置かれているだけである。生糸は，ヴェトナムから毎週商人が売りにくるのでタラートで売る人はほとんどいない。タラートで売られている糸は，ヴィエトナムの二化多化種の生糸ではなく，柄糸用の在来の生糸である。それも，たいした量ではない。織元の営む店に置かれているヴェトナム産の生糸は，売物というよりは，契約する織子に提供するためのものである。

後で紹介する小売店主のプーウェーン婦人の家を訪問したときのことである。タラートにある彼女の店に並べられているとは比べ物にならない量のシンが積み上げられていた。そして，小部屋には大量の生糸と綿糸が置かれていた。この付近で織られたシンは，こうした織元によって消費地（大半はヴィエンチャン）に売られていく。この2001年と2013年の間の変化に注目して，サムタイの機業を観察していこう。

雨季の始まりそうな2001年3月にサムタイに向かった。本格的な降りとなってサム川が増水すれば，しばらくは抜け出すことは難しいであろうと，少々の不安を抱えてサムタイへの悪路を進んだことを覚えている。

フアパン県のなかでも，サムタイは優秀な織子がいる織物の産地として知られている。また，サムタイ出身の織子はヴィエンチャンの集中作業場にも多くおり，織元たちも「織りの技能が高く，働き者である」と高く評価している。このことから，サムタイの訪問を楽しみにしていた。しかし，サムヌアのタラートで見かけるよりも，はるかに質の劣るシンしか探し出せなかった。織元もいない。ここが，あのサムタイなのか？ この落胆の理由を探ることから，議論を始めよう。

サムタイはサムタイ郡の中心地であるが，戸数75の小さな町である。村と呼んでもよい規模だが，タラートがあることから町と呼んでおこう。サムタイでは，ほとんどすべての家で機織りがなされており，また周辺には機織村が散在している。はじめて訪れた2001年，いつものようにタラートでのシンの小売店への聞き取りからサムタイの機業のあたりをつけようとしたが，そこにはシンの小売店はない。そこで織元を探そうとしたが，そうした人も存在していなかった。

2013年に再訪したときに聞き取りをした織元（カームサオ婦人）は，1997年

から数人の内機織子を雇って機織りを始めたが，2年後には内機経営をやめて外機経営に移行している。内機を抱えて集中作業場を始めたのは，サムタイでは彼女がはじめてであるという。しかし，ときおり訪ねてくるヴィエンチャンカルアンパパーンの商人に売るだけであり，自分から市場を積極的に開拓しようとする商人としての織元には程遠い存在であった。サムタイでそれなりの規模のシンを取り扱う商人は，4人の在村仲買人とルアンパパーンからくるサムタイ出身の村外仲買人ひとりだけであった。このうち，スカウィ婦人とコンバン婦人のふたりの在村仲買人に話を聞くことができた。

1. 仲買人：スカウィ婦人（55歳）

彼女は，この村のラオス女性同盟の代表をしている。「1990年ころになると，外の人がサムタイを訪れてくるようになった。といっても，NGO関係者が多いようだけどね。本格的にシンを求めて商人がくるようになったのは，ここ数年の話だ。この村には仲買人が自分も含めて5人いる。そのうちのひとりは，この村の出身でルアンパパーンに住む男性だよ。自分もそうだけど，仲買を始めたのは，1990年ころだね」。ちょうど，ヴィエンチャンで織元が生まれ始めたころである。経済自由化の影響が辺鄙なサムタイにもすぐに及んできたのは，やはりヴィエンチャンに移住したサムタイの人々の影響があったことは想像に難くない。

スカウィ婦人は，一度に200枚程度のシンを，年3〜4回ヴィエンチャンに売りにいく。スカウィ婦人のノートから抜粋した，仕入れ値とヴィエンチャンでの売り値のデータから回帰式を求めた（$n = 25$）。切片はゼロと有意な差はなく，仕入れ値の係数が1.47であることから，マージン率47％が求められる。サムヌアのプアポン婦人の場合にはマージン率が5％であったが，単純な比較はできない。プアポン婦人は注文があったシンに，ほぼ一定のマージン（マークアップ）率を仕入れ値に上乗せして価格設定をする。これに対して，スカウィ婦人の場合は，買い取ったシンをヴィエンチャンに持っていってタラートで買い手を探しているからである。しかし，それにしても仲買人にしてはマージン率が高い。

売り値 = 0.42 + 1.47*** 仕入れ値

(0.21) (18.31)　　$R^2 = 0.96$, *** $p<0.1\%$, カッコ内は t-値。

　紋織りではあるが，婦人は織柄の指定はしていない。また，絹糸と綿糸ともに織子が自給している。この限りでは，サムヌアの小売商のプアポン婦人の扱う中級品の事例，ないしはサレイ村の仲買人ミー婦人の事例と同じである。それにもかかわらず，ここまで利益率が高いのは，ひとつにはヴィエンチャンまでの交通費がある。婦人は，次のようにいう。「サムタイからサムヌアまでバスで2.3万キープ，そこからヴィエンチャンまで8万キープかかる。またタラートで売れたとしても，すぐには支払ってくれない（第II部「ふたつの市場(タラート)」を参照）から，ヴィエンチャンに20日から30日滞在する羽目になる。そのために滞在費だけでも30万キープ以上かかってしまう」。それだけでなく，雨季などにはサムヌアまでの道路が遮断されてしまう。仕入れても，売るまでに時間がかかるというリスクも考慮しなくてはならない。そのために，どうしてもマージン率が高くなってしまうのである。距離の克服が多様な問題を孕むことを理解できよう。

　スカウィ婦人は自分でも機織りをしている。そこで，彼女の織るパー・ビアンとシンの費用収益構造を聞き取り，それと同じ水準のシンの仕入れ値とをあわせて織子の収入を推定してみよう。まず，パー・ビアンから始めよう。自分で養蚕をしていることから，絹糸は自給できている。足りないときはタラートで購入するが，100gが1.5〜1.6万キープであるという。そこで絹糸100gを1.6万キープと評価しておこう。経糸400gで4枚，地織り部分は1枚150g，そして柄糸1枚200gである。これから，1枚のパー・ビアンの糸代は7.2万キープ（8.5ドル）となる。染色は草木染めであることから，その費用は考慮しないことにする。このパー・ビアンはヴィエンチャンのタラートに40万キープ（47.5ドル）で卸される。収益率は82％となるが，ヴィエンチャンまでの交通費と滞在費を考慮すれば純収益率は70％程度となる。

　婦人は，これと同質のパー・ビアンを35万キープ（41.5ドル）で独立織子から買い付けている[5]。このとき，織子の収益は28万キープ（33.2ドル）となる。複雑な織柄が全体に施されたパー・ビアンであることから「どんなに頑張って

---

[5]　このときの利益率は12.5％と，先ほどの回帰式から求められた利益率（47％）よりかなり低くなっている。これは，このパー・ビアンが複雑な柄を織り込んだ高価格な製品であるためである。

も1枚織るのに1ヶ月はかかる」という。ということは，1日あたりの収益は1万キープ程度になってしまう。ちなみに，サムタイの農業労働賃金も1日1万キープであるから，それとほぼ同じ水準の所得を機織りはもたらしてくれる。これは，仲買人が織子に農業労働賃金と同じ水準の収入を保証する買取り価格を提示しているともいえよう。

次に，仕入れ値25万キープ（29.7ドル）のシンをみてみよう。経糸1.5kgを1掛けとして10枚が織られる。緯糸は，織柄部分も含めて2kgが必要である。このことから，1枚あたりの糸代は5.6万キープ（6.6ドル）となる。したがって，織子の収益は19.4万キープ（23.0ドル：収益率77.6％）となる。製織には2週間強必要であり，また絣が入っているので，絣の括り染めに追加して1〜2日が必要となる。したがって，ここでも1日あたりの収益は1万キープ程度と，パー・ビアンと同じ水準となる。このように，織賃は農業労働賃金とほぼ同じ水準になるように定められているようである。

2. 仲買人：コンバン婦人（41歳）

もうひとりの仲買人コンバン婦人は，1992年から仲買人となった。月1回ルアンパバーンに売りにいく。婦人は長さ60cmほどの短いサンプルを多く準備しており，それを小売店に見せて注文を取っている。「昔は手付金をもらったこともあったけど，いまは仲買人も増えたことから手付けはもらえなくなった」という。交通費は「サムヌアまで2.3万キープ，そこからルアンパバーンまで5万キープ」必要となる。毎回，200枚ほどを持っていき，50万キープの純利益をえているという。しかし農業労働賃金を考慮すれば，必ずしも多い収益ではない。市況が冷え込んでいた影響がみてとれる。

コンバン婦人の次の発言は，サムタイの織物事情を理解するうえで重要なカギとなる。「集荷は，織子がもってきたのを買うだけであり，特段の馴染みはいない。もちろん，ルアンパバーンで注文があった織柄のシンを選んで買うようにしているけど」。「織子に織柄を教えたり，サンプルを渡したりはしていない」。さらに，「品質のよい，すなわち値段の張る織物は仕入れない。何しろルアンパバーンで買い叩かれたり，売れなかったら大変だからね。こちらも資金がないんだから。ルアンパバーンからくる仲買人だって，安っぽいのしか買っていかないしね。高級なのは，織っても，なかなか売れないからね」と続ける。

すなわち，仲買人としては在庫リスクは回避したいのである。そして海外の旅行者が主たる購買者であるルアンパバーンの市場を対象としている限りは，中・低級品のシンを扱うことになる。さらに「ルアンパバーンでよい織柄をみつけると，それを真似して自分で織っているけど，その織柄は決して他人には教えないよ」という。仲買人は，売れ筋の織柄という市場情報を知る立場にある。しかし彼女は仲買人であって織元ではないことから，その売れ筋の織柄情報を織子に伝達することはできない。スポットで買付けているコンバン婦人には織子を統治する力がないことから，注文契約で私的情報である織柄を織子に伝えたとしても，それが容易に外部化することを知っているためである。せいぜい，そうした売れ筋の織柄のシンを買集めるしかできないのである。こうした環境では，市場情報の伝達は効率的にはなされないことから，織子の信用制約と相まって，市場の形成も低調なものとなる。
　集荷方法には，買取り（kep sue）と委託売り（faak kaai）のふたつがある。仲買人たちによれば，はじめは買取りだけであったが，2000年前後から委託売りが登場したという。これは生産者＝織子が，仲買人に指値を入れて販売を委託して，売れたときには手数料を仲買人に支払う方式である。
　委託売りが生まれた理由として，次のことが考えられる。まず，仲買人にとっては，シンを買取る必要がないことから資金制約の問題を解消できる。また，買取りしたときに期待通りの値段で売れなかったときのリスクも回避できる。ただし，ある仲買人は「織子たちが高い指値を入れるので，なかなか売れずに儲からない」ともいう。織子にも，委託売りを望む理由がありそうである。すなわち，織子たちは，自分の織ったシンがヴィエンチャンやルアンパバーンという遠く離れた未知の市場でいくらで売れるか知りえない。もしかすると「安く買い叩かれて，仲買人が不当な口銭をえているのでは」と，疑心暗鬼となることもあろう。いわゆる，「商人のジレンマ」を生む背景である。そこで，売れなかったというリスクを負うことになるが，自分達でも市場価格を模索してみようという意思のあらわれとして，委託売りが生まれてきたようである。しかし，織子たちにどちらの方式がよいかとたずねると「買取りのほうがいいね。だって，すぐにお金がもらえるじゃない」という回答が一般的である。こうしたことから，委託売りは減少しつつある。
　2001年段階のサムタイには，まだ織元が登場していない。絹糸にせよ綿糸にせよ，織子が自給していることから，織子の信用制約は大きな問題ではない。

織子も垂直紋綜絖を作成する能力をもっており，複雑な織柄のシンを織ることができる。したがって，距離の克服だけが商人に求められる役割であり，関係性の強い契約が必要とされることはないのである。

さらに，特にルアンパバーンの市場がそうであるように，織りのよさの判定ができない海外からの旅行者が顧客である場合には，優れた機織りの能力をもつものの，織子たちは旅行者の土産物としての需要にあわせた安価なシンを織るようになる。金筬もなく，竹筬で織られている。仲買人も，売れ残りという在庫リスクを恐れて高級なシンを取り扱おうとはしない。都市での流行の織柄情報も，サムヌアに伝達されることはない。こうした環境では，伝統的近代性が追及されることはない。こうして「優れた織物の産地」として名を馳せたサムヌアは，「安かろう悪かろう」の世界に迷い込んでしまったようである。これが，私の落胆の理由である。

しかし，サムタイの織子たちの技能が衰えたわけではない。ひとりの織子にサムヌアのタラートのプアポン婦人から購入した高品質のパー・ビアンをみせたときの話である。周りの家から織子たちが集まってきて，私のことなど眼中にないように，そのパー・ビアンの織柄についての議論が始まった。挙句の果て，この布を置いていくようにとまでいう。「高かったんだからだめだよ」というと，冗談めかして「ここの部分の織柄気に入ったんで，切り取っていい？」と笑う。このぐらいの品質のシンを織れるのかと問うと，「簡単だよ」という。しかし，続けて「織るのに3ヶ月はかかるけど，誰が買ってくれるのかね。売れなければ，どうしようもないじゃない」という。仲買人だけでなく，織子にとっても，高品質のシンを織ることには在庫リスクが伴うのである。それに，簡単なシンならば，すぐに織れて日銭が入ってくるが，高品質のシンとなると織上げるのに3ヶ月，長くなると半年かかることから消費の平準化が難しくなる。こうなれば，織子たちにとっては，高品質のシンを織る誘因はなくなってしまう。

そうした織子たちと話をしながら，「津軽の馬鹿塗り」を思い出していた。津軽塗として知られる漆器は，40回以上にもなる漆液の塗り・研ぎ・磨きの工程を繰り返してつくられる。雪に閉ざされた世界に無限にあるかのようにもみえる過剰労働を惜しみなく費やしてつくられる漆器は，市場原理からみれば「馬鹿塗り」と揶揄されることにもなろう。市場価値では評価できない，芸術品としての漆器である。

機織りは，ラオスの女性が，村社会で女性として認められるための不可欠の要件である。家族や自分が織ったシンを身にまとうことによって，自己ないしは家族のアイデンティティを表現する。すなわち，サムヌアの優れた織物も，かつては自らがまとうか贈与されるものであり，市場取引には馴染まないものであった。その機織りにどれだけの時間を費やそうが，それは市場で評価されるものではなく，織り上がったシンを身にまとう自分なり娘などに対する人々の称賛，すなわち社会的承認によって評価されるものであった。

　先ほど登場してもらったスカウィ婦人は，「シンが売れるとわかったのは1980年代半ば以降からだ」という。それも古布を求めて商人がサムタイに入り込んできただけであり，シンが本格的に市場取引されるようになったのは，やはり1990年代に入ってしばらくしてからである。それまで自家消費か贈与の対象であったシンが，商品となった瞬間といえよう[6]。そして，前述した理由によって，「馬鹿織り（敬意をこめて呼ばせてもらう）」はサムタイから姿を消していったのである。

　サムタイでの馬鹿織りの復活は，市場経済が入り込んでしまえば，ほぼ期待できない。しかし，品質の向上の可能性はある。それは，もはや馬鹿織りではなく，その織柄が伝統的にもつ呪術性を削ぎ落された市場交換のための財としてのシンとしての復活である。それでも，そうしたシンが織られるようになるには，もう少し時間が必要であった。それを，2013年の調査から確認していこう。

第6節　サムタイ（2013）：織元の登場

1. 変化のきざし

　その後のサムタイについて，気にはなっていたものの，往復だけで1週間はかかる奥地であることから訪問をためらっていた。サムタイの機業の変化を

6）　欧州におけるこの変化については，Carrier（1995）が参考となろう。

知ったのは，偶然である。2011年7月，ヴィエンチャンのドンドーク地区にある村での聞き取りの最中のことである。自宅にサムタイから5人の織子を呼び寄せて小さな集中作業場を設けているサムタイ出身のラオス国立大学の学生（23歳）がいた。彼女と話をしているときに，たまたまサムタイから母親（プット婦人41歳）がやってきた。

プット婦人は，1990年ころから仲買人を始めている。2001年にサムタイを訪問したときにラオス女性同盟の委員長をしていたスカウィ婦人に会ったことなどを話して，彼女はいまも仲買人をやっているかをたずねた。

> 「スカウィさんは，もうやっていないよ。仲買人（*phou kep seu*）も，もういないんじゃないのかな。織元（*mae huuk*）は多くいるけど。私も，織元だよ」。

プット婦人は，仲買人をしているなかで，タラート・サオのサムヌア出身の小売店とお得意様の関係を築くことができ，そして2005年には織元となっている[7]。そのころは，内機織子3～4人を抱え，出機織子も10人ほどいた。同時期に，サムタイでは，織元となる人が4～5人現れてきたという。「そのころは，まだサムタイとサムヌアを結ぶ道は舗装されていなくて，ほんとに酷い道だった。それでも，年4回はヴィエンチャンにシンを売りにきていた。1回の売り上げは約5000万キープ（約5000ドル）位かな，その2割程度が利益となっていた」という。

2005年といえば，サムタイまでの道路の舗装がなされる以前であるが，通貨暴落による不況を脱してヴィエンチャンでもシンの需要が回復しつつあったころである。需要が増加すると，それまで地域内で自給されていた糸だけでは足りなくなってきた。ちょうどそのころ，ヴェトナムから生糸が直接流入するようになった。ヴィエンチャン経由よりも安価に生糸が入手できるようになり，機織りが興隆するようになる。しかし値の張る生糸を購入したうえでの機織りは，必然的に織子の信用制約を顕在化させた。先ほどのムアンウェーン村と同様に，それまで自給していた原料糸を市場で購入してシンを織るという生産形態が広がりをみせるようになる。こうして織子たちは二重の意味で市場経済に組み込まれるようになり，関係性の強い契約で糸を提供する商人＝織元が

---

[7] 谷本（1998：pp.109-110）は，入間地方で，問屋制によって組織されない多くの生産者が仲買人（事例としては，細渕家）によって組織されていたことを明らかにしている。その細渕家も，1890年半ばになると問屋制家内工業を指向し始める。

出現する契機がもたらされた。そして，すぐにサムタイ・サムヌア間の道路が整備（2007 年）されて，織物の事業がさらに拡大していった[8]。

サムタイの織物を扱う商人はすべてインサイダーであり，婦人は「外からの商人はサムタイにはあまりきていないね。むかしルアンパバーン在住のサムタイ出身の仲買人（男性）が買取りにきていたけど，いまはきていないね」という。織元が増えてきたことから，糸を提供できず，また品質管理ができないアウトサイダーの仲買人は，サムタイでの活動の場を失っていったのである。

プット婦人は，聞き取り時点では年に 5 回，ヴィエンチャンにシンをもってきている。平均価格 50 万キープのシンを毎回 100～150 枚程度，すなわち 5000～7500 万キープ（約 6000～9000 ドル）の売り上げとなる。枚数だけをみても，年間 100 枚に満たなかったムアンウェーン村の織元よりは，取扱量が数倍多くなっており，規模の経済が確保されているようである。交通費などを考慮した純利益率は 15％程度というから，年間の利益は約 3750～5625 万キープ（4500～6750 ドル）の収入となる[9]。タラート・サオの小売店主バンポン婦人（「ふたつのタラート」章に登場する店舗 H）などの，ここ 5～6 年の付き合いの小売店に販売しているという。

プット婦人が 2 枚のシンを見せてくれた。値段は 1 万 5000 バーツ（約 500 ドル）と 2 万 5000 バーツ（約 830 ドル）という，タイのジュン社製の高級絹糸を使った高額のシンである[10]。後者は，完成に 1 年必要だという代物である。「こんなに高いシンを扱うのは，サムタイの織元でも自分だけだ」と婦人は自慢する。これは注文契約であり，売り先は決まっている。そうでない限り，これほど値の張るシンを織ることはリスクを孕むことになる。逆にいえば，購入の確約さえあれば，サムタイのシンの品質も向上していくのである。少々かたちを変えた「馬鹿織り」の復活である。

道路の整備以降，プット婦人も事業を拡大して，聞き取り時点では 60 人の

---

[8] プット婦人は，次のようにいう。「むかしはサムタイからサムヌアまで，バスで 1 日を要したけど，いまは 4～5 時間でいける。もうサムヌアで一泊する必要はなく，サムヌアから丸 1 日かけて（シェンクワン県の県都）ポーンサワンまで一気にいっている。そして，そこから 9 時間で，ヴィエンチャンに着ける。片道のバス代は，合計で 18 万キープ（約 25 ドル）だよ」。

[9] この後の聞き取りから推計すると，この収入はかなり控えめなものであるが，それ以上の追求はしていない。ただし，大学生の娘のためにヴィエンチャンに家を建てていることから，プット婦人の利益の大きさが理解できよう。

[10] プット婦人は値段をバーツで表示したが，これは製品をタイに売るという意味ではない。タイ産の高級絹糸を使っているための価格表示である。

出機織子を組織している。「サムタイでは，自分は2番目に大きな織元だよ」という。契約は，すべて問屋契約である。すでに述べたように，かつてはサムタイでは糸は織子が自給していた。しかし，道路の整備によってヴィエンチャンから輸入生糸が入りやすくなり，それからしばらくしてヴェトナムから毎週日曜日に商人がやってきて生糸の販売を始めた。これによって糸供給の制約が解かれ，シンの品質が向上したと同時に，織子たちが生糸購入に際して信用制約に直面し始めた。ちょうどそのころ，キープ暴落に伴う経済混乱も収束して，ヴィエンチャンの購買力が高まって形成された中間層が高級なシンを求めるようになった。

高級なシンを織るために必要な良質な生糸の購入が機織りの重要な要素となってきた。こうした環境変化に適応して機業をビジネスとするのは，仲買人には無理な課題である。糸を掛売りして，それに伴うエージェンシー問題を阻止できる能力が商人に求められるようになった。織元の登場である。エージェンシー問題があることから，そうした織元はインサイダー商人である。ただし，すでに説明したように，ヴィエンチャンの小売店からの織柄の伝達は弱い形態に留まっている。

プット婦人は，環境変化に見事に対応して，仲買人から織元に変化した好例であろう。その結果，サムタイの織子たちは仲買人にスポット契約でシンを販売する独立織子から，織元織子になっていく[11]。サムタイの織元たちの名前をプット婦人から聞いて，調査ノートに書き留めた。

プット婦人に出会って2年後の2013年3月，サムタイを再訪した。訪問の1ヶ月前に，サムタイも電化されている。泊ったゲスト・ハウスの女主人が，はじめて電気代を払ったといって領収書を見せてくれた[12]。かつては竹筬が使われていたが，今回はすべてが金筬になっていた。在来の絹糸からヴェトナム産の

---

11) 日本における仲買人が問屋制家内工業の組織者への転換は，谷本（1998）の和泉木綿の機業地（第4章第3節）を参照されたい。

12) この女主人も，1996年から2006年まで仲買人をしていたという。「一度に3〜400枚のシンをルアンパバーンにもっていっていた。クアン郡の村にいって買い集めたし，そこにも（在村の）仲買人がいたので，彼女たちからも買った。だいたい500万キープほど買い付けて，それを700万キープほどで売った。古布も扱ったよ。100万キープで買い付けたのが，3〜400万キープで売れたこともある。あの時は，儲かったね。でもね，ルアンパバーンの小売店の連中が後払いを要求してきてね。嫌になって，止めた」とのことである。利益率は約30%と，仲買人の享受しうる流通マージンとしては，かなり高くなっている。その理由については，本文ですでに触れたとおりである。

絹糸が使われるようになったことと対応している。しかしタラートの糸屋ではヴェトナム産の生糸は売られていない。週末になるとヴェトナムから糸商がやってきて、生糸を売っているためである。

プット婦人から教えてもらった織元7名が確認できた。このうち3人はサムタイ出身、3人はサムタイの南に広がるクアン (Khouan) 郡出身であり、残りのひとりはサムタイ郡のヴェトナム国境に近い村の出身である。クアン郡はシェンクワン県に接するが、標高2000メートルにもなるアンナン山脈で隔てられており、外の世界に出るにはサムタイを経由しなくてはならない袋小路となっている地域である[13]。この地域では、高地ラオのモン (HMon) 族と山腹ラオのカム (Khmu) 族の村を除けば、すべての村で織物が行われているという。すなわち、クアン郡はサムタイの機業の後背地となっている。

サムタイには集中作業場はなく、出機、すなわち関係性の強い契約によって市場が形成される。サムタイ周辺だけでは織子の数が足りないことから、取引はクアン郡にまで広がりをみせている。こうした後背地の存在が規模の経済をもたらして、サムタイの機業を発展させていくことになる。

今回は4人の織元に聞き取りをしたが、彼らに大きな違いはなかった。そこで、この地域で最初の織元となったサムタイ出身のカームサオ婦人と、他の織元が「結構やり手だよ」というクアン郡出身のプーウェーン婦人を紹介しよう。

2. カームサオ婦人 (41歳)

1970年にサムタイで生まれた彼女の機業家としての経歴は、サムタイの機業の歴史でもある。調査時点では、ゲスト・ハウスも経営している。

ヴィエンチャンやルアンパバーンから商人がサムタイにシンを買付けにくるようになったことから、機織りは儲かると考えて、1997年に5人の内機織子 (サムタイ出身) を抱えて自宅で機織りを始めた。サムタイで、はじめて織元が出現した瞬間である。外からくる商人とは固定的な取引関係はなく、スポットでの取引であったという。しかし1999年、織子の管理が大変ということで問屋契約で出機 (10人) との取引に変更している。その後、近隣の村の織子たちと徐々に出機として契約していった。他の織元6名も内機は抱えておらず、すべ

---

13) クアン郡は、少し古い地図だとサムタイ郡に含まれている。

てが出機経営だけをしている。近隣に織子が多く存在しており，また他に知られたくない独自の織柄を織ってもいないことから，集中作業場を設ける段階にはないといえる。なお，サムタイの商人は高価な絹糸を提供して出機経営をしていることから，糸出し仲買人ではない。サムタイでも，生糸を提供する商人は織元と呼ばれている。

　2000年，ヴィエンチャンでラオス女性同盟主催の織物品評会が開催され，そこで婦人はヴィエンチャンの大規模織元のニコン婦人（第8章参照）と知り合った。2003年に海外のNGOが織物プロジェクトをサムタイで行ったときに，そのニコン婦人がメンバーの一員としてサムタイを訪れた。このとき，ニコン婦人はカームサオ婦人を技術指導者として任命した。このプロジェクトではヴィエンチャンへのスタディ・ツアーがあり，参加した婦人は多くの小売業者や織元と知り合うことができた[14]。ニコン婦人の他に，本書では紹介していないが伝統的織物を扱う大規模織元のタイケオ（Taykeo），店をもたずに自宅に数人の内機織子を抱えて製織して製品をフランスのデパートに輸出しているワサナー婦人（革命時にフランスに亡命した経験あり），タラート・サオの小売店のバンポン婦人（ふたつのタラートで既出）などである。そこで，毎月150～200枚をヴィエンチャンに持っていくようになる。年間100枚に満たないムアンウェーン村の織元とは比べ物にならない取扱量である。政策介入が，村の機業家と都市の商人との紐帯を形成する契機を提供した事例である。

　こうしたお得意様からの細かい織柄の指定はない。「はじめにいったところ，例えばニコン工房ですべて売れることもある」ということから，注文契約になっているわけでもない。いわゆる「顔見知りのスポット契約」であるに過ぎないようである。すでに指摘したように，フアパン県における織物の市場は，大都市の商人との関係性の強い契約によって実現したのではなく，地域の独立性の高い商人，特に織元を軸に形成されている。

　ここで，ヴィエンチャンとルアンパバーンの織物市場の違いを再度確認しておきたい。ヴィエンチャンには，特に今世紀に入り，高級な織り物を扱うブティック（大規模織元の経営する小売店もそれに該当）が多く出現してきた。その主たる購買層は，急速に形成されつつあるラオスの富裕層・外交官・援助関係者，そしてそうした商品を扱う海外の事業者である。タラート・サオも富裕層

---

14) ニコン婦人の工房には販売所があり，そこではサムタイのシンが500ドルから1000ドルという値段で売られている。カームサオ婦人から仕入れたシンである。

を対象としているが，ブティックはそれよりも一段と富裕なセグメントを狙っている。これに対して，ルアンパバーンの市街地人口は1万人程度であり，ラオス人の需要はそれほど大きいものではない。購買層の大半は，織物に詳しくない，海外からの旅行者である。すなわち，ヴィエンチャン向けのシンは高級品，ルアンパバーン向けは中・低級品という棲分けがなされている。

カームサオ婦人は，ヴィエンチャン向けのシンに特化した。サムタイの織子は技能に優れており，またヴェトナムから生糸が直接入ってくるようになったことから，その比較優位を実現するには高級なシンの需要があるヴィエンチャンの市場と結びつくのが自然な帰結であろう。それはまた，ヴィエンチャンの比較的裕福なラオス人を対象とすることから，シンの品質管理がカームサオ婦人に求められるようになることを意味している。

それまでは織子たちは糸を自給して機織りをしていたが，市場化に伴い大量生産されるようになる。すなわち糸を購入したうえでの機織りとなるが，織子には強い信用制約があることから，カームサオ婦人は糸の提供を余儀なくされる。特に絹糸（ヴェトナム産生糸）を使うことから，良質なシンを織るために金銭も婦人が提供することになる。こうして，彼女は織元としての性質を強めていく。この変化は，カームサオ婦人だけではなく，他の織元についても同様に観察されることになる。まさに，織元の登場である。

カームサオ婦人は生産を増やすために，2003年ころから奥地のクアン郡の織子との取引を拡大することにした。そのころには，サムタイにも織元が現れ始めており，近くでの織子の獲得が難しくなっていたことが背景にある[15]。未舗装の道路を3〜4時間ほど車でいったところにあるクアン郡の村の織子たちと契約を始めた。そこは，昔訪れたことがあるというだけの村であった。その後，彼女が織元として織子を探しているという話が村々に伝わり，他の村の織子からも接触が続いた。その結果，調査時点では7つの村の約200人の織子と

---

15) サムタイから13キロほどサムヌア方向に戻ったところにあるムアンカン村で聞き取った話は，このカームサオ婦人の話と符合している。かつては婦人が問屋契約でこの村の織子を組織していた。ここにサムヌアから商人＝織元がアプローチしてきた。この織元は，精米機・TVそして屋根用のトタンなどを掛けで売ってくれて，それを織ったシンで返済するという方式を提示した。村人と話をすると「この織元は，われわれのためによくしてくれる」といい，「カームサオ婦人は，品質に厳しすぎる」ともいう。こうして，婦人はこの村から撤退していった。彼女には，サムタイ辺りの織元では手の出ないクアン郡という後背地があったために，ムアンカン村で敢えて競争する必要がなかったのであろう。

取引をしている。そのうちふたつの村には，婦人はいったこともないという。

　カームサオ婦人は，ヴェトナム産生糸を精練・染色（基本的には草木染め）した糸を提供している。かつては，クアン郡では地域の仲買人がシンを買集めてサムタイに売りにきていたそうである。しかし調査時点では，カームサオ婦人をはじめ，他の織元もクアン郡の織子を組織し始めたために，クアン郡の仲買人は姿を消している。絹糸を提供するサムタイの織元に，クアン郡の仲買人には敵う術はないのである。こうしてクアン郡の織子たちは，サムタイの織元の投網によって，外部の市場に組み込まれていった。

　ここで，ふたつの事例との相互参照をしておこう。ひとつは，いまもって仲買人が活動しているサレイ村である。そこでのシンは，綿織りであることから織子の信用制約はそれほど深刻にならない。したがって商人による糸の提供は，機織りの必要条件とはならない。糸の提供もなされるが，それは技能の高い織子からの集荷を確実にしたいという仲買人の事情によるものである。すなわち，プリンシパルは，サレイ村では糸出し仲買人であり，サムタイでは高価な絹糸か生糸を提供する織元である。

　もうひとつ，ヴィエンチャン（第III部）と比較しておこう。ヴィエンチャンでは，市内での織子の不足から，遠隔地に委託仲買人をおいて市場を拡大していくという，重層的な織元-織子関係による市場形成が観察されている。これに対してサムタイでは織元は織子と直接の取引をしており，クアン郡に委託仲買人はいない。これは，クアン郡がサムタイの後背地であり，サムタイを通じてしかシンの市場化ができないという織子の交渉力の弱さを背景としていよう。すなわち，委託仲買人を通じた監視をしなくても，エージェンシー問題は抑制されうるのである。どちらかといえば，大規模織元のブァ婦人（第8章と第9章）と機織り村との関係に近いといえる。ただし，ブァ婦人が優れた図案師として織柄に対して強い支配力をもっていたのに対して，カームサオ婦人にはそれがない。染色した絹糸を提供していることから配色について支配力をもつ程度である。それでもクアン郡の織子たちにとって，自分たちの織ったシンがヴィエンチャンでいくらで売られているかを知ることはできない。自分たちで売りにいこうとしても，販路がないのである。ブァ婦人の契約する村で起こったような裏切り行為は，いまところクアン郡の村では起こりえないことである。

　さて，契約内容に話を移そう。1掛けで10枚のシンという契約が一般的である。複雑な織柄のシン1枚の製織には1ヶ月程度必要というから，すべて織

り上げるのに一年近くかかってしまう。そのために，ヴィエンチャンでみられた1掛け20枚とか40枚といった長さの経糸の使い方はなされていない。問屋契約での織賃は，シン1枚あたり50～80万キープ（約60～100ドル）であり，これを120～200万キープで販売している。簡単な計算であるが，絹糸500g（30万キープ）から1枚のシンが織られることを考えれば，織元の利益率は33.3％～45％，これから販売のための交通費や精練・染色代などを差し引いた純利益率は30％前後となる。カームサオ婦人も，利益の幅はその程度だと認めている。

かつては問屋契約を採用していたが，2010年ころから糸信用貸契約に移行しているという。調査時点では，織子のうち7割程度が問屋契約を交わしているが，将来はすべて糸信用貸契約にしたいと婦人はいう。その理由については，「問屋契約だと品質に難のあるシンが納品されることがあるし，糸を誤魔化されることもあるからね」という。ヴィエンチャンでの事例では，技能が高く，そして監視がしやすい織子とは問屋契約が締結されやすいことを指摘した。カームサオ婦人の織子は，たしかに技能は高い。しかし，サムタイに織元が増えてきたことから織子の相対的な交渉力が強まり，問屋契約に固有の軋轢という問題が表面化しつつあるようである。

500gの絹（生糸1kgを精練して700gの絹糸）からシン1枚が織られる。そこで問屋契約では，余ったら戻すようにとシン1枚あたり700gの絹糸を渡しているという。40％にもなる予備糸（糸歩留まりに換算すると，71.4％という低い数値）であるが，鳥が糸を切ったりするためだという。さらに，品質に問題があるときには，織賃を差し引くと織子に伝えたところ，品質問題はかなり改善されたという。しかし，糸の窃取という問題が残ることから，糸信用貸契約を導入することにしたとのことである。

双方の契約の詳細については，次に紹介する織元プーウェーン婦人の場合と同じ記述となるので，そちらに回すことにしよう。いずれにしても，サムタイで織元が増えてクアン郡の織子の獲得競争が高まったことが，織子たちの機会主義的行為を顕在化させたと考えられる。それに対応した，契約形態の変更であろう。なお糸の窃取などのエージェンシー問題が起こったときに，その情報をサムタイの織元たちで共有するかという，多角的懲罰を念頭においた質問を投げかけた。答えは，「そのようなことはしない」というものであった。あまりに遠方であり，村の織子の代表者がシンをもってくる形態で取引がなされて

いることから，機会主義的行為をした織子を特定してセミ・フォーマルな統治メカニズムで排除することは非現実的であるためであろう。

それぞれの村に織子は20～40人おり，そのなかのひとりが代表してシンをもってくる。都合のついた，ないしはサムタイに用がある織子がもってくるというだけであり，委託仲買人というわけではなる。シンはプラスチックの袋に入れられており，織子の名が記された紙片が入っている。織賃は即金で支払われるが，「そうすることによって，織子とのよい関係が保たれる」と婦人は考えている。

3. プーウェーン婦人（37歳）

プーウェーン婦人も，仲買人から織元となっている。彼女は，サムタイから35km離れたクワン郡ムアンナー村に生まれている。1999年に仲買人を始め，パー・ビアンをスカーフ仕立てにしたシン300～400枚を毎月のようにヴィエンチャンやルアンパバーンの小売店に売り歩いていた。そのうち7～8店舗がお得意様となってくれたという。そのころは，スカーフを4万キープで買って5.5万キープで卸していたというから，利益率は27.3％となる。前述のスカウィ婦人の利益率が47％であったことと比較すれば，プーウェーン婦人の利益率は低いが，これは婦人の取り扱うシンの価格帯が高いためであろう[16]。

プーウェーン婦人は委託売りは採用せずに，すべて買取りをしていたという。その理由について，「ヴィエンチャンで売ったとしても支払いは半分だけで，次回まで支払いを待たないといけないことがよくあった。この時の負担に耐えられなかった」ためだという。

さて，プーウェーン婦人は「文化的な生活がしたい」と2000年にサムタイに移住してきた。2003年には，サムタイのタラートでシンの店を開設している。その店の斜向かいには，同じく織元をしている義理の妹もシンの店を開いてい

---

16) これはスカウィ婦人が，プーウェーン婦人が扱うスカーフの約10倍の卸値となる40～50万キープのシンを中心に扱っているためと考えられる。スカウィ婦人のノートから写した資料のなかで，3万キープで買い取った比較的低価格のパー・ビアン（スカーフ）がヴィエンチャンで4万キープで売れたというのがある。この利益率は25％であることから，プーウェーン婦人のそれとほぼ同じとなっている。一般には，高額の商品の利益率は低くなってもよいのであるが，サムタイの場合には，高額商品が在庫となったりするリスクが深刻となるために利益率を高く設定しなくてはならなかったのであろう。

る。店の開設と同時に，プーウェーン婦人は織元となった。その理由を問うと「（仲買人をしていて）お金が貯まったからね」と答える。地主といった豊かな階層が存在していないラオスでは，自己資金を貯めたのちに織元となることがよく聞かれる。織子の信用制約を解消する能力が，織元に期待されているのである。織子は，すべて出機である。初期は，出身村のムアンナー村などの織子20名ほどと契約した。織ったシンを持ってきた織子に，追加して緯糸を渡すという方式であった。2013年の聞き取り時点では，契約する織子は100名を超している。内訳は，絹織りが70～80人，そして綿織りが30～40人である。

　問屋契約と糸信用貸契約の双方が採用されている。糸信用貸契約では，織子が生糸を精練・染色して，また垂直紋綜絖も織子が作成する。したがって，その能力が織子にあることが前提となる。問屋契約では，生糸の精練と染色は織元の負担であるが，織子が支配力をもつ織柄を使うことから垂直紋綜絖の作成は織子の負担となる。織子が織柄への支配力をもつことから，ヴィエンチャンとは異なる慣行となっている。問屋契約での機拵えは，専業の人に委託している。綿織りでは20ロップで4～5万キープ，絹織りは28ロップで45万キープである[17]。もし織子が機拵えをする場合には，同額を作業代金として織子に支払っている。品質を保つために，双方の契約ともに金筬が織子に提供されている。

　絹のシンを織るには1ヶ月程度が必要となることから，70～80人の織子から月70～80枚が納品される。スポットでも月に100～150枚を集荷している。これに対して綿のシンは1～2週間で織られることから，30～40人の織子から月に90～120枚が納品されている。スポットでも買入れており，月に200枚を扱うこともあるという。絹織りのシンのスポット契約での取引相手は，生糸の入手が容易なサムタイ周辺の織子が中心となる。取扱量はカームサオ婦人の倍程度となっており，規模の経済が充分に確保されているようである。

　販路は，ヴィエンチャンとルアンパバーンの複数の馴染みの小売店である。ヴィエンチャンでは明るく強い色が好まれるので化学染料で染めたシンが，そしてルアンパバーンでは絹の草木染めが売られている。ラオス人と欧米人の嗜好の違いに対応している。ただし後者は高級品であり，決してルアンパバーンの観光客向けのナイト・マーケットで売られる類のものではない。

---

17) 絹糸よりも綿糸は太いために，同じ幅の布を織る場合でも筬密度が異なる。

一般的な利益率について質問した。考えあぐねている様子なので「30％ぐらいか？」と問うと，傍らで聞いていた夫が「そこまではいかないな。20％程度だ」と答える[18]。この率が正しいことは，すぐに明らかにする。

ふたりの織元を紹介したが，ここから3点を指摘しておきたい。1) ふたりの織元は原料糸や金筬を提供しているにもかかわらず，2001年に聞き取りをしたスカウィ婦人の利益率47％よりも低い利益率（20～30％前後）となっている。織柄への支配力がないという点からすれば，ふたりの織元の利益率はヴィエンチャンの同じような役割を果たす織元のそれと大差ないといえる。むしろ，2001年に聞き取りをした仲買人のスカウィ婦人の利益率が，流通に伴うリスクのために高い水準にあったのである。その後，交通インフラが整ってリスクが軽減したことから，利益率が低下していったといえる。別の観点からいえば，スカウィ婦人の高い利益率は，そこまで高くないとリスクの高い商いに参入できない，すなわち市場形成がなされにくい環境であったことを物語っていよう。

それにもかかわらず，2) 織元は伝統的近代性を実現できてはおらず，在来の織柄のシンが扱われている。需要にあわせた，ないしは需要を創出する織柄のシンを生産するためには，例えば，チェンマイのシンガポール人から製品仕様を受けていたサムヌアの集中作業場を経営する織元のような機業家ないしは需要を喚起できる織柄を創作できる図案師がサムタイにも生まれてこなければならない。それには，もう少し時間が必要となろう。

そして，3) 同じ紋織りを扱うムアンヴェン村の織元と比較して，サムタイの織元の取引量は格段に多いことである。これは，サムタイが後背地としてのクアン郡をもっているからに他ならない。この規模の経済こそが，ムアンウェーン村の紋織りの織元がサムタイの小売店と取引しているのに対して，ムアンウェーン村よりもはるかに奥地にあるサムタイの織元が直接ヴィエンチャンの小売店と直接取引ができていることを説明している。

---

18) これは婦人が情報を隠匿しようとしているためではない。利益率概念の薄い機業家に，不用意に利益率を質問した筆者のミスである。1枚あたりの儲けはと聞けばよかっただけである。

4. 織子と話す

ここまでの僻地を訪問したので，最後に，ふたりの織子の話をしておこう。

オーム嬢 (18歳) はクアン郡から出てきて高校に通う学生であり，苦屋を借りて兄と住んでいる。織元のケオ氏と問屋契約を結んでいる。1枚のシンを20日程度で織り上げて，50万キープ (62ドル) の織賃を稼いでいる。ちなみに，この時期のサムタイでの農業労働賃金は1日3万キープ，建設労働は1日3〜5万キープであるから，放課後に機を織って得られるこの収入は決して低いものではない。オーム嬢は糸信用貸契約も知っているが，染色の仕方を知らないので，その契約は無理だという。高校を卒業後にはシェンクワン県の短大に進学して教員になりたいという夢を語ってくれた。

プアン婦人 (61歳) は，サムタイでは唯一ムックを織ることができる織子である。絣と紋織りも含む，質の高いシンを織っている。1枚の糸代は20万キープであり，それを親戚の織元プーウェーン婦人に120万キープで卸している。こうした機織りに時間がかかる高級なシンの収益率は，前にも紹介したが，かなり高くなる (83.3%)。ひと月に2枚を織るというので，月あたりの収入は200万キープ (250ドル) となる。糸は自分で購入しており，織柄もプアン婦人が決めていることから，プーウェーン婦人の拘束力は強くない。織ればすぐに買手がつくので，誰に売ってもよいのだが，親戚だということでプーウェーン婦人に売っているという。その後で，プアン婦人のことは隠しておいて，そのシンをプーウェーン婦人から購入してみた。はじめ150万キープといっていたところを，140万キープにして購入した。利益率は20%程度だといったプーウェーン婦人の夫の発言と符合している。

***

ラオスのなかでも辺境の地であるフアパン県では，サムヌア織りとして知られる独特の織柄もつシンが織られている。それがシンの大消費地であるヴィエンチャンで知られるようになったのは，ヴェトナム戦争時代にフアパン県を縦横に走るホーチミン・ルートに対する爆撃を逃れて多くの人々がヴィエンチャンに移住してきたことによる。例えば，ペンマイの姉妹のように。

さらに1975年に社会主義革命が起こり，フアパン県に本拠地をおいていた

現政権がヴィエンチャンに移動してくる。こうした変化から大消費地であるヴィエンチャンの人々がサムヌア織りの織柄に慣れ親しんで，それが受け入れられる素地が形成されていく。織物のルネッサンスが始まったのである。それでも，それはヴィエンチャンに移動したフアパン県の人々によってサムヌア織りが知られるようになっただけであり，フアパン県で本格的に織物の市場が形成されるようになるのは自由化以降の1990年代に入ってからである。

　もともとシンは自家消費ないしは贈与交換される財であり，市場取引の対象ではなかった。市場で評価されることのないシンの価値は，織子の自尊心なり贈与する者の思慕なりによって評価されるものであり，市場交換の観点からすれば「馬鹿織り」であった。この地域に伝わる古布を手に取ると，織柄に込められた織子の想いを感じ取ることができよう。

　この地域の機業にまつわる市場形成については，フアパン県のなかでも辺境の地であるサムタイの経験が参考となる。このような遠隔地では，第III部で対象とするすべての地域でそうであるように，ヴィエンチャンでの流行の織柄情報の伝達が意味をなさない。すなわち，織元の機能のうち流行の織柄情報の伝達は抜け落ちてしまう。その結果，織子に高価な糸と金箋を提供して，集荷したシンを都市の市場に結びつける商人が織元と呼ばれ，糸を提供しない商人は仲買人と呼ばれることになる。もちろん安価な糸を提供する商人もいるが，彼女たちは糸出しの仲買人である。なお糸の提供は，ヴィエンチャンなどの都市の商人によってはなされない。監視も難しく，取引を統治するメカニズムも構築しえないからである。したがって，遠隔地における市場形成は，地域の商人によって主導されることになる。

　サムタイで最初に現れた商人は，仲買人であった。糸（絹糸と綿糸）はほぼ自給できており，また織子たちは伝承された優れた織柄をもっていたことから，織元が生まれてくることはなかったのである。ただし，この段階では，糸の自給という制約から生産量には限りがあった。初期の仲買人は，サムタイ出身でルアンパバーンに住む男性であったこともあり，ちょうど世界遺産に登録されて海外からの観光客からの需要が増え始めたルアンパバーンにシンは流れていった。観光客の購入単価は低く，また彼らが織りを評価する能力に乏しいことから，「安かろう悪かろう」のシンによって市場の形成が始まった。

　2007年，サムタイに通じる道が整備されて距離の制約が緩和される。さらに，ヴェトナムでも道路網の整備が進んだことから，ヴェトナム商人が生糸を毎週

売りにくるようになった。糸の自給による生産の制約から解き放たれてシンの生産が拡大していく。器械製糸された絹糸が用いられることから，ヴィエンチャンのラオス人向けの高級なシンの生産が始まる。「安かろう悪かろう」からの決別である。しかし値の張る生糸を購入しての機織りでは，織子の信用制約が問題となってくる。ここに，関係性の強い契約で糸を提供する織元が登場してくる。織元の多くは，仲買人として資力を蓄えた人々であった。

　本章では，多様な商人が，通称サムヌア織りのシンを都市の市場に結びつけていることを描写した。海外からのコンタクトがあって集中作業場が開設された事例，ヴィエンチャンやルアンパバーンに売りにいってお得意様を見つけた事例，品評会でヴィエンチャンの織元と知り合って織元となった事例，都市にいる娘を使ってシンを市場化する仲買人の事例，都市に移動した村人が仲買人となって出身地のシンを都市の市場に結びつけた事例など，多様な経路で商人の活動が始まったのである。多様ではあるが，しかし農村と都市の邂逅という共通の契機によって地域の商人が生まれてきたことには留意しておきたい。こうした外部との接触は，サムタイよりもサムヌアのほうでより早くなされ，また事例も多いのは地理的環境からして当然であろう。チェンマイ在住のシンガポール人との接触で集中作業場が形成された事例は，その典型である。

　ちなみにヴィエンチャンの商人ではなく，チェンマイ在住のシンガポール人というアウトサイダーが関係性の強い契約でもって生産活動を実現していることには注目しておきたい。ヴィエンチャンの商人が国内市場向けの製品を関係性の強い契約で委託しようとすれば，移り変わりの激しい流行に対応できないだけでなく，第三者の商人への転売や織柄情報の流出が避けられないであろう。これに対して，チェンマイの商人は海外市場への販路を確保しており，それに適した商品開発となっている。そうした市場への販路をもつ代替的商人がいないことから，エージェントの機会主義的行為は発生しにくいことになる。第10章で議論したアウトサイダー商人のもつ比較優位が，ここでも窺われることになる。

　この辺境の地でも，形成されている市場は都市の商人と地方の商人との固定的な紐帯として現れてくることは，ヴィエンチャンでの観察と同様である。ただし，その固定的な紐帯は，ヴィエンチャンでは関係性の強い契約で彩られていたが，シンガポール人商人との取引は別として，ファパン県では「顔見知りのスポット契約」に近いものに留まる。それは，織柄情報の強い形態での伝達

がなされないことと，伝承された織柄に熟達した優れた織子がフアパン県に多くいるためである。さらに監視や市場統治メカニズムが構築しにくいことから，糸の提供もなされない。そのために，都市の商人がイニシャティヴをとって市場を形成することはできない。この環境では，都市との接触という呼び水的な契機を提供すれば，地域内から商人が生まれてきて市場を生成していくのである。遠隔地の市場形成には，こうした農村と都市の邂逅を促す政策介入が求められるといえよう。

　流行の織柄情報が伝達されない場合の織元の主たる役割は流通（距離の克服）と織子への原料糸の提供となり，織元の織柄への支配力は弱い形態に留まる。このことが，この地域の織元の利益率が30％前後と，40～50％であった図案師でもあるヴィエンチャンの織元のそれよりも低くなる理由といえよう。ヴィエンチャンなり海外なりの消費者の嗜好を捉えて織柄を考案する図案師が現れてくれば，サムタイの機業も次の段階に発展できるであろう。しかし，それにはまだ時間が必要なようである。

　最後に，形成されている市場の特徴をまとめておこう。糸が自給されている段階ではアウトサイダーの仲買人が市場形成者となっていた。しかし，糸を購入して機織りがなされるようになると，地域の商人が織子を組織し始める。そうした商人の中心は，織子の信用制約を前提として，関係性の強い契約で糸を提供する織元である。提供した糸の管理が必要となるが，それには住居の近接性が必要となるからである。コミュニティ的統治が機能するならば，この管理はより機能的になされるであろう。しかし，その存在は管理の必要条件ではない。サムタイの織元が，訪れたこともないクアン郡の村の織子と問屋契約で取引をしているのである。代替的販路をもたないクアン郡の織子にとって，裏切りの代償が極めて大きくなるためであろう。それでも，サムタイに織元が増えてくると，裏切りの代償が小さくなることから，問屋契約から糸信用貸契約に契約形態の比重が移っている。

　地域の織元と都市の商人（小売店や織元）とには，関係性の強い契約は結ばれていない。完全に匿名ということはないが，注文契約ないしは顔見知りのスポット契約に留まっている。都市の商人が糸や織柄情報を提供したとしても，統治メカニズムの構築が難しいことからエージェンシー問題が抑制できないために，関係性の強い契約が締結できないためである。このように，地域内では強い紐帯，地域間では弱い紐帯によって市場が形成されているのである。

第 12 章
低迷する手織物の宝庫：シェンクワン県

大型の石壺遺跡をもつジャール平原 (Plain of Jars) で知られるシェンクワン (Xieng Khouan) 県は，南北をフアパン県とヴィエンチャン県に接しており，人口規模は 30 万人に満たない（地図参照）。その県都ポーンサワン (Phonsavan) のあるペーク (Pek) 郡の人口も 4 万人以下であることから，市街地人口は 1 万人を少し上回る程度であろう。また，フアパン県と同様にホーチミン・ルートが走っていたことから爆撃を受けて，いまもってクラスター爆弾を含む無数の不発弾に苦しめられている。県都ポーンサワンは標高 1000 m にあり，季節によっては，朝夕はかなり冷え込む。このシェンクワン県もまた，フアパン県と同様に，織物の産地として知られている。ここはプアン族が王国を樹立していたこともあり，古くはムアン・プアン (Muang Phuan) と呼ばれていた。そして，西で接するルアンパバーンと東で接するヴェトナムの阮朝の首都フエを結ぶ交通の要衝でもあった。プアン族は，自らのアイデンティティを表現するために，独自の織柄を創作している[1]。

　ここの調査は，1998 年，2002 年そして 2013 年になされている[2]。2002 年の調査までは，県都のポーンサワンですら電化されておらず，発電機による給電が夕方 3 時間程度なされるだけであった。町の中央を走る道路も舗装されておらず，雨が降ると泥濘んできた。そのポーンサワンも，2013 年に再訪したときには大きく変貌していた。大きなヴェトナム系ホテルができており，またラオス系ホテルもいくつか見かけられた。それまでのゲスト・ハウスしかなかった時代とは，風景が一変している。電化もなされ，道路も舗装されている。そして，町中で見かけた織元も消え去っていた。サムヌアと同じような変化が起こったのであろう。

　シェンクワン県における機業の立地に触れておこう。県都ポーンサワンには空港があり，ヴィエンチャンに行き来するには便利である。バスでもヴィエンチャンまで 1 日の距離である。ポーンサワン周辺にも織子はいるが，農業が盛んなこともあり機織りはそれほど盛んではない。統計がないので正確なことはいえないが，さほど桑畑を見ることがないことから市内周辺では養蚕はあまり

---

[1] フアパン県とシェンクワン県の手織物については，Cheesman (2004) が詳しい。
[2] 2002 年以降に調査期間が空いたのは，この地域で反政府ゲリラ活動が盛んとなり，危険地域として外国人の立ち入りが制限されていたことによる。ポーンサワン近郊の黒タイの村を訪問したとき，村の入り口に塹壕が掘られており，村人がゲリラに応戦するためだと説明していたことを思い出す。

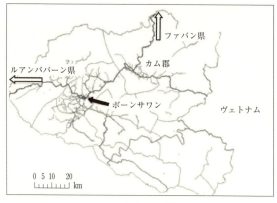

シェンクワン県

なされていないようである[3]。2001年段階で，市内でも養蚕がみられたサムヌアとは異なる。機業の中心は，ポーンサワンから東北東に50kmばかりいったところにあるカム (Kham) 郡と西に30～40kmのところにあるプークーッ郡である。プークーッ郡については，第6章「中・低級品を扱うタラート・クアディン」のところで小売店の母親が大規模な織元として活動していることを紹介した。カム郡の織物は，ヴィエンチャンやルアンパバーンという大消費地に向かうときに，まずポーンサワンのタラートを経由する。これに対して，プークーッ郡のシンはポーンサワンを経由することはない。

フアパン県同様，人口の少ないシェンクワン県では織物の内需は大きくない。したがって，いかにして国内の大消費地やタイなどに販路を築くかが課題となる。ところでファパン県の機業が比較的スムーズに市場経済に組み込まれていったのに対して，この県の南にあるシェンクワン県の機業は低迷している。距離の克服という観点からいえば，よりヴィエンチャンに近いにもかかわらず，なぜシェンクワン県の機業は低迷しているのであろうか。双方を対照しながら，その理由を探っていこう。

---

3) 空港の近くにラオスのNGO（マルベリーズ）が経営する集中作業場があり，その周辺には大規模な桑畑があって，養蚕がなされている。タイの蚕種（二化多化）が用いられている。このNGOは，周辺にも養蚕を広げようとしているが，目立った成果はあがっていないようである。

第1節　ポーンサワンの織元たち

　2001年の初回の調査では，ポーンサワン市内には3人の織元しかいなかった。ここでは，カムモアン婦人とアンポン婦人のふたりを紹介しよう。タラートのシンの小売店のなかにも，織元に近い機能を果たしている店もあるようであるが，調査では探し出せなかった。これは初回の調査時点はラオス経済が不況のなかにあったことから，小売店の活動も低迷していたためであろう。その後，カム郡とポーンサワンの道が舗装されると，カム郡からヴィエンチャンやルアンパバーンまでバスで1日の距離となったことから，ポーンサワンはシンの集荷地としての地位を失うことになる。このなかで，小売店も織元としての機能を失って数も激減していった。

1.　織元カムモアン婦人（1998年聞き取り）：都市滞在経験のある織元

　カムモアン婦人（31歳）は，ポーンサワンから北西に30km強ほどのプークーッ郡の出身である。小学校3年から高校を卒業するまでは，学業のためにポーンサワンの祖父の家で暮らしている。父親は教師，母親は機織りで家計を支えていた。母親から教えてもらったことから，カムモアン婦人も垂直紋綜絖を作成できる。高校を卒業すると，1985〜87年にかけてヴィエンチャンの会計専門学校に進学した。卒業後，ヴィエンチャンの会社に経理として就職したが，1990年にはポーンサワンに戻って結婚している。1993〜95年にかけて，夫の仕事の都合で再度ヴィエンチャンで生活して，1995年にポーンサワンに戻り現在に至っている。この経歴のなかで，婦人は機織りにかかわってきた。
　学生としてヴィエンチャンにいるときに，学費を稼ぐ必要から機織りを始めた[4]。タラート・サオにあるシェンクワン県出身者が経営するシンの小売店に卸していたが，そこの勧めもあって織元となった。フアパン県からの移住者の多いノンブァトン村の8人，そして軍の駐屯地のあるウドムポン村の12人を出機織子とした。1990年にポーンサワンに戻って結婚したが，ヴィエンチャ

---

[4]　ヴィエンチャンやルアンパバーンにある大学に進学したフアパン県やシェンクワン県の女子学生には機織りをして学費を稼ぐ者も多いし，また大学生が織元となっているケースもある。

ンの20人の織子とは関係が続いており，月1回はヴィエンチャンにいって取引をしていたという。その後，夫の仕事の関係で1993～95年に再度ヴィエンチャンに戻って，ノンブァトン村の出機織子を70～80名に増やした。タイでの需要が増えたこともあり，よく売れたという。このころのノンブァトン村は，いまでは想像できないが一大機業地であった。経済自由化によってタイとの交易が本格化して，ラオスの手織物に対する需要が高まっていた時期である。

　はじめは問屋契約であったが，1993～95年にかけては糸信用貸契約を中心としている。ただし経糸は問屋契約で提供して，緯糸のみ糸信用貸契約で掛売りするという契約である。このように，契約形態も多様である。織柄は，馴染みの小売店が古布から採った織柄を教えてくれた。1993～95年にかけて織元となったときには，主たる市場はタイであった。化繊（イタリー糸）を使っていたが，タイでは絹織りが好まれることから絹糸を使うようになった。絹糸は化繊よりも遥かに高価であり，糸の窃取による損失を大きくしてしまう。経糸は，1掛け分が決まっているので窃取の問題は起こらない。しかし緯糸は，異なる織子に多様な織柄のシンを委託しており，また同じ織柄でも1枚ごとに配色が異なることもあるために，必要な糸の量を算出するのが困難である。特に，織子を70～80名に増やしたことから，織子ごとに量目を計算して，また窃取されないように監視することは至難の業となる。この理由から，婦人は緯糸を糸信用貸契約での掛売りにしたという。ノンブァトン村の織子にとって，カムモアン婦人はアウトサイダーである。それにもかかわらず大規模な経営ができたことは注目してよいであろう。会計を学んで私企業に勤務した経験が，織元になるための資産となったのであろうか[5]。

　1995年にポーンサワンに戻ると，ヴィエンチャンの織子とは関係が切れている。せっかく関係を築いたのにというと「織柄がどんどん変化するので，ポーンサワンにいてはついていけないから，しょうがない」と婦人は答える。この発言は，フアパン県でもそうであったように，遠隔地の機業の限界を示唆している。そこで，婦人は，ポーンサワンで新たに織元として機業経営を始めた。販路は，それほど織柄の流行が問題とならないタイに求めた。これからの話は，地元での内機と出機経営にかかわる婦人の苦労の歴史である。

　はじめに婦人が選択したのは，内機経営である。市内と町のはずれに7軒の

---

[5] 調査ノートの端には，「高い教育を受け，ヴィエンチャンの企業で働いた経験があるためか，説明が合理的」と書いてある。

家を借りて，それぞれに機を平均10台，合計70台ほどをおいた。投資は自己資金で賄っている。ポーンサワン市内やその近郊には織子が充分にいないことから，実家のあるプークーッ郡の親戚から紹介してもらって，それぞれの集中作業場に住まわせた。ヴィエンチャンでも指摘したことであるが，出稼ぎの織子を雇用することから生まれた内機経営である。しかし不幸なことに，1997年のタイの通貨危機が発生して在庫が嵩んだ。「400枚ほどが，売れずに残ってしまった」という。そこで，織子を20人程度まで減らしている。

聞き取り時点では通貨危機の影響も和らいできて，需要も復活しつつある。しかし，カムモアン婦人は集中作業場だけに頼るのではなく，出機も利用するようにした。調査時点では，集中作業場は1ヶ所にして，そこに17人の内機織子（プークーッ郡からの出稼ぎ）がいるだけである。そして，ポーンサワンから東に50kmばかりいったところのカム郡の20人と軍人の夫人10人の計30人ほどを出機織子とした[6]。

　——　どうして，前のように集中作業場の方式にしなかったのですか？
　「通貨危機の時に酷い目にあったからね。出機にしておけば，需要の変化に対応しやすいでしょ。それにね，若い女性を集中作業場で生活させていると，周りの男たちがちょっかいをだして異性問題が多く発生してしまったのでね」。
　——　7軒ももっていると，充分には監視できなかったのですね。
　「そういうことです」。
　——　出機織子と契約したことでの問題はありますか？
　「やはり，糸を誤魔化されることが大きい。出機織子は，1枚を織って緯糸が余るとすぐにくすねてしまう。内機織子だと監視できるし，また織子同士で糸を融通するために，この問題は起こらないけど。むかしは絹糸も安かったから，誤魔化されても損失は大きくはならなかった。でも，いまは絹糸はとんでもなく高くなってしまったでしょ。誤魔化されると，大きな損失になってしまう。品質管理は内機織子のほうが簡単にできるけどね」。

集中作業場をつくったカムモアン婦人の経験は，ヴィエンチャンなどで検討した問屋契約と集中作業場との選択問題の論理を再確認させてくれる。すなわ

---

[6] カム郡は，サムタイにとってのクアン郡のように，ポーンサワンにとっての後背地であったといえる。ただしポーンサワンとカム郡を結ぶ道路が整備されると，カム郡から直接ヴィエンチャンに売りにいけるようになる。サムヌアの織元が消えていったと同様の理由で，ポーンサワンからも織元が消えていくことになる。

ち，集中作業場は労働費用を固定費用化することから，安定的需要が確保できないとシオン工房（第8章）がそうであったような支障が出てくる。通貨危機によって集中作業場の弱点を突かれたわけである。

内機経営に失敗したカムモアン婦人は，カム郡の織子との，問屋契約による出機経営に軸足を移した。いまでこそカム郡は車で1時間の距離であるが，当時は悪路であり3～4時間を要した。20人の直接管理は難しいので，遠い親戚の女性を委託仲買人としている。委託料は，かなり丼勘定であるが，この取引から得られる利益の3分の1としたという。カムモアン婦人は毎週この村を訪れて，監視もしていた。

しかし，聞き取りをする数日前に，ここで大きな問題が発覚したようである。カムモアン婦人は，聞き取りの数ヶ月前に出産したが，そのときに甲状腺肥大がみつかったことから治療のためにヴィエンチャンにひと月ほど滞在した[7]。どうも，監視が手薄となったこの時に不正が行われたようである。

聞き取りの数日前，婦人は町の近くの村で自分がデザインした織柄のシンをはいている女性を見つけた。カム郡の織子に委託した織柄は，婦人が創作したものであり，自分のものだとすぐにわかった。さらに，糸も婦人が染色していることから特徴がある。委託したシンはヴィエンチャンの業者を通じてすべてタイに輸出していることから，ポーンサワンにあるはずはない。タラートの小売店を通じて販売すると，特徴があるシンであることからすぐにわかってしまう。どうも，その委託仲買人が直接売ってしまったらしい。ラオス人は，あまり怒りを表情にださない。しかし，この事実を話しているうちに，また怒りが込み上げてきたのであろう，表情がかなりきつくなっているのがわかる。

　——この問題に，どのように対処するつもりですか？

「（かなり声を荒げて）これで契約は終わりだ。筬，垂直紋綜絖そして糸をだしているけど，20人分をすべて取り上げる。近くの村でやりたいという人がたくさんいるので，その人にやらせる。それから，知り合いの織元や（ポーンサワンの）タラートのシンの小売業者に彼女が裏切ったことをいいふらしてやる。もう二度と織物の仕事はできなくしてやるよ」。

インフォーマルな制裁機能についての逸話を耳にはしていたが，これほど具

---

[7] 甲状腺肥大はヨード不足と密接な関係がある。内陸国であるラオスでは海産物を摂らないことから，甲状腺肥大を患う人が少なくない。

表12-1　カムモアン婦人の費用収益構造

経糸	綿糸　1kg　1.6万キープ　　シン10枚分	
	機拵えは織子の負担	
緯糸	綿糸　1kg　1万キープ　（経糸より太い）	
	400gでシン1枚	
柄糸	絹糸（ラオス産）　1kg 4万キープ　　シン3枚分	
染色	1kgの生糸　500キープの化学染料10袋	
織賃	9000キープ/1枚	
	⇒生産費2万9600キープ/1枚	
売り値	3.5万キープ/1枚	
利益	5400キープ/1枚　（利益率15.4％）	

体的な事態に遭遇したのははじめてである。その機能の強烈さに，裏切り行為をしてしまった女性のことが心配になるほどである。

　これ以上は婦人の怒りにつきあうのも辛いので，費用収益構造に話を移そう。聞き取りの時点（1998年3月）での為替レートは，1ドル＝2414キープである。表12-1より，シン1枚の糸代2万600キープが求められ，織賃9000キープとあわせて2万9600キープが生産費となる。これをヴィエンチャンの商人に3.5万キープで卸していることから，1枚あたりの利益は5400キープとなる。ただし交通費は含まれていないことから，実際にはもう少し低くなろう。婦人に，1枚あたりの儲けはどの位かと問うと，「5000キープ程度だ」と答えている。やはり，収益構造は正確に把握している。

　利益率は15.4％となる。問屋契約をして，織柄も創作しているにもかかわらず，この率は低いように思える。これには次の理由がある。まず，絹を一部使用はしているものの，基本は綿織りであることから，中級品である。この時期，通貨危機の影響でタイ市場が低迷して値崩れを起こしており，また糸の価格が上昇したために利益を圧迫していることもある。たしかに独特の織柄であるが，紋棒は60〜70本ほどであり，必ずしもシェンクアン織りとして知られる細密な織柄ではないことも，利益率を低くしている。もっと複雑な織柄だと利益率も高くなることは後述の事例からわかるが，そのためには全体を絹織りとしなくてはならない。しかし信用制約から，それは婦人には無理な相談である[8]。

---

[8]　絹糸価格が上昇し始めた1997年暮れ以降，それまでは自己資金で遣り繰りしていた婦人も，とうとう農業奨励銀行からの借り入れに頼らざるをえなくなった。調査時点では，8ヶ月の融資期間で300万キープを月利2％で借り入れていた。

最後に販路に触れておこう。取引相手は，同じ村出身で1990年にヴィエンチャンに移り住んだ男性（40歳位）であり，タイに輸出している。ヴェトナム産生糸も彼を通じて購入しているが，ヴィエンチャンの糸屋よりは安く購入できるという。

　ムアンカム婦人の話をやや長く紹介した。彼女はヴィエンチャンでの生活経験もあり，また高学歴であることも含めて，境界人としての性質を強くもつ商人である。ただし，ポーンサワンは彼女の生まれ故郷ではないことから，インサイダーにはなり切れていないようである。この後に紹介する織元の事例からも明らかなように，ポーンサワン周辺にも織子はいる。しかし，この地域ではアウトサイダーであることからか，織子を組織するには困難があったようである。そのために，集中作業場方式を採用したのであろう。しかし，通貨危機という不幸もあり，複数設けた集中作業場の管理はうまくいかなかった。そこで，織子の多いカム郡に出機織子を求めた。親戚を委託仲買人としたが，病気で管理が疎かとなった瞬間，裏切られてしまった。コミュニティ的統治がより強い形で現れると考えられる親戚ではあるが，契約履行の強制は容易ではないのである。ブァ婦人がホエイプーン村で経験した裏切り（第9章）とよく似た話である。

2.　織元アンポン婦人（2002年聞き取り）：銀行勤務経験のある織元

　2002年にシェンクワン県を再訪したが，このころになるとポーンサワン市内からは織子が消えつつあった。ヴィエンチャンのフェアトレード会員のNGOマルベリーズが唯一，集中作業場をもっているだけである。ここは桑畑をもち，近くの農家に委託して養蚕を行っている。作業場ではタイから購入した簡易製糸器（第10章で紹介したマイサワンの器械と同じ）による製糸もなされている。10人を超す内機織子を抱えて，高品質の草木染めのショールなどが織られる。このNGOの創始者コンマリー婦人はフアパン県からヴィエンチャンに避難してきた移住民であり，機織りと養蚕技術を身につけていた。しかし，このNGOの活動は市場形成という本書の主題には馴染まないことから，これ以上は触れない。

　ここでは，市場形成という観点から出機織子を抱える別の織元の話をしよう。ポーンサワン出身のアムポン婦人（45歳）は1998年に織元となった。その

前はラーンサーン銀行に勤めており，夫はいまもそこの行員である。婦人は，次のようにいう。「自分と同じころに織元となったのが3人いる。しかし，もう自分以外は誰もやっていない」。「カムモアンさん？ そう，彼女もだ。いまは洗濯屋をやっているよ。織子の管理が難しいことと，資金不足が廃業の理由だね。私も苦労しているよ。例えば，1〜1.5ヶ月もあれば1掛け分を織り上げることができるのに，何かと理由をいって織ってくれない。あまりに仕事が遅い織子だと，糸を取り上げているけどね。だいたい20人にひとりは，そういう織子がいる。タラートの小売店もすぐには支払いしてくれないし，資金繰りが大変だ。織子になりたいという人も多くいるけど，私も資金がなくて事業を拡張できないでいる」という。関係性の強い契約で糸を提供したときには機織りを急がせないと利子負担が重くなるが，キープが暴落していることから，この負担がさらに深刻となったことが織元たちの悩みの種となっている。

彼女は，2種類の布を扱っている。ひとつは，通常のシンである。ポーンサワン周辺の村々の織子110人に，問屋契約でシンを織らせている。年間6000枚のシンを扱い，通年の利益は5600万キープ（約5600ドル）にもなる。しかし通常のシンについての話は，これまでの議論と重複するので，もうひとつのパーワー（pha waa）と名づけられた布を紹介しよう。

パーは布，ワーは尋（ひろ）である。尋は大人が手を広げたときの長さで，日本では6尺（約1.8 m）である。ラオスでも，シンの長さは1ワー（1.8 m）とされている。ただし，パーワーでは，1ワーは1.4 mとされる。この布は平織りであるが，織密度をかなり粗く（5ミリ四方程度の網目状）した格子織りの，幅30cmの布である。この布はタラート・サオの店に卸された後，東北タイのウドンタニー県の業者に売られていく。そこで加工されて，日本に輸出されているらしいと婦人はいう[9]。どうも暖簾などに使われるようである。手づくり感を強調するために，繊度が一定でスムーズなヴェトナム産生糸ではなく，座繰りで手挽きされたために繊度が不均一で，さらに節などもあるラオスの在来絹糸が使われる。ラオスの在来絹糸は，精練を少し強めにすると麻のような風合いとなるが，それも製品の特長となっている。

糸信用貸契約が採用されており，パーワーの単位（1.4 m）あたり4000キープで買取られる。カム郡を中心に，約400人の織子が作業に従事している。村

---

[9] 2000年は8万140 mを出荷している（帳簿で確認）。

表12-2　アムポン婦人の帳簿から（価格：1000キープ）

織子の氏名	糸 (kg)	ワー	m	織子への支払	総費用	売上額	利益
A	4	104	148	88	448	592	144
B	2	56	80	64	244	320	76
C	2	51	78	60	240	312	72
E	2	44	64	16	196	256	60
E	2	50	71	40	229	284	55
F	2	57	84	68	248	336	88
G	2	60	87	未払			
H	4	107	157	108	488	608	126
I	2	54	77	54	244	308	64
J	2	48	68	32	222	272	50
K	4	101	145	84	444	580	136
L	3	66	94	80	260	276	116
M	2	57	76	68	258	304	46

注）織子の名前はアルファベットとしている。

ごとに形成された織子のグループには責任者がおり，糸の配布や製品の納品を行う。この責任者には，100キープ/mの手数料が支払われる。

　織られたパーワーは，織子の名前がつけられて，アンポン婦人に納品される。婦人の帳簿には，個人名・供給された絹糸の重量・納品されたパーワーの長さ・支払われた織賃の他に，賃金の減額という項があり，8～9割の織子について400キープ減額と書いてある。これは，品質に難があることを意味している。しかし，婦人は，実際には減額しないで規定通り織賃を支払っているという。ただし品質問題が続く織子とは，契約の継続をしない。

　表12-2は，織元の帳簿から，あるグループ（13名）の数値を抜き出したものである。多くの織元がどんぶり勘定であるなか，こうした帳簿で管理されることは珍しい。アムポン婦人が銀行勤務の経験があるためであろう。第1行のAさんは，4kgの絹糸（9万キープ/kg）を提供されて，104ワーを織っている。これは148mに相当する。生産費は，糸代36万キープと織子への支払8.8万キープをあわせた44.8万キープとなる。それを59.2万キープでヴィエンチャンの業者に卸して，14.4万キープの利益を得ている。

　この表から，絹糸1kgから製織されるパーワーは，平均26.0ワー（標準偏差2.4）であり，最小22～最大30ワーであることがわかる。通常は，経糸1kg，緯糸1kgの合計2kgを1掛けとする。しかし座繰りの絹糸は繊度が一定しないこと

から，単位重量あたりの生糸から織られるパーワーの長さも変動する。織子にとっては，格子を大き目に織れば，一定量の絹糸から長いパーワーを織ることができるが，品質に問題が出てくる。すなわち，一定量の絹糸から織られる長さが異なる理由は，絹糸の性質（プリンシパル側）と織り方（エージェント側）の双方にあり，その責任を一方に帰することは難しい[10]。そのために，織元の利益率も織子ごとに大きく異なり，表12-2のグループについては，平均23.4％（標準偏差6.6），最大42.0％そして最小15.1％である。ちなみに売り渡し価格はメーターあたり4000キープで計算されているが，実際の売り渡し価格はメーターあたり20バーツ（1バーツ＝214キープ）であるから，利益はもう少し高くなるという。

　カム郡の村で，パーワーを織るアンポン婦人の織子に会うことができた。2kgの絹糸で50ワー程度が織られるという。「40ワー分が糸代となり，残りの10ワーで織賃4000キープ/ワーがもらえる」，「1掛けの製織には8〜10日必要」という。8日で4万キープ（1ドル＝9471キープ：2002年3月）の賃金とすれば，1日5000キープとなる。この村での農業労働賃金は15000キープであるから，その3分の1にしかならない。そのことから，パーワーが織られるのは農閑期に限られることが多い。

　パーワーは農間余業として機織りであろうが，それにしても織子の収入が低すぎるように思える。この点について，カム郡で聞き取りをした黒タイの女性の発言を紹介しておこう。彼女は独立織子として紋織りのシンを織っており，母親はアムポン婦人の織子としてパーワーを織っている。「母親は高齢となって目が悪くなった。そのために，細かい作業が必要な紋織りはもう織れない。でも，パーワーなら織ることができる。この仕事があることは，とてもありがたいことだ」。たしかに，村を歩いても，パーワーを織っているのは高齢の女性であり，紋織りのシンを織っているのは若い女性である。この村のグループの責任者がアンポン婦人から絹糸を受け取ってくると，織子に対して充分な糸が供給されないこともあり，絹糸の奪い合いが起こるという。ある織子は，「年に3〜4掛け分しか糸が供給されない。もっと欲しい」という。パーワー生産が成り立つのは，自家労働評価額の低い高齢者を織子として取り込んだことに

---

[10] 村で会った織子は，2kgで41ワーしか製織できなかったことがあったという。これは，明らかに手挽きされた絹糸が太かったためであり，カンポン婦人は「悪いね，といって織賃に1万キープを上乗せして払ってくれた」という。これも，配慮のひとつであろう。

あるといえよう。

糸信用貸契約であることから，糸の窃取は起こりにくい。また，パーワーは特殊な布であり，一般には販路はみつけられない。さらに織元がタイまでの流通を独占的に押さえていることから，第三者への売り渡しという問題は発生しない。ただし，カンポン婦人がパーワーの事業を始めたのがキープの暴落の最中であったことから，糸を売り渡すという可能性はあったので糸信用貸契約が採用され，それがキープが安定しつつある調査時点でも続いているようである。

ここまでポーンサワンのふたりの織元を紹介した。このふたりは，在来の社会から生まれてきたインサイダー商人というよりは，境界人としての性質をもっていた。すなわち，ヴィエンチャンでの機織りや銀行勤務という経験が，彼らを織元にさせたといえる。ヴィエンチャンの大規模織元たちが大卒であったことと同じ背景があるようである。そして何よりも，ふたりの織元は海外への販路を確保している。前述したことであるが，遠隔地の機織りの競争力は低賃金によってもたらされる。しかし，ポーンサワン周辺は農業が盛んであることから，農業労働賃金率もヴィエンチャンと比べて特段に安いわけではない。ヴィエンチャンの流行の織柄情報へのアクセス制約もあることから，内需を狙っていては高い利益は見込めないのである。そこで，ふたりは海外市場を目指すことになる。独特のキャリアを背景として，ある種の伝統的近代性を模索しながら彼女たちは海外市場に結びつくことができたのである。それができない場合の機業を，カム郡で探ってみよう。

第2節　カム郡

ポーンサワンから東北東に50kmほどいくと，カム郡の中心に至る。中心といっても，ほとんど村（実際，バン村と呼ばれている）であるが，小規模ながらタラートもある。ここのT字路を，そのまま直進すればヴェトナムに，そして左折して北上すればサムヌアに至る。ポーンサワンからカム郡への道路は悪路であり，4輪駆動車でも4時間近くかかっていたが，2002年に訪問したときには道路は整備・舗装されて車で1時間の距離となっていた。

表12-3 タラートの糸屋のマージン率（2002年聞き取り）

		単位	仕入れ値	売り値	マージン率（％）
綿糸（経糸用）	タイ製	700g	9000	10000	10.0
綿糸（緯糸用）*		700g	5000	6650	24.8
生糸		1kg	25000	27000	7.4
生糸　（2本撚）		1kg	35000	38500	9.1
（3本撚）		1kg	50000	55000	9.1
イタリー糸		1kg	19000	22300	14.8
メタリック糸	（高級）	1巻	16000	18000	11.1
	（普通）	1巻	15000	17000	11.8

注）*は，ラオス在来綿を手紡ぎした綿糸。

　カム郡の中心はアンナン山脈のなかに開けた小盆地であり，それなりに農地にも恵まれている。ヴェトナム戦争時の爆撃を避けて，この盆地の住民は山間部に逃げ込んで数年暮らすことになった。山間部の村々（それらは現在でも車は入ることができず道路から徒歩で数時間の距離にある）には独特の織柄があり，逃げ込んだ人々はそれらを吸収していった。本書のはじめに記述したラオスでの織柄のルネッサンスが，この小さな盆地でも生まれたのである。そのために，この地域の織柄は細密で豊かである。タラートのあるシン小売店主は，サムヌアの織物との違いを詳しく説明してくれた。いまでも，織柄は地域の人々のアイデンティティを表現しているようである。

　このタラートには，シンの小売店と糸屋がある。そこの糸の種類，仕入れ値そして売り値を示しておこう（表12-3）。希少なラオス綿を使った綿糸は別として，ほぼ10％前後のマージン率となっており，ヴィエンチャンの糸屋と比較すると運送費がかかるためにやや高いものの大差のない水準である。

　ここで織元をふたり紹介するが，織元となったきっかけに注目したい。

1．糸屋から織元に

　糸屋から織元になったペサマイ婦人に聞き取りをした（1998年）。彼女は1990年ころに糸屋を始め，1994年からはポーンサワンのシンの小売店から注文を受ける形で織元となっている。また1997年には，世界遺産に登録（1995）されて観光客が増え始めたルアンパバーンの仲買人からも注文が入るようになった。織機をもたない織子には，それも提供している。聞き取りをしたのが焼畑の始まる3月であったことから取引する織子は12人に減っているが，農

表 12-4　織子との問屋契約

1998年1月5日		名前 #### 　村 *****	
筬	15500 キープ	織賃　1万キープ	
綿糸	（経糸）	2 × 7000 キープ = 1.4 万キープ	
	（緯糸）	色付き 32 × 500 = 1.6 万キープ	
	⇒	生産費　45500 キープ	
納品	1 × 1万キープ	5 綛 × 500 キープ	
	1 × 1万キープ	1 綛 × 550 キープ	

閑期には20人程度になるという。1996年の乾季には40人程度を組織していたが，タイの通貨危機以降に糸の値段が上昇してしまい，信用制約から人数を減らしているという。

表12-4は，ペサマイ婦人の帳簿から抜き出した，ある織子との契約（問屋契約）である。帳簿といっても，他でもそうであるようにメモ帳である。提供した糸の値段が記入してあることから糸信用貸契約のようにみえるが，婦人は「これは問題が起こったときの処理を容易にするために書いているだけであり，領収書もとるようにしている」という。1枚のシンの納品とともに，追加の緯糸が渡される。日付が書いていないが，機掛けのときと1回目の提供のときの緯糸の値段が1綛500キープだったのが，2回目（緯糸）では550キープとなっている。これはタイ製の綿糸を使っており，1998年の聞き取りであることから，キープの暴落で綿糸の価格が上昇したためであるという。こうした状況であるからこそ，ポーンサワンの織元がそうであったように，織元は機織りを急がせているのである。

織子たちは複数の村に住んでおり，親戚や知り合いである。「個人的に知らない人を織子にするのは怖い」という。問屋契約であることから，提供した糸が適正に使われているか疑心暗鬼となっているようである。親戚や知り合いではあるものの，「自分のところに納品せずに，他に売った織子がいた。他に売れば織賃ではなく，シンの代金がそのままもらえるからね。見回っていて，少ないのに気づいてわかった。食べるのに困ってやったようだ。米で弁済してもらい，契約は打ち切った」という。

織子との契約を円滑に維持するために，どのようなことをしているのかを質問した。硬軟とり混ぜた方策であったので記述しておこう。「平均5日でシン1枚を織ることができる。しかし，遅い人もいる。普通は1枚1万キープの織賃を支払うけど，10日に1枚という人は8000キープにしている。それでもよ

い関係を維持するには，織子に配慮した関係をつくらないといけない。病気の時には納品の期限を遅らせるし，またお金に困ったときには織賃の先払いもする。利子はとらないよ」。個人的統治のサブ・システムによって取引の円滑化を図ろうとしている。

　キープが暴落するなかでタイからの輸入綿糸を使う婦人としては，機織りを急がせて，はやく利益を確定しなくてはならない。10日で1枚という織子には織賃を20％下げているのも，キープの暴落によって糸の価格が刻々とあがっているためである。しかし，それでも互恵的な関係は崩そうとはしていない。シンの売り上げの3分の2はポーンサワンやルアンパバーンからの注文契約によりもたらされ，残りは地元で販売される。

　糸綜絖（180～240本）を使う，複雑な紋織りのシン（18ロップ）を例にとってみよう[11]。経糸となる綿糸は3500キープで18枚分，地組織部分は綿糸200g（4000キープ）で1枚分，そして紋柄部分は絹糸300g（7500キープ）である。これに1枚の織賃1万キープを加えた，2万3500キープがシン1枚の生産費となる。これを4.5万キープで卸すというので，利益率は47.8％と高いものとなる。最初に登場したカムモアン婦人は，生産費2万9600キープ（糸代2万600＋織賃9000）のシンを3.5万キープで卸していた。そのために，利益率は15.4％に留まっている。この差は，カムモアン婦人の織柄が紋棒60～70本の垂直紋綜絖であったのに対して，ペサマイ婦人はその3倍の数の糸綜絖を使う複雑な織柄のシンを織っているためである。さらに，紋柄部分が多く，その分，絹糸を多く使うこともある。

　ペサマイ婦人は，タラートの糸屋から織元となった事例である。それも，自分から取引相手も探索したのではなく，アウトサイダーからのコンタクトが転身の契機となっている。販路を確保できて，織子とのつながりがあったことがそれを可能にしたといえる。

2.　偶然の接触から織元に

　同じカム郡ではあるが，かなり僻地の村に織元が生まれた事例を紹介しておこう（1998年聞き取り）。カム郡の中心からヴェトナム方向に直進して25kmの

---

[11]　シンで18ロップ（経糸720本）は少ないようにみえるが，これは綿糸を使っているためである。細い絹糸の場合には，倍以上のロップとなる。

ところにある村に，織元ソマイ婦人がいる。婦人は，1997年に病気になった母親をヴィエンチャンの病院に入院させた。入院と滞在費用が必要であったことから，ティーン・シンをタラート・サオに持っていったところすぐに売れた。そして，3軒の小売店から注文がきた。それまでは，特に固定的な関係をもたない仲買人にスポットで販売していたが，お得意様となる小売店を確保したことから織元となっていく。いうまでもなく，販路の確保が，織元になるための重要な条件である。

　織子は5人であり，ふたりは村の女性で出機，そして残りは東に80kmいったヴェトナム国境近くの村に住む親戚の織子を住込みで雇用している。ただし聞き取りの前日には，焼畑が始まるというので帰省していた。婦人は「農作業が終われば，また戻ってくる」という。1枚を織るには10日必要であり，織賃は1枚1万キープである。すなわち，1日1000キープの収入にしかならない。この地域の農業労働賃金の1日3000キープよりも，かなり低くなっている[12]。食費等は無料であるから，実質的な差はそれほどは大きくはないであろうが，農繁期には機織りはなされない。織子たちの出身村がヴェトナム国境近くの山間部という代替的な就業機会もほぼない地域であることから，織子たちの留保賃金もかなり低くなっているのであろう。

　婦人が織るのは，ティーン・シンである。図案師としての力もある婦人は垂直紋綜絖の作成が得意で，糸綜絖160本ほどの糸垂直紋綜絖を使っていた。これほどの本数だと，作成には2日が必要という。費用収益構造を確認しておこう（表12-5）。織賃も含めての生産費は2.1万キープ（8.7ドル）となり，これをタラート・サオの小売店に4.5万キープ（季節変化なし）で卸すことから，利益率は53.3％とかなり高いものとなる。婦人に1枚あたりの儲けはと質問すると，「売り値の半分ぐらい」という。「けっこう儲かるね」というと，「まあね」といって笑う。前述のカムモアン婦人の利益率が15.4％であったことと比較して，かなり高い利益率となっている。これは，織柄が全体に広がるティーン・シンであり，かつ経糸を絹糸にしていること，そして高価なメタリック糸を使っていることから実現できる利益率である。

　カム郡には，ソマイ婦人のように，ヴィエンチャンのタラートに直接販売す

---

12) 2002年3月の農業労働賃金は1.5万キープであり，1998年3月は3000キープであったことに留意されたい。前者では，1ドルは9471キープであったが，後者では2414キープであった。通貨暴落の影響がみてとれよう。

第Ⅳ部　距離の克服：辺境の産地

表12-5　ソマイ婦人の費用収益構造

経糸	絹糸　5綛　（1綛＝1200キープ）　20枚	
緯糸	コンケーン糸　1kg＝12綛　16万キープ	
地布	1綛で1枚	
柄糸	6綛で10枚分	
	メタリック糸　3巻　6枚分　@1.2万キープ	
織賃	1万キープ（季節変化なし）	
売り値	4.5万キープ	
利益	2.4万キープ（利益率53.3％）	

る織元もいる。しかし，大半のシンはバン村にあるタラート経由で，この地域のシンの集荷地であるポーンサワンのタラートの小売業者に卸されていく。しかしそのことが，後で述べるように，この地域の停滞の一因ともなっていくのである。

第3節　その後のシェンクワン県

　2013年3月，フアパン県での織物の調査からの帰路，時間は限られていたが，シェンクワンの機業を観察した。もう，パーワーは織られていなかった。カム郡の中心地のタラートには，いくつかのシンの小売店がある。ほとんどが綿織りであり，品質も低級品が多い。ペンマイ工房の姉妹の親戚で，しばらくそこで働いた経験もある小売店の店主と出会った。「シンは綿織りがほとんどで，売りにくる織子から買うだけだよ。特に，お得意様の関係はない。シンが多く集まったら，ヴィエンチャンに売りにいったりする」という。どうも，ポーンサワンが織物の集荷地としての役割を終えているようである。たしかに，ポーンサワンにあるタラートのシン小売店も数が減っており，かつての賑わいを失っている。道路が整備されたことから，カム郡から直接ヴィエンチャンやルアンパバーンに売りにいくようになったためであろう。

　この意味では，サムヌアの事情とよく似ている。シェンクワン県は，フアパン県よりはヴィエンチャンに近いことから，手織物で比較優位がありそうにも思える。しかし，ヴェトナムからは距離があることからヴェトナムの糸商が生糸を売りにくるわけではない。結局は，綿糸を使った低廉なシンを織るしかな

いようである。店主に，織元について質問した。「このタラートで織元をしている店舗はないね。町外れに，10台ほどの機をもった織元がいる位だ」という。

1. 徒花としての織元

その織元の話をしよう。タラートからポーンサワンに向かってしばらく進んだ道路沿いに，ボウンミー婦人（51歳）の自宅兼工房，そして販売所がある。この村は黒タイの村であることから，機織りに優れた織子が多くいる。作業場には織機が10台あるが，もう夕方だったので織子はいなかった。ひとり聴覚障害のある女性が，黙々と機織りを続けている。それほど品質には期待せずに立ち寄ってみたのであるが，「なぜ，このような村に，これほど染色や織りがしっかりとなされたシンが売られているのか」というのが，はじめの印象である。

婦人は，ヴィエンチャンやタイのチェンマイで開催された染色ワークショップに参加して，草木染めの方法を学んだ。そして，自分の住む村で集中作業場を開設した。生糸は，この村からフアパン県近くまで北上し，川をボートで遡ったところの養蚕村に自分でいって仕入れている。染色は，すべて草木染めを自分でする。出機でも，紋織りを織る8人と，平織りの布を織るだけの織子40人ほどを組織している。すべて，自分の住む村の織子たちである。出機織子とは問屋契約を採用しているが，特に問題は起きないという。「常に織子をみて回るようにしているし，糸は自分が染色して特徴があるので，他には売れない」という。在来の絹糸を使っていることから，タイの滑らかな絹糸を好むヴィエンチャンの富裕層には向かないかもしれない。むしろ，ペンマイ工房が指向するように，在来の絹糸を好む海外の需要を捉える必要があろうが，それは辺鄙な村の織元には難しい課題である。

シンは，自分の店で売るだけだという。ヴィエンチャンで売れば，倍以上の値段がつく品質ではあるが「ヴィエンチャンには知り合いもいないし，何か怖いところだ。まあ，ここで暮らしていくだけの儲けはあるしね」と，穏やかな雰囲気の婦人としては敢えて市場を広げる気はないようである。徒花とはいいたくはないが，外部の市場へのリンクができない農村に出現した突然変異の織元のようにもみえる。

婦人と話をしながら，私は，ふたつのプロジェクトのことを思い出していた。ひとつは，遠隔地の村人をヴィエンチャンに招いて，給与を支払ったうえで3ヶ

月ほど機織りを教えて，修了者には立派な織機を与えて村に返すというJICAのプロジェクトである。ヴィエンチャンのJICA事務所で担当者が話しかけてきて説明してくれた。そんなことをしても誰も機織りなどしていないのではというと，担当者は「そんなことはない。みんな村で機織りをするといって帰っていった」という。では訪ねていってみようということになった。市内から国道13号線を南に60～70kmいった辺りの村であることから，それほど遠隔地というわけではない。ひとりひとりを訪ねて回るが，誰も機織りをしていない。件の担当者がだんだんと無口になっていくのがわかる。「彼女は優秀で，きっと機織りをしている」という女性を最後に訪ねた。渡された織機が一度も組み立てられることなく放置されている。鄙びた村でたったひとりが機織りをしたところで，商人がやってくるわけはない。糸屋もなければ，織柄の情報も入手できない。市場を理解しないプロジェクトの末路とは，このようなものである。

　もうひとつは，東北タイのDevSilkプロジェクトである。EUによるこのプロジェクトは養蚕の普及を主目的としていたが，それを自立的とするためにプロジェクトの最後に絹織りの製品を販売するNGOを立ち上げている。NGOの責任者はカナダの大学で修士号を取ったタイ人女性であり，出産間近のおなかを抱えながら「いまは無給だけど，もうすぐ利益が出そうだ」といっていた。ホーム・ページも作り，販売だけでなく，製品開発にも熱心に取り組んでいる。すなわち，技術移転は，それだけでは成果をあげられない場合が多く，製品を市場に結び付ける制度設計も含めた援助が求められる。織元ボウンミー婦人が参加した染色ワークショップは，市場設計までは考えていなかったようである。

　DevSilkプロジェクトに類似するのが，先ほど紹介したポーンサワンにあるNGO（マルベリーズ）が運営する集中作業場である。2013年に訪れたときには24の織機があり，外国人向けにデザインされた草木染めのスカーフなどが織られている。製品は，ヴィエンチャンにあるNGOの店舗などで販売されている。品質は，かなりしっかりとしたものである。ここの責任者は「この水準のものは，シェンクワンでは製織できない。個人でやっても，そもそも市場がない」という。ボウンミー婦人との違いは明らかであり，その違いが市場形成の難しさを物語っている。

2. 農業地域の手織物業：箱もの援助の末路

　最後に，ポーンサワンの南約40kmのところにあるパーサイ（Phaxay）郡のナーピア村の話をしておこう（2013年聞き取り）[13]。戸数59の村であり，ほとんどの家計に機がある。織元はおらず，近くのタラートの小売店から注文を受けた織子が機織りをしている。「はじめに価格を決めていたにもかかわらず，持っていくと値を下げられた」とある織子はいう。村には糸屋があり，そこで糸（綿糸）を買っている。調査年には，小学校の教員（32歳）が仲買人として活動を始めている。村人は「どこかは知らないが，馴染みの店があるようだ。近隣の村からも集めて，毎回100枚くらいを持っていっている」，「彼女は気に入ったものしか買わない。価格にも厳しく嫌な奴だ」など，御婦人方は悪口もいいたい放題である。

　2011年に米国のNGOの援助で，集中作業場がつくられた。ここには14台の機があり，月3000キープの使用料で利用することができる。ひとつの機で，月に8枚のシンが織られる。したがって，集中作業場では月あたり最大100枚強の生産となる。このうち，60枚程度は付近の農家からの注文生産であり，10～20枚は仲買人に売られる。残りは，近くのタラートの小売店に卸されている。ティーン・シンとシンが一体となったシンが織られている。20前後の紋棒をもつ摘上紋綜絖を用いて，ティーン・シンのところだけに紋柄が入る。村に図案師がいて，紋棒1本につき2000キープで摘上紋綜絖がつくられる。地域の需要向けの生産であることから，よくて中級品の評価でしかないシンである。

　1枚あたりの糸代は，約2.5万キープと計算できる。3日で1枚が織られ，それを7万キープで販売する。従って，1日あたりの収入は1.5万キープ（2ドル弱）にしかならない。3日に1枚といっても，織子が専従しているわけではない。織子は午前中，ないしは午後に数時間織るだけであり，1日中機を織ることはないという。昼をかなり過ぎているのに，作業場には織子は4人しかいない。「家事もあるしね」とある織子はいう。集中作業場といっても，織元の管理する集中作業場とはまったく異なる。きていた織子も他の織子と話し込ん

---

13) この辺りは反政府ゲリラ活動が続いていたために前回の調査では入り込めなかった地域である。

で，なかなか作業を始めようとはしない。管理者のいない集中作業場は生産性向上にはまったく寄与しないわけであり，有効な援助とは到底いえない。

　県都ポーンサワンのあるペーク（Pek）郡からパーサイ郡にかけての地域は農業（畜産を含む）が盛んであり，農業労働賃金も1日5万キープ（6.25ドル）とかなり高い[14]。そのために織物も，自家消費用か，せいぜい地域の市場向けに留まるものであった。織物の商人も，あまり活動していないようである。

　この村の機業は，地域の市場を対象とするに留まっており，外部の市場にリンクする様子はみてとれない。本書では，農村工業の製品が全国規模ないしは海外の市場に包摂されていく過程に焦点をあてていることから，実際には多くあるナーピア村のような機業，すなわち地域需要を対象とした低品質のシンには，ほとんど触れることはない。換言すれば，本書の関心は，このようなローカルな市場から，誰が，どのようにしてシンをより大きな市場に結びつけていくかという点にある。この点については，最終章「取り残された辺境」で議論してみよう。

＊＊＊

　シェンクワン県の織物は，プアン族の織物に源をもつ独特の織柄で知られている。もともとは，その県都ポーンサワンが織物の集荷地となっていた。しかし，県都周辺は農業生産が盛んであり，経済発展とともに機業が衰退していった。この点では，本章で対象としたポーンサワン（その周辺を含む）とカム郡の機業は，前章で紹介したサムヌアとサムタイとの関係に似ている。

　本章では，数人の織元について触れた。彼女たちが織元となった経緯は，ヴィエンチャンで生活していたこと，母親の病気治療でヴィエンチャンの病院にいって治療費を稼ぐ目的でシンを販売したこと，そしてNGOの事業に参加したことなど，都市の商人との接触経験を契機としている。もともとあった潜在的な機織りの能力が，こうした接触によって開花したのである。フアパン県で観察されたことと，同じである。

　ポーンサワンとサムヌアでは，似通った理由で機織りが衰退していった。し

14）シェンクワン県の人口もこの両郡に集中している。そのことは，ヴェトナム戦争時のホーチミン・ルートへの爆撃もこの地域に集中するという事実につながる。いまも，至るところにボム・クレーターがある。投下された爆弾の1～2割が不発弾（UXO：Unexploded Ordnance）となっている。ナーピア村でもUXOを使ってスプーンを生産しており，重要な農外所得を稼いでいる。

かしサムヌア周辺では依然として機織りが盛んになされているのに対して，ポーンサワン周辺では機織りは衰退している。ポーンサワン周辺は農業生産も盛んなことが，その理由であろう[15]。ではなぜ，カム郡はサムタイのような変容を遂げなかったのであろうか。

　その最大の理由は，次のふたつにあると考えられる。ひとつは，生糸の入手である。サムタイにはヴェトナム商人が生糸を毎週売りにきており，低廉で良質な生糸が容易に入手できるようになった。しかし，多分に距離の問題であろうが，ヴェトナム商人はシェンクワン県まではこない。カム郡では，依然としてヴェトナム産生糸はヴィエンチャン経由での入手であることから，むしろ綿糸が多く使われている。すなわち，低品質のシンの製織に留まっており，付加価値のつく市場に参入できていないのである。逆にいえば，ヴェトナムから直接生糸が流入したことがフアパンの機業の興隆に結びついたともいえよう。

　もうひとつは，農業事情の差である。農業が興隆していることなどからポーンサワンがシンの集荷地としての役割を終えると，カム郡では織子の信用制約がより深刻なってくる。ポーンサワンの小売店に依存していたことから，カム郡にはヴィエンチャン市場に食い込んでいく商人が生まれていない。また，農業事情が比較的よいことから織賃も高くなる。このために，フアパン県の機業に対して比較優位が実現されないのである。こうした複合的な理由で，シェンクワン県の機業は衰退しつつあるようである。ヴィエンチャンの織物村でも，農業事情が機業の形に影響していたことを指摘したが，同様の事態である。

　大規模織元のマレイヴァン婦人やペンマイ工房（第8章）などで，フアパン県では織元が多くなってきて織子がヴィエンチャンに出稼ぎに出てこなくなっているのに対して，シェンクワン県からの出稼ぎ織子は逆に増えているという話を聞いたことがある。織元が自生してきたフアパン県（特にサムタイ）とそれがいないシェンクワン県（特にカム郡）の機業の成長経路の差に符合する話である。

　養蚕がなされるようになれば，シェンクワン県の機業も別の顔をみせることになろう。それはラオスの機業全体にも妥当することである。タイやヴェトナムでは二化多化の養蚕が普及しており，ラオスも両国から生糸なり絹糸を輸入

---

15) 1993年創業のヴェトナム北部ホアビン省の日系漬物工場が，ヴェトナムでの野菜価格の上昇から，ポーンサワン周辺で野菜生産を始めている（2013年にホアビン省の工場で聞き取り）。社長H氏は，1日で行ける距離であり，涼しいところなので避暑によいところだという。

している。自然条件からすれば，山間部の多いラオスのほうが養蚕に適しているはずである。山間部での雇用創出という効果も勘案すれば，養蚕業の振興はラオスにとって効果的な産業政策となろう。しかし，省庁の上層部と話をしても，養蚕には興味を示さない。彼らがいう産業政策は，タイのように工場を誘致したいというものである。彼らから真顔で「トヨタの工場を誘致したいのだが」といわれると，嘆息するしかない。内陸国で賃金も決して低くなく，また何よりも人口600万人程度と過剰労働が望めないなかでの労働集約的な工業化は，ラオス経済をリカードの成長の罠に容易に陥らせてしまう。

　官僚たちにとっては，機織りなど「伝統的で時代遅れな恥ずべき産業」なのであろう。そうした官僚たちを，第10章で触れたJ社の東京にある本社に連れていったことがある。そこで，ラオスで織られたスカーフなどの値札を示したところ，一様に驚きの表情を見せた。東北タイの養蚕事業の視察旅行も立案して，生糸の国産化ができればラオスの付加価値の増加につながることを力説した。しかし，工場という建物の呪縛から彼らを自由にすることはなかなか難しい。工業化に成功して経済発展をしたタイ，そしてラオスを属国扱いするタイに対するラオス人のアンビバレントな感情，そして言葉が近いこともあるタイに対する近親憎悪ともいえる複雑な感情が官僚たちの判断にバイアスを与えていることを感じずにはいられない。

第 13 章

外需に揺さぶられる機業地：ルアンパバーン

ルアンパバーン（Luang Prabang）は，ヴィエンチャンから国道13号線を230kmばかり北上したメコン川とその支流のカーン川との合流地点に形成された古都であり，ルアンパバーン県の県都でもある。この町には寺院などの歴史的建造物が多く，早朝にはオレンジ色の袈裟をまとった托鉢僧の列が続く。フランスに支配されていたことから残るコロニアル風の建物もあわせて，1995年に町全体がユネスコの世界文化遺産に登録されている。このことも，町の機業に大きな影響を与えることになる。県の人口は40万人，県都のあるルアンパバーン郡の人口は約7.8万人であり，市街地人口となると1.67万人（2009年県事務所での聞き取り）程度の山間の小さな町にすぎない。

　ルアンパバーンは山間部の町であり，周辺にはこれといった機織り村は少ない。すなわち，サムタイに対するクアン郡のような織子が豊富にいる後背地をもたないことから，関係性の強い契約で市場を外延化するという様子は見られない。ルアンパバーンの織物の中心は，1）市街から4kmのカーン川沿いにあるパノム村，2）市街から5kmほど北に離れた，空港とメコンの土手に挟まれた村々（特に，ポンサアート村，シェンレック村，サンコン村），そして3）市街から南に5km下ったメコン川沿いのポンサイ村である（地図参照）。この地域のもともとの住民の住むパノム村に対して，残りのふたつの村は戦禍を逃れて県北部などから移住してきた人々のディアスポラ村である。2番目は複数村から成り立っているいることから，「メコン機業地」と呼んでおこう。織子の数からいえば，メコン機業地が圧倒的に大きい。

　ルアンパバーン県やその周辺では綿花栽培が盛んであることから，ルアンパバーンでは綿織物が織られ，絹糸が用いられることは稀である。なお，この辺りの綿花は中繊維綿か短繊維綿であるアジア綿である（本章の補足資料参照）。そしてルアンパバーンの機業が成長するなか，地域内で生産される綿糸が不足してきて，タイ製の紡績糸の利用が一般化している。どこの産地でも観察される，糸を購入して機織りを行うという生産形態の登場である。ただし，綿糸であることから，絹糸を使う場合と比較すると織子の信用制約はそれほど深刻とはならない。

　本章では，様々な外生的環境の変化に，これらの機業地がどのように対応したかに焦点をあてて話を進めよう。特に注目したいのは，外需の変化のなかで織元が生まれ，そして消えていく過程である。本章の話は，世界遺産に登録されたばかりで，観光客の姿も疎らな鄙びた風景の漂う1996年に始まる。電気

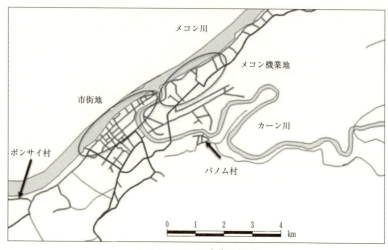

ルアンパバーン市街地周辺

も隔日にしか配電されていないころである。

第1節　外的環境の変化

　ルアンパバーンは，1353年にラーンサーン王国の首都となり，紆余曲折はあったものの，1975年の革命まで王宮がおかれていた。この王宮関連の需要があったことから，織物産業も繁栄をみせていた。フアパン県やシェンクワン県ほどではないにしろ，独特の織柄ももっている。しかし山間部に孤立する小都市は，交通インフラの不備から，外の世界の市場と本格的に結びつくことはなかった。

　はじめの変化は，1980年代後半の経済自由化によりもたらされた。ただしその影響は，タイとのアクセスが容易なヴィエンチャンと比較すれば，山間部にあって外界に通じる道路も整備されていないルアンパバーンでは限定的であった。何しろ，メコン川を2日（スピード・ボートならば1日）かけて遡ってボケーオ県の県都フエイサイ（Huaysay）につき，対岸のタイのチェンコーンに渡るというルートによって，ようやく織物の大市場であるタイにつながることができたのである。この段階では，ヴィエンチャンに通じる国道13号線は，通行は可能であるが舗装はされておらず，動脈の役割は果たせていない。むし

ろ，空路を利用するほうが一般的であった。

　1994年，サイニャブリー県のホンサー郡で北タイのナーン県に抜ける経路が開かれた。ホンサー郡は山間部にあり，アクセスは容易ではないが，ナーン県への中継地の役割を果たすことになる。これは，ルアンパバーンから船で1日かけてパークベンまでいって，そこから車でホンサーに入ることが一般的であった。2011年には，サイニャブリー県の県都サイニャブリー経由でホンサー郡に入る道路が開通している。この経路については次章で触れる。

　1995年，ルアンパバーンはユネスコの世界遺産（文化遺産）に登録されたが，鄙びた街並みは静かに佇み，外国人旅行者の姿はまだ見えない。外国人旅行客が増えるのは，ゲスト・ハウスが増え，またバンコクやチェンマイなどからの直行便がくるようになる2000年前後からである。その後，街のメイン・ストリートのシーサワンウォン（Sisavanvong）通りにナイト・マーケットが開かれ，300ほどの夜店が並ぶようになった。その多くは織物の店であったが，土産物の多様化も徐々にみられるようになっている。こうした観光客が，2000年代に入ると織物の主要な購入者となってきた。

　もうひとつ見逃してならないのは，1998〜99年にかけてヴィエンチャンとルアンパバーンを結ぶ国道13号線が整備されたことによって，ヴィエンチャンまでバスで10〜12時間で結ばれることになったことである。そこからタイに輸出される経路が開けた。こうした事情から，ホンサーの経路は廃れていく。

　需要の中心が海外からの旅行者となったとき，ルアンパバーンの機業はふたつの影響を受けることになる。ひとつは，需要量の変動である。観光客の大半は，タイ人を別とすれば，バンコクを経由してくる。しかしタクシン元首相をめぐり，タイ社会は赤シャツと黄シャツの対立で象徴されるように不安定であった。特に2008年のバンコク・スワナプーム国際空港占拠に代表される騒乱はタイへ観光客，そしてひいてはラオスへの観光客を激減させてしまった。ヴィエンチャンと異なり，内需をもたないルアンパバーンの機業は厳しい状況におかれた。「このときは，酷かった」とは，ルアンパバーンの機業家から異口同音にきかれることである。

　もうひとつの影響は，シンの品質の二分化である。これは，タイ人とそれ以外の欧米を中心とする観光客の嗜好の違いでもある。欧米人などの海外観光客の大半が興味を示すのは，異国情緒に駆られた土産物としての織物であり，消費単価は限られている。さらに，彼らは織柄の流行などには関心をもたないし，

織物の品質にも不案内である。絹と化繊の区別も，化学染料か草木染めかの区別も，そして綿糸が輸入綿糸か在来の綿糸かの区別もつかない。織りの丁寧さにも，無頓着であるどころか，手織りと機械織りの区別もつかない[1]。ナイト・マーケットでタイ製や中国製の機械織りのシンがラオス製として売られている。これはラオスのシンかときくと「そうだよ。きれいだろう」と売り子はいう。これはタイ製で，こちらは中国の紛い物 (sinh kopi) でしょうというと，売り子は笑って目をそむける。

　そうした観光客相手の商売で，高価な糸を使い，筬打ちをしっかりとした織物を生産する誘因など機業家にあるわけはない。フアパン県やシェンクワン県の章でも触れたように，ルアンパバーン向けのシンはスポットで買集められた二級品である。こうして，ルアンパバーンの織物は低級品化が進むことになる。もちろん，外国人観光客のなかには織りへの造詣がある人や高級な織物を求める人もいる。そうした一部の人向けには，後に紹介するブティックが高級な織物を提供することになる。

　これに対して，ラオスと近似する文化を有するタイ人は，織物に対する審美眼をもっている。そのためにタイ人は，低品質の織物を売るナイト・マーケットや欧米人の嗜好にあわせた織柄を販売するブティックではなく，メコン機業地のシン小売店で購入する傾向が強い。こうした需要の変化に，どのように対応できるかが，ルアンパバーンの機業地の発達のありようにかかわってくる。

第2節　タラート・ダラ

　機業地の話に入る前に，町のタラートのシン小売店の紹介を通じてルアンパバーンの機業の環境変化に探りを入れておこう。1996年と1999年に聞き取りをしたが，この間に大きな変化が生じたことから，分けて記述していこう。

---

1) 手織りと機械織りの簡単な見分け方を，ふたつ紹介しておこう。ひとつは，掬（すく）い織りで織柄をつくるとき，手織りでは糸を節約するために，織柄部分だけに緯糸を使う（不連続緯糸紋織技法）。しかし，機械織りでは緯糸を布の横幅の端から端まで通して，紋様を描く。そのために，布の裏側がきれいな機械織りに対して，織柄部分で糸を切って結ぶ手織りでは雑に見える。次に，布の横の縁を見ると，機械織りでは一定の力で緯糸を通すので直線となるが，手織りでは杼を飛ばす力が一定ではないことから凸凹となる。

まず，プーシーの丘の裏手にあるタラート・ダラ（Dara）を訪れてみよう。ここは生鮮品を扱わないタラートであり，数軒のシンの小売店がある。そのなかでも糸屋も兼ねる規模の大きい小売店の店主トンダム氏（55歳）と話をしてみよう（1996年聞き取り）。彼は，同じ場所で金銀細工の店を経営していたが，シンが儲かりそうだと考えて1993年からいまの店を始めた。

トンダム氏は，15の村の村長夫人を委託仲買人として，村の織子を管理している。それらの村は，本章で触れるパノム村，ポンサイ村そしてメコン機業地の村々が含まれている。いずれにしても数キロ圏内の村々である。村長夫人とは糸信用貸契約であるが，彼女と織子との契約がどうなっているか，そして何人の織子を組織化しているかも詳しくは知らない。「パノム村には30人位いるけど，他は平均で15人位では」という。とすれば，240前後の織子を組織していることになる。織柄はトンダム氏の夫人がデザインしており，新しい織柄ができると村長夫人を呼んで教えている。ヴィエンチャンのタラート・サオで見られた風景である。取引で問題はないかと問うと「ときおり織子が他に売ってしまうことがある。これが問題だ。何ヶ月かけてでも，糸代を弁済させるようにしている」という。といっても，それは村長夫人の仕事ではあるが。

製品はフエイサイから買付けにくる仲買人に売っており，年間だと1万枚にもなる。契約する織子たちからのシンでは足りないこともあり，その時には他の店のシンを買って売ることもあるという。量が多いので，その仲買人からは手付金をとっているとのことである。この時期は，ルアンパバーンの機業が最も盛んだったころである。村人たちも，「あまりによく売れるので，男たちにも織らせた」という。

1999年に再訪した。トンデン氏の店はあるが，彼はレンガ工場を設立しており，息子と娘が店を任されていた。かつてのフエイサイの仲買人は，もうやってこなくなった。1994年にサイニャブリー県のホンサー経由のルートが開拓され，そこの商人がやってくるようになったこと，そしてタイからの直行便が開設されたことでタイ商人が直接やってくるようになったことが理由だと彼らはいう。サイニャブリー県の織元（20～30人の織子を抱えている）と関係があるだけで，もうあまりシンは仕入れていないという。たしかに，店にはカバン・マット・テーブルクロスなどの商品が増えて雑貨屋のようになっていた。

もうひとつの織物屋を訪ねてみよう（1999年聞き取り）。サイニャブリー出身のピン婦人（41歳）は，1980年にタラート・ダラに店を開いた。少し前までは

第13章　外需に揺さぶられる機業地：ルアンパバーン　│　491

タイ製品を売っていたが，通貨危機で輸入品の価格が上昇したために止めている[2]。織物は1995年に扱い始めたという。フアパン県とルアンパバーン県の織元と取引した。フアパン県の織元は，タイ製の糸の価格が上昇したことから，仕入れ値を上げるように求めてきた。折り合いがつかずに，1998年に関係が途切れてしまった。ピン婦人は「サムヌアの織元との関係が維持できれば，もっと特徴のある織柄のシンを扱うことができるのだが」という。ルアンパバーンの織元は，タイに輸出する業者が増えたことやヴィエンチャンの市場が開拓されたことから，この織物屋にはなかなか売ってくれなくなったという。それでもピン婦人は，ヴィエンチャンにいる息子に月200～300枚のシンを送っている。一部はタイに輸出されているようである。ルアンパバーンとヴィエンチャンでは織柄が異なることから，双方向の織物の交易もなされている。

2004年にはタラート・ダラが改装されたが，シンの小売店の数はかなり減っている。ナイト・マーケットが開設されたことから，増えた旅行者もそちらに流れてしまったようである。

第3節　ポンサイ村

タラート・ダラのシン小売店と織子との関係を探るために，市街地から南に5kmほどいったメコン川沿いにあるポンサイ村を紹介しよう。後述するふたつの機業地は，ひとつは村内に販売所をもち，他方はタイに直接輸出しているために，タラートの小売店との関係が強くないためである。この村は，ルアンパバーンから北に68km（ボートで5時間）のパークセーン（Pak Xeng）郡の村から内戦の戦禍を逃れてきた人々の村である。9割が低地ラオで1割が山腹ラオ（Khmu）である。ポンサイ村は交通にやや難がある村であるが，1998年には電化されている[3]。1996年と2009年の比較をしよう。

---

[2] ルアンパバーンに続く道路状況は劣悪なために，物価水準も10～20％ほどヴィエンチャンよりは高くなっている（ヴィエンチャンの研究者談）。

[3] 1996年にはじめて訪れたときには，村長は「電気がくれば暗くなっても織ることができるのだが，何しろ300万キープ（3200ドル強）を村が支出しなくてはならないので」という。1999年に話したときには，「機織りで儲かって電気を引くことができた」とのことである。

1. 1996年のポンサイ村

　副村長夫人のデンさんの家には 2 台の織機がある。11 歳と 14 歳の娘が機織りをするが，娘達が学校にいっている間は婦人が機を織る。デン婦人は，1993 年から，タラート・ダラのトンダム氏と糸信用契約を交わしている。綿織物であり，経糸 1kg ＝ 1 万 1500 キープで 10 枚のシンが織られる。緯糸は，紋柄部分も含めて 4 綛（1 綛＝350 キープ）で 1 枚が生産される。したがって，シン 1 枚の糸代は 2550 キープであり，これを 4500 キープでトンダム氏に卸すことから，1 枚あたりの収入は 1950 キープとなる。デン婦人は 1 日に 1 枚を織り上げる。機織りからの収入は，この村の農業労働賃金 1500 キープ（昼食なし）を 3 割ほど上回っている。

　この村に入り込んでいる商人は，トンデン氏の他に，同じくタラート・ダラの数軒の小売店もいる。さらに，空港の裏手のメコン機業地のふたりの織元（後述のンゲッ婦人とモン婦人），そしてサニャブリー県のホンサーからくる仲買人もいる。彼らは，問屋契約なり糸信用貸契約なりで，織子に糸を提供している。糸の提供をしない仲買人も頻繁にやってきて独立織子からシンを買い漁っている。デン婦人と聞き取りをしている最中にも，大きな袋をもった仲買人が家々を回ってシンを買付ける姿がみられた。活発な市場活動を感じることができる。ちなみに，この村の独立織子たちは糸を購入する資金がないことから，農業奨励銀行から融資を受けている[4]。

　次に，メコン機業地の織元ンゲッ婦人（後述）と契約する高校を卒業したばかりの織子（18 歳）から話を聞いてみよう。彼女は 4 年間ほどトンデン氏と契約していたが，数ヶ月前からンゲッ婦人との契約に入った。糸信用貸契約であり，1 掛け 8 枚分である。経糸 1kg の綿糸（9.5 万キープ）と 8 綛（単価 400 キープ）の緯糸（1 枚分）を掛買いする。垂直紋綜絖は，ンゲッ婦人の提供するサンプルを参考にして織子が作成している。シンだけでなく，上着部分の布（平織り）もあわせて織られることから，1 枚の長さは 440cm となる。タイへ輸出されるシンは，この 440cm が基準となっている。1 枚を織るのに 4 日必要である

---

[4] 農業奨励銀行の支店網は発達しておらず，調査時点ではサーヴィスを受けることのできる人々は県庁所在地かその周辺に限られている。融資には，個人融資とグループ融資があるが，織子たちはグループ融資を利用している。

ことから，ンゲッ婦人も4日ごとにバイクに乗って村にやってくる。1枚あたりの糸代は5188キープであり，これをンゲッ婦人に1.5万キープで卸していることから，9812キープが1枚あたりの収入となる（収益率は65.4%）。1枚あたりの儲けを質問したところ，ウォナレイ嬢は9500キープぐらいだと回答している。1日あたりの収入だと2453キープと，農業労働賃金（1500キープ）をかなり上回る額となる。デン婦人ほどは家事に時間を取られないことから，収入も多くなっている。ルアンパバーンの機業が好況であったころの話である。

サイニャブリー県のホンサー郡の商人（マイミー氏）は，村に毎月やってくる。マイミー氏と契約する婦人に話を聞いてみよう。彼女は2台の機をもっており，1台をマイミー氏との契約で，もう1台はタラート・ダラのタンデム氏との契約で使っている。マイミー氏とは，問屋契約が結ばれている。1掛け6枚のシンを織るために，経糸（綿糸）1.5kgと15綛の緯糸（綿糸）の提供を受ける。タイへの輸出用の440cmの長さのシンであり，1ヶ月かけて1掛分6枚を織り上げる。垂直紋綜絖は，マイミー氏が持参するサンプルを見て，織子が作成する。織賃は，1枚1.1万キープ（11.9ドル），月あたりだと6.6万（71.5ドル）となる。仮に毎日機織りをしたとすれば，1日あたり2200キープの収入となり，前述のデン婦人のそれと大きな差はない収入となる。

もうひとり聞き取りをしておこう。クム氏（18歳）は，副村長夫人によれば，この村で最高の技能をもった織子である。機織りは女性の仕事であるが，ときおりクム氏のように男性が機織りをする姿を見受ける。そうした織子は，クム氏がそうであるように，性同一性障害者である。話しかけると，言葉や動作は女性である。彼（彼女？）は，3年ほどタンデム氏と糸信用貸契約を交わしていた。聞き取りの3ヶ月前に，農業奨励銀行から6ヶ月年利20%で10万キープの融資（9人のグループ融資）を受けることができた。その融資で糸を買って，独立織子として機織りを始めている。経糸1kg（綿糸）9800キープが1掛け12枚分となる。緯糸には，この辺りでは珍しく高価な絹を使う。融資を受けることができたからだという。生糸100g（6500キープ）がシン1枚分となる。精練・染色代は1枚分500キープである。したがって糸代は1枚7817キープとなり，それをタラートの小売店に3万キープで売る。

「1枚織るのに，1週間かな。電気があれば5日で織れるのですけどね」
── ということは，1日あたりの収入は3000キープ以上となるので，農業労働賃金の

約倍となりますね。

「そうですね。それに農業労働の仕事なんて，いつもあるわけではないじゃないですか」。

——ところで織機が2台あるけど，もうひとつはお母さんが使うのですか？

「自分のよ。絹を使うシンは昼間でないと織れないけど，もうひとつはパノム村で店をもつ人からの依頼の仕事のためです。綿糸を使うシンなので，ランプを使って夕方に織っています」。

　詳細は省くが，卸値1.1万キープで，収入は3000キープとなる。3日で1枚（昼間にやれば2日に1枚）を織る。昼夜の機織りとなるが，2種類のシンから1日4000キープ（4.3ドル）以上の収入がもたらされている。タラートが近くにあり，タイ向けのシンでは織柄の流行がないことから，信用制約さえ解消されれば比較的容易に独立織子となりうる。

　ここで注意すべきは，織柄の流行が重要となるシンならば，農業奨励銀行からの融資によって信用制約が解消されたとしても，織柄情報が入手できなければ独立織子となるのは難しいという事実である。ヴィエンチャンの機織りで，織子が農業奨励銀行から借り入れをして独立織子となったという話を聞かなかったのは，こうした理由のためであろう。

2. 2009年のポンサイ村

　2009年，村の戸数は77戸，人口は362人である（村長への聞き取り）。43haの水田と37haの焼畑地があったが，2008年に韓国企業がゴルフコースを造成するということで，ヘクタールあたり2000ドルの補償金で接収されてしまった。それでもゴルフ場で働く機会が生まれ，30人ほどの村人が働いている（日給で，男子4万キープ，女子3万キープ：1ドル＝8500キープ）。夏休みには，学生も日給2.5万キープで雇用される。

　この変化は，この村と市場経済とのかかわりに重要な意味をもつことになる。かつては水田と焼畑があったことから，米はほぼ自給できていた。そのことは，農地がないメコン機業地では機織りが生計維持の主要な手段であることと対照的である。このために，ポンサイ村の機織りは家計補助的な副業に留まっていたのである。ゴルフ場の建設によってポンサイ村の第一次産業は壊滅して，村

は市場経済に強制的に組み込まれることになった[5]。しかし，機織り・建築労働・ゴルフ場での日雇いそして観光客用のボートなど多様な就業機会が存在していた。そのために，機織りを専業とする村になることはなかったのである。後述のメコン機業地では数人の織元が生まれてきたのに対して，ポンサイ村では在村の織元がいない理由が，専業の織子が少ないことで説明される。

村の約3分の2の家計には建築労働で働く者がおり，日給5万キープ（5.9ドル）を稼いでいる。雨季には仕事はなくなるが，年間200〜250日程度は仕事があるという。かつてはメコン機業地の織元と契約する織子も多かったが，2009年段階では村内に織元織子はほぼいなくなっている。機織りの糸代は，農業奨励銀行から3グループ（7〜10人）が年利20％で借りるか，2007年に設立された貯蓄組合からの借り入れで賄う家計も多い。また自己資金で糸を購入する家計も少なくないという。すなわち，織元織子から独立織子になっていったようである。これは，織子が主体的に独立織子を選択したというよりは，後述するようにルアンパバーンから織元が消えつつあったためである。

時の流れのなかで，タイへの輸出はなくなって仲買人もこなくなった。タイ市場を失うと，旅行者が訪ねてくるには不便なこの村は苦境に立つ。ひとつの助け舟となったのは，*Ock Pop Tok*（東と西の邂逅）という高級ブティックの出現である。これは，メコン機業地のシェンレック村で，この地域では最大の織物店を経営するバンオン婦人（後述）の娘（当時24歳）がイギリス人女性写真家と2000年に設立している。売られる布は高級品であり，欧米人の嗜好にあわせていることから，ナイト・マーケットや母親の店で売られる布とはかなり差別化されている。そして，町のポンサイ村方向の外れに集中作業場を開設している。2003年に，その作業場を訪問した。そこではポンサイ村の織子（15人前後）たちが機織りをしている。例のクム氏も，そこにいた。「ある程度の品質の織物を織って，また欧米人向けのデザインを盗まれないためにも，この作業場が開設された」（作業場の管理者談）とのことである。

もうひとつの助け舟は，ナイト・マーケットの出現である。村の織子の多くは，ナイト・マーケットに馴染みの店をもっており，注文契約で機織りをしている。ただし，そこで売られるシンの品質は高いものではなく，クム氏のような優れた織子は *Ock Pop Tok* の集中作業場に囲い込まれているようである。

---

5) ラオスの非木材林産物（Non-Timber Forest Product）については，竹田（2008）を参照されたい。

町から少し離れた織物村の話から，ルアンパバーンの織物の歴史を概観してきた。ここからは，話のなかで登場したルアンパバーンのふたつの機業地を紹介するが，これらが市場形成に対照的な対応をみせていることに注目したい。

第4節　メコン機業地

　空港の裏手のメコン川の土手に沿って，いくつかの機織り村が連なる。多くは内戦時にルアンパバーン北部から避難してきた人々が定着した村である。また1975年の革命時に王党派側にいたために，ここに追いやられた人々も多く住んでいる。メコン川の土手と飛行場に挟まれたメコン機業地には水田はなく，貧しい地域であった。生計を維持するために，様々な非農業活動がなされていたが，その最大のものが機織りである。複数の村であることから，織子の数からいえばルアンパバーンでは最大の機業地であり，織元が発生する背景となっている。こうした機織りの潜在力が，経済自由化によって開花することになる。
　1996年の状況を，図案師の話からみていこう。メコン機業地には，垂直紋綜絖の作成を専業とする図案師が数名いる。そのうちのひとりパン婦人（37歳：第1章の写真1-9）は，ウー川の上流部から内戦時にシェンレック村に移動してきた。垂直紋綜絖の作成方法は母親から教わっており，120ほどの柄を知っているという。彼女は40〜70の紋棒をもつ垂直紋綜絖を月平均150ほど作成している。70の紋棒をもつものだと1日掛かりの作業となる。作成に必要な糸と紋棒（竹製）は，依頼者が準備する。紋棒1本あたり150キープの意匠料であるから，50本の紋棒を使う平均的な垂直紋綜絖を想定すれば，彼女の月収は1184ドル（当時の為替レート1ドル＝950キープで換算）となる。高卒の公務員の初任給が10ドル強，大卒公務員で20ドル程度であることと比較すれば，機業における図案師の役割の大きさが理解できよう。
　メコン機業地でも，1990年代に入ると織元が生まれてくる。特に大規模な織元はンゲッ・モン・プットそしてバンオン婦人の4人である。それぞれを，簡単に紹介しておこう。彼女たちは1993年から1995年に織元となっているが，これは1993年にフエイサイから仲買人が接触してきた時期と重なる。

1. 織元ンゲッ婦人（1996年と1999年聞き取り）

　メコン機業地で最初に織元となったンゲッ婦人は，ラオス内戦時にルアンパバーン県北部から避難してきて，この地に住み着いた。1996年に初回の聞き取りをしたとき，彼女は29歳であった。
　フエイサイの仲買人（ラオス人）が接触してきたことから，1993年に織元となった。聞き取り時点では，糸信用貸契約で7人の出機織子を抱えている。織元を始めたころは問屋契約を採用していたが，この契約では「糸の窃取が深刻であったし，品質に問題があっても初めに決めた値段で買い取らなくてはならない」。そこで「よい織りでないと値引きできる」という糸信用貸契約にしたという。糸信用貸契約だと第三者への売り渡しというエージェンシー問題が生まれることから，婦人は「他の商人にシンを売られないように，毎日バイクで見回っている」という。糸は自分で購入していることから，フエイサイの仲買人の委託仲買人ではなく，ンゲッ婦人は織元である。
　織元や織子たちの話を総合すると，フエイサイの仲買人は，はじめは織子から直接シンを買集めていたようである。そのうちに集荷作業をする織元が生まれてきて，仲買人も彼女たちからシンを購入するようになった。
　その後，サイニャブリー県のホンサーでタイとの国境が開いたことから，この後に紹介する織元モン婦人とともに村の女性（プット婦人）と契約して，ホンサーのタイ国境で毎週土曜日に開かれる定期市に売りにいかせることにした。また，そこでタイ製の綿糸を購入してきてもらっていた。すなわち，インフラの整備によって，仲買人の来訪をまつ織元が積極的に販売する商人としての織元に転換したといえる。原料糸もタイから直接購入することで，少し安く手に入るようになったという。
　しかし，すぐにプット婦人も織元となってしまったことから，聞き取り時点ではホンサーからくる仲買人を通じてタイに輸出していた。この仲買人は月1回，買い付けにやってくる。2ヶ月こないときは，ルアンパバーンのタラートで売ることもある。このときは，仲買人に470バーツ（＝1万7249キープ）で売るシンでも，1.5万キープになってしまうという。
　ンゲッ婦人が契約する7人の出機織子の織るシンについて，その費用収益構造が表13-1に示される（Cは織子ふたりが担当）。利益率は極めて低い水準にあ

表13-1 ンゲッ婦人の扱うシンの費用収益構造 （キープ）

	糸代金	仕入れ値	織子の収益	製織日数	卸値	利益率（％）
A	2100	4000	1900	2	4100	2.5
B	3100	5000	1900	2	5500	9.1
C	3450	6000	2550	3	6500	6.2
D	4317	10000	5683	7	11000	9.1
E	5250	9000	3750	5	10000	10.0
F	9083	15000	5917	7	16500	10.9

注）Aはタラート・ダラの店に卸されるが，残りはタイに輸出される。

るが，糸を掛売りするときに10％のマージンをとっていることから，利益率はさらに5％程度上乗せされる。それでも利益率は低いが，これには次の理由がある。タイ市場を対象としていることから織柄の流行は問題とはならず，婦人は図案師でもない。また，低廉な綿織りである。買付けにくる仲買人に売るだけであることから，独自の販路を確保しているというわけでもない。織柄に対する強い支配力をもつ織元ではなく，糸出し仲買人に近い性質の織元であるためである。

ンゲッ婦人は，糸を購入するために，グループ融資で農業奨励銀行の融資を利用している。30万キープを借りているが，その10％の3万キープを担保として銀行に預金しなくてはならない。金利は年10.2％であり，当時のインフレ率を考慮すれば実質金利はそれほど高くはない。融資は，比較的容易に得られるという。糸は綿糸であり，絹糸はヴィエンチャンで購入しなくてはならず高価となるので使わない。

1999年，ンゲッ婦人を再訪した。立派な家に引っ越しをしていた。家の中には商品のシンが山積みになっており，羽振りは良さそうである。契約する出機織子の数は，80人ほどに増えていた。ポンサアート村には6人だけであり，近隣の村の織子を組織するようになっていた。最も遠い村は，ここから10km離れた先ほどのポンサイ村であり，そこの15人の織子と契約している。

ンゲッ婦人の織子に，費用収益構造を聞いてみよう。同じ村に住むダヴォン婦人（59）は，孫娘（学生）とともに，1997年からンゲッの織子となった。経糸は綿糸1kg（2.6万キープ）でシン7枚，緯糸（織柄を含む）は5綛（2000キープ×5）でシン1枚が織られる。よってシン1枚の糸代は1万3714キープとなり，これを2万キープでンゲッ婦人に卸す。1枚を織るのに1日が必要であることから，織子の1日の収入は6286キープ（1ドル弱：1ドル＝7578キープ）となる。

収入がやや低いようであるが，これは彼女が図案師の仕事もしており機織りに専念できていないからである。図案の作成方法は祖母から教わったといい，紋棒1本につき500キープで，通常は紋棒24本の垂直紋綜絖をつくる。

　図案師でもあることから「織元織子ではなく，独立織子として機織りをしたほうが儲かるのでは」とダヴォン婦人に質問すると，「将来は織元になりたいけど，いまは糸を買う資金がない。織子をみて回るために，バイクも必要だし」という。たしかにルアンパバーンの機業をみる限り，織柄はさほど問題とならないし，また販路も容易に確保できることから，糸の掛売りを行うだけの資力があれば織元となりうるといえる。織柄への支配力を資格要件としていたヴィエンチャンの織元とは異なる世界の織元である。

2.　織元モン婦人（1999年聞き取り）

　モン婦人（31歳）は高校教師をしているが，1995年に織元になった。販路について「はじめはフエイサイの仲買人（ラオス人）を通じてチェンライなどに売っていた。タイ人の仲買人はこないね。そのうちホンサーの経路が開かれたので，チェンカム（国境付近のタイ側の村：毎週土曜日に定期市開催）で売るようになった。いまは，13号線が舗装されたので，ヴィエンチャンに住んでいる弟にバスで送ってタイに輸出してもらっている。毎月100枚ほど送っているけど，送る枚数は増えてきている。綿糸はホンサー経由でタイ製（3.5万キープ/kg）を買っていたけど，今年からヴェトナム製（2万キープ/kg）にしている。品質に差はないね」。13号線が舗装されれば，サイニャブリー経由でタイに出すよりも，ヴィエンチャン経由のほうが便利である。

　婦人は80人ほどの出機織子を，糸信用貸契約でおさえている。タイからサンプルがくるので，それを参考にしてモン婦人が垂直紋綜絖を作成する。糸は大量購入によって安く仕入れており，それを，例えば3万キープの糸を織子に3.5万キープで掛売りしてマージンをとっている。しかし，掛売り価格は市場価格よりも安く設定している。筬（竹筬70～80人，金筬5人）も出しているが，これは垂直紋綜絖と綜絖・筬そして経糸をセットとして，織子に渡す必要があるからである。

　ヴィエンチャンなどでは，糸信用貸契約では機拵えは織子の作業であったが，ここでは垂直紋綜絖をつくるのも織元の作業である。これには，1）タイ市場

で求められる紋柄がルアンパバーン地方のそれと異なることから，織子がその織柄の垂直紋綜絖をつくるのが不案内であること，そして2) 織子の獲得競争が激しくなっており，労働条件の改善として機拵えを織元が負担するようになったこと，があるとモン婦人はいう。

　費用収益構造の詳細は省くが，5万キープで買い取ったシンは7万キープで，7万キープ（メタリック糸の量が異なる）は10万キープでヴィエンチャンの弟に卸している。利益率はそれぞれ28.6％と30.0％となるが，コストプラス方式での値付けである。ンゲッ婦人よりは利益率が高くなっているのは，図案師であるモン婦人が織柄への支配力をもっているためである。

　問屋契約について質問すると「織子が信頼できないので，問屋契約はやらない」という。糸信用貸契約ではシンを納品せずに，他に売ることはないのかと続けて質問する。婦人は「時々ある。その時には契約を破棄する。そして，その情報を周りの他の織元に教える。他の織元の織子で，製品を第三者に販売したのを見つけたときには，その織元に伝えるように織元の仲間で決めている」という。メコン機業地という限られた地域であり，また織元が少ないことから，多角的懲罰的な慣行が存在しているようである。こうした商人の結託は，ラオスでは珍しいことである。それほど機織りの技能が必要とされない綿織りであること，そしてタイに輸出されることから高級品というわけでもないことから，技能の高い織子を囲い込む必要はない。従って織子の機会主義的行為についても，情報が共有されやすいためであろう。タラート・サオで扱われるような絹織りだと，こうはいかないのである。

3. 織元プット婦人（1999年聞き取り）

　プット婦人（27歳）は，ホンサーの国境が開かれた1994年から織元のンゲッ婦人とモン婦人から委託を受けて，タイにシンを売りにいき，綿糸を買ってきていた。同時に，タイの業者から織柄のサンプルをもらってきて，織元に伝えていた。そうしたなかで，タイの業者とも関係ができて取引のやり方を覚えたことから，1996年には織元になった。ヴィエンチャンの大規模織元の場合には，織柄への支配力をもつことが織元としての重要な要件であった。しかしルアンパバーンでは，それほど織柄は重視されず，タイ市場への販路を確保し，また糸を提供する資力があれば織元となれるのである。

表 13-2　ある織子との取引履歴　（プット婦人の帳簿から）

6- 9-99	経糸　4.5kg = 1100 バーツ	
1-10-99	緯糸（赤）4.5kg = 1100 バーツ	
5-10-99	緯糸　4.5kg = 1100 バーツ	
	メタリック糸　1巻× 1 = 200 バーツ	
	柄糸　10綜× 10 = 100 バーツ	
	合計　3600 バーツ	
13-10-99	300 バーツ貸付	
7-10-99	1枚× 300 = 300 バーツ	
13-10-99	1枚× 300 = 300 バーツ	
25-10-99	1枚× 300 = 300 バーツ	
6-11-99	2枚× 300 = 600 バーツ	
8-11-99	1枚× 300 = 300 バーツ	
21-11-99	1枚× 300 = 300 バーツ	
3-12-99	1枚× 300 = 300 バーツ	
	合計　8枚× 300 = 2400 バーツ	
7-12-99	1枚× 300 = 300 バーツ	
17-12-99	1枚× 300 = 300 バーツ	
26-12-99	2枚× 600 = 600 バーツ	
8-11-99	300 バーツ貸付	
3-12-99	500 バーツ貸付	
	合計　4400 バーツ	
17-12-99	1000 バーツ貸付	

　プット婦人は，聞き取り時点では55人の織子を抱えている。その大半は，ンゲッやモン婦人のもとにいた織子であることから，織子を盗ったということでンゲッ婦人やモン婦人とは不仲になってしまった。モン婦人は「せっかく育てた織子を盗られた」と，不快感を隠さない。

　取引は，すべてバーツでなされる。キープの暴落時期であり，キープはほとんど補助貨幣としての役割しかもたない。7〜8割の織子には，生活資金の融通（無利子）もしている。一般には，1掛け分が織り終わった段階で，貸付けも清算される。「資金の貸付けといった配慮をしないと，この商売はやっていけない」とプット婦人はいう。表13-2は，プット婦人とその織子との取引履歴である。1掛け25枚，1枚300バーツでの買取りである。3ヶ月半の間に，資金の貸付けが4回なされていることがわかる。

　プット婦人の織子（学生）に話を聞いてみよう（1999年聞き取り）。彼女は，かつてはンゲッ婦人と契約していたが，1997年にプット婦人の織子となった。経糸5kg（2.8万キープ）でシン20枚が織られる。緯糸は9綜（1綜2000キープ）でシン1枚である。そして，メタリック糸は1巻4万キープで23枚分となる。

織られたシンは，プット婦人に4万キープで卸される。1枚あたりの儲けを訊ねると，即座に1.9〜2万キープと答えた。これは，聞き取りをした糸代から算出される数値とほぼ同じである。2日で1枚を織るが，学校にいっているときは3日必要だという。ちなみに，この時期の建設労働者の賃金は1日2万キープであった。

集荷されたシンは，ンゲッ婦人やモン婦人のエージェントをしていたときの販路であるホンサー経由を使ってタイに販売している。かつてプット婦人を通じてタイに販路をもっていたンゲッ婦人やモン婦人は，この販路ではなく，ヴィエンチャン経由となっている。

このように活発に活動する織元たちではあるが，2000年代に入ってメコン機業地を再訪すると，彼女たちは村から消えていた。村人に聞くと，みんなヴィエンチャンに移っており，もう織元はやっていないという。需要の中心がタイへの輸出から海外からの観光客となったことで，距離を克服する役割が求められる織元の存在理由がなくなったためである。残っている織元は，バンオン婦人と *Ock Pop Tok* を経営する彼女の娘だけである。彼女たちは，ともに内機経営をしている。

4. 織元バンオン婦人（2001年聞き取り）：集中作業場をもつ織元

バンオン婦人（48歳）は1975年に混乱の続くフアパン県から避難してきた。1980年代はタラート・ダラで雑貨店を経営していた。その後，船を使った運搬業にも手を出している。すなわち，機織りを生業としてはいなかった。

娘とふたりで機織りをしていたところ，1993年にフエイサイからの仲買人が買付けにきた。そして，バンオン婦人が自家消費用に織っていたシンの織柄が珍しいといって取引が始まった。バンオン婦人は，ヴィエンチャンの織元ペンマイ工房の経営者であるふたりの姉妹の母親の従妹でもある。そうしたことから，サムヌアの織柄のシンが織られていたために目立ったのであろう。ちなみに，他の織元はルアンパバーン県の出身である。

そこで1994年に，内機5台の集中作業場を開設している。また，他の織元が出機織子だけを組織化していたのに対して，バンオン婦人は集中作業場を設けてシェンクワン県やフアパン県からの出稼ぎ織子9人が働いている（2001年

表13-3 バンオン婦人の帳簿から

2-3-2000	綿糸 400g（4綛）× 2000 キープ　支払済み
	シン納品　30 × 2400 = 7.2万 − 8000 キープ支払
	差引 6.4万キープ
2-4-2000	緯糸　支払　500g（2万キープ /kg）
	母に支払済み
2-14-2000	緯糸　400g（4綛）× 2000 = 8000 キープ
2-17-2000	シン納品　12枚 × 2500 = 3万キープ支払
3-14-2000	シン納品　22 × 2500 = 5.5万キープ
	綿糸代差引　8000 キープ　支払残高　4.7万キープ

聞き取り：2010年代に入っても，この傾向は続いている）。

　1995年以降に，大きな変化が起こった。1995〜97年半ばまでは，タイの需要がピークとなり，仲買人に毎回300〜500枚のシンを，年間10回以上卸したという。出機織子も，そのころには100人ほどになっていた。「そんなに沢山のシンをよく集められましたね」というと，「足りないときには，知り合いから買集めた」と笑う。また，1997年には，ラオスの国体がルアンパバーンで開かれ，このときにシンがよく売れて資本ができたともいう。

　出機織子とは，糸信用貸契約が結ばれている。表13-3は，織元の帳簿から抜き出したある織子との取引履歴である。綿糸は，ルアンパバーンの綿花商人であり糸商でもあるワントン氏（本章の補足資料参照）から購入している。手紡の綿糸であり，2.5万キープ /kg である。在来綿花の繊維長は短いことから，機械紡績となると，ナイロン糸に絡ませた混綿糸になってしまう。そうした糸は草木染めでは染まり切らないし，化学染料でもかなりの高温で煮沸処理しなくてはならない。また，バンオン婦人は，質感がよいことから手紡ぎの在来綿にこだわっている。ただし，紋柄部分にはタイの染色済みの綿糸（トレイ）を用いている。

　ルアンパバーンの機業の好況は，すぐに終焉することになる。1997年7月のタイに始まるアジア通貨危機によってタイの需要は冷え込んでいった。2001年12月に聞き取りをしたときには，婦人は「今年は，11月に50枚をタイに輸出できただけだ」という。ただし，それは単価が2500〜3000バーツの高級なシンではあるが。

　こうした窮地を救ったのが，世界遺産登録後に増え始めた外国人観光客である。メコン機業地はタイ市場に輸出をしていたことから，タイ人の嗜好を熟知している。そのために欧米観光客向けには後述のパノム村やナイト・マーケッ

トが，そしてタイ人観光客向けにはメコン機業地が対応するという大まかな棲み分けがなされている。ただしメコン機業地はラオスの村の雰囲気を残していることから，欧米人観光客も多く訪れている。むしろ目の肥えたタイ人観光客は，ナイト・マーケットやパノム村ではシンをあまり購入しないというほうが正確な表現かもしれない。

　バンオン婦人に聞き取りをしている最中に大型バスが横付けされ，多くのタイ人女性が店に流れ込んできた。ナイト・マーケットなどではあまり聞こえないタイ人女性の *kha* 音が店内に充満する。内機経営をして品質の高いシンを織っていたことから，目の肥えたタイ人観光客を取り込むことのできたバンオン婦人は生き残っていった。店先に集中作業場を置いていることも，観光客をひきつけているようである。糸出し仲買人の性質を強くもっていた他の織元は，市場がルアンパバーン市内となったことから存在意義を失って機業から退出したことと対照的である。

5. 織子たち

　村の織子を数人紹介しておこう。

(1) 織元織子1

　シンタリー婦人（28歳）は，自宅で子供（3歳）の世話をしながら独立織子として機織りをする（1996年聞き取り）。彼女はラオス国立大学教育学部を卒業したあと，中学校の教師をしていた。しかし病気がちだったので仕事をやめて，1990年から機織りをしている。同居する母親も機織りをしており，「むかしは王様のために織っていたのよ」と懐かしむ。彼女の夫は医師であり，町から200kmばかり離れた所に勤務（医師は国家公務員）しており，月2回戻ってくる。月給は44000キープ（諸手当を含む：約47.9ドル）である。

　婦人は，80cm×200cmのシンを織って，糸信用貸契約で，馴染みの商人に卸している。200cmに足らないと，文句をいわれるらしい。1掛けに，経糸（綿糸）1.9万キープ/2kgを使い，20枚を織る。緯糸は4綛（@400キープ）を使い，シン1枚が織られる。1枚あたりの糸代は2550キープとなり，これを乾季には1.2万キープ，そして雨季には9000キープで卸す。よって7000〜9500キープが，婦人の収益となる。月15枚を織るということから，平均すると月12.8

万キープ (139ドル) の収入である。「旦那さんよりも稼いでいますね」というと，婦人はニコリと笑う。1日あたりだと3500〜4750キープとなるが，これは付近の農業労働賃金1500キープの2〜3倍の水準である。母親は年老いて老眼となったことから細かい仕事が苦手となり，月6枚程度に留まっている。

　機枠は2.5万キープであるが，多くの場合は，家庭の男性がつくる。母親は，「自分のは40年位前につくったのを，まだ使っているという」。竹筬は1.1万キープ，杼は400キープである。綿糸であることから金筬は使っていない。「金筬は重いので嫌だ」と織子はいう。

(2) 織元織子2

　ある初老 (52歳) の織子は，無職の夫と暮らしている (1999年聞き取り)。この地域の他の家計と同様に農地はなく，婦人の機織りでなんとか生計を立てている。1967年の内戦時にウー川上流部分から避難して，ポンサアート村に落ち着いた。独立織子であったが，1993年にンゲッ婦人が織元となったときに，その織元織子となった。彼女は，王様のためにシンを織って捧げていたと往時を懐かしむ。

　　　── どうして，独立織子を止めて織元と契約したのですか？
　　「それまでは町のタラートで糸を買って，1〜2枚織るとタラートで売って，そのお金で追加の緯糸を買っていた。何度もタラートにいかなくてはならないし，小売店と交渉するのも大変だった。いまのほうが楽でいいね」。

　タラートとはそれほど離れていない村であるが，それでも老齢の売り込み織子となると交渉も含めた距離の克服が問題となってくる。垂直紋綜絖は村の図案師に依頼して作ってもらう。紋棒1本につき100キープであり，この織子が使っているのは40本であるから，4000キープが製作費である。「100枚ほど織ると綜絖糸が切れてくるので，別の柄にする」という。

　織元との契約は糸信用貸契約である。タイ製の綿糸を使っている。詳細は省くが，シン1枚の糸代は2100キープであり，織り上げたシンは4000キープでンゲッ婦人が買取っている。この売り値は周辺の織元織子のそれよりも低いが，それは織柄が簡単なシンであるためである。この婦人は目が覚束なくなっており，細かい紋柄を織り込むことが難しくなっている。この数値は，聞き取りをした前月 (8月) の話であり，9月に入ると綿糸の価格が上昇して1枚の糸

代が3200キープになった。

　　——1枚織るのに，どの位の時間がかかるのですか？
　「2日で1枚だね。年寄りだから，はやくは織れないよ。毎日織っている。寝ているときが休日だ」。
　　——これでは1日あたりの収入は400キープ（もち米だと，約1.5kgに相当）にしかならないですね[6]。
　「糸はバーツで買わなければならないけど，キープが不利になっているとンゲッがいっている。この1掛け分が終わったら，ンゲッと交渉してみるつもりだけど」。

織元と織子との関係が希薄であることからか，キープ暴落の負担を，織子が負わされている。

(3) 織元織子3

　大家族（夫婦と子供10人）の話である。22歳の長男は大工として働いている。最年少は4歳である。夫はボートを所有しており，それで稼いでいる。夫人は，子供の世話そして食事などの家事で機織りをする時間がないので，3人の娘（11歳，14歳，15歳）が機織りをする。15歳の娘と話してみよう。
　「3日あれば1枚を織れるけど，学校があるときはひと月3枚だけです」。1996年の調査時点では，この村には電気がきていない。放課後のまだ日があるときに機織りをするだけだと，どうしても生産性はあがらないのである。
　「1掛け20枚で，1枚1万キープで卸すけど，そのうち9枚が糸代として織元のものとなります。だから，自分の手元に残るのは，11枚分だけです。お金は，お小遣いとして少しは自分のものとするけど，後はお母さんにね」[7]。3日で1枚とすると，1日あたり1833キープと農業労働賃金を少し上回る収入となる。

　6）　ちなみに，1996年時点でのタラートの米屋では，うるち米は350キープ/kg（2009年：2100～2200キープ/kg），もち米は250～300キープ（2009年：1800キープ）であった。
　7）　糸信用貸契約なので，これは正確な表現ではない。しかし，糸信用貸契約を織子の側からみれば，こうした表現となるのであろう。

6. 織柄への知的所有権

　メコン機業地で，迂闊ながらそれまで気づかなかった織柄の知的所有権について，シェンレック村で織物の店を開くある婦人（52歳）の話から紹介しておこう（2013年聞き取り）。「シェンレック村は独自の織柄をもっており，それを他の村の織子がまねをすると問題になる。この村の織柄は，村の図案師が考案しているからね。もし織柄を盗んだことがわかると，図案師が文句をいいにいっているよ。あまり多くはないけどね」。「隣のサンコン村では，観光客向けに15〜20の織物の小売店があるけど，それぞれも特徴ある織柄をもっている。それは，（暗黙のルールとして）真似してはいけないことになっている」。
　織柄の知的所有権が，強くはないものの認識されているようである。観光客相手の織物となり，このメコン機業地には多くのシンの小売店がある。欧米からの旅行者というよりは目の肥えたタイ人観光客を対象としていることから，独自の織柄をもつシンを売って独占的競争の状況を創り出そうとしているようである。タラート・サオで観察されたと同じ現象である。この意味では，シーサワンウォン通りのナイト・マーケットは，タラート・クアディンに近いといえよう。

第5節　パノム村

　ルアンパバーンの伝統的機業村であるパノム村の話に移ろう。カーン川沿いにあるパノム村は，伝統ある機織り村として知られている。実は，この村については，本書では，それほど記述することがない。「ない」というのは調査ができていないという意味ではなく，本書の関心となっている商人がほぼ不在であるためである。しかし，そのことからメコン機業地を観察するうえでの参照地となる村である。
　村長によれば（1996年聞き取り），戸数は173（2009年の聞き取りでは246戸）である。革命時の1975年には，織機は100程度あったが，1996年時点では262台に増えている。1975年当時では70〜80haで焼畑がなされていたが，

1996年には12haに減っている（2009年の聞き取りでは，消滅）。水田は100ha程度あり，50家計が稲作に従事している。土地生産性は，約2.5トン/haという。

　焼畑の減少は，世界遺産化に伴うゲスト・ハウスの建設ラッシュなどで建設労働需要が増えたことや，機織りが盛んとなったためだという。1990年代後半の聞き取り時点では焼畑の禁止はなされておらず，春には町全体が焼畑の煙に包まれ，ヴィエンチャンからの飛行機が視界不良で着陸できずに引き返すこともよくあった。この村も1997年に電化されているが，その前はディーゼル発電による週2～3日だけの配電であった。

　この村は古くから手織りの村として知られており，村長は「むかしは，客がくると寺の鐘を鳴らして知らせ，織子たちが自分たちの織ったシンを持って集まってきていた」という。2代目の大統領がパノム村を訪問したとき，手織りの技能を称賛して，織物の販売所を建ててくれた。1988年のことである。

　販売所建築の条件として，シンは販売所でのみ販売することと決められた。1991年には，村が80万キープ（約1100ドル）を供出して，販売所を拡張している。ここには板場がつくられ，2ｍ四方程度を1区画とする73区画が設けられ，月500キープ（年契約）で村人に貸し出されている。1990年ころから観光客が増え始めて，この販売所にもくるようになったという。2009年の聞き取りでは，販売所には村の織子たちの82の区画がある。すなわち，村の家計の約3分の1が販売所で店をもっていることになる。また，ナイト・マーケットにも出店している家計もある。村長によれば，そのマーケットの3～4割はパノム村の人の店であるという。

　メコン機業地と比較してみよう。パノム村は政府の保護を受けて観光客（といっても，当時はラオス人）向けの販売所まで開設してもらい，織物村として知られるようになった。これに対してメコン機業地では，独立織子として市内のタラートの地元消費者向けのシン小売店に販売していた。

　ここで経済自由化によってタイ市場が開放されたとき，それに対応したのは潜在的織子が多くいたメコン機業地であった。この段階で，メコン機業地は輸出向け，そしてパノム村は国内の旅行者向けという差別化がなされた。タイへの輸出が減少してくると，メコン機業地ではタイ人観光客をターゲットにした織物の小売店が登場してくる。パノムもまた，村の販売所だけでは集客できないことから，ナイト・マーケットへの出店を始めた。また，外国人観光客が集

まる場所の店(ラオラーオ酒の村として知られるサンハイ村,パークウー洞窟,クワンシーの滝など)にもシンを卸している。ただし,パノム村が主としてターゲットにしているのは欧米からの観光客であり,タイ人を顧客としようとするメコン機業地とは差別化されている。

＊＊＊

ルアンパバーンは,いわゆる調(正調)としての王宮需要があり,それなりの品質のシンが織られていた。この地域に固有の織柄もある。しかし,シンの域内での需要規模は大きくはない。首都ヴィエンチャンやタイにつながる交通インフラは劣悪な状態であり,近くに大きな都市もない孤立した地域であった。

そうした隔絶された地域も,経済自由化によってタイ経済という大市場に急激に接することになる。その後,国道13号線の補修と舗装がなされてヴィエンチャンという大消費地ともつながる。さらに,ユネスコの世界遺産に登録されたことから海外からの旅行者という新たな需要が出現した。それぞれの消費者は同質ではなく,固有の嗜好をもっている。そうした需要に対応しながら,ないしは大きく揺さぶられながら,ルアンパバーンの機業は発展してきた。徐々に拡大する内需をもっていたヴィエンチャンとは対照的である。

タイ市場と結びつくには,距離の克服が求められる。初期には,タイと接するフエイサイからきた仲買人によってタイとラオスの市場が結合された。その仲買人と接触をもった人々のなかから,ルアンパバーンでも織元が生まれてきたのである。この時点では,織元には距離の克服は求められていなかったことから,織元は産地の集荷問屋という性質をもっていた。そのうちにルアンパバーンの織元としても,仲買人に頼ることなく,エージェントを雇って自主的にタイとの交易をする織元も出てくる。そうしたエージェントは,タイとの流通経路を把握して,さらにはタイの消費者の嗜好(柄と色)も理解するようになり,結局は自分も織元になるという事例を紹介した。

ルアンパハーンの機業地には,メコン機業地と政府の支援を受けたパノム村がある。タイ市場に対応できたのは,自由な活動ができたメコン機業地であり,大規模織元もそこの人々である。流通に制約のあるパノム村は,適切な対応が取れずに,相対的に衰退をみせることになる。

しかし,タイの経済危機などから市場が冷え込むと,メコン機業地の織元は姿を消していく。タイに代わる新しい需要をもたらしたのは,ユネスコの世界

遺産となったことから急増した海外旅行者たちである。彼らのなかには，タイ人も多い。さすがに，彼女たちは織りの品質に敏感である。それに対応できたのが，かつてタイにシンを輸出してタイ人の嗜好情報を掴んでいたメコン機業地の織子たちである。そこに幾軒ものシンの小売店が建てられ，タイの旅行者がやってくる。もちろん，欧米からの旅行者も村の雰囲気を楽しむために訪れるようになるが，彼らの大半は織物については素人である。しっかりと織られたシン，すなわち高価なシンをここで買おうとはしない。欧米からの旅行者を取り込んでいったのはパノム村であり，また市内に開設されたナイト・マーケットである。このように，市場の変化に，ふたつの機業地は独自の対応をみせたのである。

　タイからの需要が途絶えると，主たる購買者は海外からの旅行者となる。ここで，距離の克服は問題とならなくなった。使われる糸も，低廉な綿糸が中心であることから，織子の信用制約も大きな問題とはならない。そして，織柄の流行も大きな問題ではない。こうした環境では織元の役割は不要となり，ルアンパバーンから織元の姿が見られなくなる。織元といえるのは内機経営をするバンオン婦人とその娘であるが，母親はタイ人を，そして娘は比較的高級品を求める欧米からの旅行者を主客としている。彼女たちは，距離の克服ではなく，顧客の嗜好にあわせた製品開発という意味で織柄に対する支配力をもつことから織元の地位を保っているのである。

補足資料　綿業者（2001 年聞き取り）

　綿花栽培の説明は本書の直接の意図からは逸れるが，国産綿糸は機業にとって重要なセクターであることから簡単な説明を加えておこう。聞き取りは，綿業者のワントン氏になされた。
　ワントン氏は，1995 年まで県官房の次長をしていた。その後，国有企業のラオ・コトンとの提携で，綿の集荷業者となった。工場はルアンパバーン市内にあり，綿繰り機 4 台（タイ製 3 台＠6500 ドルと中古の中国製 1 台＠3200 ドル）を備えている。綿繰り機は，合計で 1 日綿花 625kg の処理能力があるが，綿花の集荷量が隘路となっており，資本の遊休がみられる。
　綿花は契約農家から集荷される。村に 3～4 グループ（1 グループに 10 農家程度）をつくらせて，村長に全体の統括を依頼する。1～4 月には，村で栽培方法の研修をする。正条植えでは 1200（800）kg/ha，播種では 400（300～400）kg/ha の生産性（平地での生産性，カッコ内は斜面での生産性）であることから，技術指導者を派遣して正条植えを推奨している。5 月には種子（中繊維綿 26～28mm）を渡す。買付け価格を 1～4 月に提示して，村長とグループ長がサインをする。こうしたシステムを採用したのは集荷を容易にするだけでなく，栽培した棉が他に売られるのを防ぐ目的もあるという。他とは，タイの業者である。村長には取引総額の 5％がコミッションとして支払われるが，「その一部を村長はグループ長にも分けているようだ。自分はそれに関与してはいない」（ワントン氏談）とのことである。
　ワントン氏は，契約農家に綿の木を鹿などから守るための鉄条網（掛売り）・棉の種子（無料）を提供し，さらには作付けの技術指導をして，買上げ価格保証もしている。また端境期で米が不足する 8～10 月には，消費目的での資金の貸付け（利子率は月 2％）もしている。返済は綿花でなされる。生産された綿花は，生産者がもってくることもあれば（運搬費用は会社が支払う），会社が買付けにいくこともある。
　綿花栽培農家とは 1～4 月に契約して，作付けは 4～6 月になされる。収穫

付表 IV-1　契約農家

	契約する村	契約農家数	作付面積 (ha)	買付け量 (トン)	買付け価格 (キープ/kg)
1996	120	2608	1013	40.3	308
1997	96	1072	612	57.8	312
1998	66	554	343	25.8	576
1999	13	119	97	48.8	2269
2000	28	191	154	17.8	1800

は12月以降となる。ラオ・コトンから買付けのオファーが12月に入る。買上げ価格もドルで提示される。ワントン氏は，「いまは1ドルが8250キープだろ。これが8100キープだと損失が出るし，8000を割り込んだら，俺は死ぬしかない」という。

付表 IV-1 は，ワントン氏の帳簿から写し取った綿花の取引農家の推移である。契約農家数は減少している。「1998/99年は，ハトムギとゴマのブームで綿の作付けをやめる農家が続出したよ。農家の連中は，こっちが種子を提供したのに，採れた棉を全部供出しないでとっておいて，自分で種を取って棉を作付けしてしまう。そして，タイの業者に売ってしまう。たまったものじゃないね。いまのところ，現金や鉄条網の代金などで，2900万キープの貸付残高がある。借金している連中には，無理やりにでも綿を植えさせる。こちらがいってもだめだけど，村長に頼むよ。何しろ家内は県のラオス女性同盟の委員長だからね」。むら共同体というよりは，ラオスの政治システムを利用した契約履行の強制である。

ハトムギやゴマのブームは，中国への輸出によってもたらされた。当時，ルアンパバーンのメコン川岸には船にハトムギを積み込む風景が見られた。しかし，そのブームもすぐに終わる。何しろ13億の人口を擁する中国に対して，ラオスの人口は中国のそれの誤差の範囲に留まる600万人程度である。中国が少し動いただけでも，ラオス経済は大きな衝撃を受けてしまう。

そのラオスが，2000年ころになると徐々に中国経済に飲み込まれていく。特に，北のウドムサイ県やルアンナムター県では中国人（観光客ではない）が急増して，町の様相が一変している。ゴム・トウモロコシ・スイカ・ゴム・パイ

ナップルそして米までも商品作物として，ラオス北部の農業を大きく変容させてきた（河野・藤田 2008）。ラオス南部では，ゴムとコーヒーが商品作物として登場している。

　こうした形でも市場経済は浸透するのであるが，あまりにも体力が違いすぎる。中国の需要が少しでも変動すれば，中国に係る生産をするラオスの農家は吹っ飛んでしまう。それまでローリスク・ローリターンの自給経済であった社会が，中国経済の浸透によってハイリスク・ハイリターンの市場経済に急速に飲み込まれてしまったのである。市場経済の形成は，こうしたかなり暴力的な市場経済の浸透によってなされることもある。本書で対象としている手織物にまつわる市場形成は，内需が大きいことから，もう少し穏やかな過程を辿るものである。

　ワントン氏の取引量を減少させているもうひとつの理由として，タイの業者との競争がある。ルアンパバーン県とタイの間にはサイニャブリー県があり，ここでも綿花栽培が盛んになされている。そのタイ国境に接するケンタオ（Ken Thao）郡を訪問したことがある（2001 年）。幅 20 m ほどの川がタイとの国境となっているが，乾季には歩いて渡れるほどの水深でしかなくなる。その川を，綿花を積んだ大型トラックがタイに向けて渡っていく。

　ケンタオ辺りには 8〜10 人の綿花の集荷人がいる。そのなかのひとりのカンポン氏（45歳）に聞き取りをした。彼は，15 ヶ村の 20 家族と取引をしている。ただし，お得意様の関係ではないというが，これは綿花が米と同様に品質判定が容易で情報の非対称性がない財であるためである。調査年は 1500 袋（@30kg）を集荷したという。農家からは 12kg を 100 バーツで買取り，それをタイの商人に 120 バーツで売る。300 袋が積めるトラックが，川の水位が下がる 12 月ころからやってくる。

　12kg の売り値は，1998 年 150 バーツ（それ以前は 100 バーツ），1999 年 300 バーツ，2000 年 80 バーツ，2001 年が 120 バーツと大きく変動している。1999 年に高騰したのは，この年にイタリア資本とラオスの軍が綿糸工場を建設して，12kg の綿花を 250 バーツで購入するとしたためである。しかし，タイ側が 300 バーツまで価格を高騰させたために，その工場は綿花を購入できずに撤退したという。このときには，ラオ・コトンにも入荷が減少している。そして，

翌年は供給過剰もあり，綿花価格は暴落している。

　ラオスの業者がタイに競り負ける現象はサイニャブリー県に留まらず，ラオス全土にわたって観察されている。競り負けの理由にはいくつか考えられるが，最大の要因は綿紡績工場にあるといえる。ラオスでの紡績は，ヴィエンチャンにある国営工場のラオ・コトンでなされる[8]。そこの生産設備は老朽化しており，タイの民間企業に敵うとは思われない。また，ケンタオからヴィエンチャンまでは最短でも2日かかるし，道路状態もよくない。しかし，ケンタオから川を渡ればタイであることから，輸送費でも負けてしまう。棉の実からは綿実油がとれるが，ラオス料理では油を使う習慣がないことから，「棉の実は売り物にならないから鶏のエサにしている」（ワントン氏談）だけである。副産物が利用できないことも，ラオス側が競り負ける理由となる。ラオスの綿花のアジア綿は中繊維綿であり，機械紡績には不向きである。特にサイニャブリー県では，繊維長が18～20mmの短繊維綿が中心である。そのために化学繊維を混入させて化繊混綿として紡績するが，その化学繊維の調達価格でもラオスは不利となっている。

　ちなみに，タイで紡績された化繊混綿は，ラオスに輸出される。しかし化繊の入った綿糸は草木染めができないだけでなく，化学染料を使う場合でも煮沸温度を高くしなくてはならない。この意味では，アジア綿の独特の特性を生かそうとすれば手紡ぎが必要となるが，「よい糸を紡ぐことのできる人が少なくなった」とは至るところで聞こえてくる嘆きである。

---

[8] 1984年設立の国営紡績会社であり，紡績能力は年間140トンである。しかし，原綿が不足しており，70～100トンの紡績に留まっている。

第 14 章
とり残された辺境：サイニャブリー県

サイニャブリー (Xayaburi) 県は，ラオスの大動脈である国道 13 号線から外れており，メコン川によっても隔てられている。調査時点では，この県とラオスの他の県とを結ぶ橋は架かっていない[1]。この地域がルアンパバーンの機業に関係をもつようになったのは，サイニャブリー県のなかでも僻地であったタイ国境と接するングン (Ngen) 郡とタイのナーン県を結ぶ国境が開いた (1994 年) ことによる。

　ローカルな消費市場しかなく，2 月の象祭りを除けば，観光客もまず訪れることのない鄙びた地域である。ここは在来綿（アジア綿）の生産地であることから，綿織物が生産される。しかし，閉ざされた小さな世界であるために，織物は自家消費用か，ローカルな市場向けの生産に留まっていた。また，フアパン県やシェンクワン県のように独特の織柄をもち，優れた織子が多くいるわけでもない。むしろ，平織りのシンが，ルアンパバーンやヴィエンチャンに売られている。これは，外部の NGO などの活動によってもたらされた新しい展開である。本書の最後となる短い章であるが，ここでは織物の産地とはいえない地域で手織物業を興隆させる政策的含意を導き出してみたい。

　この地域の変化は，タイ市場に結びつくことを契機として生じた。はじめは，前章で触れたように，ルアンパバーンとタイを結ぶ中継地として織物の商人も活躍した。しかしルアンパバーンとヴィエンチャンを結ぶ国道 13 号線が舗装・整備されたこと，タイからルアンパバーンへの直行便が開設されたこと，そして何よりもルアンパバーンで外国人観光客が急増したことから，サイニャブリー県は中継地としての役割を失ってしまう。こうした変化のなかで，山間僻地の機業がどのような展開をみせているかを，2011 年 3 月の調査（1 ドル = 8000 キープ，1 バーツ = 265 キープ）からみてみよう。

　調査地は，この地域の中心であるホンサー (Hongsa) とタイ国境近くのングン (Ngeun) 郡のふたつの町（郡と同名）とその周辺の機織り村である[2]。調査の前年にサイニャブリー県の県都サイニャブリーとホンサーを結ぶ道路が整備さ

---

1) 執筆時点では，ヴィエンチャンからサイニャブリーに直接通じる道路が，メコン川沿いに建設されつつある。
2) ホンサーの町は人煙稀なると表現しても大げさではないほど閑散とした盆地にある。ここにタイ資本による石炭火力発電所が建設され，電力の大半はタイに売電されることになる。この計画は紆余曲折があったが，訪問時には建設が進んでおり中国人労働者が多く見られた。発電所の煤煙がこの盆地を覆うことを想像するのは辛いことである。ングン郡でタイとの国境が開かれたことは，このプロジェクトと無縁ではないであろう。

サイニャブリー県

れたことから，ルアンパバーンからホンサーまでは車で4時間に短縮されている。ホンサーからタイ国境近くのングンまでは37kmの距離であるが，道路状態は悪く，車で1.5時間かかる。ただし，道路は整備中であった。

第1節　ホンサー郡

　ホンサー郡にもいくつかの機織り村がある。そのなかでも機織の盛んなヴィエンケオ村の織元キエンカム（49歳）婦人の話から始めよう。婦人が織元となったのは，タイとの国境が開いた1994年の2年後の1996年である。きっかけは，あとで登場してもらうングンの商人ウォンディ婦人が織元をやらないかと話をもちかけてきたことにある。それ以降，15年間の取引となる。国境のチェック・ポイントで毎週土曜日に定期市が開かれるので，ウォンディ婦人は金曜日にシンを受け取りにくる。
　ウォンディ婦人とは注文契約が，そして織子とは糸信用貸契約が結ばれている。織子とは問屋契約は採用しないのかとたずねると「糸を渡しても足らない

といって，誤魔化そうとするので嫌だね」という。垂直紋綜絖は織子がつくる。伝統的な紋柄であり，タイに輸出されることから流行が問題となるわけではない。綿糸は，自分で購入することもあれば，ウォンディ婦人から買うこともあるが，いずれにせよ後で紹介するングン郡の糸商ヌアンシー婦人からのものである。

整経した経糸を掛売りしたとして，シン1枚あたりの糸代は4万5600キープとなる。これを1枚210バーツで買取ることから，織子の手取りは約1万キープ（1.25ドル）となる。製織には「上手い織子で1日，普通は1日半かかる」という。これは，この地域の農業労働賃金1日3万キープと比べても，あまりに低いようである。その理由と帰結が，すぐに判明することになる。

キエンカム婦人に210バーツで納品されたシンは，ウォンディ婦人に240バーツで卸される。渡している綿糸は市場価格で掛売りしていることから，糸の受け渡しでマージンはとられていない。したがって，利益率は12.5％と低い水準に留まっている。織柄に対する支配力も希薄な糸出し仲買人に近い織元であることから，ほとんど流通マージンに留まる率である。

聞き取り時点で，キエンカム婦人が取引している織子は15人に過ぎない。週15枚が集まるが，乾季には25枚位になるという。したがって週あたりの利益は450〜750バーツ，月あたり1800〜3000バーツ（約60〜100ドル）にしかならない。「かつては50〜60人の織子を抱えていて，週60〜70枚は扱っていたのだけど」とキエンカム婦人はいう。

織子が減り始めたのは2009年になってからである。最大の理由は，2008年11月のスワナプーム空港の閉鎖に象徴されるタイの騒乱によってタイへの海外旅行者が激減したことである。たしかに，それは大きな契機となったが，タイのみやげ物産業の変化も見逃すべきではない。1990年代まではバンコクの海外観光客向けのみやげ物産業では手織物（タイ製といいつつも，ほとんどはラオスの手織物）が幅を利かせていたが，今世紀に入ると多様化がみられ，伝統的織柄の手織物は姿を消しつつある。ルアンパバーンのナイト・マーケットにも，まだ大きくはないが，同様の変化がみられる。さらに，「糸の価格もあがってしまい，利益がなくなってきた」という。綿糸の価格が上昇した理由は，後で触れる。「かつては織子に1枚500バーツは払っていたのだけど，いまは210バーツしか払えないからね。みんな，やめてしまった」と婦人はいう。

「実は……」と婦人が切り出す。去年の暮れに，ルアンパバーンの *Ock Pop*

Tok から取引したいと連絡があった．注文生産であり，写真などでサンプルが送られてくる．ひとつ製品を見せてくれた．つづれ織りの正方形の布であり，在来綿（6万キープ/kg）を600g（3.6万キープ）使って織る．タイ市場向けは化学染料で染めているが，*Ock Pop Tok* 用は草木染めである．*Ock Pop Tok* から指導者がきて，草木染めの方法を教えてくれたという．この染の費用は利益率の算出には考慮されていないが，染色の草木は購入財ではないことから費用は労賃だけと考えてよい．1枚4日で織られて，5万キープの織賃を支払う．これを15万キープで *Oct Pot Tok* に卸すことから，利益率は42.7％とかなりの水準になる．ただし，これは問屋契約で親戚の織子3人に委託しているだけである．

なぜ問屋契約なのかとたずねると，「親戚だからね．これを普通の織子でやると，糸を誤魔化されて大変なことになる」という．ウォンディ婦人がきて，これ（*Oct Pot Tok* の布）を売ってくれといったらどうすると質問を続けると，即座に「売るよ」と反応する．注文契約であり，綿糸は自分が買っていることから，所有権は自分にあるという発想である．ここでも，デザインの知的所有権といった発想は希薄である．

もうひとりの織元，カムヌアン婦人（53歳）の話をしよう．彼女も1996年に織元となっているが，きっかけはキエンカム婦人と同じである．綿糸も糸商ヌアンシー婦人から購入しているが，彼女は5万キープ/kgの綿糸を年間50kgほど使うという．1996年に始めたときには，織子は30人程度おり，月約300枚を出荷していた．2002年には，その数は300人にもなった．織子が不足したので，機織りを知らない村人にも教えて，織子になってもらった．しかし，そのあとからシンの市場価格が低迷し始め，糸の値段が上昇していった．はじめはタイの綿糸を使っていたが，2006年ころからはラオスの綿糸を使うようになった．そのときには，織子の数は30人位にまで減っていた．その後も減っていき，聞き取り時点では7人になっている．

もうタイ市場には製品を出してはおらず，彼女もルアンパバーンの *Ock Pop Tok* と取引をしている．費用収益構造はキエンカム婦人の事例とほぼ同じである．ヴィエンチャンやルアンパバーンで開催される展示会に出品したり，ルアンパバーンの大学にいっている娘に製品を送って売り先を探したりしている．また，サイニャブリー県の観光局による藍染の講習会に参加して，藍染を始めようともしている．しかし，まだ結果には結びついていない．これは，彼女固

有の問題というよりは，この地域の機業に原因があるようである。まず，綿織りであることから，付加価値を高めることが難しい。さらに，フアパン県やシェンクワン県のように特殊な織柄の伝統があり，それを織る優れた織子が多くいる地域でもない。*Ock Pop Tok* のように綿織りを海外旅行者の需要にあわせるような製品開発をする主体と結びつかないと，現状の打破は難しいのかもしれない。

第 2 節　ングン郡

　ホンシサーの町から西に 37km いくと，タイ国境の町ングンにつく。ここには，ヴィエンケオ村で話のでたウォンディ婦人と糸商のヌアンシー婦人に聞き取りをしよう。

　ウォンディ婦人 (38歳) は，1994 年にタイとの国境が開かれたことを契機に，1995 年にタイの建設資材を扱う店を始めた。それと同時に，タイの商人と知り合い，シンの取引を始めている。はじめの 2 年間は，タイの商人が糸 (綿糸と絹糸) を掛売りしてくれて，シンを卸したときに清算するという糸信用貸契約であった。1997 年以降は，ウォンディ婦人が糸を自分で購入するようになった。いわゆる注文契約となったが，織ったものはタイの商人がすべて購入してくれるという。

　聞き取り時点でも，国境の市が開かれる毎週土曜日にシンを渡している。240 バーツで仕入れたシンを，250 バーツで卸している。利益率は 4% にしかならないが，これは在来金融の月あたりの利子率である。焼畑で人々が忙しい乾季には週 50 枚，雨季には週 200 枚を取引している。すなわち，月あたりの収益は 2000 ～ 8000 バーツ (67 ～ 268 ドル) となる。「かつては，もっと多くの取引があったのだけど，2 年位前から生産が減ってきた。ヴィエンケオ村でも，4 人の織元と取引をしていたけど，いまはふたりになってしまった」という。「(タイの騒乱で観光客が減ったことから) シンの需要が減ってしまったことと，ラオス国内での綿糸価格が上昇したことで，充分な織賃が支払えなくなったことが原因だ」ともいう。このことは，先ほど登場してもらったキエンカム婦人の発言と符合している。

ラオスで綿糸価格が上昇した背景を，糸商のヌアンシー婦人（38歳）との聞き取りから探ってみよう。彼女は，2007年から織元としても活動しており，自宅の集中作業場に内機織子7人と出機織子16人を抱えている。織られるのは，柄のない平織りの綿布である。はじめからタイ市場を考えてはいないようである。2007年にルアンパバーンの布織物の見本市に出品したところ，ルアンパバーンで店を開いているカナダ人女性が全部買ってくれた。それ以降，取引が続いている。また，2008年にドイツ国際協力公社（GTZ）が主催する草木染めの講習会に参加して，そこに講師としてきていたペンマイ工房（第8章）のコントン婦人（ふたり姉妹の姉）と知り合った。この地域では茶綿が採れるが，コントン婦人はその茶綿の布に特に興味を示した。こちらで織った布をペンマイに売るようになったが，充分な注文をもらっているという。在来綿は独特の風合いがあることから，紋織りを入れることなく，その特性を強調した平織りの綿布のほうが需要はあるという。ただしコントン婦人にいわせれば，「納期がなかなか守られない」という不満もある。

　内機には品質の高い布を織らせているという。就業時間も，朝8時から12時，そして午後1時から4～5時までと決まっている。内機織子は近くの公務員の妻であり，農民は農作業があるので内機織子としては雇用できないという。織子の専業性を確保しようとしているわけである。

　内機の製品はペンマイ工房に卸す，小幅（38cm）の平織りである。1mにつき5000キープの織賃であり，1日3mが織られる。1kg（11.2万キープ）の綿糸から8mが織られ，それをペンマイ工房に1.5万キープ/mで卸す。利潤率は6.7％と，ここでも流通マージン程度の低いものとなる。

　出機織子には72cm幅の布を委託している。3kgの綿糸で12mが織られる。織賃は1mあたり7000キープであり，もし終日機織りをすれば4日で織り終わるという。よって1日あたりの織賃は，2.1万キープと内機よりはやや高くなる。この差は，内機織子には昼食が提供されること，また出機織子は広幅の布を織っているためであるという。

　出機と内機織子は，ともに3kgの綿糸を与えられて機織りをする。「内機織子は300gが足りないというけど，出機織子は900gが足りないといってくる。渡さないと筬打ちが緩い布が織られてしまう。糸を誤魔化されているはずだけど，どうしようもない。あまり強く文句をいうと，仕事をしてくれなくなる」とヌアンシー婦人はいう。内機経営の採用には，プロト工業化の指摘する，問

屋制収益逓減説が妥当しそうである。

　さて，綿糸について，簡単に紹介しておこう。綿花は山腹ラオのクム族（Khmu）が生産している。綿繰機は，GTZ が 1300 万キープ，そして婦人が 400 万キープ出資して購入している。綿糸については，本書の意図とは外れることから詳細は説明しないが，聞き取りから計算された利益率は 6.7％である。ただし綿花生産が減少している。原因は，発電所の建設労働需要が高まり，また有望な換金作物としてタバコの作付けが増加したことから，綿花栽培が減少したためである。これが織子の減少にもつながっている。ヌアンシー婦人としても，村の人々に出機を委託することが難しくなっているという。通年で機織りに従事してもらうためには，結局は公務員（軍人の妻）を出機織子とせざるをえないのである。もともと機織りは季節性をもつ農間余業であったが，海外市場を指向するとコンスタントな需要となることから通年の生産が必要となる。ヴィエンチャンでは出稼ぎ織子を雇用した内機経営で対応したのであるが，そこまでの需要規模ではないこともあり，サイニャブリー県では内機経営の本格的な採用までは至っていない。

＊＊＊

　サイニャブリー県は，本書では対象としていないラオスの多くの県のように，機織りはなされるものの自家消費か地域市場向けに留まっている地域である。機織りの技術も高いものではない。一時期，ルアンパバーン県とタイを結ぶ織物流通の経路となったこともあるが，それも束の間の出来事であった。

　本章で観察したなかには，展示会に出品したり，大学に通う娘に市場を探させたりするヌアンシー婦人のような機業家もいる。また，NGO などの関与によってペンマイ工房や *Ock Pop Tok* のような都市の機業家と結びついて事業を展開している機業家もいた。いずれにしても，都市の機業家と固定的な取引関係を築いて機業家たちは生き残っていこうとしている。シェンクワン県のカム郡では，そうした接触がなかったことと対照的である。これは，カム郡では海外の需要には馴染みにくい紋織りが主流であったのに対して，紋織りに比較優位をもたないサイニャブリー県では，下手に紋織りにこだわるのではなく，都市の機業家が売れると認めたアジア綿や茶綿といった地域の糸の特質を生かした平織りの布への転換が容易にできたためであろう。

　海外の需要の特徴を掴んでいる都市の小売店や機業家といった商人の情報提

供がいかに大切かを，改めて確認させてくれている。またサムタイでも確認されたように，見本市や都市の機業家を可能性のある僻地に送り込むことなどして都市の商人と僻地の機業家を結びつける契機を提供することも，市場形成のための政策介入として有効であろう。

第 IV 部のまとめ

　第 IV 部では，ヴィエンチャンという大消費地からかなり距離のある地域の機業を観察してきた。独立織子にとっては距離の克服は困難な課題であることから，市場形成には商人が関与せざるをえない。海外からの旅行者が主たる顧客となったルアンパバーンで織元が姿を消してしまったことは，距離の克服が織元の重要な役割であることを物語っている。
　ヴィエンチャンの織元と遠隔地の機業地における織元の役割は異なっていることも強調しておきたい。ヴィエンチャンの織元に要求されるのは，織子に対して，市場（販路）を確保し，糸を提供し，そして流行の織柄情報を提供することである。高級な糸で流行の織柄をもつシンを織ることによって，高い市場価値を実現できるからである。これに対して，奥地では激しく変化する織柄の流行に対応することは困難となる。織柄情報へのアクセスもできなければ，織ったシンをヴィエンチャンのタラートに卸すまでに時間がかかりすぎて流行のピークを逃してしまうからである。そうしたシンは，安値で買い叩かれることになる。したがって，距離の克服と糸の提供が織元に求められる役割となる。
　都市の商人（小売店や織元）の立場からすれば，直接の管理ができないことから関係性の強い契約で奥地の機業家に糸を提供することはできないし，また情報の外部化を危惧して流行の織柄を伝達することもしない。すなわち，遠隔地における市場形成に都市の商人がイニシャティヴをとることはできないことから，その地域の商人の登場をもって市場形成が始まることになる。また，そのときにはフアパン県やシェンクワン県のように，ヴィエンチャンの消費者に受け入れられるような伝統的織柄をもっている必要がある。
　例外は，サムヌアで観察されたチェンマイ在住のシンガポール商人の接触によって設立されたふたつの集中作業場である。これは，流行の変化が少ない海外市場向けの製品であり，また海外の商人によって販路が独占されていることから，織柄についての知的所有権の侵害や第三者への売り渡しというエージェンシー問題が起こりにくいためである。やや逆説的にもみえるが，海外に販路

をもつ商人のほうが，伝統的近代性を実現して関係的契約を築きやすいことになる。第10章で紹介したアウトサイダーによる市場形成で指摘した論理である。

　地域から生まれてきた商人には仲買人もいる。しかし，彼らは糸を提供しないことから，糸を購入したうえでの機織りという新しい生産形態を生み出す革新者にはなれていない。生産拡大によって市場を形成していく商人には，仲買人ではなく織元としての役割が求められるのである。

　さて第Ⅳ部で対象とした4つの地域は，シンをめぐる市場形成に異なる発展経路をみせていた。市場形成の経路が異なることから，いくつかの政策的含意も得られることになる。

　フアパン県には紋織りに優れた織子が多く存在しており，また綿糸も絹糸も自給できていた。ヴィエンチャンでも，サムヌア織りとしての名声があることから消費地で流行の織柄情報の入手は問題とはならず，安定的な販路が確保されれば手織物業の興隆は比較的容易になされることになる。ただし，糸の生産が少ないことから，その興隆は制約を受けていた。それも，ヴェトナムからの生糸の直接流入によって解消された。ここに，地域社会から織子に生糸を提供する商人＝織元が生まれてくることになる。

　シェンクワン県も，フアパン県と同様にシェンクアン織りの産地として知られている。しかし農地に恵まれていることから，機業は低迷している。この県の織物の中心地であるカム郡も，ヴェトナムからの生糸の直接の流入がないこと，そしてサムタイにとってのクアン郡のような織子が多数いる後背地をもたないことから，機業は低迷したままである。フアパン県と比較したとき，安価な原料糸の供給が市場形成に重要となることがわかる。

　ルアンパバーン県は，タイ市場へ販路を求め，その後は観光客を対象としたことから，フアパン県やシェンクワン県とは異なる発展経路をもっている。というよりも，ラオスにおいては極めて特異な地域である。タイに販路を求めていた時には，距離を克服する商人の役割は大きいものがあった。しかしシンの品質判定のできない観光客を相手にしてナイト・マーケットで生産者が直接取引するようになると，すなわち市場が局所化すると商人の役割は失われていく。「安かろう悪かろう」のシンが幅を利かせ始めたことは，かつてのサムタイと

同じである。商人活動が残っているのは，比較的高級なシンを取り扱う場合である。例えば *Ock Pop Tok* のように集中作業場を開設して高級品の機織りを始めたり，アウトサイダーである外国人がブティックを開いてサイニャブリーの織子などに欧米人の嗜好に合った製品を委託生産させたりするなどの動きがそれにあたる。

サイニャブリー県は，フアパン県のように優れた織柄と高い技能をもつ織子がいるわけではない。比較劣位にある紋織りで市場に参加しようとしても，生き残りは覚束ないであろう。この地域は在来綿の産地であることから，それを生かした製品開発で生き残っていくしかない。ヴィエンチャンのペンマイ工房やルアンパバーンのブティックなどが入り込んで，海外需要向けの製品開発をしていることは，ラオスの他の地域の機業の興隆の参考になろう。紋織りに頼らないというこの構図は，第 10 章で観察したアウトサイダーや第 11 章でみたチェンマイ在住のシンガポール人との接触で集中作業場が生まれたといった同じ経路での市場形成である。

第 IV 部では大消費地から離れた 4 つの地域の機業をみてきたが，それぞれでの市場形成の経路は一様ではなかった。地域固有の比較優位をベースとして，商人たちが様々な工夫を凝らした契約で農村工業の製品を都市や海外の市場に結び付けようとしている。また，そのためにはインサイダーのみならず，数は少ないもののアウトサイダー商人も重要な役割を果たしている。インサイダーとアウトサイダー商人は，対象とする販路が異なり，またそれゆえに製品も異なっている。代替性も補完性もない二者関係的な結びつきという紐帯が形成されて，農村の生産活動が広汎な市場に結びつけられていることが明らかとなってくる。もし共通する事象があるとすれば，それは農村の生産者と都市のビジネス主体（小売店や織元）が，何らかの形で出会ったことを契機として地域に商人が生まれたことである。まさに *Ock Pop Tok*（東と西の邂逅）ならぬ，農村と都市の邂逅である。ここに，政策介入の余地があろう。

終章

ラオス経済は，経済自由化（1986年）に舵を切って以降，大きな変容をみせている。この変容を経済発展と表現してしまうと，あまりにも表面的で，その内実がみえにくくなる。社会主義から市場経済へという移行期経済論の枠組みで，この変容を捉えることも適切ではない。たしかにラオスは社会主義を標榜しているものの，政治体制はともかくとして，社会主義的な経済制度は定着することはなく貨幣経済の浸透もわずかな自然経済というべき状況が続いていたからである。そこで本書では，自然経済から市場経済への移行という視点から，ラオス経済の変容を市場の形成過程として捉えようとした。それは，経済発展とは市場の形成過程であるという開発経済学や新制度学派の歴史学における問題意識の検討でもある。

　本書は，「市場とは，取引に携わる人々が醸成した工夫や慣習，商人の結託にもとづく取決め，そして近代法を含む諸々の政策介入などの市場取引を統治する複合的な制度が歴史のなかで融合した社会的構築物である」という命題から始まる。そして，ラオスの農村手織物業を対象として，「いかなる商人が，どのような契約で市場取引を実現していくのか」という分析枠組を設定することによって市場形成を観察してきた。

　ラオスでは手織物の技術は母親から娘に代々受け継がれてきていることから，その財を市場にのせるための生産技術面での敷居はそれほど高いものではない。すなわち，技術導入や普及という視点は考慮しなくても差し支えない。議論の出発点は，自家消費用ならばともかく，シンの市場化を目指すならばある程度の量を生産する必要があることである。それは，原材糸を購入したうえでの生産という新しい生産様式をもたらすことになる。すなわち，手織物にまつわる市場形成とは，生産物の販売と原材料の購入という，二重の意味で織子たちが市場なるものに巻き込まれていく過程である。こうした生産様式が登場するなかで，農村の織子たちは，市場までの距離の克服・糸を購入するうえでの信用制約そして需要を捉える織柄情報の入手制約という課題に直面することになる。

　ここに，そうした制約を緩和して，シンの市場を形成する主体としての商人（織元や小売店）が登場してくる。そこでは，農村の機業家が直面する制約を緩和するために，プリンシパルがエージェントに原料糸と織柄情報を提供するという関係性の高い契約が採用されることになる。このエージェンシー関係は，小売店と織子，小売店と織元，織元と織子などの取引で広く観察されている。

それは，第3章で示したように，契約当事者間の固定的な紐帯の束として市場が形成される（仮説1）ことを意味する。しかし，それだけで市場が機能するわけではない。取引が自然の状態に陥らないように市場を統治する工夫が求められる。それは，特にエージェンシー問題が不可避となる関係性の高い契約で強く妥当することである。
　ラオスの手織物の取引では，先進国で確立されている近代法に基づくフォーマルな統治はいうに及ばず，技術的な理由から商人の結託に基づくセミ・フォーマルな統治も機能していない。また，むら共同体を越えた現象として市場の形成があることから，コミュニティ的統治が機能する領域も限定的である。そうしたときに円滑な市場取引を実現させるのは，契約当事者による個人的統治でしかない（仮説2）ことを念頭において，本書の議論は組み立てられている。
　市場取引を安定化させる個人的統治は，具体的には契約当事者による諸々の工夫として捉えることができる。この工夫の設計にイニシャティヴを発揮するのが商人である。こうした工夫は，政府などの上部組織が設計したフォーマルな制度ではなく，未だ形式知としては結晶化することのない個人の暗黙知に留まる知恵から生み出された自生的秩序である。フォーマルな制度は，その社会に属する人々にとって共通したゲームのルールとなるが，自生的秩序はあくまでも契約当事者間のみにかかわるものである。取引における自生的秩序の中核には，反復取引によって醸成された信頼がある。そして，さらには信頼を維持するための，適切な契約の選択・贈与交換的な慣行そして状況依存的な契約条項の事後的変更といったサブ・システムを含むものである。こうした取引を統治する商人の工夫こそが，市場を創り出していくのである。最後に，明らかとなった論点を整理しておきたい。

第1節　市場を形成する主体と自生的秩序

　原（1999：p.38）は，Dasgupta（1993）から「経済的利益に関心をもつ諸個人が，それぞれ，自らの選択しようとする経済活動に関して，相互に自発的に接触・交渉し，その結果として，契約を結び，かつその契約を実施していくような制

度」という市場の定義を引用している。市場メカニズムを価格メカニズムと同一視して資源配分の効率性を云々するよりは，二者間の相対取引を前提とした説明は現実的であろう。教科書的な市場では，まず均衡価格が成立し，それに導かれて取引が実現されていく。しかし相対取引では，取引当事者が「相互に自発的に接触・交渉」して価格を中心とする取引条件を決めなくてはならない。

　原が指摘するように，このダスグプタの定義は，セリ人がいなくても相対取引をする市場参加者が増加すればワルラス型の競争均衡と同値となる世界が生み出されるという「コアの極限定理」が妥当する世界に近い。本書では，中・低級品のシンを扱うタラート・クアディン（第6章）の取引が，コアの極限定理の世界に近似していることを指摘した。しかし，それは取り扱われる財が情報の非対称性のない探索財であり，取引がスポット契約ないしは注文契約でなされているからに他ならない。これに対して高価な糸と優れた織柄をもって織られる高級品を扱うタラート・サオでは，関係的契約が主流である。そこでは情報の非対称性に起因するエージェンシー問題が危惧されることから，完全情報を前提とするコアの極限定理とは別の世界が広がっている。織元と織子の関係も，これに近いといえよう。

　そこで本書では，契約を結び，かつその契約を実施するという経済行為がエージェンシー問題に煩わされることなく円滑になされるための商人の工夫，すなわち市場取引がホッブス的な自然の状態に陥ることを防ぐ諸制度の構築こそが市場形成であるという分析枠組みを設定した。それは，本書の冒頭に述べた市場の低発達性にかかわる議論を実証的に検証しようと意図するものである。

　さて，経済発展の初期段階において市場取引を統治するのは，主として個人的統治である。その基盤は，長期の反復取引によって醸成された信頼が機会主義的行為の代償を高めるというフォーク定理の示すところである。しかし，それだけで安定的な取引が実現されるわけではなく，適切な契約の選択や贈与交換という事前の対応，そして状況依存的な契約内容の変更といった事後的な対応によって取引関係の安定化が図られている。贈与交換的慣行や状況依存的な契約条件の変更は，現場ではプリンシパルによるエージェントへの配慮（ケンチャイ）という言葉に集約されている。なお，適切な契約の選択とは，資源配分の効率性基準で語られるものではない。それは，織子の直面する制約を前提としたうえで，実現可能な利益と契約に伴うエージェンシー費用を考慮した商

人の選択問題として捉えられるべきものである。

　これらの工夫は，社会的に設定された行動の枠組みとしてのルールではなく，市場形成者がもつ暗黙知によって構築された「自生的秩序」と呼ぶに相応しい秩序である。近代法や商人の結託という制度が不在であっても，契約当事者の暗黙知によって形成され，そして契約当事者にのみ有効となる秩序によって自然の状態が回避され，その結果として市場の形成が促されているのである。この場合の暗黙知とは，ポランニーというよりは，野中・竹内 (1996) が形式知に対峙させて「経験や勘に基づく知識のことで，言語的な表現が難しい主観的・身体的な知」と定義した暗黙知といってよい。

　例えば，ラオスでは，問屋契約と糸信用貸契約には固有の名は与えられていない。その違いを質問しても，当事者たちの説明は矛盾して要領を得ないこともよくあった。そこに突っ込んで質問すると，彼女たちは窮して回答がもっと混乱してくる。そこで本書で説明した取引にまつわる軋轢を含めて質問すると，彼女たちの説明に筋が通ることになる。もちろん，そうした質問方法は誘導的であることから，あまりなされることはないが。「経験から直感的には理解できているのであろうが，それを体系的に言語化することはできないのであろう」と理解した覚えがある。まさに契約の選択は形式知ではなく暗黙知によってなされるものであり，その機序は観察者が言語化する他ないのである。

　フォーマルな統治メカニズムが準備されていない経済発展の初期段階では，多様な暗黙知を備えた人々が，市場を安定化させる自生の秩序を構築することによって市場が形成されていく。このときの市場を形成していく主体は，ルールのなかで利潤の極大化行動を受動的にとるという方法論的個人主義における経済人ではなく，市場を利用するために制度的な新機軸を能動的に構築していくシュンペーターが思い描いたような起業家なのである。

第2節　市場の形成過程

　本書が対象とした期間は 1995 年からの 20 年間に過ぎないが，この間でも手織物の市場形成の過程に変化がみられた。調査を始めた 1990 年代半ばでは，小売店と織子とに商人が介在するよりも，彼らの直接取引のほうが一般的で

あった。これは，タラート周辺のノンブァトン村やドンドーク地区といった移住民のディアスポラに多くの織子がいたことから，距離の克服がさほどの問題とはならなかったためである。このときにも，問屋契約や糸信用貸契約という関係性の高い契約が小売店と織子との間に結ばれていたが，緯糸をシン2枚の納品ごとに追加して提供し，また直接の監視などによって，織子の機会主義的行為を抑え込む工夫がなされていた。もちろん，織賃の前払いという形での生活資金の貸し付けといった互恵的慣行もみられた。

しかしシンの需要が増加し，また代替的就業機会の増加によって市内での織子の供給が激減してくると，近郊や郊外の織子を市場経済に巻き込む必要が出てくる。しかし，克服すべき距離が大きくなることから小売店と織子が直接取引することが難しくなり，緯糸を小出しに提供したり，織子を直接監視したりすることもできなくなる。ここで，織元や委託仲買人といった織子を組織する商人が介在する必要が生まれてくる。すなわち，流通を介在する商人の登場は，もちろん距離の克服もあるが，小売店では手に負えなくなった織子の機会主義的行為に対処するという目的もあったのである。

委託仲買人の利用は，近郊のみならず郊外の織元たちも利用することによって，機業の外延化をさらに進めるための有効な方法である。ただし，彼女たちの役割には大きな分散がある。プリンシパルから取引手数料だけをもらう集荷代理人もいれば，織子との契約や織賃を裁量的に決めている織元に近い委託仲買人もいる。後者は，村のなかでは織元と呼ばれている。こうした重層的な織元-織子関係で，機業の外延化が進められている。

しかしフアパン県のような辺境の地となると，そうした重層構造はみられない。ヴィエンチャンの商人（特に，小売店）と委託仲買人との頻繁な接触がなされえないことから，関係性の高い契約を採用したときのエージェンシー問題の処理が難しくなるからである。個人的統治だけが機能する取引では，関係的契約の維持には高い面接性が不可欠となるからである。そのために，そこではローカルの商人が市場を形成していくことになる。

第3節　商人の登場

　市場が低発達な状態に留まる理由を，ヒックスの『経済史の理論』(1970)における「商人の登場こそが市場の勃興の要」という言説から，商人の不在に求めた。商人に焦点を定めたことについて，ふたつを指摘しておきたい。

　ひとつは，市場形成についての理論的整備がなされていない段階では，市場の低発達性を形而上学的に議論するよりは，商人の具体的な活動に注目するほうが有効と考えるからである。「商人の登場こそが市場の勃興の要」というヒックスの言説を，前節とあわせて一歩進めるとすれば，軋轢なき取引を実現させる工夫＝制度を考案する商人の登場こそが市場の勃興といえるのである。

　もうひとつは，たしかに伝統的社会でも取引を安定化する装置，特にコミュニティ的統治によって安定した取引が実現されるであろうが，それはある限られた社会の領域での話である。もっと広範な市場の形成というとき，それはマルクスのいう「商品交換は，諸共同体の終わるところで，諸共同体が他者たる諸共同体，または他者たる諸共同体の諸構成員と接触する点で，始まる」という特徴をもつことになる。すなわち，農村と都市という異なる構造をもつ社会の接触を促して，市場を結合させる革新者としての商人に注目する必要がある。それは，どのような出自の人々がどのような特徴をもつ商人となるのかという問いを含む課題である。利潤の最大化行動をとる経済人という発想だけでは，市場形成者としての商人の登場は捉えきれないのである。

　市場経済が発達している都市とそうでない農村という二分法は陳腐であり，多くの批判があることは承知している。しかし，市場形成の初期段階では農村と都市の結合が課題となること，そして織子が直面する諸制約が都市との対照において明示化されることから，信頼の間隙を含めたシステムの異なる農村と都市の邂逅という側面を強調せざるをえないのである。これらの制約の解消は，農村の生産者（織子）にとっては荷の重い課題となる。ここに農村と都市を結合する主体としての商人が求められることになる。市場の形成とは，道路インフラさえ整備されれば自働的に市場メカニズムが農村経済を包摂していくという簡単な話ではない。村人を招いて機織りの技能を高める訓練をして，さらに立派な織機まで渡したにもかかわらず，帰村してからは誰も機織りをして

いなかったJICAプロジェクト（第12章）の逸話を思い起こしてほしい。農村と都市を結合する商人がいなければ，農村における市場形成は始まらないのである。

さて，ヒックスは「商人の登場こそが市場の勃興の要」とするが，どのような経路で商人が発生してくるかについては何も述べていない。そこで本書では，出自の観点から商人をインサイダー・アウトサイダーそして文化ブローカーに分類して商人の登場を観察した。これらの仮説は相互に排他的ではなく，とくに織元については，それぞれの仮説に合致する人々が確認できている。このように類型化される商人たちが，どのように生まれて活動しているのか，さらにはどのような問題を抱えているかを確認していくことは，商人の登場を促す政策介入にヒントを与えてくれる。

インサイダー商人は農都間によこたわる信頼の間隙を乗り越えるのに苦労することから，都市との交易になかなか乗り出せない。アウトサイダー商人にとっても信頼の間隙はなかなか乗り越え難いものとなることから，エージェンシー問題に自らが対処することは難しくなる。こうしたなか，大規模に市場を形成していくのが，農都間にある信頼の間隙を乗り越え，文化の橋渡しをなしうる文化ブローカーとしての織元たちであった。そうした織元の多くは大卒であったが，織物にもビジネスにも直接は関係のない分野を専攻している。それでも彼女たちが大規模織元として成長できたのは，高等教育が，もともと文化ブローカー（境界人）としての素質を備えた彼女たちを，さらに新規性のある事業に参入させる効果をもったためとも考えられる。

これに対して，遠隔地の織元（大半は，インサイダー商人）たちは高等教育の恩恵は受けていない。彼女たちが織元となった経緯は，次の3つに要約できる。1) 何らかの理由で都市にいって，シンの市場を観察している。ある者はタラートの小売店と知り合いとなり，そしてお得意様の関係を築いている。すなわち販路を確保して，弱い形態での織柄情報の伝達者となりえた。子供が都市にでていることも，間接的にではあれ同様の効果をもつことになる。都市との接触の経験が人々を商人とさせることは，最も多く事例を紹介した市場形成の経路である。2) 海外のNGO活動などによって都市の織元が機業の潜在的成長性をもつ地域に派遣されて，そこでお得意様の関係が形成される形で織元が出現する。そして，3) アウトサイダーが直接コンタクトをとって織元が生まれる。サムヌアの集中作業場を経営するふたりの織元や，サイニャブリー県でルアン

パバーンのブティックがコンタクトをしてきた事例などである。第10章は，そうしたアウトサイダー商人を紹介している。

上記の(1)は，農村社会で育った機業家が，都市を知ることによって農村と都市の間に横たわる信頼の間隙を乗り越えて都市の市場に参加していく経路である。やや抽象度が高いいい回しではあるが，農村の人材が都市なるものを知ることが農村にアントレプレナーを生み出す有効な方策となることを示唆している。(2)と(3)は，具体的な政策介入となる事例である。都市のビジネス主体が，遠隔地の機業家＝織元を養成していくことが市場形成に有効な手段となるといえよう。

第4節　契約

シンにまつわる市場は多様な関係的契約を制度的な軸として形成されていくことから，本書では，採用される契約形態を通じて商人の経済行動をコード化することによって市場の形成過程を体系化しようとした。市場の作動を契約で捉えようとするときには，新制度学派の歴史学者や開発経済学では契約履行を強制する手法が議論の主眼となっている。しかし契約形態によって履行を強制すべき内容や程度も異なってくるであろうし，強制の手法も異なるであろう。このことから，契約履行の強制を課題とするならば，契約の選択問題もあわせて議論すべきであろう。

織子が自ら糸を調達して機を織り，織ったシンをタラートで販売することは，ラオスでは一般的ではない。大半のシンは，商人と生産者との間，ないしは商人間における関係性の強い契約で生産され，そして流通している。そうした契約は，関係性の弱い順から，スポット契約・注文契約・糸信用貸契約そして問屋契約に分類される。そして問屋契約の先には，織子と織元との関係性が最も強くなる集中作業場（マニュファクチュア）がある。

糸信用貸契約と問屋契約は，糸をエージェントに提供するという企業間信用を伴うという点で，スポット契約や注文契約とは決定的に異なる。強い信用制約を受ける農村の織子を市場活動に巻き込むためには，マーケティング機能のみをもつ商人の登場だけでは本格的な市場の形成は期待できないのである。ま

さに，初期段階では，問屋契約や糸信用貸契約といった関係性の高い契約が市場形成の制度的な軸となる (Hayami ed. 1998, 谷本 1998) といえる。

なおここで，ふたつのことに注目しなくてはならない。ひとつは，この契約の順で，糸の窃取や織柄の剽窃そして製品の第三者への売り渡しといったエージェンシー問題が高まってくることである。他方は，この契約の順で，織られるシンの品質が高まる傾向が強くみられることである。すなわち，契約形態の選択を「取引費用を最小化する制度が選択される」という Coase (1937) 的な発想で捉えるだけでは不充分であり，それぞれの契約で実現されるであろう利得とエイジェニー費用とを秤にかけて，商人は取引契約を選択していくのである。

第 5 節　統治メカニズム

開発経済学や新制度派の歴史研究は，契約履行を強制するメカニズムに焦点をあてている。それには，市場は，それを支える歴史的に構築されてきた統治なくしては「自然の状態」に陥ってしまうというホッブス的認識がある。リヴァイアサンが必要となるというホッブスの主張に素直に従うならば，近代法のように経済主体が普遍的にアクセスできる「フォーマルな統治」によって取引が自然の状態から脱却して経済発展が促されるというノースの論理となる。これに対して，経済主体が構築する取引統治も取引を安定化させている。そのなかには，マグレビ商人の結託 (グライフ 2009) や株仲間 (岡崎 1999) のような商人の結託 (同業者組合) による統治も含まれる。

しかしラオスの農村における取引に近代法の支配を期待することは非現実的な無い物ねだりであろうし，また技術的理由によって商人の結託もみられない。したがって，シンの取引を統治するメカニズムとして期待されるのは，二者間における適切な契約形態の選択によって実現される個人的統治と第一次集団 (家族・民族・地縁，むら共同体など) によって実現されるコミュニティ的統治である。今日の開発経済学では，コミュニティ的統治が契約履行を強制するという論調の論文が多くある。しかし，むら共同体の効力が及ぶ範囲は限定されることから，農村の生産活動を都市の市場に包摂するという広汎な市場形成の話となると，契約履行を強制するにはコミュニティ的統治の効力は弱いものとな

ろう。そうしたことから，コミュニティ的統治の存在は市場形成にとって，あるに越したことはないというレベルでの統治に留まるものとなる。

その結果，最終的に取引を統治するメカニズムとして期待されるのは，契約当事者によって構築される個人的統治となる。個人的統治とは，近代法という「上からの統治」に対して，個々の経済主体が独自に市場取引を安定化させようとする「下からの統治」である。ハイエクの自生的秩序観と親和的な発想であることから，本書では個人的な市場統治を自生的秩序として表現している。その中核はフォーク定理の示すところであるが，契約＝秩序を維持するためのサブ・システムの機能についても多くの逸話を紹介しながら議論した。そうしたサブ・システムは，言語化された形式知ではなく，人々の多様な経験のなかから生まれてきた暗黙知によって創出された市場を飼い馴らす工夫である。

制度をゲームのルールとみなして合理的経済人を措定する経済学の発想，すなわち方法論的個人主義には，暗黙知を駆使しながら個々人が創り出す自生的秩序という発想は馴染みにくいであろう（サグデン 2008）。しかし現場での聞き取りを続けていると，人々の多様な暗黙知から生まれた工夫として維持される秩序に目を向けざるをえなくなる。方法論的個人主義に固執すると，市場を形成していく人々の多様な知恵が掻き消されてしまうのである。

経済史では，フォーマルないしは結託といったセミ・フォーマルな制度が注目されて，インフォーマルな自生的秩序は扱われることはまずない。これは分析視座の違いというよりは，史料に個人的統治にかかわる体系的な記述が残されることがほとんどないためである。例えば取引契約の内容，いわんや契約形態の選択にかかわる背景の記述は，史料が比較的多く残されている日本の機業についても見つけ出すことは困難であろう。歴史研究に対する開発経済学の実証研究の最大の比較優位は，史料に残されにくい情報を入手できるところにある。日本経済史には多くの優れた機業研究があるが，それらと本書の風合いが異なるとすれば，その理由のひとつが自生的秩序にかかわるデータの入手可能性の差ともいえる。

第6節　フォーク定理の複数均衡

　フォーク定理には複数の均衡があることを忘れてはならない。反復ゲームにおいて協調行動がナッシュ均衡となるのは，将来利得の割引率が充分に小さいときという条件がつく。割引率が大きくなれば，ホッブス的な非協力解（裏切り行為）が均衡解となることもある。

　1997年以降のキープの暴落は，まさにその割引率を大きくしてしまった。その結果，関係性の強い契約の維持が困難となり，関係性の弱い契約への移行がみられた。それは外生的環境の変化に対応した誘発的な制度変化であるが，望ましい変化ではない。この変化はプリンシパルによる良質の糸や織柄情報の提供がなされなくなることを意味しており，その結果，シンの品質は低下していった。ただし通貨の暴落時に機会主義的行為が頻発したといって，すべてのプリンシパルが安易な契約破棄というトリガー戦略をとったわけではない。それは契約条項の事後的変更とも重なるが，エージェンシー問題が発生しにくい関係性の弱い契約形態への移行がなされて取引関係が維持されたのである。これも，工夫の一環といえようが，品質の低下や織子の直面する制約の深刻化をもたらして，せっかく形成されつつあった市場を弱体化させてしまうことになったのである。

　人々の試行錯誤によって自生的に達成された均衡も，それがフォーク定理で説明されるナッシュ均衡である以上は，マクロ経済の混乱によってゲームの利得行列の数値が大きく変化すると瓦解することもある。この意味で，マクロ経済の安定は市場形成にとって重要な政策課題となる。江戸期の安寧は，堂島米会所における先物取引という制度が考案されたように，市場を補完する諸々のシステムやサブ・システムの構築に貢献したのであろう。それが，明治期以降の経済発展を円滑に実現させたともいえよう。ラオスは，経済発展の出だしで躓いてしまったのである。

第7節　信用制約はどこまで制約となるのか

　信用制約は農村工業や零細企業の成長の足枷となることから，小規模信用貸付や特殊銀行を含む金融機関からの信用供与を促す政策介入が主張されることになる。しかし，本書でみてきた手織物に関する限り，この論理の正当性には懐疑的とならざるをえない。

　信用制約が解消されたとしても，距離の克服や織柄情報の入手ができないならば，織子は市場に参加することはできないからである。ルアンパバーンの織子のように，タラート近郊に住んで，織柄情報の入手がさほどは問題とならない海外からの旅行者を相手にしているならば，信用供与は独立織子の活動を支援することになろう。しかし，それは極めて特異な環境での話に過ぎない。

　織子が織元織子となれば，関係性の強い契約によって企業間信用として糸そして時には金箋が織子に提供されることから織子の信用制約は解消される。金融包摂が織子という零細な生産者に及ばないとき，企業間信用による信用制約の解消は強調されてもよい論理であろう。経済発展の初期段階で問屋契約によって農村工業が興隆するという歴史的経験は，企業間信用がもたらした側面があるといえる。もし制度金融による信用供与というならば，織元に対して供与すればよいだけである。そうすれば，企業間信用を通じて自働的に織元織子の信用制約は解消されることになるからである。

第8節　残された課題

　最後に，残された課題をふたつ指摘しておきたい。本書が対象としたシンは，財の品質判定が容易な探索財であった。もし品質判定が困難な経験財ならば，異なる市場形成の過程が観察されるであろう。財の性質に応じて，商人にも異なる役割が求められる。このように性質の異なる財を対象として市場の形成や商人の役割について研究の蓄積がなされることによって，本書の結論もより明確となってくるであろう。

次に，今後のラオスの手織物業について注目すべき課題を指摘しておきたい。日本やインドなどの歴史的経験からすれば，力織機の導入によって中級品の手織物がまず代替されていく。その後，経済成長の所得効果もあり，低級品の手織物が市場から消えていく。ラオスでは力織機は導入されていないが，中国から安価なシンが流入しており，力織機の導入と同様の影響を及ぼしている。日常でシンが着用されていることから急激な手織物産業の衰退は起こらないであろうが，それでも中国製のシンの及ぼす影響は無視できるものではない。プーカオカム村のように，村の織元が結託して流行の織柄を考案していくことは興味深い対応であろう。いずれにせよ，市内の大規模織元やアウトサイダー商人による商品開発によって，国内外の需要を喚起できるようにして生き残るしか道はないのかもしれない。

あとがき

　本書では，ラオスの伝統的手織物を対象として，市場経済がほとんど生成されていない社会において，市場なるものが勃興していく過程を観察しようとした。経済学は市場の学問なのであろうが，では市場とは何かと改めて問われると，多くの人は戸惑ってしまう。正面切って市場とは何かを論じる経済理論の標準的教科書は稀であり，そこで論じられているのは市場そのものではなく，市場の機能，特に効率的な資源配分にかかわる機能でしかない。そこで，経済学の理論体系から追放されてしまった商人を市場形成の議論に招き入れ，その取引作法としての契約に注目して，本書は書き綴られている。

　経済理論で理論武装をして開発途上国の経済を分析することが，ある意味，私が学生時代であったころの王道であった。そのなかで，恩師・故石川滋先生（一橋大学名誉教授）がゼミで幾度か語られていた「開発途上国では市場メカニズムそのものが低発達である」という「市場の低発達」命題は，まだフィールドに出ていない，また理解能力に欠ける私には，なかなか実感しにくい命題でもあった。

　大学院時代にインドに2年近く滞在して北西部穀倉地帯の村に入り込んだのが，私のフィールド体験の始まりである。そこは，緑の革命が進展した米と小麦の二毛作地帯であった。米や小麦の品質は目視で判定できることから完全情報となりやすい財であり，売り手も買い手も多数であることから，教科書的な完全市場が妥当する，すなわち市場の低発達性とは無縁の世界がそこにあった。たしかにミクロ経済理論が機能する世界ではあるが，のっぺりとしたこの世界にあまり面白みを感じることはできなかった。

　近代経済学における「市場なるもの」に感化（毒？）されつつも，開発経済学という分野に身をおいてフィールドに出始めると，理論経済学を専攻する同じ大学院生たちとの会話に，なにか違和感を覚えるようになる。フィールドで観察した市場だけでなく，小料理屋のおやじさんが話す魚河岸という取引の場とも，院生たちの話す「市場なるもの」が重なってこないのである。

　そうしたなかで，私の思考能力の限界を感じられたのであろうか，石川先生

から「これは面白いから呼んでごらん」と渡された Siamwalla (1978) に興味を惹かれた。そこには，異なる商品特性をもつ農産物について市場が異なる作動をする様子が描かれている。いつかは，そのような観察をして市場の形成を理解してみたいものだと考えていた。「市場の勃興は，まず財市場から始まる」という石川先生の言葉を頼りに，開発途上国を放浪しながら対象を探していたが，なかなかそれに適う素材に遭遇することはなかった。

転機となったのは，故速水佑次郎先生(東京都立大学名誉教授)から世銀の研究プロジェクトへの誘いを二度にわたり受けたことである。初回は北タイの手織物業と縫製業を対象とし (Ohno and Jirapatpimol 1998)，二度目はラオスの手織物業を対象とした (Ohno 2001)。ラオスの手織物業の観察は 1995 年以降続けていたが，世銀のプロジェクトで学んだ多くのアプローチは観察記録を結晶化するうえで不可欠な資産となった。また，ラオスの手織物業の調査をするときに必ず携行したのは，原洋之介先生(東京大学名誉教授)の著書 (1996 と 1999) であった。このふたつは，フィールドで観察した事象を言語化するときのバイブルである。そのために，さも自分の発想のごとき本書の叙述のなかにも，著書の発想が紛れ込んでいるであろう。本書を執筆するにあたって，原先生に「かなり剽窃があるので，御寛容のほどを」と断りを入れなくてはならなかったほどである。

このように市場の形成を探ろうとする本書は，石川滋・速水佑次郎そして原洋之介各教授という開発経済学の碩学の恩恵を強く受けている。なんという贅沢な環境を享受していたのかと，いまさらながら感謝するしかない。また，藤田幸一教授(京都大学東南アジア地域研究研究所)からは，これまでも多くのことを学ばせていただいているが，今回は厚かましくも本書の出版にまで手を煩わせてしまった。同僚の加治佐敬教授そしてヴィエンチャンのコーヒー店主松島陽子さんには，初期の原稿の素読をお願いして多くのコメントを頂いた。また，ゼミ生の西郷晴香さんは，文章を整える作業を手伝ってくれた。ここで，あらためて感謝申し上げたい。

そして，なによりも，ラオスの機業家のみなさんに感謝したい。本書に登場する機業家の数倍にもなる方々に面会してきたが，彼女たちには異邦人の質問に辛抱強くつきあっていただいた。フィールドでの聞き取りは，実に楽しいものであった。機織りは村の生活のなかに溶け込み，ラオスの村の美しい風景の一部となっている。そして，手織物を通じて，ラオス社会を垣間見させてもらっ

た。さらに手織物にかかわる商人への聞き取りは，とても刺激的であった。これほど多くの商人への聞き取りは，先進国では難しいことであろう。しかし，残念なことに，陰鬱な学問として知られる経済学に身をおく私は，市場交換（取引）と儲けを軸とした質問を続けなくてはならない。なんと面白くない奴だと機業家，特に織子たちは思っていたに違いない。もっと織りの美しさの話を聞いてよね，と。すみません，職業病なもので。

細かい事例を採取していくのであるが，頭のなかは，まだ捉えきれていない市場なるものにつながる蜘蛛の糸を常に模索していた。木をみて森をみずの愚ではあるが，森をみることは容易ではない。プロは森をみて木をみるともいわれるが，その森の見取り図が見当たらないのである。脈絡のない枝葉末節の事実が調査ノートに書き留められていく。しかし，ときおりジグソーパズルのピースがつながることがある。一通りの聞き取りを終えた後の織子との他愛のない会話のなかから，ときには織子の愚痴のなかから，急に視界が開けてくることもある。この長ったらしい書は，ジグソーパズルのピースをつなげようとする煩悶の軌跡（なれの果て）であるが，パズルが未完であることは理解している。それでも市場の形成を観察できたことは，大学の同僚たちに対して秘かな優越感を与えてくれる。「市場って，こんなに魅力的な研究対象なのだけどね」と。とてもよい対象に巡り合えた幸運は，きっと私が前世に多くの功徳を積んでいたからに違いない。しかし，来世は心配だ。

本書の刊行にあたっては，京都大学東南アジア地域研究研究所共同利用・共同研究拠点「東南アジア研究の国際共同研究拠点」平成28年度公募出版と青山学院大学国際政治経済学会から出版助成を受けている。また東南アジア地域研究研究所の研究叢書として出版させていただくにあたりレフリーと研究所のスタッフから有益なコメントもいただいた。記して，謝意を表したい。また，京都大学学術出版会の鈴木哲也氏からは，本書を読みやすくするために多くの助言をいただいた。心からのお礼を申し上げたい。

2016年師走　自宅の仕事場から，冬の旧白洲次郎邸（武相荘）を望みつつ

【参考文献】

■日本語　文献

青木昌彦（2001）『比較制度分析に向けて』瀧澤弘和・谷口和弘訳，NTT 出版
赤坂憲雄（1992）『異邦人序説』筑摩書房
アクセルロッド R.（1988）『つきあい方の科学 —— バクテリアから国際関係まで』松田裕之訳，CBS 出版
浅沼万里（1997）『日本の企業組織革新的適応のメカニズム』東洋経済新報社
網野善彦（1993）「日本列島とその周辺 ——『日本論』の現在」『日本通史』岩波書店，第 1 巻
アリエリー D.（2012）『ずる：嘘とごまかしの行動経済学』櫻井祐子訳，早川書房
アロー K.（1999）『組織の限界』村上泰亮訳，岩波書店
猪木武徳（1987）『経済思想』岩波書店
植村和代（2014）『織物』法政大学出版会
大黒俊二（2006）『嘘と貪欲』名古屋大学出版会
大河内一男（1971）『職工事情』生活古典叢書 4，光生館
大野昭彦・原洋之介・福井清一（2001）「ラオス —— 苦悩する内陸国」原洋之介編『アジア経済論』NTT 出版
大野昭彦（2007）『アジアにおける工場労働力の形成 —— 労務管理と職務意識の変容』日本経済評論社
大野昭彦・加治佐敬（2015）「石川経済学と慣習経済」『アジア経済』56（3）：pp.114-134.
岡崎哲二（1999）『江戸の市場経済』講談社
梶井厚志・松井彰彦（2000）『ミクロ経済学：戦略的アプローチ』日本評論社
河野泰之・藤田幸一（2008）「商品作物の導入と農山村の変容」横山智・落合雪野編『ラオス農山村地域研究』めこん
神取道宏（2015）『人はなぜ協調するのか —— くり返しゲーム理論入門』三菱経済研究所
木村郁・ヴィエンカム N.（2008）『布が語るラオス —— 伝統スカート「シン」と染織文化』進栄堂
清川雪彦（2009）『近代製糸技術とアジア』名古屋大学出版会
桐生織物史編纂会（1935）『桐生織物史　中巻』桐生織物同業組合
桐生織物史編纂会（1940）『桐生織物史　下巻』桐生織物同業組合
グライフ A.（2009）『比較歴史制度分析』岡崎哲二・神取道宏監訳，NTT 出版
グリァスン H.（1997）『沈黙交易　異文化接触の原初的メカニズム序説』中村勝訳，ハーベスト社
クルーグマン P.（1994）『脱「国境」の経済学　産業立地と貿易の新理論』北村行伸訳，東洋経済新報社
黒松厳編（1965）『西陣機業の研究』ミネルヴァ書房
ケイ J.（2007）『市場の真実』佐々木勉訳，中央経済社
サグデン R.（2008）『慣習と秩序の経済学』友野典男訳，日本評論社
サーリンズ M.（1984）『石器時代の経済学』山内昶訳，法政大学出版会
斎藤修（1984）「在来織物業における工場制工業化の諸要因 —— 戦前期日本の経験」『社会経済史学』49（6）：pp.114-131.
斎藤修・阿部武司（1987）「賃機から力織機工場へ：明治後期における綿織物業の場合」南亮進・清川雪彦『日本の工業化と技術発展』東洋経済新報社

澤田康幸・園部哲史編 (2006)『市場と経済発展』東洋経済新報社
三瓶孝子 (1961)『日本機業史』雄山閣
ジョーダン W.S. (2003)『女性と信用取引』工藤政司訳, 法政大学出版局
シルクサイエンス研究会編 (1994)『シルクの科学』朝倉書店
信夫清三郎 (1942)『近代日本産業史序説』日本評論社
鈴木牧之 (1991)『北越雪譜』岩波書店
園部哲史・大塚啓二郎 (2004)『産業発展のルーツと戦略 ―― 日中台の経験に学ぶ』知泉書館
竹内正右 (2004)『ラオスは戦場だった』めこん
竹田晋也 (2008)「非木材林産物と焼畑」横山智・落合雪野『ラオス山村地域研究』めこん
田村均 (2004)『ファッションの社会経済史 - 在来織物業の技術革新と流行市場』日本経済評論社
谷本雅之 (1998)『日本における在来的経済発展と織物業 ―― 市場形成と家族経済』名古屋大学出版会
出石邦保 (1962)「西陣機業の構造的特質と買継制度 ―― 買継商の分析を中心として」『同志社商学』14 (11)：pp.44-68.
東京高等商業学校 (1901)『両毛地方機織業調査報告書』
中江克己 (1996)『染織事典』泰流社
中林真幸 (2003)「問屋制と専業化 ―― 近代における桐生織物業の発達」武田晴人編『地域の社会経済史 ―― 産業化と地域社会のダイナミズム』有斐閣
日本経済新聞社編 (2013)『世界を変えた経済学の名著』日本経済新聞社
ノース D.・トーマス R. (1994)『西欧世界の勃興 ―― 新しい経済史の試み』ミネルヴァ書房
ノース D. (2013)『経済史の構造と変化』大野一訳, 日経 BP 社
ノース D. (2016)『ダグラス・ノース 制度原論』瀧澤弘和他訳, 東洋経済新報社
野中郁次郎・竹内弘高 (1996)『知的創造企業』梅本勝博訳, 東洋経済新報社
野元美佐 (2005)『アフリカ都市の民族史』明石書店
バート R. (2006)『競争の社会的構造：構造的空隙の理論』安田雪訳, 新曜社
ハイエク F. (1998)『ルールと秩序：法と立法と自由』矢島鈞次他訳, 春秋社
橋野知子 (1997)「力織機化＝工場化か ―― 1910 年代桐生織物業における生産組織と技術選択」『社会経済史学』63 (4)：pp.433-463.
橋野知子 (2000)「織物業における明治期「粗製濫造」問題の実態 ―― 技術の視点から」『社会経済史学』65 (5)：pp.545-564.
パットナム R. (2006)『孤独なボウリング ―― 米国コミュニティの崩壊と再生』柴内康文訳, 柏書房
速水融 (2003)『近世日本の経済社会』麗澤大学出版会
速水佑次郎 (2000)『新版開発経済学 ―― 諸国民の貧困と富』創文社
速水佑次郎 (2006)「経済発展における共同体と市場の役割」(澤田康幸・園部哲史編『市場と経済発展』東洋経済新報社
原洋之介 (1996)『アジア ダイナミズム』NTT 出版
原洋之介 (1999)『エリア・エコノミックス』NTT 出版
ハルダッハ G.・シリング J. (1988)『市場の書』同文館
ヒックス J. (1970)『経済史の理論』新保博・渡辺文夫訳, 日本経済新聞社
ベスター T. (2007)『築地』和波雅子・福岡伸一訳, 木楽舎
堀江英一 (1940)「徳川時代に於ける丹後縮緬機業の発展過程」『経済論叢』50 (6)：pp.757-770.
本庄栄治郎 (1930)『西陣研究』訂改版 改造社

マクミラン J. (2007)『市場を創る』瀧澤 弘和・木村 友二訳，NTT 出版
松村敏 (2002)「明治期・桐生織物業における織元 —— 賃織関係の一考察」『国立歴史民俗博物館研究報告』95：pp.207-227.
丸山和四朗 (1910)『足利案内』
マリノフスキ B.・デ・ラ・フエンテ J. (1987)『市の人類学』信岡奈生訳，平凡社
水野廣祐 (1999)『インドネシアの地場産業』京都大学学術出版会
モース M. (2009)『贈与論』吉田禎吾訳，ちくま学芸文庫
柳川昇 (1977)「桐生織物業における前貸制度」明治史料研究連絡会編『近代産業の生成』お茶の水書房
横山和輝 (2016)『マーケット進化論』日本評論社
横山源之助 (1999)『日本の下層社会』岩波書店
早稲田大学経済史学会編 (1960)『足利織物史』

■英語　文献

Acemoglu D., S. Johnson and J.A. Robinson (2002) "Reversal of Fortune : Geography and Institutions in the Making of the Modern World Income Distribution." *Quarterly Journal of Economics*, 117 (4) : pp.1231-1294.

Akerlof G. (1970) "The Market for Lemons: Quality Uncertainty and the Market Mechanism." *Quarterly Journal of Economics*, 84 (3) : pp.488-500.

―――. (1982) "Labor Contracts as Partial Gift Exchange." *Quarterly Journal of Economics*, 97 (4) : pp.543-569.

Ali M. and J. Peerlings (2011) "Ethnic Ties in Trade Relationships and the Impact on Economic Performance : The Case of Small-Scale Producers in the Handloom Sector in Ethiopia." *Journal of Development Studies*, 47 (8) : pp.1241-1260.

Aoki M. and Y. Hayami (2001) *Communities and Markets in Economic Development*, Oxford University Press.

Baker G., T. Gibbons, K.J. Murphy (2002) "Relational Contacts and the Theory of the Firm." *Quarterly Journal of Economics*, 117 (1) : pp.39-84.

Bigsten A.P. Collier, S. Dercon, M. Fafchamps, B. Gauthier, J. W. Gunning, A. Oduro, R. Oostendorp, C. Patillo, M. Soderbom, F. Teal and A. Zeufack. (2000) "Contract Flexibility and Dispute Resolution in African Manufacturing." *Journal of Development Studies*, 36 (4) : pp.1-17.

Bowie K.A. (1992)" Unraveling the Myth of the Subsistence Economy: Textile Production in the Nineteenth-Century Northern Thailand." *Journal of Asian Studies*, 51 (4) : pp.797-823.

Brown M., A. Falk and E. Fehr (2004) "Relational Contracts and the Nature of Market Interactions." *Econometrica*, 72 (3) : pp.747-780.

Burt R.S. and M. Knez (1996) "Trust and Third-party Gossip." In Kramer R. and T. Tyler (eds.) *Trust in Organizations*, Sage.

Carrier J.G. (1995) *Gifts & Commodity : Exchange & Western Capitalism since 1700*, Routledge.

Chansathith C., A. Ohno, K. Fujita and F. Mieno (2015) "An Analysis on Borrowing Behavior of Rural Households in Vientiane Municipality: Case Study of Four Villages." *Southeast Asian Studies*, 3 Supplementary Issue: pp.113-134.

Cheesman P. (2004) *Lao-Tai Textiles: The Textiles of Xam Nuea and Muang Phuan*, University of Hawai'i Press.

Cheung S. (1969) *The Theory of Share Tenancy*, University of Chicago Press.
Coase R. (1937) "The Nature of the Firm." In idem, *The Firm, the Market and the Law*, University of Chicago Press.
Connors M. (1997) *Lao Textiles and Traditions*, Oxford University Press.
Dasgupta P. (1993) *An Inquiry into Well-Being and Destitution*, Clarendon.
Djankov S., R. La Porta, F. Lopez-De-Silanes and A. Shleifer (2003) "Courts." *Quarterly Journal of Economics*, 118 (2) : pp.453–517.
Eisenberger R., R. Huntington, S. Hutchison and D. Sowa (1986) "Perceived Organizational Support." *Journal of Applied Psychology*, 71 (3) : pp.500–507.
Evans G. (1995) *Lao Peasants under Socialism and Post-Socialism*, Silkworm Books.
Evers H.D. and H. Schrader (1994) *The Moral Economy of Trade Ethnicity and Developing Markets*, Routledge.
Fafchamps M. (1997) "Trade Credit in Zimbabwean Manufacturing." *World Development*, 25 (5) : pp.795–815.
―――. (2004) *Market Institutions in Sub-Saharan Africa: Theory and Evidence*, MIT Press.
―――. (2001) "Property Rights in a Flea Market Economy." *Economic Development and Cultural Change*, 49 (2) : pp.229–267.
――― and B. Minten (1999) "Relationships and Traders in Madagascar." *Journal of Development Studies*, 35 (6) : pp.1–35.
Fehr E., S. Gächter and G. Kirchsteiger (1997) "Reciprocity as a Contract Enforcement Device." *Econometrica*, 65 (4) : pp.833–860.
Fehr E. and S. Gächter (2000) "Fairness and Retaliation: The Economics of Reciprocity." *Journal of Economic Perspectives*, 14 (3) : pp.159–181.
Findly E.B. (2014) *Spirits in the Loom: Religion and Design in Lao-Tai Textiles*, White Lotus.
Friedman J. (1971) "A Noncooperative Equilibrium for Supergames." *Review of Economic Studies*, 38 (113) : pp.1–12.
Fujita K., A. Ohno and C. Chansathith (2015) "Performance of Savings Groups in Mountainous Laos under Shifting Cultivation Stabilization Policy." *Southeast Asian Studies*, 3 Supplementary Issue: pp.39–72.
Gambetta D. (1988) . "Mafia : the Price of Distrust." In Diego Gambetta (ed.) *Trust : Making and Breaking Cooperative Relations*, Blackwell.
Geertz C. (1963) *Peddlers and Princes: Social Development and Economic Change in the two Indonesian Towns*, University of Chicago Press.
―――. (1978) "The Bazaar Economy : Information and Search in Peasant Marketing." *American Economic Review*, 68 (2) : pp.28–32.
Geertz H. (1961) *The Javanese Family : A Study of Kinship and Socialization*, Waveland Press.
Hayami Y. and T. Kawagoe (2001) "Middlemen in a Peasant Community: Vegetable Marketing in Indonesia." In Aoki M. and Y. Hayami (eds.) *Community and Markets in Economic Development*, Oxford University Press.
――― and K. Otsuka (1993) *The Economics of Contract Choice -An Agrarian Perspective*, Clarendon Press.
―――. (ed.) (1998) *Toward the Rural Based Development of Commerce and Industry*, World Bank, Economic Development Institute.

Henrich J., J. Ensminger, R. McElreath, A. Barr, C. Barrett, A. Bolyanatz, J.C. Cardenas, M. Gurven, E. Gwako, N. Henrich, C. Lesorogol, F. Marlowe, D. Tracer and J. Ziker (2010) "Markets, Religion, Community Size, and the Evolution of Fairness and Punishment." *Science*, 327 (5972) : pp.1480–1484.

Hirschman A. (1970) *Exit, Voice, and Loyalty: Responses to Decline in Firms, Organizations, and States*, Harvard University Press.

Humphrey J. and H. Schmitz (1998) "Trust and Inter-firm Relations in Developing and Transition Economies." *Journal of Development Studies*, 34 (4) : pp.32–61.

Hymer S. and S. Resnick (1969) "A Model of an Agrarian Economy." *American Economic Review*, 59 (4) : pp.493–506.

Ishikawa S. (1975) "Peasant Families and the Agrarian Community in the Process of Economic Development." In Reynolds L. (ed.) *Agriculture in Development Theory*, Yale University Press.

Kahneman D., L. Knetsch and R. Thaler (1986) "Fairness as a Constraint on Profit Seeking: Entitlements in the Market." *American Economic Review*, 76 (4) : pp.728–741.

Kandori M. (1992) "Social Norms and Community Enforcement." *Review of Economic Studies*, 59 (1) : pp.63–80.

Klein D.B. (ed.) (1997) *Reputation : Studies in the Voluntary Elicitation of Good Conduct*, University of Michigan Press.

Klein P.G. (2005) "The Make-or-Buy Decision : Lessons from Empirical Studies." In Menard C. and M. Shirley (eds.) *Handbook of New Institutional Economics*, Springer.

Kollock P. (1992) "The Emergence of Exchange Structures: An Experimental Study of Uncertainty, Commitment and Trust." *American Journal of Sociology*, 100 (2) : pp.313-345.

Kranton R.E. (1996) "Reciprocal Exchange : A Self-Sustaining System." *American Economic Review*, 86 (4) : pp.830–851.

――― and D.F. Minehart (2001) "A Theory of Buyer-Seller Networks." *American Economic Review*, 91 (3) : pp.485–508.

Kreps D.M. (1990) *Microeconomic Theory*, Princeton University Press.

Landa J. (1994) *Trust, Ethnicity, and Identity*, University of Michigan Press.

Landes D. (1966) *The Rise of Capitalism*, Macmillan.

―――. (1969) *The Unbound Prometheus : Technological Change and Industrial Development in Western Europe from 1750 to the Present*, Cambridge University Press.

Li D., Y. Lu, T. Ng and J. Yang (2016) "Does Trade Credit Boost Firm Performance ?" *Economic Development and Cultural Change*, 64 (3) : pp.573–602.

Macneil I. (1980) , *The New Social Contract: An Inquiry into Modern Contractual Relations*, Yale University Press.

Macaulay S. (1963) , "Non-Contractual Relations in Business : A Preliminary Study." *American Sociological Review*, 28: pp.55–67.

Malavika J.B., A.L. D'Agostino and B.K. Sovacool (2011) "Realizing Rural Electrification in Southeast Asia : Lessons from Laos." *Energy for Sustainable Development*, 15 (1) : pp.41–48.

Margline S. (1974) "What Do Bosses Do ?" *Review of Radical Political Economics*, 6 (2) : pp.60–113.

Mauss M. (1990) The Gift ―― *The Form and Reason for Exchange in Archaic Societies*, trans. Halls W.D., Norton & Company.

McMillan J. and C. Woodruff (1999) "Interfirm Relationships and Informal Credit in Vietnam." *Quarterly Journal of Economics*, 114 (4) : pp.1285–1320.

Milgrom P., D. North and B. Weingast (1990) "The Role of Institutions in the Revival of Trade : The Medieval Law Merchant, Private Judges, and the Champagne Fairs." *Economics and Politics*, 2 (1) : pp.1–23.

────── and J. Roberts (1992) *Economics, Organization and Management*, Prentice-Hall.

Muldrew C. (1993) "Interpreting the Market : The Ethics of Credit and Community Relations in Early Modern England." *Social History*, 18 (2) : pp.163–183.

Nakabayashi M. and T. Okazaki (2010) "The Role of the Courts in Economic Development: The Case of Prewar Japan." CIRJE Discussion Papers, F-517.

Neal W.C. (1984) "The Role of the Broker in Rural India." In Robb P. (ed.) *Rural South Asia: Linkage, Change and Development*, Curzon.

North D. (1994) "Economic Performance through Time." *American Economic Review*, 84 (3) : pp.359–368.

Ohno A. and B. Jirapatpimol (1998) "The Rural Garment and Weaving Industries in Northern Thailand." In Hayami Y. (ed.) *Toward the Rural-based Development of Commerce and Industry: Selected Experiences from East Asia*, The World Bank.

──────. (2001) "Market Integrators for Rural-based Industrialization: The Case of the Handweaving Industry in Laos." In Aoki M. and Y. Hayami (eds.) *Communities and Markets in Economic* Development, Oxford University Press.

──────. (2009) "Rural Clustering at Incipient Stages of Economic Development." In Huang Y. and A.M. Bocchi (eds.) *Reshaping Economic Geography in East Asia*, World Bank.

Ostrom E. and J. Walker (eds.) (2003) *Trust and Reciprocity : Interdisciplinary Lessons for Experimental Research*, Russell Sage Foundation.

Otsuka K. (2007) "Rural Industrialization in East Asia: Influences its Nature and Implications." In Haggblade S., P. Hazell, and T. Reardon (eds.) *Transforming the Rural Nonfarm Economy*, Johns Hopkins University Press.

Ouchi W.G. (1980). "Markets, Bureaucracies, and Clans." *Administrative Science Quarterly*, 25 (1) : pp.129–141.

Pollard S. (1965) *The Genesis of Modern Management : A Study of the Industrial Revolution in Great Britain*, Harvard University Press.

Ranne E.P. (1997) "Traditional Modernity and the Economics of Handwoven Cloth Production in Southwestern Nigeria." *Economic Development and Cultural Change*, 45 (4) : pp.773-792.

Rodrik D., A. Subramanian and F. Trebbi (2004) "Institutions Rule : The Primacy of Institutions over Geography and Integration in Economic Development." *Journal of Economic Growth*, 9 (2) : pp.131–65.

Rusbult C.E., I.M. Zembrodt and L.K. Gunn (1982) "Exit, Voice, Loyalty, and Neglect : Responses to Dissatisfaction in Romantic Involvements." *Journal of Personality and Social Psychology*, 43 (6) : pp.1230–1242.

──────, D. Farrell, G. Rogers and A.G. Mainous (1988) "Impact of Exchange Variables on Exit, Voice, Loyalty, and Neglect : An Integrative Model of Responses to Declining Job Satisfaction." *Academy of Management Journal*, 31 (3) : pp.599–627.

Sandee H. and P. Rietveld (2001) "Upgrading Traditional Technologies in Small-Scale Industry

Clusters: Collaboration and Innovation Adoption in Indonesia." *Journal of Development Studies*, 37 (4) : pp.150-172.

Sene-Asa O. (2007) "The Transition of Garment Factory Girls into Prostitution in Laos", MA Thesis, Graduate Institution of Development Studies, Geneva, Switzerland.

Schmitz H. and K. Nadvi. (1999) "Clustering and Industrialization : Introduction." *World Development*, 27 (9) : pp.1503-1514.

Shapiro C. and J.E. Stiglitz (1984) "Equilibrium Unemployment as a Worker Discipline Device." *American Economic Review*, 74 (3) : pp.433-444.

Siamwalla A. (1978) "Farmers and Middlemen : Aspects of Agricultural Marketing in Thailand." *Economic Bulletin for Asia and the Pacific*, 39 (1) : pp.38-50.

Smail J. (2003) "The Culture of Credit in Eighteenth-Century Commerce: The English Textile Industry." *Enterprise & Society*, 4 (2) : pp.299-329.

Thompson E.P. (1967) "Time, Work-Discipline, and Industrial Capitalism." *Past and Present*, 38 (1) : pp.56-97.

Wardell M. (1992) "Changing Organizational Forms : From the Bottom up." In Reed M. and M. Hughes (eds.) *Rethinking Organization: New Directions in Organization Theory and Analysis*, Sage.

World Bank (2014) *World Development Report 2014*, Washington.

Williamson O. (1975) *Markets and Hierarchies: Analysis and Antitrust Implications*, Free Press.

Zucker L.G. (1986) "Production of Trust: Institutional Sources of Economic Structure." *Research in Organizational Behavior*, 8: pp. 53-111.

索　引

太字は，それぞれの項目が特に定義または詳細に論じられている頁を示す．

アウトサイダー　**74**, 78, 347, 406, 429, 539
『足利織物史』　65-66, 89, 402
暗黙知　8, 19, 104, 400, 536, 542
委託売り　65, 268, 335, 344, 433, **440**　→買取り
委託仲買人　65, **72**, 180, 200, 279, 281, 286, 292, 344, 352, 355, 387, 466, 537
イタリー糸　42
糸信用貸契約　65, 88, **97**, 225, 246, 338, 354, 375　→契約, 問屋契約
糸出し仲買人　68, 72, 225, 262, 294, **371**
糸歩留まり　167, 252, 450
糸屋　239, 261, 414
インサイダー　**73**, 78, 406, 444-445, 539
インフォーマルな統治　8　→統治
インフルエンス活動　16, 20
ヴェトナム産生糸　189, 382, 418, 422, 430, 434, 448, 482
内機　278　→出機
　内機経営　44, 63, 92, 243, 248, 281, 287, 296, 307, 313, **317**, 329, 343, 391, 397, 464
　内機織子　72　→織子
裏切り　170, 340, 457, 467
売り込み織子　72, 193　→織子
うわさ　115, 132, 398
エージェンシー問題　15, 20, 99, 101, 104, 162, 182, 198, 226, 292, 375, 445, 498
お得意様　13, 112, 172, 193
帯　307, 313, 316
織柄
　織柄情報　24, 67, 69, 96, 100, 105, 129, 198, 255, 372, 413, 434, 479, 527
　織柄への支配力　68, **70**, 188, 199, 349, 452

織子　**71**, 253, 333
　内機織子　72
　売り込み織子　72, 193
　織元織子　71, 253, 333　→独立織子
　出稼ぎ織子　163, 237, 243-244, 274, 314, 318, 320, 329, 343, 397, 419
　出機織子　72, 231
　独立織子　71, 92, 129, 200, 232, 253, 333, 419　→織元織子
織元　**63**, 67, 69, 71, 128, 253, 333, 442
『織物職工事情』　288, 318

外延化　181, 200, 220, 243, 276, 280, 287, 297, 323, 325, 329, 347, 368, 395, 425, 537
買取り　65, 268, 344, 433, **440**　→委託売り
顔見知りのスポット契約　72, 96, 159, 447　→契約
化学染料　42, 219, 240, 382
家計補助　223, 230, 495
掛売り　87-88, 105, 116, 445
掛買い　112
囲い込み　96, 101, 140, 160, 168, 180, 496, 501
絣　**46**, 166, 234, 238　→紋織り
綛　97
化繊　42
金筬　67, 157, 445
関係的契約　22, **86**, 94, 106　→契約
慣習経済　3
機会主義　158, 450
企業間信用　112, 396, 540
季節性　194
季節変動　155, 169, 251, 253, 351, 355, 359
境界人　**75**, 300, 323, 472

559

距離の克服　24, 76, 200, 377, 405, 412, 438, 441, 511, 527
『桐生織物史』　89, 102
括り染め　242
草木染め　42, 309, 316, 347, 352, 382, 433, 438, 452, 478, 515, 522
経験財　56, 139
経済混乱期　375
契約
　契約形態の選択　14
　契約書　278, 302
　契約の保護　5, 6
　契約履行　5, 256
　糸信用貸契約　65, 88, 97, 225, 246, 338, 354, 375
　顔見知りのスポット契約　72, 96, 159, 447
　関係的契約　22, 86, 94, 106
　スポット契約　15
　注文契約　**95**
　問屋契約　86, **88**, **97**, 225, 246, 292, 338, 354, 375　→糸信用貸契約
　問屋契約に固有の軋轢　94, 99, 223, 313, 450
結託　5, 11, 19, 23, 157, 176, 202, 359, 501
ケンチャイ　16　→配慮
厳マニュ論争　64, 86
コアの極限定理　190, 198, 535
後背地　446, 449, 453
互恵性　16, 295, 359, 475
個人的統治　8, **10**, 13-14, 18, 103, 106, 299　→統治
コストプラス方式　192, 267, 295, 341
コミュニティ的統治　8, 13, 74　→統治
コンケーン糸　42

在庫リスク　440
裁量権　65-66, 72, 228, 284, 342, 347, 352-353, 363, 366, 395
サブ・システム　14, 20, 118
産地問屋　201, 262, 265, 435
市場
　市場の低発達性　3, 535, 538

市場の勃興　5, 7, 73, 538
市場の劣化　172, 174, 399
自生的秩序　9, 18, 23, 104, 106, 176, 203, 400, 534, 536, 542　→統治
自然の状態　5, 7-8, 10, 202, 399, 541
しっぺ返し　17, 141
私的所有権　340
縞織り　**46**
尺巾不足　254, 278, 346
収益　150
集荷人　68
集荷問屋　510　→問屋
重層性　276, 281, 287, 342, 347, 396, 449
集団的（取引）統治　8, **11**　→統治
集中作業場　45, **92**, **100**, 227, 244, 276, 282, 304, 322, 419, 478, 480, 496, 503
状況依存性　15, **17**, 114, 399
仕様書　383, 416, 421
商人　5, 21, 42, 66, 538
　商人のジレンマ　74, 300, 440
消費の平準化　17, 157, 297, 441
所得の平準化　233, 253
自律的秩序　12, 19
シン　3, **33**, 43
信用
　信用制約　21, 42, 67, 100, 234, 269, 332, 428, 430, 443, 452, 544
　信用取引　116
信頼　13, 77, 81, 115, 174, 398-399, 429
　信頼の間隙　163, 539
図案師　38, 50-51, 55, 69, 179, 298, 301, 336, 476
垂直紋綜絖　45, 47, **49**
スポット契約　15　→契約
生産性　165-166, 228, 230, 250, 252, 254, 278, 282, 286, 317, 320, 397, 402, 420
整経業者　241
セーフティネット　157, 193
窃取　7, 44, 46, 99, 104, 252, 293, 385, 464
セミ・フォーマルな統治　8　→統治, フォーマルな統治
専業　101, 223, 250, 496
専従　187, 231

染色業者　239
綜絖　47
相対取引　6, 85, 138, 190
双方独占　138
贈与交換　14, **16**, 157, 182, 399
粗製濫造　**66**, 99, 102, 167, 237, 254, 297, 317

耐久消費財　125
多角的懲罰　12, 103, 115, 132, 176, 256, 292, 450
多化性蚕　36, 40, 310
竹筬　67, 157, 441, 445
タッ・ルアン祭り　194, 258, 284, 345, 361, 415
経糸紋織り　47, 418, 425　→紋織り
タラート　23, 44, 346, 414, 435, 463, 473, 490
探索財　44, 56, 85, 139, 191, 198
短繊維　386
短繊維綿　515
地組織　46
知的所有権　24, 55, 67-68, 104-105, 161, 238, 279, 337, 339, 389, 419, 508
中国製　197, 349, 352, 359, 362, 369, 490, 545
紐帯　106, 322, 325, 378, 401, 447, 457, 529
注文契約　**95**　→契約
通貨危機　162, 263, 281, 296, 332, 465, 467, 474, 504
強い形態　70, 105, 434
ディアスポラ　36, 148, 186, 220, 243, 280
ティーン・シン　33
出稼ぎ織子　163, 237, 243-244, 274, 314, 318, 320, 329, 343, 397, 419　→織子
出機　87, 278　→内機
　出機経営　63, 92, 222, 243, 248, 284, 290, 296, 299, **317**, 447, 464
　出機織子　72, 231　→織子
摘上紋綜絖　50
伝統的機業　150, 159, 221, 234
伝統的近代性　21, 213, 273, 298, 309, 324, 441, 453, 472, 528

統治
　インフォーマルな統治　8
　個人的統治　8, 10, 13-14, 18, 103, 106, 299
　コミュニティ的統治　8, 13, 74
　集団的統治　8
　集団的取引統治　11
　セミ・フォーマルな統治　8
　フォーマルな統治　8
　フォーマルな取引統治　9
投資の懐妊期間　97, 152, 187, 255, 264, 267, 286
独占的競争　142, 171, 176, 191, 196, 305, 321, 508
独立織子　71, 92, 129, 200, 232, 253, 333, 419　→織子, 織元織子
トリガー戦略　17, 202
問屋
　問屋契約　86, **88**, **97**, 225, 246, 292, 338, 354, 375　→契約
　　問屋契約に固有の軋轢　94, 99, 223, 313, 450
　問屋制家内工業　63
　問屋制収益逓減説　94, 317, 323, 397, 524-525
　問屋制度　273
　集荷問屋　510

仲買人　**64**, 69, 72, 128, 369
中繊維綿　515
ナムスワン地区　150
二化性蚕　40
二化多化　40, 390, 414, 482
農業奨励銀行　163-164, 255, 495-496, 499
農村と都市の邂逅　62, 529, 538

パー・ビアン　33
配慮　16, 139, 173, 182, 187, 193, 202, 233, 359-360, 373
バザール　13, 77, 138, 190
機拵え　89-90
バッタン　45, 92, 390
百姓　20, 126

索引　561

剽窃　46
評判　11
平織り　44, 57, 276
プーン・シン　33
フォーク定理　11, 17, 139-140, 170, 176, 190, 375, 399, 543
フォーマルな（取引）統治　8-9　→統治, セミフォーマルな統治
フルコスト原則　190, 192
平準化
　　消費の平準化　17, 157, 297, 441
　　所得の平準化　233, 253
暴落　**140**, 160, 168, 173, 222, 225, 231, 234, 264, 340, 369, 375, 474, 502
ホーチミン・ルート　36, 308, 382, 454

マークアップ方式　192, 309, 384
前貸問屋制　87
マニュファクチュア　45, 63, 309
むら共同体　3, 13, 78, 103, 132, 256, 351, 386, 398
メタリック糸　42, 160, 476
面接性　97, 537
紋糸　49
紋織り　44, **46**, 238　→絣

経糸紋織り　47, 418, 425　→紋織り
紋棒　49

誘発的制度変化　376, 399
緯糸浮織技法　46
弱い形態　70, 105, 185, 396, 434, 445

ラオス女性同盟　265, 387, 447
利益　150
力織機　25, 92
リスク・プレミアム　247, 250, 265, 364, 376
流通マージン　150
領域性　13, 79, 199, 201, 246, 280, 295, 299, 348
『両毛地方機織業調査報告書』　63, 65, 93, 102, 247, 252, 313, 317-319
量目管理　58
量目計算　165

労務管理　93, 228-229, 281, 293, 307, 318, 320, 322
ロップ　131, 268

ワー　33, 97, 469

著者紹介

大野　昭彦（おおの　あきひこ）

青山学院大学　国際政治経済学部教授（acharya7ohno@yahoo.co.jp）
経済学博士
1953 年　山口市生まれ

主著

『アジアにおける工場労働者の形成』（2007）日本経済評論社（第 24 回　大平正芳記念賞受賞）
"Structuring incentives to elicit work effort during the process of industrialization: evidence from Vietnamese businesses" (2013) *International Journal of Human Resource Management* 23(17).
"Informal Network Finance as a Risk Coping Device in Mountainous Laos" (2015) *Southeast Asian Studies* 3 (Supplementary Issue). など。

市場を織る ── 商人と契約：ラオスの農村手織物業
（地域研究叢書 32）　　　　　　　　　　　　　© Akihiko OHNO 2017

平成 29（2017）年 3 月 31 日　初版第一刷発行

著　者　　大野　昭彦
発行人　　末原　達郎

発行所　　**京都大学学術出版会**
京都市左京区吉田近衛町 69 番地
京都大学吉田南構内（〒606-8315）
電　話（075）761-6182
ＦＡＸ（075）761-6190
Home page http://www.kyoto-up.or.jp
振　替　01000-8-64677

ISBN 978-4-8140-0075-3　　　　　印刷・製本　㈱クイックス
Printed in Japan　　　　　　　　定価はカバーに表示してあります

本書のコピー，スキャン，デジタル化等の無断複製は著作権法上での例外を除き禁じられています。本書を代行業者等の第三者に依頼してスキャンやデジタル化することは，たとえ個人や家庭内での利用でも著作権法違反です。